選擇權商品模型化導論：
使用Python語言

林進益 著

五南圖書出版公司 印行

序　言

　　以下將本書簡稱爲《選模》。《選模》的名稱原本爲「衍生性商品的數學導論：使用 Python 語言」；但是，因《選模》的內容大多集中於介紹或說明選擇權商品（的數學或定價），故沒有使用上述名稱。「選擇權商品的數學或模型化過程」主題，的確相當吸引人，不過其跨入的門檻並不低；另一方面，上述主題仍太過於龐大，故《選模》只能涵蓋屬於「導論」的部分。

　　眾所皆知，衍生性商品的數學可稱爲隨機微積分，不過後者顯然不等於前者，是故衍生性商品的數學或模型化過程並不容易接近或掌握。例如：檢視《選模》內的參考文獻，讀者應該會同意筆者的看法；換句話說，若我們欲學習或認識衍生性商品，其中必然會牽涉到衍生性商品的數學，那應如何是好？《選模》的目的，就是欲提供一個可以快速學習的途徑。

　　完成《選模》後，筆者有下列的感想：

(1) 欲學習衍生性商品或對應的數學，筆者還是認爲必須以程式語言當作輔助工具；因此，讀者應至少熟悉一種程式語言。

(2) 拜許多文獻或書籍之所賜，其實許多模型或方法已逐漸明朗化或可以掌握，只是上述模型或方法可能使用較爲抽象的數學或概念，使得我們並不容易親近；此時，若能將上述數學或概念用程式語言表示，反而會降低學習的困難度。

(3) 拜網路普及之所賜，許多程式語言的原始碼大概皆可以於網路上找到，隱含著程式語言學習的門檻已降低；是故，讀者應習慣利用網路學習程式語言。

(4) 就筆者而言，學習如衍生性商品等專業的文獻或書籍，若能同時提供對應的原始程式碼，不僅具有強烈的學習企圖心，同時亦能迅速進入狀況。

(5) 專業書籍內容若可以用程式語言表示，建議應隨書提供原始程式碼；如此，讀者方能掌握。

(6) 換個角度思考，若《選模》沒有提供對應的程式碼，學習《選模》的困難度應會大增。

如前所述，《選模》欲提供一種能快速學習衍生性商品（如選擇權商品）模型化的方式，其內容偏向於 Černý（2004）、Hirsa 與 Neftci（2014）、Petters 與 Dong（2016）、Oosterlee 與 Grzelak（2020，簡稱 OG）或其他，其中 OG 隨書有提供一些對應的 Python 程式碼。上述程式碼給予筆者相當程度的啟示，使得《選模》得以順利完成；換言之，《選模》全書以 Python 書寫，其仍秉持筆者之前書籍的特色，即只要書內可以用 Python 表示，隨書皆附有對應的 Python 程式碼供讀者參考。因此，《選模》全書的內容（包括圖形的繪製、資料的讀取使用或模型參數之估計等）是完全可以複製的，此大概是筆者一系列書籍的優點，或是當代專業書籍撰寫的特色之一吧！專業書籍的內容若是無法複製，豈不是讓人覺得遺憾。

《選模》的跨入門檻並不高，畢竟只是屬於「導論」，故書內省略不少的數學證明；取代的是，筆者反而用模擬的方式說明。或者說，《選模》其實只是一系列有搭配程式語言的濃縮數學式子或觀念而已。因此，《選模》適合給對選擇權商品有興趣的讀者使用。《選模》全書分成 10 章，其中第 1～2 章說明完全市場與不完全市場的特色與差異。第 3 章介紹 CRR 的二項式定價模型，而從該模型內可以取得一些基本的觀念。第 4 與 5 章則說明隨機微積分的意思，其中包括平賭、維納過程、隨機積分等略為抽象觀念的介紹與說明。第 6 章說明偏微分方程式於選擇權定價內所扮演的角色，而第 7 章則介紹目前廣泛使用的等值平賭測度方法，其中包括 Radon-Nikodym 微分與 Girsanov 定理的闡述。

第 8 章說明資產價格跳動的 Lévy 過程，其中包括著名的跳動－擴散、VG 或 NIG 等過程。第 9 章介紹用於選擇權定價之較為簡易的 COS 方法，其特色是利用對應的特性函數來定價。最後，第 10 章則介紹隨機波動模型，其中包括 Heston 模型與 Bates 模型。隨機波動模型的特色是可以解釋更多隱含波動率偏態或微笑等特徵。是故，《選模》可以與筆者的其他著作如《時選》或《歐選》互補。

筆者最早原本計畫用 R 語言介紹經濟計量方法或時間序列分析等觀念，最後竟然接觸到衍生性商品主題而採用 Python 語言說明，當初的確始料未及。這之間，也只不過多接近一種程式語言而已。其實，應該不需要再圍繞於專業領域內打轉，不得其門而入；讀者若毫無頭緒，不妨試試。沒有接觸程式語言，一切皆枉然。《選模》內仍附上兒子的一些作品，與大家共同勉勵。感謝內人提供一些意見，筆者才疏識淺，倉促成書，錯誤難免，望各界先進指正。最後，祝　操作順利。

林進益

寫於屏東農科

2023/10/10

Contents

序　言   I

第 1 章　　無套利定價準則（一）   1

1.1 簡單的線性代數觀念   1

1.1.1 向量與矩陣   2

1.1.2 子空間、線性獨立與矩陣之秩   13

1.2 一個簡單的財金市場模型   17

1.2.1 一個單期有限狀態模型   17

1.2.2 資產收益之向量與矩陣   19

1.2.3 線性獨立與多餘資產   26

1.3 完全市場的特色   30

第 2 章　　無套利定價準則（二）   37

2.1 完全市場與市場之不完全   37

2.1.1 完全市場與不完全市場之分類   38

2.1.2 找出最適避險   46

2.1.3 QR 分解法   49

2.2 套利   55

2.3 狀態價格與套利理論   60

2.4 風險中立機率   64

第 3 章　　二項式定價   69

3.1 一般的設定   69

3.2 CRR 的樹狀圖   79

3.2.1 CRR 的方法   79

3.2.2 CRR 的架構   86

3.2.3 風險中立下的 CRR 樹狀圖   93

3.3 CRR 樹狀圖的應用   105

3.3.1 CRR 之選擇權定價   105

3.3.2 GBM   111

第 4 章   隨機微積分（一）   119

4.1 隨機過程   120

4.1.1 機率空間   120

4.1.2 隨機變數   125

4.1.3 隨機過程   131

4.1.4 隨機變數的收斂   135

4.2 平賭過程   144

4.2.1 濾化與適應過程   144

4.2.2 平賭   150

4.3 維納過程   156

4.4 第 2 級變分與共變分   169

第 5 章   隨機微積分（二）   179

5.1 SDE   179

5.2 隨機積分   185

5.2.1 隨機黎曼積分   185

5.2.2 隨機斯蒂爾傑斯積分   192

5.3 Itô 微積分   196

5.3.1 Itô 積分   197

5.3.2 Itô's lemma   207

第 6 章   偏微分方程式   219

6.1 為何存在 PDE？   219

6.2 何謂 PDE？   227

6.2.1 PDE 的分類 228

6.2.2 數值方法 235

6.3 有限差分法 243

第 7 章　等值平賭測度 **253**

7.1 一個例子 253

7.2 機率測度 256

7.2.1 何謂機率測度？ 256

7.2.2 Radon-Nikodym 微分與 Girsanov 定理 259

7.3 BSM 模型與風險中立定價 269

7.3.1 從 BSM 模型至風險中立定價 269

7.3.2 Feynman-Kac 定理 280

7.4 資產定價的基本定理 289

第 8 章　Lévy 過程 **293**

8.1 一些準備 295

8.1.1 càdlàg 函數 295

8.1.2 特性函數 297

8.1.3 快速傅立葉轉換 304

8.2 何謂 Lévy 過程？ 311

8.2.1 Lévy 過程與無限可分割性分配 313

8.2.2 Lévy-Khintchine 定理與 Lévy-Itô 分割定理 315

8.3 指數 Lévy 過程 319

8.3.1 跳動－擴散過程 321

8.3.2 NIG 與 VG 過程 327

第 9 章　COS 方法 **343**

9.1 PDF 的估計 343

9.1.1 傅立葉餘弦級數擴張 343

9.1.2 CGMY 過程 349

9.2 選擇權定價   358

9.2.1 COS 之選擇權定價   358

9.2.2 截斷積分之選擇   365

9.3 隱含波動率微笑   369

第 10 章　隨機波動模型   377

10.1 多變量維度的 SDE 與仿射過程   378

10.1.1 多變量維度的 SDE   378

10.1.2 仿射擴散過程   382

10.2 Heston 模型   386

10.2.1 CIR 過程   386

10.2.2 Heston 模型的模擬與選擇權的定價   391

10.3 隱含波動率偏態   397

10.3.1 Heston 模型   397

10.3.2 Bates 模型   402

參考文獻   407

中文索引   411

英文索引   415

Chapter 1

無套利定價準則（一）

You can make even a parrot into a learned political economist.

All he must learn are the two words 'supply' and 'demand'.

Thomas Carlyle

上述諺語相當於「教鸚鵡學會供給與需求二字，則鸚鵡亦可以變成經濟學家」。前述諺語若應用於財務領域，則變成「教鸚鵡學會套利（arbitrage）一字，則鸚鵡亦可以變成財務學家（financial economist）」。上述諺語雖然有些誇大，但是也說明了「套利或無套利（no-arbitrage）」的觀念於財務領域內扮演著重要的角色。

Ross（1987）曾說明「財務學（Finance）」是研究資本市場的供給與運作，以及資本資產的定價（pricing）。財務學的方法是欲找出金融契約或工具的替代品以定價前者；或者說，利用複製品來為金融契約或工具定價。投資金融契約或工具的特色是「時間」與「未來收益之不確定性」。因此，財務學的方法所強調的是如何處理「時間」與「不確定性」二因素以定價金融工具。

本章與下一章利用一個簡單的無套利定價模型以說明「時間」與「不確定性」所扮演的角色。我們發現透過矩陣代數（matrix algebra）可以簡化操作，其中矩陣代數的操作將利用電腦程式語言如 Python 當作輔助工具。

1.1 簡單的線性代數觀念

於尚未介紹之前，我們有必要複習（或介紹）一些簡單的線性代數（linear algebra）觀念，尤其是向量（vectors）與矩陣（matrices）的意義與其應用；另一

方面，讀者也可以先熟悉 Python 的操作[①]。

1.1.1 向量與矩陣

一個 n 階（n-tuple）實數可稱為具有 n 維度的向量（dimensional vector）。例如：

$$\mathbf{x} = \begin{bmatrix} x_1 \\ x_2 \\ \vdots \\ x_n \end{bmatrix} \text{ 與 } \mathbf{y} = \begin{bmatrix} y_1 \\ y_2 \\ \vdots \\ y_n \end{bmatrix}$$

其中 $\mathbf{x}, \mathbf{y} \in \mathbf{R}^n$。$\mathbf{x}$ 與 $\mathbf{y}$ 分別為 $\mathbf{R}^n$ 內之一點，可稱為二個行向量（column vectors），其「型態（shape）」皆可寫成 $n \times 1$（讀成 n by 1），而其維度則皆為 n。例如：圖 1-1 繪製出 $n = 2$ 維度空間（或平面坐標）上二點 $\mathbf{a}$ 與 $\mathbf{b}$，即：

$$\mathbf{a} = \begin{bmatrix} 1 \\ 2 \end{bmatrix} \text{ 與 } \mathbf{b} = \begin{bmatrix} 2 \\ 1 \end{bmatrix}$$

而我們知道 $\mathbf{a}$ 與 $\mathbf{b}$ 向量，其實就是 $(0, 0)$（原點）與點 $(1, 2)$ 以及 $(0, 0)$ 與點 $(2, 1)$ 的線段。

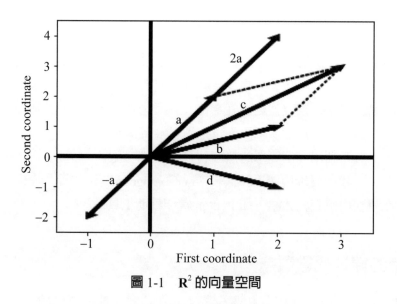

圖 1-1　$\mathbf{R}^2$ 的向量空間

[①] 線性代數可參考如 Nicholson（2013）而 Python 則可參考《資處》、《統計》與《財計》等書。

向量可以進行二種基本的算術操作：純量乘法（scalar multiplication）與加法（addition）。例如：圖 1-1 內的 **2a** 與 −**a** 表示純量乘法，而 **c** 就是加法的應用，即：

$$2\mathbf{a} = \begin{bmatrix} 2 \\ 4 \end{bmatrix}、 -\mathbf{a} = \begin{bmatrix} -1 \\ -2 \end{bmatrix} 或 \mathbf{c} = \mathbf{a} + \mathbf{b} = \begin{bmatrix} 1 \\ 2 \end{bmatrix} + \begin{bmatrix} 2 \\ 1 \end{bmatrix} = \begin{bmatrix} 3 \\ 3 \end{bmatrix}$$

可看出上述運算結果皆可以於圖 1-1 內找到；或者說，圖 1-1 顯示出 2 維平面空間所有實數向量之集合，可寫成 $\mathbf{R}^2$。圖 1-1 顯示出二個特色：

(1) 於純量乘法如 2**a** 下，$2\mathbf{a} \in \mathbf{R}^2$。
(2) 於加法如 **c** = **a** + **b** 下，$\mathbf{c} \in \mathbf{R}^2$。

上述二個特色顯示出 $\mathbf{R}^2$ 是封閉的（closed）[②]。

向量空間

任何向量集合於純量乘法與加法下是封閉的，該空間稱為向量空間（vector space）。

基底向量

於向量空間內，任何向量為基底向量（basis vectors）之線性組合（linear combination）。

向量空間的基底

n 維度向量空間的基底向量（或稱為基向量）為向量空間內 n 個相互獨立的向量。

上述定義說明如何描述 $\mathbf{R}^n$。我們以 $n = 2$ 為例說明，其自然可以推廣至 $n > 2$ 的情況。圖 1-1 是一個向量空間，因於其內操作純量乘法與加法的結果仍在該向量空間內，隱含著該向量空間的任何一個向量（點）可以由基底向量如 **a** 與 **b** 的線性組合表示，其中合併 **a** 與 **b** 的矩陣的秩（rank）等於 2（見 1.1.2 節），表示 **a** 與 **b** 相互獨立。

我們舉一個例子說明。就圖 1-1 內之 $\mathbf{d} = \begin{bmatrix} 2 \\ -1 \end{bmatrix}$ 向量而言，其可寫成 **a** 與 **b** 的線性組合如：

[②] 集合的「封閉性」是指集合內元素操作結果仍位於該集合內。

$$x_1\mathbf{a} + x_2\mathbf{b} = \mathbf{d} \Rightarrow x_1\begin{bmatrix} 1 \\ 2 \end{bmatrix} + x_2\begin{bmatrix} 2 \\ 1 \end{bmatrix} = \begin{bmatrix} 2 \\ -1 \end{bmatrix} \tag{1-1}$$

$$\Rightarrow \mathbf{Ax} = \mathbf{d} \Rightarrow \begin{bmatrix} \mathbf{a} & \mathbf{b} \end{bmatrix}\mathbf{x} = x_1\mathbf{a} + x_2\mathbf{b} = \mathbf{d} \Rightarrow \begin{bmatrix} 1 & 2 \\ 2 & 1 \end{bmatrix}\begin{bmatrix} x_1 \\ x_2 \end{bmatrix} = \begin{bmatrix} 2 \\ -1 \end{bmatrix} \tag{1-2}$$

其中 $\mathbf{A} = \begin{bmatrix} \mathbf{a} & \mathbf{b} \end{bmatrix} = \begin{bmatrix} 1 & 2 \\ 2 & 1 \end{bmatrix}$ 而 $\mathbf{x} = \begin{bmatrix} x_1 \\ x_2 \end{bmatrix}$。因此，$\mathbf{A}$ 是一個 2×2 矩陣，其可由不同的行向量合併而成；另一方面，$\mathbf{d}$ 可視為 $\mathbf{a}$ 與 $\mathbf{b}$ 的線性組合，其中後二者的元素分別為 x_1 與 x_2，其可用 $\mathbf{x} = \begin{bmatrix} x_1 \\ x_2 \end{bmatrix}$ 表示。解 (1-2) 式之聯立方程式體系，可得：

$$\begin{cases} x_1 + 2x_2 = 2 \\ 2x_1 + x_2 = -1 \end{cases} \Rightarrow \mathbf{x} = \mathbf{A}^{-1}\mathbf{d} \Rightarrow x^* = \begin{bmatrix} -\dfrac{4}{3} \\ \dfrac{5}{3} \end{bmatrix} \tag{1-3}$$

上述結果可用 Python 表示或計算，即：

```
a = np.array([[1,2]]).T
b = np.array([[2,1]]).T
A = np.concatenate([a,b],axis=1)
```

注意不同向量的合併可使用 np.concatenate(.) 指令；其次，應注意行向量的表示方式。

我們進一步檢視上述向量與矩陣的性質如：

```
a.shape # (2, 1)
a.ndim # 2
a.size # 2
A.shape # (2, 2)
A.ndim # 2
A.size # 4
```

例如：矩陣 **A** 的型態、維度與其內的元素個數分別為 2×2、2 與 4，其餘如向量性質之檢視可類推。

　　若進一步檢視 (1-2) 或 (1-3) 式，應可發現上述式子其實就是一種聯立方程式的求解，其中稱 A^{-1} 為 **A** 之逆矩陣（inverse matrix）。於 Python 內，我們可以自設函數的方式計算上述逆矩陣。例如：

```
def inv(A):
    return np.linalg.inv(A)
```

因此，(1-3) 式的結果可為：

```
d = np.array([[2,-1]]).T
inv(A).dot(d)
# array([[-1.33333333],
#        [ 1.66666667]])
```

讀者可以練習圖 1-1 內的 **c** 點如何由 **a** 與 **b** 點的相加表示。

　　(1-1)～(1-3) 三式雖說簡易，但是卻有頗深的涵義，可以分述如下：

(1) 若 **a** 與 **b** 分別視為資產的報酬率或收益[③]，則 **a** 與 **b** 豈不是表示資產的收益之不確定？即 **a** 與 **b** 二種資產皆存在有二種狀態（states）（或可能）下的收益；換言之，**A** 可視為一種為 n 種不同資產於 m 種狀態下的收益。當然，於圖 1-1 內，$m = n$。

(2) **x** 可視為一種資產組合（portfolio）。例如：於 (1-2) 式內的 $x_1\mathbf{a} + x_2\mathbf{b}$ 就可視為一種資產組合的收益。

(3) (1-3) 式隱含著放空 4/3 單位的 **a** 與同時買進 5/3 單位的 **b** 所形成的資產組合收益竟然與資產 **d** 的收益完全相同，故隱含著資產 **d** 完全可被複製。

(4) 於圖 1-1 內，**a** 與 **b** 可視為基底向量；不過，我們熟悉的卻是標準基底向量如：

[③] 目前資產的價格為已知，則計算未來資產的收益相當於計算該資產的報酬率，即若未來的收益不確定，則未來的報酬率亦不確定；因此，於本書，未來的收益與未來的報酬率幾乎可視為同義詞。

$$\mathbf{e}_1 = \begin{bmatrix} 1 \\ 0 \end{bmatrix} \cdot \mathbf{e}_2 = \begin{bmatrix} 0 \\ 1 \end{bmatrix}$$

與

$$\mathbf{I}_2 = \begin{bmatrix} \mathbf{e}_1 & \mathbf{e}_2 \end{bmatrix} = \begin{bmatrix} 1 & 0 \\ 0 & 1 \end{bmatrix}$$

其中 $\mathbf{I}_n$ 為一個 $n \times n$ 的矩陣（$n = 2$），我們稱 $\mathbf{I}_n$ 為單位矩陣（identity matrix）；換言之，$\mathbf{a}$ 與 $\mathbf{b}$ 皆可視為 $\mathbf{e}_1$ 與 $\mathbf{e}_2$ 的資產組合。例如：$\mathbf{a}$ 可視為同時買進 1 單位的 $\mathbf{e}_1$ 與 2 單位的 $\mathbf{e}_2$ 的資產組合，因此，$\mathbf{e}_i$ 可視為一種第 i 狀態的 Arrow-Debreu（AD）證券。

(5) AD 證券又稱為純粹證券（pure securities）或基本狀態證券（elementary state securities）。持有第 i 狀態的 AD 證券，寫成 $\mathbf{e}_i$，表示只有於第 i 狀態下才可得到收益 1，其餘狀態的收益卻皆等於 0；因此，合併 $\mathbf{e}_i$ ($i = 1, 2, \cdots, m$) 可得一個 AD 證券矩陣如：

$$\begin{bmatrix} \mathbf{e}_1 & \mathbf{e}_2 & \cdots & \mathbf{e}_n \end{bmatrix} = \begin{bmatrix} 1 & 0 & \cdots & 0 \\ 0 & 1 & \cdots & 0 \\ \vdots & \vdots & \ddots & 0 \\ 0 & 0 & \cdots & 1 \end{bmatrix}$$

就是一個 $n \times n$ 的單位矩陣 $\mathbf{I}_n$。

我們應該可以繼續說明上述涵義，不過先暫時停止，底下自然會再進一步說明，隱含著 (1-1)～(1-3) 三式或圖 1-1 內所隱藏的重要性。

例 1 $\mathbf{A}_{m \times n}$ 的意義

$\mathbf{A}_{m \times n}$ 表示 $\mathbf{A}$ 是一個 $m \times n$ 的矩陣。於本書內，我們可解釋 $\mathbf{A}_{m \times n}$ 是一個 n 種資產於 m 種狀態下的收益。如前所述，當代財務學須模型化「不確定性」的因素，故我們使用「不同的狀態」來描述「不確定性[④]」。例如：

[④] 不同狀態亦可以解釋成「不同的可能」或「不同的情境（scenarios）」。

```
a1 = np.array([[1,1,1]]).T
a2 = np.array([[3,2,1]]).T
a3 = np.array([[1.5,0.5,0]]).T
a4 = np.array([[2,1,0]]).T
A = np.concatenate([a1,a2,a3,a4],axis=1)
# array([[1. , 3. , 1.5, 2. ],
#        [1. , 2. , 0.5, 1. ],
#        [1. , 1. , 0. , 0. ]])
A.shape # (3, 4)
```

其中 .T 表示轉置（transpose）。**A** 是一個 3×4 矩陣，即 **A** 是表示於 3 種狀態（可能）下，4 種資產的收益。

例2　矩陣的轉置

續例 1，即 **A** 矩陣（3×4）可爲不同行向量的合併，即：

$$\mathbf{A} = \begin{bmatrix} \mathbf{a}_1 & \mathbf{a}_2 & \mathbf{a}_3 & \mathbf{a}_4 \end{bmatrix} = \begin{bmatrix} 1 & 3 & 1.5 & 2 \\ 1 & 2 & 0.5 & 1 \\ 1 & 1 & 0 & 0 \end{bmatrix}$$

抑或是「列合併」可爲：

```
B = np.concatenate([a1.T,a2.T,a3.T,a4.T],axis=0)
B
# array([[1. , 1. , 1. ],
#        [3. , 2. , 1. ],
#        [1.5, 0.5, 0. ],
#        [2. , 1. , 0. ]])
B.shape # (4, 3)
```

即 **B** 是一個 4×3 矩陣，其可寫成：

$$\mathbf{B} = \begin{bmatrix} \mathbf{a}_1^T \\ \mathbf{a}_2^T \\ \mathbf{a}_3^T \\ \mathbf{a}_4^T \end{bmatrix} = \begin{bmatrix} 1 & 1 & 1 \\ 3 & 2 & 1 \\ 1.5 & 0.5 & 0 \\ 2 & 1 & 0 \end{bmatrix}$$

我們可以看出 $\mathbf{B}$ 矩陣其實就是 $\mathbf{A}$ 矩陣的轉置矩陣，即 $\mathbf{B} = \mathbf{A}^T$。我們可以檢視 $\mathbf{B}$ 矩陣內列向量與行向量之間的關係，即轉置向量可爲：

$$\mathbf{x} = \begin{bmatrix} x_1 \\ x_2 \\ \vdots \\ x_n \end{bmatrix} \text{與 } \mathbf{x}^T = \begin{bmatrix} x_1 & x_2 & \cdots & x_n \end{bmatrix}$$

讀者自然可以檢視轉置矩陣的意義。

例 3　矩陣的表示方式

通常，一個 $m \times n$ 矩陣 $\mathbf{X}$，寫成 $\mathbf{X} \in \mathbf{R}^{m \times n}$，其中 m 爲列數而 n 爲行數。$\mathbf{X}$ 內之元素可爲例如：X_{ij} 表示 $\mathbf{X}$ 內之第 i 列與第 j 行元素，而 $\mathbf{X}_{\cdot j}$ 與 $\mathbf{X}_{i \cdot}$ 則分別表示第 j 行向量與第 i 列向量。是故，$\mathbf{X}$ 矩陣可以寫成：

$$\mathbf{X} = \begin{bmatrix} X_{11} & X_{12} & \cdots & X_{1n} \\ X_{21} & X_{22} & \cdots & X_{2n} \\ \vdots & \vdots & \ddots & \vdots \\ X_{m1} & X_{m2} & \cdots & X_{mn} \end{bmatrix} = \begin{bmatrix} \mathbf{X}_{1\cdot} \\ \mathbf{X}_{2\cdot} \\ \vdots \\ \mathbf{X}_{m\cdot} \end{bmatrix} = \begin{bmatrix} \mathbf{X}_{\cdot 1} & \mathbf{X}_{\cdot 2} & \cdots & \mathbf{X}_{\cdot n} \end{bmatrix}$$

而 $\mathbf{X}$ 矩陣之轉置矩陣可寫成：

$$\mathbf{X}^T = \begin{bmatrix} X_{11} & X_{21} & \cdots & X_{n1} \\ X_{12} & X_{22} & \cdots & X_{n2} \\ \vdots & \vdots & \ddots & \vdots \\ X_{1m} & X_{2m} & \cdots & X_{nm} \end{bmatrix}$$

例 4 矩陣內的元素

試下列指令：

```
X = np.array([np.arange(0,9)]).reshape(3,3)
# array([[0, 1, 2],
#        [3, 4, 5],
#        [6, 7, 8]])
a1 = X[:,0] # array([0, 3, 6])
b1 = np.array([a1]) # array([[0, 3, 6]])
a1.shape #  (3,)
b1.shape # (1, 3)
c1 = b1.T
c1.shape # (3, 1)
```

可看出 X 是一個 3×3 的方形矩陣（square matrix）[5]。我們可以從 X 內找出行向量如：

```
a1 = X[:,0] # array([0, 3, 6])
b1 = np.array([a1]) # array([[0, 3, 6]])
a1.shape #  (3,)
b1.shape # (1, 3)
c1 = b1.T
c1.shape # (3, 1)
```

即 c1 是 X 內的第一個行向量。值得注意的是，b1 是列向量而 a1 並不是熟悉的向量，因其型態只有 3，而不是 3×1 或 1×3。我們必須將 a1 轉為 b1 或 c1；因此，於 Python 內，向量或矩陣是用「[[ ]]」（二個中括號）表示。

我們可以叫出 X 內的元素如：

```
X[2,1] # 7
X[0:,1] # array([1, 4, 7])
```

---

[5] X 是一個 $m \times n$ 矩陣，當 $m = n$，稱 X 是一個方形矩陣。

```
X[0:2,1] # array([1, 4])
X[-1,1] # 7
X[-2:-1,1] # array([4])
```

例5 矩陣的加法

續例4，若向量或矩陣的型態一致，自然可以進行加法（或減法）的運算如：

```
a = 3;b = 4
Y = np.array([2,3,5,1,0,3,25,6,7]).reshape(3,3)
W = a*X+b*Y
# array([[  8,  15,  26],
#        [ 13,  12,  27],
#        [118,  45,  52]])
Z = a*X-b*Y
# array([[ -8,  -9, -14],
#        [  5,  12,   3],
#        [-82,  -3,  -4]])
```

讀者自然可以一目了然。

例6 矩陣的乘法

續例4，矩陣的乘法可為：

```
H = np.array([1,2,3,7,8,2]).reshape(3,2)
# array([[1, 2],
#        [3, 7],
#        [8, 2]])
H.shape # (3, 2)
P = np.dot(H.T,X)
# array([[57, 69, 81],
#        [33, 44, 55]])
H.T.dot(X)
```

```
# array([[57, 69, 81],
#         [33, 44, 55]])
P.shape # (2, 3)
```

即 **H** 是一個 3×2 矩陣，我們必須將其轉置方能乘以 **X**。可以注意相乘有二種表示方式：np.dot(.) 與 .dot(.)。因 **X** 是一個 3×3 矩陣，故 **P** = **H**^{T}**X**，其中 **P** 是一個 2×3 矩陣，讀者自然可以類推如計算 **Q** = **XH** 等。

例 7 逆矩陣

(1-3) 式曾經使用逆矩陣，我們重新描述逆矩陣所扮演的角色。一個矩陣 **W** 若為方形且行向量皆為獨立，則稱 **W** 為可轉換矩陣（invertible matrix），即存在唯一的矩陣 **B**，使得

$$\mathbf{WB} = \mathbf{BW} = \mathbf{I}$$

則稱 **B** 為 **W** 的逆矩陣，寫成 **B** = **W**$^{-1}$。**W**$^{-1}$ 具有下列性質：

(1) **WW**$^{-1}$ = **W**$^{-1}$**W** = **I**。
(2) 若 **P** 與 **Q** 皆屬於可轉換矩陣，則 (**PQ**)$^{-1}$ = **Q**$^{-1}$**P**$^{-1}$。
(3) (**W**$^{-1}$)$^{-1}$ = **W**。

上述性質不難用 Python 說明，讀者可以試試。

我們舉一個例子說明。重新考慮例 2 內的 **A**，可得：

$$\mathbf{A} = \begin{bmatrix} \mathbf{a}_1 & \mathbf{a}_2 & \mathbf{a}_3 & \mathbf{a}_4 \end{bmatrix} \begin{bmatrix} 1 & 3 & 1.5 & 2 \\ 1 & 2 & 0.5 & 1 \\ 1 & 1 & 0 & 0 \end{bmatrix} 與 \mathbf{A}^* = \begin{bmatrix} \mathbf{a}_1 & \mathbf{a}_2 & \mathbf{a}_3 \end{bmatrix} \begin{bmatrix} 1 & 3 & 1.5 \\ 1 & 2 & 0.5 \\ 1 & 1 & 0 \end{bmatrix}$$

即除去 **A** 內的第 4 行向量可得 **A***。除了 inv(.) 之外，另外我們自設一個函數用以計算矩陣的行列式（determinant）如：

```
def det(W): # 行列式
    return np.linalg.det(W)
```

我們檢視如何使用如：

```
A
# array([[1. , 3. , 1.5, 2. ],
#         [1. , 2. , 0.5, 1. ],
#         [1. , 1. , 0. , 0. ]])
det(A) # LinAlgError: Last 2 dimensions of the array must be square
inv(A) # LinAlgError: Last 2 dimensions of the array must be square
```

即 inv(.) 與 det(.) 二函數須使用方形矩陣。再試 $\mathbf{A}^*$：

```
Astar = A[0:3,0:3]
det(Astar) # -0.5
Astar_1 = inv(Astar)
# array([[ 1., -3.,  3.],
#        [-1.,  3., -2.],
#        [ 2., -4.,  2.]])
```

因 $\mathbf{A}^*$ 的行列式值不等於 0，故稱 $\mathbf{A}^*$ 是一個非奇異矩陣（nonsingular matrix）；另一方面，因存在 $\mathbf{A}^*$ 的逆矩陣 $\mathbf{A}^{*-1}$，故 $\mathbf{A}^*$ 亦是一個可轉換矩陣。我們可以進一步說明，如：

```
Astar.dot(Astar_1)
# array([[1., 0., 0.],
#        [0., 1., 0.],
#        [0., 0., 1.]])
```

即 $\mathbf{A}^*\mathbf{A}^{*-1} = \mathbf{I}_3$。

習題

(1) 何謂向量空間？試解釋之。

(2) 我們如何分別建立一個行向量、列向量以及矩陣？試分別舉一例說明。提示：

使用 .reshape(.) 指令。

(3) 利用例 2 內之 **A**，試合併 **A** 內之第 1、2 與 4 個行向量並稱爲 **A₁**。**A₁** 爲何？

(4) 續上題，請問 **A₁** 內之行向量之間是否相互獨立？**A₁** 的行列式值爲何？**A₁** 的逆矩陣爲何？**A₁** 是否是一個奇異矩陣（singular matrix）？

(5) 續上題，R^3 內之一點，是否可以由 **A₁** 內的行向量之線性組合所構成？試解釋之。

(6) 試建立一個 **I₆**。

1.1.2 子空間、線性獨立與矩陣之秩

我們繼續 1.1.1 節的內容。

生成向量（spanning vectors）

基底向量的線性組合可形成一個向量空間，該基底向量稱爲生成向量。

如前述的 **a** 與 **b** 可產生 R^2，故 **a** 與 **b** 爲 R^2 的生成向量。考慮下列二個向量如：

$$\mathbf{f}^T = [1 \quad 2 \quad 0] \text{ 與 } \mathbf{g}^T = [2 \quad 1 \quad 0]$$

顯然 **f** 與 **g** 並不是 R^3 的生成向量，但是 **f** 與 **g** 卻可形成 R^3 的子空間（subspace），即後者屬於維度等於 3 之向量，不過向量的第 3 個元素卻必須等於 0。R^2 並不是 R^3 的子空間，因其維度等於 2，而 R^3 的子空間的維度雖然爲 2，但其仍屬於 R^3。

如前所述，矩陣可視爲行向量的集合（行合併）。我們進一步發現矩陣的列向量，其實可以對應至「坐標軸」，如圖 1-1 所示。我們檢視下列的定義：

行空間

矩陣的行空間（column space）是一個向量空間，其是由對應的行向量所生成的。

若一個矩陣有 m 列，則對應的行空間有可能維度小於等於 m。例如：考慮下列矩陣：

$$\mathbf{W}_2 = \begin{bmatrix} 1 & 2 & 3 \\ 2 & 5 & 7 \\ 3 & 7 & 10 \end{bmatrix}$$

$\mathbf{W}_2$ 內行向量屬於 $\mathbf{R}^3$，但是行向量之間卻屬於線性相依（linear dependence），即第 3 行向量為第 1 與 2 行向量相加；是故，$\mathbf{W}_2$ 內行空間只是 $\mathbf{R}^3$ 內的子空間，後者的維度等於 2。

行之秩

矩陣的行之秩（column rank）是行向量所生成的向量空間的維度。

我們應該可以發現矩陣的行之秩就是該矩陣內最大的相互獨立之行向量數目，即就矩陣 $\mathbf{W}_2$ 而言，其最大的獨立行向量數目等於 2，故對應的行之秩等於 2。我們繼續考慮下列矩陣：

$$\mathbf{W}_3 = \begin{bmatrix} 1 & 2 \\ 5 & 1 \\ 6 & 4 \end{bmatrix} \text{ 與 } \mathbf{W}_4 = \mathbf{W}_3^T = \begin{bmatrix} 1 & 5 & 6 \\ 2 & 1 & 4 \end{bmatrix}$$

底下就可發現矩陣 $\mathbf{W}_3$ 與 $\mathbf{W}_4$ 的秩皆等於 2。我們發現 $\mathbf{W}_3$ 內的行向量只能生成維度等於 2 的 $\mathbf{R}^3$ 之子空間，而 $\mathbf{W}_4$ 最多只能生成 $\mathbf{R}^2$，故 $\mathbf{W}_4$ 內的其中一個行向量必然是相依的；另一方面，其實 $\mathbf{W}_4$ 是 $\mathbf{W}_3$ 的轉置矩陣。因此，$\mathbf{W}_3$ 的行之秩等於 $\mathbf{W}_4$ 的行之秩，而 $\mathbf{W}_3$ 的行向量卻是 $\mathbf{W}_4$ 的列向量，隱含著 $\mathbf{W}_3$ 的行之秩等於 $\mathbf{W}_4$ 的列之秩（row rank），上述結果絕非屬於偶然。

行與列之秩相等

矩陣的行之秩等於該矩陣的列之秩，隱含著對應的「列空間（row space）」與「行空間（column space）」的維度相等。

根據上述矩陣 $\mathbf{W}_3$ 與 $\mathbf{W}_4$ 的例子與上述定義，可有下列結果：

(1) $\mathbf{W}$ 矩陣的秩，寫成 $rank(\mathbf{W})$。

(2) 矩陣的秩等於矩陣的行或列向量數目，稱為滿秩（full rank）。矩陣的滿秩簡稱為矩陣的秩。

(3) $rank(\mathbf{W}) = rank(\mathbf{W}^T) \leq \min(m, n)$，其中 $\mathbf{W}$ 是一個 $m \times n$ 矩陣。

(4) 滿秩與「缺秩（short rank）」矩陣的差異，例如：

$$\mathbf{W}\mathbf{x} = \mathbf{0} \Rightarrow \begin{bmatrix} 1 & 3 & 10 \\ 2 & 3 & 14 \end{bmatrix} \begin{bmatrix} x_1 \\ x_2 \\ x_3 \end{bmatrix} = \begin{bmatrix} 0 \\ 0 \end{bmatrix}$$

$$\Rightarrow \begin{cases} x_1 + 3x_2 + 10x_3 = 0 \\ 2x_1 + 3x_2 + 14x_3 = 0 \end{cases} \Rightarrow \mathbf{x}^T = (-4, -2, -1), \mathbf{x}^T = (-4, -2, -1), \cdots$$

即任意 x_3 值（如 $x_3 = -1$ 或 $x_3 = 1$）可對應至 x_1 與 x_2 值；換言之，上述聯立方程式存在無窮多組解。

(5) $rank(\mathbf{W}) = rank(\mathbf{W}\mathbf{W}^T)$。

(6) $rank(\mathbf{W}) = rank(\mathbf{W}^T)$。

雖然我們沒有證明上述結果[6]，不過可用 Python 說明，見習題。

我們仍以自設函數的方式計算矩陣之秩如：

```
def rank(W):
    return np.linalg.matrix_rank(W)
```

再計算下列矩陣之秩如：

```
W2 = np.array([1,2,3,2,5,7,3,7,10]).reshape(3,3)
# array([[ 1,  2,  3],
#        [ 2,  5,  7],
#        [ 3,  7, 10]])
rank(W2) # 2
W3 = np.array([1,2,5,1,6,4]).reshape(3,2)
# array([[1, 2],
#        [5, 1],
#        [6, 4]])
rank(W3) # 2
W4 = W3.T
# array([[1, 5, 6],
```

---

[6] 上述證明可參考線性代數書籍如 Nicholson（2013）等書。

```
#              [2, 1, 4]])
rank(W4) # 2
```

讀者可以比較對照看看。

例1 **A 與 A* 之秩**

我們計算 1.1.1 節內的 **A** 與 **A*** 之秩如：

```
rank(A) # 3
rank(Astar) # 3
```

例2 **線性獨立**

若 $\mathbf{a}_1, \mathbf{a}_2, \cdots, \mathbf{a}_n$ 為 $\mathbf{R}^n$ 的基底向量，隱含著 $\mathbf{a}_1, \mathbf{a}_2, \cdots, \mathbf{a}_n$ 之間相互獨立，則下列聯立方程式

$$\alpha_1\mathbf{a}_1 + \alpha_2\mathbf{a}_2 + \cdots + \alpha_n\mathbf{a}_n = \mathbf{0} \tag{1-4}$$

存在唯一解為 $\alpha_1 = \alpha_2 = \cdots = \alpha_n = 0$。上述唯一解亦稱為平凡解（trivial solution）。

例3 **線性相依**

續例 2，若 $\mathbf{a}_1, \mathbf{a}_2, \cdots, \mathbf{a}_n$ 不為 $\mathbf{R}^n$ 的基底向量，隱含著 $\mathbf{a}_1, \mathbf{a}_2, \cdots, \mathbf{a}_n$ 之間不為相互獨立，而是線性相依，則

$$\mathbf{a}_i = -\left(\frac{\alpha_1}{\alpha_i}\mathbf{a}_1 + \frac{\alpha_2}{\alpha_i}\mathbf{a}_2 + \cdots + \frac{\alpha_n}{\alpha_i}\mathbf{a}_n \right) \tag{1-5}$$

其中 $\alpha_i \neq 0$。(1-5) 式隱含著若 $\alpha_i \neq 0$，$\mathbf{a}_i$ 竟是其他向量的線性組合；或者說，若 $\mathbf{a}_1, \mathbf{a}_2, \cdots, \mathbf{a}_n$ 彼此之間屬於線性獨立，隱含著任意向量如 $\mathbf{a}_i$ 不為其餘 $n-1$ 個向量之線性組合。

習題

(1) 就下列 **W** 而言，我們可以如何解釋？提示：m 種狀態 n 種資產。

$$\mathbf{W} = \begin{bmatrix} 4 & 1 & 2 \\ 5 & 7 & 4 \\ 6 & 10 & 16 \end{bmatrix}$$

(2) 續上題，**W** 內的行向量是否相互獨立？爲什麼？

(3) 續上題，**W** 之秩爲何？$\mathbf{WW}^T$ 之秩爲何？

(4) **W** 內的行向量是否可以爲 $\mathbf{R}^3$ 的基底向量？爲什麼？

(5) 續上題，**W** 內的行向量可爲 $\mathbf{R}^3$ 的基底向量，若視 $\mathbf{W}_{.j}$（$j = 1, 2, 3$）爲資產 j 的收益，則狀態 2 的 AD 證券的收益可爲資產 j（$j = 1, 2, 3$）的資產組合收益複製，該資產組合的內容爲何？提示：狀態 2 的 AD 證券的收益可用 $e_2 = \begin{bmatrix} 0 \\ 1 \\ 0 \end{bmatrix}$ 表示。

1.2 一個簡單的財金市場模型

　　若簡單的模型就可以找出資產的定價，那何必使用複雜的模型呢？本節使用一個簡單的財金模型以說明資產組合、AD 證券、避險（hedging）、複製（replication）、完全市場（complete market）與無套利定價準則（no-arbitrage pricing principle）等基本的金融觀念。我們發現 1.1 節內的矩陣代數操作扮演重要的角色。

1.2.1 一個單期有限狀態模型

　　使用一個單期有限狀態（one-period finite state）的金融市場模型，如表 1-1 所示，簡單模型如表 1-1 的特色可以分述如下：

表 1-1　一種簡單的模型

	狀態 **1**	狀態 **2**	狀態 **3**
機率	1/2	1/6	1/3
債券價格	1	1	1
股票價格	3	2	1
買權 **1**（履約價 **1.5**）到期收益	1.5	0.5	0
買權 **2**（履約價 **1**）到期收益	2	1	0

表 1-2　一種假設的情境

事件	情境 **1** P = 1/4	情境 **2** P = 1/6	情境 **3** P = 1/3	情境 **4** P = 1/4
TWI	12,000	11,000	10,500	10,400
r	3.25	3.2	3.76	3.5
天氣	雨	雨	雨	晴
TSMC	550	520	510	530
etc.				

說明：P、TWI、r 與 TSMC 分別表示機率、臺灣加權股價指數、利率與台積電股價。

(1) 模型內只有「今日」與「明日」2 期；當然，上述 2 期亦可想像成「現在」與「未來」，或是「本週」與「下週」，抑或是「現在」與「10 分鐘後」。瞭解簡單的 2 期模型是重要的，因為多期模型可視為 2 期模型的延伸或擴充。

(2) 假定存在一種風險資產如股票。明日該資產的價值有 3 種可能（或稱為狀態），其分別為 3、2 與 1 以及對應的機率分別為 1/2、1/6 與 1/3；另外，尚存在一種無風險資產如債券，其明日可得 1（無論出現何狀態）。我們有興趣複製 2 種以上述股票為標的資產的買權（call options）（到期日皆為明日），其中一種履約價為 1.5 而另一則為 1。

(3) 由於明日股票的價格與買權的到期收益是不確定的，故表 1-1 內使用「狀態」來表示不確定性；也就是說，簡單模型假定明日存在 3 種可能，或稱為 3 種狀態或情境。為了分析方便起見，我們假定 3 種狀態的結果與機率皆為已知。

(4) 假定狀態只有 3 種是一種簡單化的過程。考慮表 1-2 內的結果，該表內有 4 個隨機變數：臺灣加權股價指數（TWI）、利率水準（r）、天氣與台積電股價（TSMC）。若每種隨機變數皆有 6 種可能，則我們需要考慮 $6^4 = 1,296$ 個情境。換句話說，狀態愈多，所需考慮的情境亦愈多，反而模型將愈複雜。

1.2.2 資產收益之向量與矩陣

就上述的簡單模型（表 1-1）而言，共有 4 種資產，可知：

$$\mathbf{a}_1 = \begin{bmatrix} 1 \\ 1 \\ 1 \end{bmatrix} 、 \mathbf{a}_2 = \begin{bmatrix} 3 \\ 2 \\ 1 \end{bmatrix} 、 \mathbf{a}_3 = \begin{bmatrix} 1.5 \\ 0.5 \\ 0 \end{bmatrix} 與 \mathbf{a}_4 = \begin{bmatrix} 2 \\ 1 \\ 0 \end{bmatrix}$$

即 $\mathbf{a}_1$ 與 $\mathbf{a}_2$ 分別表示債券明日收益與明日股價收益，而 $\mathbf{a}_3$ 與 $\mathbf{a}_4$ 則分別為買權 1 與 2 的到期收益。上述 $\mathbf{a}_i (i = 1, 2, 3, 4)$ 向量容易用 Python 表示，如 1.1.1 節的例 2 的 **A** 矩陣。

我們可以操作純量與向量的乘積以及加法。例如：購買 2 單位第 3 種資產（即買權 1），可得收益為：

$$2\mathbf{a}_3 = \begin{bmatrix} 3 \\ 1 \\ 0 \end{bmatrix}$$

若賣出（或稱為發行）1 單位的第 4 種資產（即買權 2），可得收益為：

$$-\mathbf{a}_4 = \begin{bmatrix} -2 \\ -1 \\ 0 \end{bmatrix}$$

向量的加法可用於計算資產組合的收益。資產組合是現有資產的組合，即同時買進與賣出若干單位資產可以構成一個資產組合，自然可以進一步計算該資產組合的收益。例如：持有 2 單位的第 3 種資產以及賣出 1 單位的第 4 種資產可構成一個資產組合，而該資產組合的收益為：

$$2\mathbf{a}_3 - \mathbf{a}_4 = \begin{bmatrix} 3-2 \\ 1-1 \\ 0 \end{bmatrix} = \begin{bmatrix} 1 \\ 0 \\ 0 \end{bmatrix}$$

其對應的 Python 指令為：

```
2*a3-a4
# array([[1.],
#         [0.],
#         [0.]])
```

資產組合的收益

例如：我們可以建立一個由前述簡單模型內 4 種資產所構成的資產組合，其中 $x_i(i = 1, 2, 3, 4)$ 表示對應的保有數量。則第 3 狀態的資產組合收益可寫成：

$$V(1)(\omega = 3) = \mathbf{x}^T (\mathbf{A}_3.)^T = \begin{bmatrix} x_1 & x_2 & x_3 & x_4 \end{bmatrix} \begin{bmatrix} 1 \\ 1 \\ 0 \\ 0 \end{bmatrix} = x_1 + x_2$$

其中 $V(1)(\omega = 3)$ 表示明日資產組合的收益，而 ω 表示狀態。值得注意的是 $V(1)(\omega = 3)$ 是一個純數值，其亦可寫成 $V(1)(\omega = 3) = \mathbf{A}_3.\mathbf{x}$。上述 $\mathbf{A}_3.$ 可透過下列指令取得：

```
adot3 = A[2,:] # array([1., 1., 0., 0.])
adot3.shape # (4,)
adotw3 = np.array([adot3]) # array([[1., 1., 0., 0.]])
adotw3.shape # (1,4)
```

例 1 自我融通（self-financing）的例子

假定期初發行 2 單位的買權 1 與發行 1 單位的買權 2，利用上述期初收益，我們全數用於購買 2 單位的股票，不足的部分以借入 1 單位的債券融通，即期初資產組合的價值等於 0；因此，$\mathbf{x}$ 可寫成：

$$\mathbf{x} = \begin{bmatrix} -1 \\ 2 \\ -2 \\ -1 \end{bmatrix}$$

我們進一步計算不同狀態下資產組合的收益，即：

$$V(1)(\omega = 1) = \mathbf{A}_{1.}\mathbf{x} = \begin{bmatrix} 1 & 3 & 1.5 & 2 \end{bmatrix} \begin{bmatrix} -1 \\ 2 \\ -2 \\ -1 \end{bmatrix} = 0$$

$$V(1)(\omega = 2) = \mathbf{A}_{2.}\mathbf{x} = \begin{bmatrix} 1 & 2 & 0.5 & 1 \end{bmatrix} \begin{bmatrix} -1 \\ 2 \\ -2 \\ -1 \end{bmatrix} = 1$$

與

$$V(1)(\omega = 3) = \mathbf{A}_{3.}\mathbf{x} = \begin{bmatrix} 1 & 1 & 0 & 0 \end{bmatrix} \begin{bmatrix} -1 \\ 2 \\ -2 \\ -1 \end{bmatrix} = 1$$

合併上述結果可得：

$$V(1) = \mathbf{A}\mathbf{x} = \begin{bmatrix} 1 & 3 & 1.5 & 2 \\ 1 & 2 & 0.5 & 1 \\ 1 & 1 & 0 & 0 \end{bmatrix} \begin{bmatrix} -1 \\ 2 \\ -2 \\ -1 \end{bmatrix} = \begin{bmatrix} 0 \\ 1 \\ 1 \end{bmatrix}$$

即於 3 種狀態下，前述的資產組合收益為 $V(1)$。

例2 Python 的操作

續例 1，對應的 Python 操作可為：

```
x = np.array([[-1],[2],[-2],[-1]])
x
# array([[-1],
#        [ 2],
#        [-2],
```

```
#           [-1]])
x.shape # (4, 1)
adotw1 = np.array([A[0,:]]) # array([[1., 1., 0., 0.]])
adotw2 = np.array([A[1,:]]) # array([[1., 1., 0., 0.]])
v1 = adotw1.dot(x) # array([[0.]])
v2 = adotw2.dot(x) # array([[1.]])
v3 = adotw3.dot(x) # array([[1.]])
```

或者：

```
V1 = A.dot(x)
V1
# array([[0.],
#         [1.],
#         [1.]])
np.dot(A,x)
# array([[0.],
#         [1.],
#         [1.]])
```

因 **A** 為一個 3×4 矩陣而 **x** 為一個 4×1 向量，故 **Ax** 為一個 3×1 向量。

聯立方程式體系

就一個有 m 條方程式以及 n 個未知變數如 $x_1, x_2, \cdots, x_n$ 的體系而言，其可寫成：

$$\begin{cases} A_{11}x_1 + A_{12}x_2 + \cdots + A_{1n}x_n = b_1 \\ A_{21}x_1 + A_{22}x_2 + \cdots + A_{2n}x_n = b_2 \\ \qquad\qquad\qquad \vdots \\ A_{m1}x_1 + A_{m2}x_2 + \cdots + A_{mn}x_n = b_m \end{cases} \tag{1-6}$$

(1-6) 式可再簡寫成：

$$\mathbf{A}_{\cdot 1}x_1 + \mathbf{A}_{\cdot 2}x_2 + \cdots + \mathbf{A}_{\cdot n}x_n = \mathbf{b} \tag{1-7}$$

或

$$\mathbf{Ax} = \mathbf{b} \tag{1-8}$$

其中

$$\mathbf{A} = \begin{bmatrix} A_{11} & A_{12} & \cdots & A_{1n} \\ A_{21} & A_{22} & \cdots & A_{2n} \\ \vdots & \vdots & \ddots & \vdots \\ A_{m1} & A_{m2} & \cdots & A_{mn} \end{bmatrix} \mathbf{、} \mathbf{x} = \begin{bmatrix} x_1 \\ x_2 \\ \vdots \\ x_n \end{bmatrix} \text{與} \mathbf{b} = \begin{bmatrix} b_1 \\ b_2 \\ \vdots \\ b_n \end{bmatrix}$$

我們可以想像 **A** 矩陣是由 m 種狀態以及 n 種資產所構成，而 **x** 爲 n 種資產所形成的資產組合；其次，**b** 則是欲避險的另外一種資產。

我們可以進一步稱 **A** 與 **b** 內的資產分別爲「基本資產」與「標的資產」；也就是說，**Ax** 表示由 **x** 所組成之資產組合收益，而求解 (1-4) 式，相當於找出能複製（完全避險）標的資產 **b** 的資產組合。

通常，基本資產爲現行市價爲已知的流通資產，而標的資產則爲「場外交易（over-the-counter）」之市價爲未知的未流通資產。一個自然的問題是：場外交易的標的資產如何定價？

投資銀行或券商發行標的資產 **b**，於不同的狀態下，自然有可能出現不同程度的（支出）風險。所謂的避險（hedging）是指同時購買其他的資產（資產組合）以消除發行 **b** 的風險；或者說，完全避險（perfect hedging）是指上述發行 **b** 的風險完全被排除。因此，投資銀行或券商除了發行標的資產 **b** 之外，爲了避險，其亦必須購買由基本資產所組成的「複製」資產組合 **x**。

例3 **複製買權** 2

根據前述的簡單模型，我們希望能找到一個由第 1～3 種資產（即債券、股票與買權 1）所構成的資產組合，而該資產組合能複製第 4 種資產（即買權 2）。換句話說，令複製的資產組合爲：

$$\mathbf{x}^{*T} = \begin{bmatrix} x_1^* & x_2^* & x_3^* \end{bmatrix}$$

則根據 (1-8) 式，可知：

$$\mathbf{A}^* \mathbf{x}^* = \mathbf{b}^* \tag{1-9}$$

其中

$$\mathbf{A}^* = \begin{bmatrix} \mathbf{A}_{\cdot 1} & \mathbf{A}_{\cdot 2} & \mathbf{A}_{\cdot 3} \end{bmatrix} = \begin{bmatrix} 1 & 3 & 1.5 \\ 1 & 2 & 0.5 \\ 1 & 1 & 0 \end{bmatrix} \text{與} \ \mathbf{b}^* = \mathbf{A}_{\cdot 4} = \begin{bmatrix} 2 \\ 1 \\ 0 \end{bmatrix}$$

例 4 **例 3 之求解**

續例 3，求解 (1-9) 式，可得：

```
Astar = A[0:3,0:3]
# array([[1. , 3. , 1.5],
#         [1. , 2. , 0.5],
#         [1. , 1. , 0. ]])
det(Astar) # -0.5
Astar_1 = inv(Astar)
bstar = np.array([A[:,3]]).T
xstar = Astar_1.dot(bstar)
# array([[-1.],
#        [ 1.],
#        [ 0.]])
```

即 $\mathbf{x}^* = \mathbf{A}^{*-1}\mathbf{b}^* = [-1 \quad 1 \quad 0]^T$，隱含著放空 1 單位第 1 種資產（債券）與買進 1 單位第 2 種資產（股票）的資產組合可以複製第 4 種資產（買權 2）。若假定第 1 種資產（無風險債券）以及第 2 種資產的今日價格分別為 1/1.05 與 2，即：

```
price0 = [1/1.05,2,3]
price1 = np.array(price0).reshape(1,3)
```

```
price1.dot(xstar) # array([[1.04761905]])
price1.dot(xstar).item() # 1.0476190476190477
```

上述假定買權 1 的今日價格為 3（因並沒有扮演任何角色，故 3 屬於隨意數值），則買權 2 的今日價格約為 1.048，隱含著投資銀行或券商發行買權 2 的公平價格約為 1.048。

例 5 複雜性

　　續例 4，若買權 1 與 2「互換」，即：

```
b1 = np.array(A[:,2]).T
A1 = np.concatenate([A[:,0:2],bstar],axis=1)
det(A1) # 0.0
inv(A1) # Singular matrix
```

也就是說，我們欲利用第 1、2 與 4 資產複製第 3 資產（買權 1），可發現對應的 A1 矩陣屬於奇異矩陣（A1 之行列式值等於 0），故 A1 屬於不可逆矩陣（not invertible matrix）。

　　總結上述結果，我們發現

$$[\mathbf{A}_{\cdot 1} \quad \mathbf{A}_{\cdot 2}]^T \mathbf{x} = \mathbf{A}_{\cdot 4} \tag{1-10}$$

存在唯一解 $\mathbf{x}$，即使 $[\mathbf{A}_{\cdot 1} \quad \mathbf{A}_{\cdot 2}]^{-1}$ 並不存在[⑦]；但是

$$[\mathbf{A}_{\cdot 1} \quad \mathbf{A}_{\cdot 2}]^T \mathbf{x} = \mathbf{A}_{\cdot 3} \tag{1-11}$$

卻不存在任何解。(1-10)～(1-11) 二式提醒我們 $m = n$ 未必是存在唯一解的條件；另一方面，(1-10) 式亦指出未必須存在逆矩陣才能找出唯一解。

[⑦] 因 $[\mathbf{A}_{\cdot 1} \quad \mathbf{A}_{\cdot 2}]$ 並不是一個方形矩陣。

習題

(1) 於例 5 內，$\mathbf{A}_1 = [\mathbf{A}_{\cdot 1} \quad \mathbf{A}_{\cdot 2} \quad \mathbf{A}_{\cdot 4}]$，則 $\mathbf{A}_1$ 爲何？

(2) 續上題，$\mathbf{A}_1$ 內的行向量爲線性相依或線性獨立？爲什麼？

(3) 試舉一個例子說明下列矩陣相乘的特色：

(i) $\mathbf{UV} \neq \mathbf{VU}$。

(ii) $(\mathbf{UV})\mathbf{W} = \mathbf{U}(\mathbf{VW})$。

(iii) $(\mathbf{UV})^T = \mathbf{V}^T\mathbf{U}^T$。

(4) 試求解下列聯立方程式體系：

$$\begin{cases} 6x - 3y + 2z = 7 \\ x + 2y + 5z = 0 \\ 2x - 8y - z = -2 \end{cases}$$

(5) 續上題，我們如何解釋該聯立方程式體系？

1.2.3 線性獨立與多餘資產

如前所述，令 $\mathbf{A}_{\cdot 1}, \mathbf{A}_{\cdot 2}, \cdots, \mathbf{A}_{\cdot n} \in \mathbf{R}^m$ 表示存在 m 種狀態之 n 種資產。延續 1.1.2 節，我們重新定義線性獨立。

線性獨立

若下列聯立方程式體系：

$$\mathbf{A}_{\cdot 1}x_1 + \mathbf{A}_{\cdot 2}x_2 + \cdots + \mathbf{A}_{\cdot n}x_n = 0 \tag{1-12}$$

存在唯一平凡解 $x_1 = x_2 = \cdots = x_n = 0$，則稱向量（資產）$\mathbf{A}_{\cdot 1}, \mathbf{A}_{\cdot 2}, \cdots, \mathbf{A}_{\cdot n}$ 屬於線性獨立。

就數學而言，我們稱 $\mathbf{A}_{\cdot 1}x_1 + \mathbf{A}_{\cdot 2}x_2 + \cdots + \mathbf{A}_{\cdot n}x_n$ 爲一種線性組合，其中 $\mathbf{A}_{\cdot i}$ 爲向量而 $x_i(i = 1, 2, \cdots, n)$ 則爲線性組合之係數；不過，就本章的簡單模型而言，$\mathbf{A}_{\cdot i}$ 與 x_i 卻分別表示資產 i 的收益與持有數量，即上述線性組合其實就是一種資產組合的收益。

根據線性獨立的定義，我們可以看出線性獨立的意思。若 (1-12) 式不爲線性獨立，反而屬於線性相依，則

$$\mathbf{A}_{\cdot i} = -\left(\mathbf{A}_{\cdot 2} \frac{x_1}{x_i} + \cdots + \mathbf{A}_{\cdot n} \frac{x_n}{x_i} \right) \tag{1-13}$$

其中 $x_i \neq 0$。(1-13) 式隱含著若 $x_i \neq 0$，$\mathbf{A}_{\cdot i}$ 竟是其他向量的線性組合；或者說，若 $\mathbf{A}_{\cdot 1}$, $\mathbf{A}_{\cdot 2}, \cdots, \mathbf{A}_{\cdot n}$ 屬於線性獨立，隱含著任意向量如 $\mathbf{A}_{\cdot i}$ 不為其餘 $n-1$ 個向量之線性組合。

多餘資產

若資產的收益是多種資產收益之線性組合，則該資產可稱為多餘資產（redundant assets）。其實，上述線性組合就是複製的資產組合；或者，複製的資產組合的標的資產，其實就是多餘資產。

表 1-3　多餘資產的例子

	資產 **1**	資產 **2**
狀態 **1**	1	2
狀態 **2**	0	0

例 1　多餘資產

考慮表 1-3 的結果，該表說明了資產 1 與 2 的收益只取決於狀態 1，即於狀態 2 之下，資產 1 與 2 並無收益。顯然，從表 1-3 內可看出資產 1 與 2 的收益並非相互獨立，隱含著其中一種資產是多餘的（2 單位資產 1 或 0.5 單位資產 2 分別可得資產 2 或資產 1）。

例 2　多餘資產（續）

假定存在 $n = 3$ 資產以及 $m = 2$ 狀態，如表 1-4 所示。我們發現存在 $n = 2$ 資產如資產 1 與 2 皆不屬於多餘資產，則資產 3 必屬於多餘資產。換句話說，從表 1-4 內可看出資產 3 屬於多餘資產，因其可由 3 單位資產 1 與 2 單位資產 2 所構成。因此，若 $n > m$（即資產數大於狀態數），隱含著必存在多餘資產。

表 1-4　多餘資產（續）

	資產 **1**	資產 **2**	資產 **3**
狀態 **1**	1	0	3
狀態 **2**	0	2	4

我們重新檢視表 1-1 的結果，可以分述如下：

(1) 如例 2 所述，因 $n = 4 > m = 3$，故簡單模型（表 1-1）必存在多餘資產。

(2) 考慮 $\mathbf{A}_{\cdot 1} = \begin{bmatrix} 1 \\ 1 \\ 1 \end{bmatrix}$ 與 $\mathbf{A}_{\cdot 2} = \begin{bmatrix} 3 \\ 2 \\ 1 \end{bmatrix}$ 的情況，其存在二種情況：

  情況 1：$\mathbf{A}_{\cdot 1}$ 與 $\mathbf{A}_{\cdot 2}$ 屬於線性相依，表示 $\mathbf{A}_{\cdot 1}$ 與 $\mathbf{A}_{\cdot 2}$ 之間其中一個是多餘的，隱含著

$$\mathbf{A}_{\cdot 2} = x_1 \mathbf{A}_{\cdot 1} \Rightarrow \begin{bmatrix} 3 \\ 2 \\ 1 \end{bmatrix} = x_1 \begin{bmatrix} 1 \\ 1 \\ 1 \end{bmatrix}$$

  但是，因一旦 $x_1 = 3$ 就不可能再出現 $x_1 = 2$，故 $\mathbf{A}_{\cdot 1}$ 與 $\mathbf{A}_{\cdot 2}$ 不可能屬於線性相依。

  情況 2：既然 $\mathbf{A}_{\cdot 1}$ 與 $\mathbf{A}_{\cdot 2}$ 不可能屬於線性相依，隱含著 $\mathbf{A}_{\cdot 1}$ 與 $\mathbf{A}_{\cdot 2}$ 必為線性獨立。

(3) 我們繼續加入第 3 資產（即買權 1）的考慮，即 $\mathbf{A}_{\cdot 3} = \begin{bmatrix} 1.5 \\ 0.5 \\ 0 \end{bmatrix}$；換言之，我們檢視

  $\mathbf{A}_{\cdot 1}$、$\mathbf{A}_{\cdot 2}$ 與 $\mathbf{A}_{\cdot 3}$ 的情況，其仍為不是線性相依就是線性獨立。就前者而言，考慮下列的可能：

$$\begin{bmatrix} 1.5 \\ 0.5 \\ 0 \end{bmatrix} = x_1 \begin{bmatrix} 1 \\ 1 \\ 1 \end{bmatrix} + x_2 \begin{bmatrix} 3 \\ 2 \\ 1 \end{bmatrix}$$

  即 $\mathbf{A}_{\cdot 3}$ 為 $\mathbf{A}_{\cdot 1}$ 與 $\mathbf{A}_{\cdot 2}$ 的線性組合。求解上式仍出現「不一致」現象[8]，隱含著 $\mathbf{A}_{\cdot 1}$、$\mathbf{A}_{\cdot 2}$ 與 $\mathbf{A}_{\cdot 3}$ 屬於線性獨立。

(4) 於 (1) 內，我們已知存在多餘資產，故於 (3) 內再加進第 4 種資產的檢視，可知必存在多餘資產；或者說，只有 3 種狀態，不可能存在 4 種獨立的資產。

---

[8] 即求解前面二條方程式可得 $x_2 = 1$，但是求解後二條方程式卻得 $x_2 = 0.5$。

表 1-5　一個完全市場

	資產 1	資產 2	資產 3
狀態 **1**	1	0	0
狀態 **2**	0	2	0
狀態 **3**	0	0	3

例 3 完全市場

　　檢視表 1-5，若忽略資產 3，則市場必然屬於不完全（incomplete），即利用如資產 1 與 2 的資訊並無法完全描述 3 種狀態。直覺而言，我們可以看出表 1-5 內 3 種資產之收益（向量）絕非屬於線性相依而是線性獨立，而且並無多餘資產的存在；或者說，利用資產 1～3 的資訊可以充分描述 3 種狀態。因此，所謂的「完全市場」指的是狀態數與資產數一致，即 $m = n$，而後者屬於線性獨立。

習題

(1) 若現有 3 種基本資產的「未來」收益為：

$$\mathbf{A} = \begin{bmatrix} 4 & 1 & 2 \\ 5 & 7 & 4 \\ 6 & 10 & 16 \end{bmatrix}$$

即分別存在不景氣、正常與繁榮等 3 種狀態。試計算 $\mathbf{A}$ 之秩與 $\mathbf{A}^{-1}$。$\mathbf{A}$ 內的行向量是否獨立？

(2) 續上題，若存在無風險資產（其未來收益皆為 1），其是否屬於多餘資產？提示：無風險資產的未來收益可用下列指令表示：

```
np.ones(3).reshape(3,1)
# array([[1.],
#        [1.],
#        [1.]])
```

(3) 續上題，該無風險資產，可由上述 3 種基本資產的資產組合複製，請問該複

製的資產組合的內容爲何？

(4) 續上題，若第 1 種資產（$\mathbf{A}$ 內的第 1 行向量）與無風險資產互換，則第 1 種資產是否屬於多餘資產？若是，則複製第 1 種資產的資產組合內容爲何？

(5) 續上題，若用 $\mathbf{A}$ 內的資產複製第 1 種資產，結果爲何？第 1 種資產是否屬於多餘資產？

1.3 完全市場的特色

本節介紹完全市場的特色，我們發現完全市場除了無法複製「新的基本資產」之外，其亦存在唯一的 AD 證券價格。

1.1.1 節曾經介紹逆矩陣，我們發現逆矩陣與複製的觀念有關。一個矩陣 $\mathbf{W}$ 若爲方形且屬於滿秩（行向量皆爲獨立），則稱 $\mathbf{W}$ 爲可轉換矩陣，隱含著存在唯一的矩陣 $\mathbf{W}^{-1}$，使得：

$$\mathbf{W}\mathbf{W}^{-1} = \mathbf{W}^{-1}\mathbf{W} = \mathbf{I}$$

假定上述 $\mathbf{W}$ 是一個 $n \times n$ 矩陣，根據上述性質可得：

$$\mathbf{W}\mathbf{W}^{-1} = \mathbf{I}_n \tag{1-14}$$

另一方面，可知：

$$\mathbf{W}\mathbf{W}_{\cdot i}^{-1} = \mathbf{e}_i \tag{1-15}$$

其中 $\mathbf{W}_{\cdot i}^{-1}$ 與 e_i 分別爲 $\mathbf{W}^{-1}$ 與 $\mathbf{I}_n$ 的第 i 個行向量。(1-15) 式的涵義爲：假定我們欲求解下列聯立方程式體系如：

$$\mathbf{W}\mathbf{x} = \mathbf{e}_1 = \begin{bmatrix} 1 \\ 0 \\ \vdots \\ 0 \end{bmatrix} \tag{1-16}$$

則 $\mathbf{x}$ 就是 $\mathbf{W}_{\cdot i}^{-1}$，即 $\mathbf{W}^{-1}$ 的第 1 個行向量。

更有甚者，若 **W** 表示由 n 種基本資產所形成的資產組合收益，其中狀態個數亦為 n，則 (1-15) 式豈不是隱含著可用現存的 n 種基本資產複製第 i 種狀態的 AD 證券嗎？因此，若欲複製 n 種狀態的 AD 證券，**W** 之逆矩陣的存在是必然的，而且 **W** 的秩必須等於 n，即 $rank(\mathbf{W}) = n$。

我們回到表 1-1 的例子。已知（1.2.2 節的例 3）

$$\mathbf{A}^* = \begin{bmatrix} 1 & 3 & 1.5 \\ 1 & 2 & 0.5 \\ 1 & 1 & 0 \end{bmatrix} \text{與 } \mathbf{b}^* = \begin{bmatrix} 2 \\ 1 \\ 0 \end{bmatrix}$$

因 $rank(\mathbf{A}^*) = 3$，故可得 $\mathbf{A}^*$ 的逆矩陣為：

$$\mathbf{A}^{*-1} = \begin{bmatrix} 1 & -3 & 3 \\ -1 & 3 & -2 \\ 2 & -4 & 2 \end{bmatrix}$$

現在我們已經知道上述 $\mathbf{A}^{*-1}$ 內元素的意思。例如：根據 (1-16) 式可得（以 $\mathbf{A}^*$ 取代 $\mathbf{W}$）：

$$\mathbf{x} = \mathbf{A}_{\cdot 1}^{*-1} = \begin{bmatrix} 1 \\ -1 \\ 2 \end{bmatrix} \Rightarrow \mathbf{x}^T = \begin{bmatrix} x_1 & x_2 & x_3 \end{bmatrix} = \begin{bmatrix} 1 & -1 & 2 \end{bmatrix}$$

即買進 1 單位第 1 種資產（債券）、放空 1 單位第 2 種資產（股票）以及買進 2 單位第 3 種資產（買權 1）的資產組合竟然可以複製第 1 狀態的 AD 證券。同理，讀者可以解釋 $\mathbf{A}_{\cdot 2}^{*-1}$ 與 $\mathbf{A}_{\cdot 3}^{*-1}$ 的意思。或者說，$\mathbf{A}^{*-1}$ 內的行向量，其實就是複製基本資產的 AD 證券的資產組合。

如前所述，我們欲使用 $\mathbf{A}^*$ 複製第 4 種資產（買權 2），而後者的收益為 $\mathbf{b}^*$，其中

$$\mathbf{b}^* = \mathbf{I}_3 \mathbf{b}^* = \begin{bmatrix} 1 & 0 & 0 \\ 0 & 1 & 0 \\ 0 & 0 & 1 \end{bmatrix} \begin{bmatrix} 2 \\ 1 \\ 0 \end{bmatrix} = \begin{bmatrix} \mathbf{e}_1 & \mathbf{e}_2 & \mathbf{e}_3 \end{bmatrix} \begin{bmatrix} 2 \\ 1 \\ 0 \end{bmatrix} = 2\mathbf{e}_1 + 1\mathbf{e}_2 + 0\mathbf{e}_3$$

即第 4 種資產（買權 2）的收益可視為買進 2 單位的狀態 1 的 AD 證券以及 1 單位的狀態 2 的 AD 證券所構成的資產組合；是故，

$$\mathbf{x}^* = \mathbf{A}^{*-1}\mathbf{b}^* = \begin{bmatrix} -1 \\ 1 \\ 0 \end{bmatrix}$$

即透過虛構的 AD 證券可得放空 1 單位第 1 種資產（債券）與買進 1 單位第 2 種資產（股票）的資產組合可以複製第 4 種資產（買權 2）。

因此，我們有下列的結論：

無多餘基本資產（證券）的完全市場

假定 $\mathbf{A} \in \mathbf{R}^{mn}$，其可表示存在 m 種狀態與 n 種資產的收益。若進一步 $\mathbf{A}$ 處於無多餘資產的完全市場環境內，隱含著 $rank(\mathbf{A}) = m = n$，則 $\mathbf{A}$ 是一個滿秩的方形矩陣，其中 $\mathbf{A}^{-1}$ 必然存在。於此情況下，可以發行「完全避險」的任何標的資產 $\mathbf{b}$，即存在一個唯一的 $\mathbf{x}$，使得

$$\mathbf{x} = \mathbf{A}^{-1}\mathbf{b} \tag{1-17}$$

其中 $\mathbf{x}$ 為避險的資產組合。

我們已經知道如何解釋避險公式如 (1-17) 式，即 $\mathbf{A}^{-1}$ 內的行向量可以完全複製 AD 證券，而 $\mathbf{b}$ 的收益卻可由 AD 證券的資產組合表示。

例1　基本資產改用 AD 證券

前述分析是將基本資產的收益視為基底向量，其實基本資產的收益亦可以用 AD 證券表示。例如：表 1-1 內的第 1 種資產（債券）的收益可用 AD 證券的資產組合表示，即：

$$\mathbf{I}_3\mathbf{x} = \mathbf{a}_1 \Rightarrow \begin{bmatrix} 1 & 0 & 0 \\ 0 & 1 & 0 \\ 0 & 0 & 1 \end{bmatrix}\begin{bmatrix} x_1 \\ x_2 \\ x_3 \end{bmatrix} = \begin{bmatrix} 1 \\ 1 \\ 1 \end{bmatrix} \Rightarrow x_1 = 1, x = 1, x = 1 \Rightarrow \mathbf{x} = \mathbf{a}_1$$

同理，第 2 種資產（股票）與第 3 種資產（買權 1）的收益亦可由 AD 證券表示，

即 $\mathbf{I}_3\mathbf{x} = \mathbf{a}_2 \Rightarrow \mathbf{x} = \mathbf{a}_2$ 與 $\mathbf{I}_3\mathbf{x} = \mathbf{a}_3 \Rightarrow \mathbf{x} = \mathbf{a}_3$。因此，最原始的基本資產，其實就是 AD 證券。

例2 計算 AD 證券的價格

續例 1，利用表 1-1 內的資料，假定 $\boldsymbol{\psi}^T = [\psi_1 \quad \psi_2 \quad \psi_3]$ 表示 AD 證券的價格，即 $\psi_i(i = 1, 2, 3)$ 表示第 i 狀態的 AD 證券價格。因基本資產可視為 AD 證券的資產組合，故可得：

$$\mathbf{A}^{*T}\boldsymbol{\psi} = \begin{bmatrix} \mathbf{a}_1^T \\ \mathbf{a}_2^T \\ \mathbf{a}_3^T \end{bmatrix} \boldsymbol{\psi} = \mathbf{S} \Rightarrow \begin{cases} \mathbf{a}_1^T\boldsymbol{\psi} = \psi_1 + \psi_2 + \psi_3 = S_1 \\ \mathbf{a}_2^T\boldsymbol{\psi} = 3\psi_1 + 2\psi_2 + 1\psi_3 = S_2 \\ \mathbf{a}_3^T\boldsymbol{\psi} = 1.5\psi_1 + 0.5\psi_2 + 0\psi_3 = S_3 \end{cases} \tag{1-18}$$

其中 $\mathbf{S}^T = [S_1 \quad S_2 \quad S_3]$ 表示基本資產價格，即 S_i ($i = 1, 2, 3$) 表示第 1～3 資產價格；換言之，(1-18) 式顯示出 AD 證券價格與基本資產價格之間的關係。因此，透過 (1-18)，可得：

$$\boldsymbol{\psi} = \mathbf{A}^{*T-1}\mathbf{S} \Rightarrow \boldsymbol{\psi}^T = \mathbf{S}^T\mathbf{A}^{*T-1} \tag{1-19}$$

是故，令 $\mathbf{S}^T = [0.99 \quad 2.09 \quad 0.436]$ 代入 (1-19) 式，可得：

$$\boldsymbol{\psi}^T = [-0.228 \quad 1.556 \quad -0.338]$$

對應的 Python 指令為：

```
S = np.array([0.99 , 2.09 , 0.436]).reshape(3,1)
psi = inv(Astar.T).dot(S)
np.round(psi.T,4) # array([[-0.228, 1.556, -0.338]])
```

上述的結果是令人質疑的，因為狀態 1 與 3 的 AD 證券價格竟然為負數值，此結果當然不合理。

例3 第 5 種資產

於表 1-1 內，我們額外考慮第 5 種資產，即其仍以股票為標的同時履約價為 1.8 的買權（明日到期），是故對應的收益向量為 $\mathbf{a}_5 = \begin{bmatrix} 1.2 \\ 0.2 \\ 0 \end{bmatrix}$。試下列指令：

```
a5 = np.array([1.2,0.2,0]).reshape(3,1)
A1 = np.concatenate([a1,a2,a5],axis=1)
rank(A1) # 3
inv(A1)
# array([[ 0.25, -1.5 ,  2.25],
#        [-0.25,  1.5 , -1.25],
#        [ 1.25, -2.5 ,  1.25]])
```

隱含著上述第 5 種資產係一種基本資產（即其並不是多餘資產），因其與第 1 與 2 資產之間所形成的矩陣如 $\mathbf{A}_1$ 的秩等於 3（即 $\mathbf{A}_1$ 的行向量相互獨立）；也就是說，利用 $\mathbf{A}_1$ 亦可以複製第 4 種資產，即：

```
inv(A1).dot(bstar)
# array([[-1.],
#        [ 1.],
#        [ 0.]])
```

其結果與使用 $\mathbf{A}^*$ 相同。再試下列指令：

```
inv(A1.T).dot(S)
# array([[0.27],
#        [0.56],
#        [0.16]])
```

即根據 (1-19) 式，可得 $\boldsymbol{\psi}^T = [0.27 \quad 0.56 \quad 0.16]$，表示對應的 AD 證券為正數值。

例 4 不完全市場

考慮表 1-6 的狀況：

表 1-6　1 種資產與 2 種狀態

	資產 1
狀態 **1**	1
狀態 **2**	1/2

顯然資產 1 可由 1 單位的 $\mathbf{e}_1 = \begin{bmatrix} 1 \\ 0 \end{bmatrix}$ 與 1/2 單位的 $\mathbf{e}_2 = \begin{bmatrix} 0 \\ 1 \end{bmatrix}$ 所構成，隱含著：

$$\psi_1 + 0.5\psi_2 = S_1$$

其中 ψ_1、ψ_2 與 S_1 分別表示狀態 1 之 AD 證券價格、狀態 2 之 AD 證券價格與資產 1 的價格。我們可以看出即使 S_1 為已知，我們仍無法決定 ψ_1 與 ψ_2 的值為何？因此，表 1-6 所描述的是一種不完全市場的架構。

習題

(1) 第 5 種資產是否可以由 $\mathbf{A}^*$ 複製？為什麼？

(2) 於表 1-1 內再額外考慮第 6 種資產，而該資產仍以股票為標的同時履約價為 0.5 的買權（明日到期）。該資產與第 1 與 2 資產之間所形成的矩陣如 $\mathbf{A}_{11}$ 的秩為何？其是否屬於多餘資產？

(3) 續上題，$\mathbf{A}_{11}$ 所形成的市場是否屬於完全市場？試解釋之。

(4) 續上題，是否可以找出對應的 AD 證券價格？試解釋之。

Chapter 2

無套利定價準則（二）

「無套利定價準則」指的是「無法套利下的價格決定」，本章將進一步說明上述定價準則其實是指「天下無免費的午餐」；也就是說，期初沒有任何作為，未來肯定無任何收益可言。或者說，期初財富等於 0，未來財富仍為 0 的機率等於 1。

為何會存在上述結果呢？其實就是「套利」是無所不在的。例如：交易商 A 與 B 於歐元（EUR）的報價上出現分歧，前者為 1.02 美元（USD）而後者為 1 美元，我們猜想會出現何結果？大筆資金湧向交易商 A 與 B，後者資金為「買歐元」而前者資金則為「賣歐元」，幸運兒也許能獲得「無風險利潤」，然而絕大部分應徒勞無功；換言之，於套利的前提下，「無風險利潤」報酬存在的「空間或時刻」微乎其微。

再舉一個簡單的例子。若交易商 C 提出一份合約，答應 1 年後給予購買者 110（元），目前銀行的利率為 10%，則投資人願意用多少錢買上述合約？答案是 100（元）[1]。若交易商 C 誤植上述合約的目前價格為 90（元），則結果為何？

本章延續第 1 章，我們來說明無套利定價準則的意義。

2.1 完全市場與市場之不完全

本節分成三部分介紹，其一是完全市場與不完全市場之分類，我們發現即使處於不完全市場內，多餘資產仍有可能被完全複製。第二部分則介紹如何找出最適避

---

[1] 即 $\dfrac{110}{1+0.1} = 100$。

險，而第三部分則介紹 QR 分解法（QR decomposition）。

2.1.1 完全市場與不完全市場之分類

本節檢視完全市場與不完全市場的差異，我們可以根據市場之完全與否以及多餘資產是否屬於基本資產，共分成四種情況檢視。我們皆以表 1-1 內的例子說明，就 Python 的使用而言，可以先預設下列指令：

```
a1 = np.array([[1,1,1]]).T
a2 = np.array([[3,2,1]]).T
a3 = np.array([[1.5,0.5,0]]).T
a4 = np.array([[2,1,0]]).T
```

即表 1-1 內的 4 種資產收益皆以行向量表示；換言之，$\mathbf{a}_1$、$\mathbf{a}_2$、$\mathbf{a}_3$ 與 $\mathbf{a}_4$ 分別可對應至第 1～4 資產收益。

情況 1：完全市場以及基本資產相互獨立

若 $\mathbf{A}$ 是一個滿秩的方形矩陣，故存在 $\mathbf{A}$ 的逆矩陣；因此，可知：

$$\mathbf{A}^{-1}\mathbf{A}\mathbf{x} = \mathbf{A}^{-1}\mathbf{b} \Rightarrow \mathbf{x} = \mathbf{A}^{-1}\mathbf{b} \tag{2-1}$$

即存在唯一解 $\mathbf{A}^{-1}\mathbf{b}$，隱含著無多餘資產的完全市場內，任何標的資產的發行可以完全避險，即上述標的資產可以透過基本資產所形成的資產組合複製。上述情況亦可以用 $rank(\mathbf{A}) = m = n$ 表示。於 1.2.2 節內，我們曾使用過 (2-1) 式。我們重新檢視。

例 1　多餘資產的複製

令 $\mathbf{A} = \begin{bmatrix} \mathbf{a}_1 & \mathbf{a}_2 & \mathbf{a}_3 \end{bmatrix} = \begin{bmatrix} 1 & 3 & 1.5 \\ 1 & 2 & 0.5 \\ 1 & 1 & 0 \end{bmatrix}$ 與 $\mathbf{b} = \mathbf{a}_4 = \begin{bmatrix} 2 \\ 1 \\ 0 \end{bmatrix}$，因 $\mathbf{A}$ 是一個方形且滿秩矩

陣，隱含著 $\mathbf{A}$ 是一個可轉換矩陣；是故，由獨立的基本資產所形成的資產組合可以複製多餘資產如 $\mathbf{b}$，即：

$$\mathbf{x} = \mathbf{A}^{-1}\mathbf{b} = \begin{bmatrix} -1 \\ 1 \\ 0 \end{bmatrix}$$

情況 2：完全市場以及多餘的基本資產

此種情況相當於 $rank(\mathbf{A}) = m < n$，即有 $n - m$ 種多餘的基本資產。我們可以將 $\mathbf{A}$ 分成 $\mathbf{A}_1$ 與 $\mathbf{A}_2$ 二種矩陣，其中 $\mathbf{A}_1$ 有 m 行而 $\mathbf{A}_2$ 有 $n - m$ 行；換言之，$rank(\mathbf{A}_1) = m$，而存在一個 $m \times (n - m)$ 矩陣 $\mathbf{C}$，使得 $\mathbf{A}_2 = \mathbf{A}_1\mathbf{C}$。另外，$\mathbf{x}$ 亦可拆成：

$$\mathbf{x} = \begin{bmatrix} \mathbf{x}^{(1)} \\ \mathbf{x}^{(2)} \end{bmatrix}$$

其中 $\mathbf{x}^{(1)}$ 表示線性獨立之基本資產所形成的資產組合而 $\mathbf{x}^{(2)}$ 表示多餘基本資產所形成的資產組合。因此，整個（聯立方程式）體系可寫成：

$$\mathbf{A}_1\mathbf{x}^{(1)} + \mathbf{A}_2\mathbf{x}^{(2)} = \mathbf{b}$$

因 $\mathbf{A}_2$ 包括多餘資產，即 $\mathbf{A}_2$ 的資產可為 $\mathbf{A}_1$ 內獨立資產的資產組合，故上式亦可寫成：

$$\mathbf{A}_1\mathbf{x}^{(1)} + \mathbf{A}_1\mathbf{C}\mathbf{x}^{(2)} = \mathbf{b} \Rightarrow \mathbf{A}_1\left(\mathbf{x}^{(1)} + \mathbf{C}\mathbf{x}^{(2)} \right) = \mathbf{b} \tag{2-2}$$

因 $\mathbf{A}_1$ 屬於滿秩的方形矩陣，隱含著 $\mathbf{A}_1$ 可以轉換，故 (2-2) 式可再寫成：

$$\mathbf{x}^{(1)} + \mathbf{C}\mathbf{x}^{(2)} = \mathbf{A}_1^{-1}\mathbf{b} \tag{2-3}$$

我們可以任意地選擇 $\mathbf{x}^{(2)}$，故從 (2-3) 式可知：

$$\mathbf{x}^{(1)} = \mathbf{A}_1^{-1}\mathbf{b} - \mathbf{C}\mathbf{x}^{(2)} \tag{2-4}$$

因 $\mathbf{x}^{(2)}$ 內有 $n - m$ 種多餘的基本資產，其可視為自由參數（free parameters）。

例2　第 5 種資產

於表 1-1 內，我們額外考慮一種以股票為標的而履約價為 1.8 的買權（到期為明日），故其到期收益為：

$$\mathbf{a}_5 = \begin{bmatrix} 1.2 \\ 0.2 \\ 0 \end{bmatrix}$$

我們進一步令：

$$\mathbf{A} = \begin{bmatrix} \mathbf{a}_1 & \mathbf{a}_2 & \mathbf{a}_3 \end{bmatrix} = \begin{bmatrix} 1 & 3 & 1.5 \\ 1 & 2 & 0.5 \\ 1 & 1 & 0 \end{bmatrix} \ 與 \ \mathbf{A}_1 = \begin{bmatrix} \mathbf{a}_1 & \mathbf{a}_2 & \mathbf{a}_5 \end{bmatrix} = \begin{bmatrix} 1 & 3 & 1.2 \\ 1 & 2 & 0.2 \\ 1 & 1 & 0 \end{bmatrix}$$

我們發現 $\mathbf{A}$ 與 $\mathbf{A}_1$ 的秩皆等於 3，隱含著後者的行向量亦皆相互獨立，即利用 $\mathbf{A}_1$ 亦可以複製 $\mathbf{b} = \mathbf{a}_4$，即：

$$\mathbf{x} = \mathbf{A}_1^{-1}\mathbf{b} = \begin{bmatrix} -1 \\ 1 \\ 0 \end{bmatrix}$$

上述結果說明了第 5 種資產亦是一個獨立的基本資產，即利用 $\mathbf{A}$ 或 $\mathbf{A}_1$ 皆可以複製 $\mathbf{b}$。

例3 **多餘的基本資產**

我們利用例 2 的結果來說明 (2-4) 式。重新令：

$$\mathbf{A}_1 = \begin{bmatrix} \mathbf{a}_1 & \mathbf{a}_2 & \mathbf{a}_3 \end{bmatrix} = \begin{bmatrix} 1 & 3 & 1.5 \\ 1 & 2 & 0.5 \\ 1 & 1 & 0 \end{bmatrix} \ 、 \ \mathbf{A}_2 = \mathbf{a}_5 \ 與 \ \mathbf{b} = \mathbf{a}_4$$

即將 $\mathbf{a}_5$ 視為一種多餘的基本資產，可得：

$$\mathbf{C} = \mathbf{A}_1^{-1}\mathbf{A}_2 = \begin{bmatrix} 0.6 \\ -0.6 \\ 1.6 \end{bmatrix}$$

隱含著 $\mathbf{A}_2 = \mathbf{A}_1\mathbf{C}$；因此，令 $\mathbf{x}^{(1)} = \begin{bmatrix} x_1 \\ x_2 \\ x_3 \end{bmatrix}$ 與 $x^{(2)} = x_4$，其中 $x^{(2)}$ 可視為自由參數。例如：

令 $x^{(2)} = 0$，根據 (2-4) 式可知：

$$\mathbf{x}^{(1)} = \mathbf{A}_1^{-1}\mathbf{b} - \mathbf{C}x^{(2)} = \begin{bmatrix} -1 \\ 1 \\ 0 \end{bmatrix}$$

顯然，$\mathbf{x}^{(1)}$ 受到 $x^{(2)}$ 的影響。

情況 3：不完全市場與所有的基本資產皆相互獨立

當市場屬於不完全，隱含著 $rank(\mathbf{A}) = n < m$。根據 (2-1) 式可知：

$$\mathbf{A}^T\mathbf{A}\mathbf{x} = \mathbf{A}^T\mathbf{b} \tag{2-5}$$

因 $\mathbf{A}^T\mathbf{A}$ 是一個 $n \times n$ 的方形矩陣且其秩為 n，故其可轉換；因此，(2-5) 式可繼續寫成：

$$(\mathbf{A}^T\mathbf{A})^{-1}(\mathbf{A}^T\mathbf{A})\mathbf{x} = (\mathbf{A}^T\mathbf{A})^{-1}\mathbf{A}^T\mathbf{b} \tag{2-6}$$

可得：

$$\mathbf{x} = (\mathbf{A}^T\mathbf{A})^{-1}\mathbf{A}^T\mathbf{b} \tag{2-7}$$

也就是說，(2-5) 式的「解」就是 (2-7) 式。

例 4 完全避險存在與否

利用表 1-1 的內容，我們來說明 (2-5)～(2-7) 式。令：

$$\mathbf{A} = \begin{bmatrix} \mathbf{a}_1 & \mathbf{a}_2 \end{bmatrix} = \begin{bmatrix} 1 & 3 \\ 1 & 2 \\ 1 & 1 \end{bmatrix} \text{ 與 } \mathbf{b} = \mathbf{a}_3 = \begin{bmatrix} 1.5 \\ 0.5 \\ 0 \end{bmatrix}$$

即上述情況屬於不完全市場（狀態的個數大於資產的個數）；換言之，$\mathbf{A}$ 內二資產收益相當於表 1-1 的第 1 種資產與第 2 種資產收益，故二者相互獨立，我們的目的是欲複製表 1-1 內的第 3 種資產。

根據 (2-7) 式，可得：

$$\mathbf{x} = (\mathbf{A}^T\mathbf{A})^{-1}\mathbf{A}^T\mathbf{b} = \begin{bmatrix} -0.8333 \\ 0.75 \end{bmatrix}$$

即：

$$\mathbf{Ax} = \begin{bmatrix} 1.427 \\ 0.667 \\ -0.083 \end{bmatrix} \neq \begin{bmatrix} 1.5 \\ 0.5 \\ 0 \end{bmatrix} = \mathbf{b}$$

隱含著於不完全市場內，因 $\mathbf{b}$ 並不屬於一種多餘的資產，反而完全避險並不存在；不過，若將 $\mathbf{b}$ 改成 $\mathbf{a}_4$，即 $\mathbf{b}_1 = \mathbf{a}_4 = \begin{bmatrix} 2 \\ 1 \\ 0 \end{bmatrix}$，則

$$\mathbf{x}_1 = (\mathbf{A}^T\mathbf{A})^{-1}\mathbf{A}^T\mathbf{b}_1 = \begin{bmatrix} -1 \\ 1 \end{bmatrix} \Rightarrow \mathbf{Ax}_1 = \begin{bmatrix} 2 \\ 1 \\ 0 \end{bmatrix} = \mathbf{b}_1$$

隱含著即使處於不完全市場，複製或完全避險依舊有可能存在。

情況 4：不完全市場與存在多餘資產

不完全市場隱含著 $rank(\mathbf{A}) < m$ 以及存在多餘資產隱含著 $rank(\mathbf{A}) < n$。重寫 (2-2) 式可得：

$$\mathbf{A}_1\left(\mathbf{x}^{(1)} + \mathbf{C}\mathbf{x}^{(2)}\right) = \mathbf{b} \tag{2-8}$$

因 $\mathbf{A}_1$ 不是一個方形矩陣，不過可利用情況 3 的技巧，可得[②]：

$$\mathbf{x}^{(1)} + \mathbf{C}\mathbf{x}^{(2)} = (\mathbf{A}_1^T\mathbf{A}_1)^{-1}\mathbf{b} \tag{2-9}$$

其中 $\mathbf{x}^{(2)}$（多餘資產的資產組合可以任意選擇）。將 (2-9) 代入 (2-8) 式內，可得：

$$\mathbf{A}_1\left[\left(\mathbf{A}_1^T\mathbf{A}_1\right)^{-1}\mathbf{A}_1^T\mathbf{b}\right] = \mathbf{b} \tag{2-10}$$

若 (2-10) 式成立，隱含著 $\mathbf{b}$ 可被複製，不過從 (2-9) 式內可看出隨著 $\mathbf{x}^{(2)}$ 爲任意值而存在有無數解的可能。

例 5 **不完全市場與多餘資產的複製**

根據表 1-1，令：

$$\mathbf{A} = \begin{bmatrix} \mathbf{a}_1 & \mathbf{a}_2 & \mathbf{a}_4 \end{bmatrix} = \begin{bmatrix} 1 & 3 & 2 \\ 1 & 2 & 1 \\ 1 & 1 & 0 \end{bmatrix} \text{ 與 } \mathbf{b} = \mathbf{a}_3 = \begin{bmatrix} 1.5 \\ 0.5 \\ 0 \end{bmatrix}$$

顯然，$\mathbf{A}$ 屬於不完全市場，即 $\mathbf{A}$ 的秩等於 2。上述假定相當於欲使用 $\mathbf{a}_1$ 與 $\mathbf{a}_2$ 複製 $\mathbf{a}_3$，不過於例 4 內已知並不存在可被複製的情況。上述結果亦可用 (2-8)～(2-10) 三式說明，特別是 (2-10) 式是否可以成立？

我們可將 $\mathbf{A}$ 拆成 $\mathbf{A} = [\mathbf{A}_1 \ \mathbf{A}_2]$，其中

$$\mathbf{A}_1 = \begin{bmatrix} \mathbf{a}_1 & \mathbf{a}_2 \end{bmatrix} = \begin{bmatrix} 1 & 3 \\ 1 & 2 \\ 1 & 1 \end{bmatrix} \text{ 與 } \mathbf{A}_2 = \mathbf{a}_4 = \begin{bmatrix} 2 \\ 1 \\ 0 \end{bmatrix}$$

即 $\mathbf{A}_2$ 屬於多餘的資產而 $\mathbf{A}_1$ 爲不完全市場。根據例 4，可知 $C = \begin{bmatrix} -1 \\ 1 \end{bmatrix}$，即 $\mathbf{A}_2 =$

[②] 於 (2-8) 式內先乘以 $\mathbf{A}_1^T$ 後再乘以 $(\mathbf{A}_1^T\mathbf{A}_1)^{-1}$。

$\mathbf{A}_1\mathbf{C}$；另一方面，令 $\mathbf{x}^{(1)} = \begin{bmatrix} x_1 \\ x_2 \end{bmatrix}$ 與 $\mathbf{x}^{(2)} = x_3$。將上述結果代入 (2-10) 式內，可得：

$$\mathbf{A}_1\left[\left(\mathbf{A}_1^T\mathbf{A}_1\right)^{-1}\mathbf{A}_1^T\mathbf{b}\right] = \begin{bmatrix} 1.427 \\ 0.667 \\ -0.083 \end{bmatrix} \neq \begin{bmatrix} 1.5 \\ 0.5 \\ 0 \end{bmatrix} = \mathbf{b}$$

詳細的計算結果可以參考所附檔案。我們發現上述結果與例 4 的結果相同。雖說如此，我們發現 (2-9) 式的特色並未顯示出來。於表 1-1 內，我們額外再加進第 6 種資產，即仍以股票為標的履約價為 0.5 的買權，其對應的收益為：

$$\mathbf{a}_6 = \begin{bmatrix} 2.5 \\ 1.5 \\ 0.5 \end{bmatrix}$$

以 $\mathbf{a}_6$ 取代 $\mathbf{A}$ 內的 $\mathbf{a}_4$，可得：

$$\mathbf{A}_{11} = \begin{bmatrix} \mathbf{a}_1 & \mathbf{a}_2 & \mathbf{a}_6 \end{bmatrix} = \begin{bmatrix} 1 & 3 & 2.5 \\ 1 & 2 & 1.5 \\ 1 & 1 & 0.5 \end{bmatrix}$$

我們發現 $\mathbf{A}_{11}$ 的秩等於 2，隱含著 $\mathbf{a}_6$ 並不是獨立的基本資產。令 $\mathbf{b} = \mathbf{a}_6$，可發現符合 (2-10) 式；另一方面，根據 (2-9) 式可得：

$$\mathbf{x}^{(1)} + \mathbf{C}\mathbf{x}^{(2)} = (\mathbf{A}_1^T\mathbf{A}_1)^{-1}\mathbf{b} = \begin{bmatrix} -0.5 \\ 1 \end{bmatrix}$$

因 $C = \begin{bmatrix} -1 \\ 1 \end{bmatrix}$，故上式隱含著 $\begin{bmatrix} x_1 \\ x_2 \end{bmatrix} + \begin{bmatrix} -1 \\ 1 \end{bmatrix} x_3 = \begin{bmatrix} -0.5 \\ 1 \end{bmatrix} \Rightarrow \begin{bmatrix} x_1 \\ x_2 \end{bmatrix} = \begin{bmatrix} -0.5 + x_3 \\ 1 - x_3 \end{bmatrix}$，即 x_3 可視為自由參數。

習題

(1) 一種資產的成本（價格）為 4，而收益為 3，則總報酬為何？3/4（75%）。報酬率為何？$\frac{3}{4}-1=-0.25$ (-25%)。

(2) 假定存在 2 種狀態與 2 種基本資產（其中之一為無風險資產，另一則為風險資產），其對應的收益與價格分別為：

$$\mathbf{A}=\begin{bmatrix}110 & 60\\110 & 40\end{bmatrix}\text{與}\ \mathbf{S}=\begin{bmatrix}100\\50\end{bmatrix}$$

另外，標的資產的收益為：

$$\mathbf{b}=\begin{bmatrix}450\\410\end{bmatrix}$$

則購買多少單位的無風險資產與風險資產所形成的資產組合，可以複製標的資產？

(3) 續上題，試將收益矩陣 **A** 轉換成（總）報酬矩陣。

(4) 續上題，試將（總）報酬矩陣轉換成超額報酬矩陣。提示：超額報酬為風險資產的報酬減無風險報酬。

(5) 續上題，以超額報酬矩陣取代 **A**，重做習題 (2)。

(6) 就表 1-1 內的第 1～4 種資產以及額外的第 5～6 種資產而言，第 3 種資產是否可以用第 1～2 與 5 種資產所形成的資產組合複製？為什麼？

(7) 續上題，用第 1～2 與 5 種資產所形成的資產組合是否可以複製第 6 種資產？

(8) 續上題，令：

$$\mathbf{A}=\begin{bmatrix}\mathbf{a}_1 & \mathbf{a}_2\end{bmatrix}=\begin{bmatrix}1 & 3\\1 & 2\\1 & 1\end{bmatrix}\text{、}\mathbf{b}=\mathbf{a}_5=\begin{bmatrix}1.2\\0.2\\0\end{bmatrix}\text{與}\ \mathbf{b}_1=\mathbf{a}_6=\begin{bmatrix}2.5\\1.5\\0.5\end{bmatrix}$$

是否可以利用 **A** 以複製 **b**？那複製 **b₁** 呢？

(9) 續上題，於例 5 內，

$$\mathbf{A}_1 = [\mathbf{a}_1 \quad \mathbf{a}_2] \cdot \mathbf{A}_2 = \mathbf{a}_6 \cdot \mathbf{b} = \mathbf{a}_5 \text{ 與 } \mathbf{b}_1 = \mathbf{a}_4$$

是否可以複製 $\mathbf{b}$ 與 $\mathbf{b}_1$？

2.1.2 找出最適避險

當基本資產數目不足以生成向量空間，則市場處於不完全，即 $rank(\mathbf{A}) < m$，則某些標的資產無法完全被避險（複製），隱含著 $\mathbf{Ax} = \mathbf{b}$ 未必存在；雖說如此，我們至少仍可找出最適避險（避險誤差之最小）。換句話說，複製誤差（replication error）可寫成：

$$\varepsilon = \mathbf{Ax} - \mathbf{b}$$

而於所有的狀態下，經常被使用的指標為極小化複製誤差之平方和（sum of squared replication errors, SSREs）。SSREs 可寫成：

$$SSREs = \varepsilon_1^2 + \varepsilon_2^2 + \cdots + \varepsilon_m^2 = \left(\mathbf{A}_{1.}\mathbf{x} \text{-} \mathbf{b}\right)^2 + \left(\mathbf{A}_{2.}\mathbf{x} \text{-} \mathbf{b}\right)^2 + \cdots + \left(\mathbf{A}_{m.}\mathbf{x} \text{-} \mathbf{b}\right)^2$$

我們可以進一步使用最小平方法（method of least square）找出最適的 $\mathbf{x}$。

最小平方法

SSREs 之最小，可得最適避險的資產組合為：

$$\hat{\mathbf{x}} = \left(\mathbf{A}^T\mathbf{A}\right)^{-1}\mathbf{A}^T\mathbf{b} \Rightarrow \mathbf{A}\hat{\mathbf{x}} = \mathbf{A}\left(\mathbf{A}^T\mathbf{A}\right)^{-1}\mathbf{A}^T\mathbf{b} \tag{2-11}$$

我們可以進一步利用圖 2-1 解釋上述最小平方法的幾何意義。假定 $\mathbf{A}$ 是一個 3×2 矩陣且 $rank(\mathbf{A}) = 2$，故 $\mathbf{A}$ 只能生成 $\mathbf{R}^3$ 的子空間如點 $\mathbf{W}$（是一個平面）。標的資產 $\mathbf{b}$ 與點 $\mathbf{W}$ 的最短距離出現於 $\mathbf{W}^T\varepsilon = \mathbf{0}$ 處，其中 $\varepsilon = \mathbf{Ax} - \mathbf{b}$ 且 ε 的長度可寫成[3]：

---

[3] 若 $\mathbf{x}$ 與 $\mathbf{y}$ 為正交的（orthogonal）二個行向量，則 $\mathbf{x}^T\mathbf{y} = 0$，其中 $\mathbf{x}$ 的長度（norm）可寫成 $\|\mathbf{x}\| = \sqrt{\mathbf{x}^T\mathbf{x}}$。

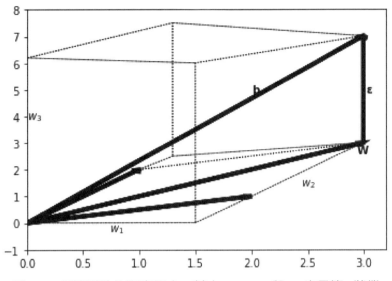

圖 2-1　最適避險的資產組合，其中 $\mathbf{W} = \mathbf{Ax}$ 與 W_i 表示第 i 狀態

$$\text{SSREs} = \| \boldsymbol{\varepsilon} \|^2$$

因此，$\mathbf{A}$ 內的行向量皆與 $\boldsymbol{\varepsilon}$ 呈現正交，隱含著：

$$\mathbf{A}^T \boldsymbol{\varepsilon} = \mathbf{0} \Rightarrow \mathbf{A}^T \left(\mathbf{A\hat{x}} - \mathbf{b} \right) = \mathbf{0} \Rightarrow \mathbf{A}^T \mathbf{A\hat{x}} = \mathbf{A}^T \mathbf{b} \Rightarrow \mathbf{\hat{x}} = \left(\mathbf{A}^T \mathbf{A} \right)^{-1} \mathbf{A}^T \mathbf{b}$$

上述結果恰爲 (2-11) 式。

我們舉一個例子說明。令：

$$\mathbf{A} = \begin{bmatrix} 1 & 0 \\ 1 & 1 \\ 0 & 0 \end{bmatrix} \text{與} \ \mathbf{b} = \begin{bmatrix} 1 \\ 2 \\ 3 \end{bmatrix}$$

則根據 (2-11) 式，可得 $\mathbf{\hat{x}} = \left(\mathbf{A}^T \mathbf{A} \right)^{-1} \mathbf{A}^T \mathbf{b} = \begin{bmatrix} 1 \\ 1 \end{bmatrix}$，隱含著 $\mathbf{A\hat{x}} = \begin{bmatrix} 1 \\ 2 \\ 0 \end{bmatrix}$；換言之，若 $\mathbf{A}$

表示 2 種基本資產的收益，則各自購買 1 單位基本資產所形成的資產組合爲複製標
的資產 $\mathbf{b}$ 的最適避險組合，其中複製誤差爲 $\boldsymbol{\varepsilon}^T = [0 \quad 0 \quad -3]$。

前述的 SSREs 的缺點是視每一狀態出現的機率皆相同，此當然未盡合理[④]，故可以進一步將 SSREs 改用預期複製誤差平方（expected squared replication errors, ESREs）取代。

極小化 ESREs

極小化 ESREs 可寫成：

$$\min_{\mathbf{x},\tilde{\boldsymbol{\varepsilon}}} ESREs = p_1\varepsilon_1^2 + p_2\varepsilon_2^2 + \cdots + p_m\varepsilon_m^2 = \tilde{\varepsilon}_1^2 + \tilde{\varepsilon}_2^2 + \cdots + \tilde{\varepsilon}_m^2 \tag{2-12}$$

其中

$$\tilde{\boldsymbol{\varepsilon}} = \tilde{\mathbf{A}}\mathbf{x} - \tilde{\mathbf{b}} \tag{2-13}$$

因此，(2-12) 式的最適解可寫成：

$$\hat{\mathbf{x}} = \left(\tilde{\mathbf{A}}^T\tilde{\mathbf{A}}\right)^{-1}\tilde{\mathbf{A}}^T\tilde{\mathbf{b}} \tag{2-14}$$

明顯地，(2-14) 或 (2-13) 式內的 $\tilde{\mathbf{A}}$ 與 $\tilde{\mathbf{b}}$ 皆未知，不過透過下列過程可知：

(1) 因 $\tilde{\varepsilon}_i^2 = p_i\varepsilon_i^2 \Rightarrow \tilde{\varepsilon}_i = \sqrt{p_i}\varepsilon_i$，同時 $\varepsilon_i = \mathbf{A}_{i\cdot} - b_i$，故 $\tilde{\varepsilon}_i = \sqrt{p_i}\varepsilon_i = \sqrt{p_i}\mathbf{A}_{i\cdot} - \sqrt{p_i}b_i$。

(2) 與 (2-13) 式比較，分別可得 $\tilde{\mathbf{A}}_{i\cdot} = \sqrt{p_i}\mathbf{A}_{i\cdot}$ 與 $\tilde{b}_i = \sqrt{p_i}b_i$。

我們仍舉一個例子說明。就表 1-1 的內容而言，令：

$$\mathbf{A} = \begin{bmatrix} 1 & 3 \\ 1 & 2 \\ 1 & 1 \end{bmatrix}、\mathbf{b} = \begin{bmatrix} 1.5 \\ 0.5 \\ 0 \end{bmatrix} 與 \mathbf{p}^1 = \begin{bmatrix} 1/2 \\ 1/6 \\ 1/3 \end{bmatrix}$$

可得：

[④] 例如：TWI（臺灣加權股價指數）的月報酬率介於 5.36% 與 6.72% 之間的機率約為 5%，又如介於 4.51% 與 5.36% 之間的機率亦約為 5%，隱含著每一月報酬率觀察值出現的機率未必相同。

$$\tilde{\mathbf{A}} = \begin{bmatrix} \sqrt{1/2} & 3\sqrt{1/2} \\ \sqrt{1/6} & 2\sqrt{1/6} \\ \sqrt{1/3} & \sqrt{1/3} \end{bmatrix} \text{與 } \tilde{\mathbf{b}} = \begin{bmatrix} 1.5\sqrt{1/2} \\ 0.5\sqrt{1/6} \\ 0 \end{bmatrix}$$

注意 $\tilde{\mathbf{A}}$ 與 $\tilde{\mathbf{b}}$ 可以用下列指令取得：

```
A = np.concatenate([a1,a2],axis=1)
b = a3
p1 = np.array([1/2,1/6,1/3]).reshape(3,1)
Atile1 = np.sqrt(p1)*A
btile1 = np.sqrt(p1)*b
```

即使用一般的乘法可得 $\tilde{\mathbf{A}}$ 與 $\tilde{\mathbf{b}}$。因此，根據 (2-14) 式，可得：

$$\tilde{\mathbf{x}} = \begin{bmatrix} -0.8103 \\ 0.7586 \end{bmatrix} \text{與 } \boldsymbol{\varepsilon} = \mathbf{Ax} - \mathbf{b} = \begin{bmatrix} -0.0345 \\ 0.2069 \\ -0.0517 \end{bmatrix}$$

倘若我們更改狀態出現的機率為 $\mathbf{p}^2 = \begin{bmatrix} 1/3 \\ 1/3 \\ 1/3 \end{bmatrix}$，則按照類似的計算過程，可得：

$$\tilde{\mathbf{x}} = \begin{bmatrix} -0.8333 \\ 0.75 \end{bmatrix} \text{與 } \boldsymbol{\varepsilon} = \mathbf{Ax} - \mathbf{b} = \begin{bmatrix} -0.0833 \\ 0.1667 \\ -0.0833 \end{bmatrix}$$

明顯可看出當狀態 2 的機率由 1/6 上升至 1/3，對應的複製誤差卻由 0.2069 下降至 0.1667；同理，當狀態 1 的機率由 1/2 下降至 1/3，對應的複製誤差卻上升了（依絕對值來看）。如此，可看出上述機率值所扮演的角色。

2.1.3 QR 分解法

熟悉迴歸分析（如《財統》等）的讀者應會對 (2-7) 或 (2-11) 式不會感到陌生，因為上述式子類似於 OLS 估計式。我們發現 $\mathbf{A}^T\mathbf{A}$ 愈接近於奇異矩陣，隱含著 $\mathbf{A}$ 內

的行向量愈接近於線性相依，此時 $\mathbf{A}^T\mathbf{A}$ 的逆矩陣愈難計算，故通常建議使用 QR 分解法[⑤]。我們舉一個例子說明。考慮：

$$\mathbf{A} = \begin{bmatrix} 1 & 1 & 0 \\ -1 & 0 & 1 \\ 0 & 1 & 1 \\ 0 & 0 & 1 \end{bmatrix}$$

利用 QR 分解法可將 $\mathbf{A}$ 拆解爲 $\mathbf{Q}$ 與 $\mathbf{R}$ 的乘積，即 $\mathbf{A} = \mathbf{QR}$，其中 $\mathbf{Q}$ 是一個正交矩陣（orthogonal matrix）[⑥]，而 $\mathbf{R}$ 是一個上三角矩陣（upper triangle matrix）。我們可以使用下列指令：

```
def qr(A):

    return np.linalg.qr(A)
```

首先，自設一個 QR 分解的函數，再計算上述 $\mathbf{A}$ 之分解爲：

```
A = np.array([1,1,0,-1,0,1,0,1,1,0,0,1]).reshape(4,3)
Q,R = qr(A)
np.round(Q.dot(R),4)
# array([[ 1.,  1.,  0.],
#        [-1.,  0.,  1.],
#        [ 0.,  1.,  1.],
#        [ 0.,  0.,  1.]])
np.round(Q,4)
# array([[-0.7071, -0.4082,  0.  ],
#        [ 0.7071, -0.4082,  0.  ],
#        [-0.    , -0.8165, -0.  ],
#        [-0.    , -0.    ,  1.  ]])
```

[⑤] 可參考如 Strang（2009）等書。

[⑥] 即 $\mathbf{Q}^T\mathbf{Q} = \mathbf{I}$。

```
np.round(R,4)
# array([[-1.4142, -0.7071,  0.7071],
#        [ 0.    , -1.2247, -1.2247],
#        [ 0.    ,  0.    ,  1.   ]])
np.round(Q.T.dot(Q),4)
# array([[ 1., -0.,  0.],
#        [-0.,  1., -0.],
#        [ 0., -0.,  1.]])
```

讀者可以嘗試看看。

底下，我們透過一個複迴歸模型如 $\mathbf{y} = \mathbf{X\beta} + \mathbf{\epsilon}$ 說明如何使用 QR 分解法。試下列指令：

```
n = 50
x = np.linspace(1,500,n).reshape(n,1)
ones = np.ones([n,1])
X = np.concatenate([ones,x,x**2,x**3],axis=1)
beta = np.array([1,1,1,1]).reshape(4,1)
np.random.seed(1)
y = X.dot(beta) + np.array([norm.rvs(0,1,n)]).reshape(n,1)
inv(X.T.dot(X)).dot(X.T).dot(y)
# array([[0.89914106],
#        [1.00165053],
#        [0.99998409],
#        [1.00000003]])
```

可記得 OLS 之估計式為 $(\mathbf{X^TX})^{-1}\mathbf{X^Ty}$。現在使用 QR 分解法，即：

```
Q,R = qr(X)
inv(R)@Q.T@y
# array([[0.89914233],
#         [1.00165055],
#         [0.99998409],
#         [1.00000003]])
```

注意最後一個指令亦可寫成：

```
inv(R).dot(Q.T).dot(y)
```

即用 **R** 取代 **X^{T}X** 以及以 **Q** 取代 **X**。我們發現上述二種計算結果完全相同；換言之，利用 QR 分解法亦可取得 OLS 估計式。

我們檢視 QR 分解法的優點。考慮一個有 3 種基本資產如債券、股票與買權 1（履約價爲 $1 + \delta$）的避險策略，其中上述 3 種基本資產的收益爲：

$$\mathbf{A}_\delta = \begin{bmatrix} 1 & 4 & 3-\delta \\ 1 & 3 & 2-\delta \\ 1 & 2 & 1-\delta \\ 1 & 1 & 0 \end{bmatrix}$$

讀者可以檢視當 $\delta = 0$，$\mathbf{A}_0$ 的秩等於 2，隱含買權 1 是一種多餘資產；不過，若 $\delta \neq 0$ 如 $\delta = 0.1$，則 $\mathbf{A}_{0.1}$ 的秩等於 3，隱含買權 1 是一種基本資產。假定標的資產爲買權 2（履約價爲 1.5），其對應的收益爲：

$$b = \begin{bmatrix} 2.5 \\ 1.5 \\ 0.5 \\ 0 \end{bmatrix}$$

從上述例子可看出當 δ 值愈接近於 0，下列式子：

$$(\mathbf{A}_\delta^T \mathbf{A}_\delta)\mathbf{x} = \mathbf{A}_\delta^T \mathbf{b} \tag{2-15}$$

愈接近於「病態的（ill-condition）」的體系，因 $\mathbf{A}_\delta$ 內的基本資產愈接近於線性相依。此時，相對於使用 (2-7) 或 (2-11) 式而言，我們發現使用QR分解法較占優勢。例如：試下列指令：

```
def LSQR(delta):
    A = np.array([1,4,3-delta,
                  1,3,2-delta,
                  1,2,1-delta,
                  1,1,0]).reshape(4,3)
    b = np.array([2.5,1.5,0.5,0]).reshape(4,1)
    XX_1 = inv(A.T.dot(A))
    Q,R = qr(A)
    re = {'LS':XX_1.dot(A.T).dot(b),'QR':inv(R) @ Q.T @ b,'A':A}
    return re
```

其中 LS 是指使用 (2-7) 或 (2-11) 式，而 QR 則指使用 QR 分解法計算。令 δ 值等於 5e-05（即 0.00005）以及 $\mathbf{x}^T = [9999 \ -9999 \ 10000]$，根據 (2-15) 式，可得：

```
delta = 5e-05
x = np.array([9999,-9999,10000]).reshape(3,1)
LSQR(delta)['A'].dot(x)
# array([[2.5],
#        [1.5],
#        [0.5],
#        [0. ]])
```

上述結果恰等於 $\mathbf{b}$ 值。再試下列指令：

```
x1 = LSQR(delta)['LS']
# array([[ 9998.95181036],
```

```
#          [-9998.95180714],
#          [ 9999.95180643]])
x2 = LSQR(delta)['QR']
# array([[ 9999.00000005],
#          [-9999.00000005],
#          [10000.00000005]])
b1 = A.dot(x1)
# array([[2.50000348e+00],
#          [1.50000420e+00],
#          [5.00004913e-01],
#          [3.21865082e-06]])
b2 = A.dot(x2)
# array([[2.50000000e+00],
#          [1.50000000e+00],
#          [5.00000000e-01],
#          [5.45696821e-12]])
np.abs(b-b1)
# array([[3.48256435e-06],
#          [4.19781645e-06],
#          [4.91307219e-06],
#          [3.21865082e-06]])
np.abs(b-b2)
# array([[7.27595761e-12],
#          [0.00000000e+00],
#          [3.63797881e-12],
#          [5.45696821e-12]])
```

可看出使用 QR 分解法所計算出的 **b** 值（即 b2）所產生的誤差較小。

習題

(1) 考慮迴歸模型如 $\mathbf{y} = \mathbf{X}\boldsymbol{\beta} + \boldsymbol{\varepsilon}$，其中 $\mathbf{y}$ 與 $\boldsymbol{\varepsilon}$ 皆是一個 $n \times 1$ 向量，而 $\mathbf{X}$ 是一個 $n \times k$ 矩陣以及 $\boldsymbol{\beta}$ 是一個 $k \times 1$ 向量。試用完全市場與不完全市場解釋 $\mathbf{y} = \mathbf{X}\boldsymbol{\beta} + \boldsymbol{\varepsilon}$。

(2)　令：

$$\mathbf{A} = \begin{bmatrix} 1 & 3 & 5 \\ 1 & 2 & 1 \\ 1 & 1 & 6 \end{bmatrix} \text{與} \mathbf{b} = \begin{bmatrix} 37 \\ 11 \\ 39 \end{bmatrix}$$

試計算可以複製 **b** 的資產組合 **x**。此時是否屬於完全市場？

(3)　令：

$$\mathbf{A} = \begin{bmatrix} 1 & 3 & 5 \\ 1 & 2 & 1 \\ 1 & 1 & 6 \\ 1 & 0 & 2 \end{bmatrix} \text{與} \mathbf{b} = \begin{bmatrix} 37.1 \\ 11.1 \\ 39.1 \\ 13.1 \end{bmatrix}$$

試計算可以複製 **b** 的資產組合 **x**。此時是否屬於完全市場？

(4)　令：

$$\mathbf{A} = \begin{bmatrix} 1 & 3 & 5 \\ 1 & 2 & 1 \\ 1 & 1 & 6 \\ 1 & 0 & 2 \\ 1 & -1 & 3 \end{bmatrix} \text{與} \mathbf{b} = \begin{bmatrix} 37.1 \\ 11.1 \\ 39.1 \\ 13.1 \\ 17.1 \end{bmatrix}$$

試計算可以複製 **b** 的資產組合 **x**。此時是否屬於完全市場？

(5)　(2)～(4) 是否可用迴歸分析解釋？

(6)　於 (2)～(4) 內，使用最小平方法與 QR 分解法，結果會有不同嗎？

2.2 套利

令 **x** 表示任意由基本資產所形成的資產組合。我們所關心的是，因基本資產價格不一致所產生無風險利潤機會：套利。就數學而言，可有二種型態的套利：其中套利型態 2 有牽涉到多餘的基本資產，而套利型態 1 則無。

套利型態 1

資產組合的成本為 0 或負數值而資產收益於任何狀態下皆為非負數值，不過其中之一種狀態的資產收益為正數值，即：

$$\mathbf{S}^T\mathbf{x} \le 0 \text{（資產組合的成本為 0 或負數值）} \tag{2-16}$$

$$\mathbf{Ax} \ge 0 \text{（資產收益於任何狀態下皆為非負數值）} \tag{2-17}$$

$$\mathbf{Ax} \ne 0 \text{（其中之一種狀態的資產收益為正數值）} \tag{2-18}$$

例如：假定表 1-1 內之資產 1 與資產 2 的價格[①]皆為 1，即 $S_1 = 1$ 與 $S_2 = 1$；因此，賣出 1 單位的資產 1 與買進 1 單位的資產 2 所形成的資產組合的成本價等於 0，相當於不須付出任何資金就可取得上述資產組合，而該資產組合的收益為：

$$\mathbf{A} = \begin{bmatrix} \mathbf{a}_1 & \mathbf{a}_2 \end{bmatrix} = \begin{bmatrix} 1 & 3 \\ 1 & 2 \\ 1 & 1 \end{bmatrix}$$

是故，可得：

$$\mathbf{S}^T\mathbf{x} = \begin{bmatrix} S_1 & S_2 \end{bmatrix}\begin{bmatrix} x_1 \\ x_2 \end{bmatrix} = \begin{bmatrix} 1 & 1 \end{bmatrix}\begin{bmatrix} -1 \\ 1 \end{bmatrix} = 0$$

與

$$\mathbf{Ax} = \begin{bmatrix} 1 & 3 \\ 1 & 2 \\ 1 & 1 \end{bmatrix}\begin{bmatrix} -1 \\ 1 \end{bmatrix} = \begin{bmatrix} 2 \\ 1 \\ 0 \end{bmatrix} \ge 0$$

此相當於中了「樂透」，不須負擔任何成本，除了狀態 3（收益等於 0）之外，於狀態 1 或 2 下，皆有正數值的收益。因此，套利型態 1 隱含著若複製的資產組合的價格為正數值（於各種狀態下），於無法套利的前提下，資產價格亦必須為正數

[①] 此處資產價格用 **S** 表示。

值。

其實，我們亦可以用另外一種方式解釋上述例子，相對於資產 1（債券）而言，資產 2（股票）占有隨機上的優勢（stochastic dominance），即無論何狀態，資產 2 的收益皆優於資產 1 的收益，故前者的價格必然高於後者，因此資產 1 與資產 2 的價格相等，自然會引起套利。

套利型態 2

資產組合的價格為負數值（即購買該資產組合時就有收益），而各種狀態的收益皆等於 0，即：

$$S^T\mathbf{x} < 0 \qquad\qquad (2\text{-}19)$$
$$\mathbf{Ax} = 0 \qquad\qquad (2\text{-}20)$$

值得注意的是，若所有的基本資產皆相互獨立，則套利型態 2 並無法出現；也就是說，若所有的基本資產皆相互獨立，隱含著 $\mathbf{Ax} = 0$，其對應的平凡解為 $\mathbf{x} = \mathbf{0}$，故 $\mathbf{Sx} = \mathbf{0}$。就套利型態 2 而言，我們在意的是多餘基本資產價格的「誤設」；也就是說，多餘基本資產亦可以由其他基本資產複製，是故多餘基本資產價格的「誤設」為較低或較高價格，自然會引起套利。

例如：就表 1-1 的內容而言，若 $S_1 = 1$、$S_2 = 2$、$S_3 = 1$ 與 $S_4 = 2$，即：

$$\mathbf{S} = \begin{bmatrix} 1 \\ 2 \\ 1 \\ 2 \end{bmatrix}$$

則就資產 1～3 而言，第 4 種資產價格可能產生「誤設」；換言之，於第 1 章內，我們已經知道：

$$\mathbf{x} = \begin{bmatrix} -1 \\ 1 \\ 0 \\ -1 \end{bmatrix}$$

相當於第 4 種資產可由賣出 1 單位第 1 種資產、買進 1 單位的第 2 種資產以及買進 0 單位的第 3 種資產所形成的資產組合複製；因此，我們可以進一步「佐證」，即：

$$\mathbf{S}^T\mathbf{x} = \begin{bmatrix} 1 & 2 & 1 & 2 \end{bmatrix} \begin{bmatrix} -1 \\ 1 \\ 0 \\ -1 \end{bmatrix} = -1 < 0$$

與

$$\mathbf{A}\mathbf{x} = \begin{bmatrix} 1 & 3 & 1.5 & 2 \\ 1 & 2 & 0.5 & 1 \\ 1 & 1 & 0 & 0 \end{bmatrix} \begin{bmatrix} -1 \\ 1 \\ 0 \\ -1 \end{bmatrix} = \begin{bmatrix} 0 \\ 0 \\ 0 \end{bmatrix}$$

符合套利型態 2 的定義。

因此，缺乏存在套利型態 2，隱含著唯一的價格，其中後者稱為符合「一價法則（law of one price）」；換言之，套利型態 2 的不存在，隱含著資產收益為 $\mathbf{A}\mathbf{x}$，其中價格為 $\mathbf{S}^T\mathbf{x}$ 屬於線性。

例 1 無套利定價準則的應用

第 1 章曾經說明 AD 證券亦可以用表 1-1 內的第 1～3 資產複製，即：

$$\mathbf{x} = \mathbf{A}^{*-1}\mathbf{e}_1 \Rightarrow \mathbf{x}^T = \begin{bmatrix} 1 & -1 & 2 \end{bmatrix}$$

即狀態 1 的 AD 證券可由買進 1 單位第 1 種資產、賣出 1 單位的第 2 種資產以及買進 2 單位的第 3 種資產所形成的資產組合複製，其中 $\mathbf{A}^* = [\mathbf{a}_1 \quad \mathbf{a}_2 \quad \mathbf{a}_3]$ 與 $\mathbf{e}_1^T = [1 \quad 0 \quad 0]$；因此，若前 3 種資產的價格仍為 $S_1 = 1$、$S_2 = 2$ 與 $S_3 = 1$，則狀態 1 的 AD 證券的價格可為：

$$\mathbf{S}^{*T}\mathbf{x} = \begin{bmatrix} 1 & 2 & 1 \end{bmatrix} \begin{bmatrix} 1 \\ -1 \\ 2 \end{bmatrix} = 1$$

即 $\mathbf{e}_1$ 的價格等於 1。上述結果隱含著資產組合的複製價格必等於 $\mathbf{e}_1$ 的價格，否則將引起套利。

例2 天下無免費的午餐

續例 1，我們可以進一步寫成套利型態 2 的形式，即：

$$\mathbf{S}_1^T = \begin{bmatrix} 1 & 2 & 1 & 1 \end{bmatrix} \text{、} \mathbf{A}_1 = \begin{bmatrix} \mathbf{A}^* & \mathbf{e}_1 \end{bmatrix} = \begin{bmatrix} 1 & 3 & 1.5 & 1 \\ 1 & 2 & 0.5 & 0 \\ 1 & 1 & 0 & 0 \end{bmatrix} \text{與} \mathbf{x}_1^T = \begin{bmatrix} 1 & -1 & 2 & -1 \end{bmatrix}$$

故可得：

$$\mathbf{A}_1 \mathbf{x}_1 = \mathbf{0}$$

與

$$\mathbf{S}_1^T \mathbf{x}_1 = 0$$

此相當於將 $\mathbf{e}_1$ 視為多餘的資產，而其用第 1～3 種資產（表 1-1）所構成的資產組合複製，是故券商用 1 發行 $\mathbf{e}_1$ 證券，其收益恰等於上述資產組合收益。上述結果顯示今日財富等於 0，明日財富亦等於 0，隱含著無套利的可能。讀者可以參考所附檔案得知如何計算上述結果。

例3 標的資產價格的上限與下限

假定一種基本資產 $\mathbf{A}_1$ 與一種標的資產 $\mathbf{b}$ 的收益分別為：

$$\mathbf{A}_1 = \begin{bmatrix} 1 \\ 2 \\ 3 \end{bmatrix} \text{與} \mathbf{b} = \begin{bmatrix} 1 \\ 1 \\ 2 \end{bmatrix}$$

顯然 $\mathbf{A}_1$ 優於 $\mathbf{b}$。令 S_1 與 S_2 分別表示上述基本資產與標的資產的價格，故 $S_1 > S_2$；另一方面，因

$$0.5\mathbf{A}_1 = \begin{bmatrix} 0.5 \\ 1 \\ 1.5 \end{bmatrix} < \begin{bmatrix} 1 \\ 1 \\ 2 \end{bmatrix} = \mathbf{b}$$

是故

$$0.5S_1 < S_2 < S_1$$

隱含著若 $S_1 = 3$，則 $1.5 < S_2 < 3$。

習題

(1) 何謂套利型態 1？試解釋之。

(2) 何謂套利型態 2？試解釋之

(3) 試各舉一例說明套利型態 1 與 2。

2.3 狀態價格與套利理論

狀態 i 之 AD 證券 e_i 價格可稱為狀態價格，其用 ψ_i 表示，而所有狀態之 AD 證券價格向量可寫成：

$$\boldsymbol{\psi} = \begin{bmatrix} \psi_1 \\ \psi_2 \\ \vdots \\ \psi_m \end{bmatrix}$$

於第 1 章或 2.2 節的例 1 內，我們已知於完全的市場下，AD 證券亦可由基本資產複製，因此可對應至唯一的無套利的價格；不過，由於不同狀態的 AD 證券皆有正的收益，故根據套利型態 1 可知 AD 證券價格亦皆為正數值。是故，簡單地說，於完全市場與無法套利的前提下，我們可以找到唯一的正數值之 AD 證券價格。

我們亦可以從「反面」來檢視，可以回想於完全市場內，任何資產如 $\mathbf{b}$ 的收益亦可以用 AD 證券的資產組合複製，如 (1-18) 式所示，隱含著 $\mathbf{b}$ 之無套利價格為 $\boldsymbol{\psi}^T \mathbf{b} \geq 0$，其中 $\boldsymbol{\psi} > 0$ 而 $\mathbf{b} \geq 0$；是故，若 $\mathbf{b} \neq 0$，隱含著 $\boldsymbol{\psi}^T \mathbf{b} > 0$，即非負數值之收益存在正數值 AD 證券價格。換句話說，(1-18) 式可進一步寫成一般的形式如：

$$\mathbf{A}^T \boldsymbol{\psi} = \mathbf{S} \tag{2-21}$$

其中 $\mathbf{S}$ 仍表示資產的價格。

使用正數值的 AD 證券價格有一個優點：可用下列套利定理說明。

套利定理

於一個存在 m 種狀態與 n 種資產的市場內，其中資產收益 $\mathbf{A} \in \mathbf{R}^{m \times n}$ 與資產價格 $\mathbf{S} \in \mathbf{R}^n$。根據 (2-21) 式，若 $\boldsymbol{\psi} > 0$，即 $\psi_i > 0 (i = 1, 2, \cdots, m)$，則 $\mathbf{S}$ 表示無套利的資產價格；反之亦然。

就上述套利定理而言，利用 (2-21) 式，自然可得到 $\boldsymbol{\psi}$；不過，此會因 $\mathbf{A}$ 為一個 $m \times m$ 或 $m \times n$ 矩陣而有不同，其中前者是描述一個完全市場下，即 $m = n$，而後者則是包括多餘資產，故 $m < n$。換句話說，若 $\mathbf{A}$ 是一個 $m \times m$ 矩陣，則根據利用 (2-21) 式，可得：

$$\boldsymbol{\psi} = \mathbf{A}^{T-1} \mathbf{S} \tag{2-22}$$

但是若 $\mathbf{A}$ 是一個 $m \times n$ 矩陣，則

$$\boldsymbol{\psi} = (\mathbf{A}\mathbf{A}^T)^{-1} \mathbf{A} \mathbf{S} \tag{2-23}$$

即會牽涉到最小平方法的使用。

其實，上述套利定理可視為套利型態 1 與 2 的補充，即缺乏套利型態 2，提醒我們存在唯一的 AD 狀態價格，而缺乏套利型態 1 則指出 AD 狀態價格為正數值。我們利用表 1-1 的內容舉例說明。令：

$$\mathbf{A}^* = \begin{bmatrix} 1 & 3 & 1.5 \\ 1 & 2 & 0.5 \\ 1 & 1 & 0 \end{bmatrix} \text{與} \mathbf{A} = \begin{bmatrix} 1 & 3 & 1.5 & 2 \\ 1 & 2 & 0.5 & 1 \\ 1 & 1 & 0 & 0 \end{bmatrix}$$

我們已經知道 $rank(\mathbf{A}^*) = rank(\mathbf{A}) = 3$，即表 1-1 內是一個完全的市場，其中第 1～3 種資產可視為基本資產而第 4 種資產為多餘資產。若

$$\mathbf{S}^{*T} = \begin{bmatrix} 1 & 2 & 0.6 \end{bmatrix} \text{與} \mathbf{S}^T = \begin{bmatrix} 1 & 2 & 0.6 & 1 \end{bmatrix}$$

則根據 (2-21) 式可知：

$$\boldsymbol{\psi} = \mathbf{A}^{*-1}\mathbf{S}^* = \begin{bmatrix} \psi_1 \\ \psi_2 \\ \psi_3 \end{bmatrix} = \begin{bmatrix} 0.2 \\ 0.6 \\ 0.2 \end{bmatrix}$$

即當第 1～3 種基本資產的價格爲 $\mathbf{S}^{*T} = [1 \quad 2 \quad 0.6]$，則狀態 1、2 與 3 的 AD 證券價格分別爲 0.2、0.6 與 0.2，因後者皆爲正數值，故根據上述套利定理可知 $\mathbf{S}^*$ 是一種無法套利的價格。

我們來看當基本資產價格「誤設」會產生什麼情況？例如：第 1 種基本資產價格爲 1 但是卻誤設爲 0.9 或 1.2，而第 2 與 3 種資產價格仍爲 2 與 0.6，即：

$$\mathbf{S}_1^{*T} = \begin{bmatrix} 0.9 & 2 & 0.6 \end{bmatrix} \text{ 或 } \mathbf{S}_2^{*T} = \begin{bmatrix} 1.2 & 2 & 0.6 \end{bmatrix}$$

因第 1 種資產（債券）可視爲狀態 1～3 的 AD 證券的資產組合，故可得：

$$\boldsymbol{\psi}_1 = \mathbf{A}^{*-1}\mathbf{S}_1^* = \begin{bmatrix} 0.1 \\ 0.9 \\ -0.1 \end{bmatrix} \text{ 或 } \boldsymbol{\psi}_2 = \mathbf{A}^{*-1}\mathbf{S}_2^* = \begin{bmatrix} 0.4 \\ 0 \\ 0.8 \end{bmatrix}$$

即 AD 證券有可能出現負數值或爲 0 的價格，隱含著存在套利的機會[8]。我們再看另外一種可能，假定第 1 種資產被誤設爲 1.1，即：

$$\mathbf{S}_3^{*T} = \begin{bmatrix} 1.1 & 2 & 0.6 \end{bmatrix}$$

故可得 $\boldsymbol{\psi}_3 = \mathbf{A}^{*-1}\mathbf{S}_3^* = \begin{bmatrix} 0.3 \\ 0.3 \\ 0.5 \end{bmatrix}$。雖然，狀態價格皆爲正數值，不過其加總卻超過 1，隱含著第 1 種資產價格被高估，故仍存在套利的機會。

---

[8] 第 1 種基本資產價格誤設爲 0.9 或 1.2，即前者被低估而後者被高估，故應買進前者而賣出後者；或者，亦可從 $\boldsymbol{\psi}_1$ 或 $\boldsymbol{\psi}_2$ 內看出端倪，畢竟前者的加總小於 1，但是後者的加總卻大於 1，故前者應買進而後者應賣出。

接下來，我們檢視 **A** 的情況，即 **A** 內亦有包括多餘的資產。根據 (2-23) 式，可得：

$$\boldsymbol{\psi} = \left(\mathbf{A}\mathbf{A}^{T} \right)^{-1} \mathbf{A}\mathbf{S} = \begin{bmatrix} 0.2 \\ 0.6 \\ 0.2 \end{bmatrix}$$

即若根據上述的設定，可得對應的狀態價格。

例1 不完全市場

假定於表 1-1 內只考慮第 1 與 2 種資產，而對應的收益與資產價格為：

$$\mathbf{A} = \begin{bmatrix} 1 & 3 \\ 1 & 2 \\ 1 & 1 \end{bmatrix} \text{與} \mathbf{S} = \begin{bmatrix} 1 \\ 2 \end{bmatrix}$$

因存在 3 種狀態但是卻只有 2 種基本資產，故所描述的是一種不完全市場。因第 1 與 2 種資產皆可由 AD 狀態證券複製，透過 (2-21) 式可得：

$$\mathbf{A}\boldsymbol{\psi} = \mathbf{S} \Rightarrow \begin{cases} \psi_1 + \psi_2 + \psi_3 = 1 \\ 3\psi_1 + 2\psi_2 + \psi_3 = 2 \end{cases}$$

視 ψ_3 為自由參數如 $\psi_3 = \psi_1$，則 $\psi_2 = 1 - 2\psi_1$。我們自然可以進一步知道 $\psi_i > 0(i = 1, 2, 3)$ 的條件。

例2 狀態價格為負數值

考慮下列的可能：

$$\mathbf{A} = \begin{bmatrix} 2 & 1 & 0 & 3 & 1 \\ 1 & 1 & 1 & 2 & 1 \\ 0 & 1 & 1 & 1 & 0 \end{bmatrix} \text{與} \mathbf{S}^{T} = \begin{bmatrix} 1 & 1 & 1 & 2 & 1/3 \end{bmatrix}$$

我們可以計算 $rank(\mathbf{A}) = 3$，隱含著一種完全市場，即存在 3 種基本資產與 2 種多餘資產。根據 (2-23) 式，可得：

$$\boldsymbol{\psi} = \left(\mathbf{A}\mathbf{A}^T \right)^{-1} \mathbf{A}\mathbf{S} = \begin{bmatrix} 0.67 \\ -0.33 \\ 0.67 \end{bmatrix}$$

即存在負數值的狀態價格，故存在套利型態 1 的可能。我們先計算：

$$\mathbf{A}_1 = \begin{bmatrix} \mathbf{A}_{\cdot 1} & \mathbf{A}_{\cdot 2} \end{bmatrix} \Rightarrow rank(\mathbf{A}_1) = 2$$

即第 1 與 2 種資產為基本資產；然後，再逐一檢視，結果發現

$$\mathbf{A}_2 = \begin{bmatrix} \mathbf{A}_{\cdot 1} & \mathbf{A}_{\cdot 2} & \mathbf{A}_{\cdot 5} \end{bmatrix} \Rightarrow rank(\mathbf{A}_2) = 3$$

換言之，$\mathbf{A}_2 = \begin{bmatrix} \mathbf{A}_{\cdot 1} & \mathbf{A}_{\cdot 2} & \mathbf{A}_{\cdot 5} \end{bmatrix} = \begin{bmatrix} 2 & 1 & 1 \\ 1 & 1 & 1 \\ 0 & 1 & 0 \end{bmatrix}$，$\mathbf{A}_2$ 內的資產為基本資產。檢視 $\mathbf{A}_{\cdot 1}$ 與 $\mathbf{A}_{\cdot 5}$，可發現 $2\mathbf{A}_{\cdot 5} > \mathbf{A}_{\cdot 1}$，隱含著 $2S_5 > S_1$；但是，從 $\mathbf{S}$ 內可看出並非如此，即第 5 種資產價格被低估而第 1 種資產被高估。因此，存在套利的空間，及買進 2 單位的第 5 種資產以及賣出 1 單位的第 1 種資產，隱含著：

$$\mathbf{x}^T = \begin{bmatrix} -1 & 0 & 0 & 0 & 2 \end{bmatrix} \Rightarrow \begin{cases} \mathbf{S}^T\mathbf{x} = -0.33 < 0 \\ \mathbf{A}\mathbf{x} = \begin{bmatrix} 0 \\ 1 \\ 0 \end{bmatrix} \geq 0 \end{cases}$$

符合套利型態 1。

2.4 風險中立機率

當資產價格不等於 0，我們可以將狀態價格方程式如 (2-21) 式改用報酬表示，即 (2-21) 式可寫成：

$$\begin{cases} S_1 = A_{11}\psi_1 + A_{21}\psi_2 + \cdots A_{m1}\psi_m \\ S_2 = A_{12}\psi_1 + A_{22}\psi_2 + \cdots A_{m2}\psi_m \\ \qquad\qquad\vdots \\ S_n = A_{1n}\psi_1 + A_{2n}\psi_2 + \cdots A_{mn}\psi_m \end{cases} \tag{2-24}$$

將上述體系內的每條方程式除以對應的資產價格，可得總報酬如：

$$1 = R_f\left(\psi_1 + \psi_2 + \cdots + \psi_m\right) \tag{2-25}$$

即假定 (2-24) 式內的第 1 種資產為無風險資產（第 1 條方程式），其中 R_f 為無風險的總報酬；其次，風險資產如 (2-24) 式內的第 2～n 條方程式可寫成：

$$\begin{cases} 1 = \dfrac{A_{12}}{S_2}\psi_1 + \dfrac{A_{22}}{S_2}\psi_2 + \cdots + \dfrac{A_{m2}}{S_2}\psi_m \\ \qquad\qquad\vdots \\ 1 = \dfrac{A_{1n}}{S_n}\psi_1 + \dfrac{A_{2n}}{S_n}\psi_2 + \cdots + \dfrac{A_{mn}}{S_n}\psi_m \end{cases} \tag{2-26}$$

換言之，(2-26) 式可寫成矩陣的型態如：

$$\mathbf{1} = \hat{\mathbf{R}}^T\boldsymbol{\psi} \tag{2-27}$$

其中 **1** 為一個元素皆為 1 的 $n\times1$ 向量而風險資產的總報酬為

$$\hat{\mathbf{R}}^T = \begin{bmatrix} \dfrac{A_{12}}{S_2} & \dfrac{A_{22}}{S_2} & \cdots & \dfrac{A_{m2}}{S_2} \\ \vdots & \vdots & \vdots & \vdots \\ \dfrac{A_{1n}}{S_n} & \dfrac{A_{2n}}{S_n} & \cdots & \dfrac{A_{mn}}{S_n} \end{bmatrix}$$

是一個 $n\times m$ 矩陣。

若將狀態價格規格化如 $R_f\boldsymbol{\psi}$ 以 **q** 取代，即：

$$\mathbf{q} = \begin{bmatrix} q_1 \\ \vdots \\ q_m \end{bmatrix} = \begin{bmatrix} R_f \psi_1 \\ \vdots \\ R_f \psi_m \end{bmatrix} = R_f \boldsymbol{\psi} \tag{2-28}$$

則債券方程式如 (2-25) 式可寫成：

$$q_1 + q_2 + \cdots + q_m = 1 \tag{2-29}$$

其中 $q_i(i = 1, 2, \cdots, m)$ 是一種「正規化價格（normalized price）」，其幾乎可以視為一種機率[9]。換言之，因 $\boldsymbol{\psi} = \mathbf{q} / R_f$，代入 (2-27) 式，可得：

$$\mathbf{1} = \hat{\mathbf{R}}^T \frac{\mathbf{q}}{R_f} \tag{2-30}$$

或者 (2-30) 式隱含著：

$$\mathbf{R}_f = \hat{\mathbf{R}}^T \mathbf{q} \tag{2-31}$$

其中 $\mathbf{R}_f = R_f \mathbf{1}$。

(2-31) 式頗有意思：若 $\mathbf{q}$ 視為機率（向量），則 $\hat{\mathbf{R}}^T \mathbf{q}$ 竟然是風險資產於機率 $\mathbf{q}$ 下的期望值，而該期望值等於 $\mathbf{R}_f$。我們進一步將 $\hat{\mathbf{R}}^T$ 轉回收益 $\mathbf{A}^T$，即於 (2-30) 式內各自乘上對應的資產價格，可得：

$$\mathbf{S} = \frac{1}{R_f} \mathbf{A}^T \mathbf{q} \tag{2-32}$$

將無風險利率視為貼現率，(2-32) 式指出於機率為 $\mathbf{q}$ 之下，每一種資產之預期收益的貼現值竟然等於該資產價格。

我們稱 $\mathbf{q}$ 為一種風險中立機率（risk-neutral probability），隱含著不像擲骰子或丟銅板等事件機率屬於「實驗性機率」，金融市場參與者各自有針對金融事件評估的主觀機率或看法，我們希望得到一種屬於市場整體性的客觀機率；或者，整體

---

[9] 畢竟 $q_i = R_f \psi_i > 0$，其中 $R_f > 0$ 與 $\psi_i > 0$。

市場可視爲一個經濟主體，而若該經濟主體屬於風險中立者，則對應的機率評估稱爲風險中立機率。

　　我們重新檢視。(2-32) 式不就是資產的定價方程式嗎？換句話說，第 1 與 2 章說明了其實我們有二種方式可以決定資產的價格，其一就是資產複製的資產組合價格，而另一則是 (2-32) 式。當上述資產組合價格等於利用風險中立機率如 (2-32) 式所計算的價格，我們就稱存在著資產定價之對偶性（asset pricing duality）[10]。因存在著資產定價之對偶性，反而顯現出 (2-32) 式的重要性，即本書底下，幾乎皆使用 (2-32) 式來決定資產的價格。

習題

　　試舉一例說明 (2-32) 式。

---

[10] 有關於資產定價之對偶性的進一步説明或證明，可參考 Černý（2004）。

3

二項式定價

本章將介紹風險資產價格的間斷時間模型（discrete-time model），該模型的特色是使用二項樹狀圖（binomial tree）。用間斷時間模型或二項樹狀圖來描述風險資產價格的優點，可以分述如下[①]：

(1) 本章幾乎可視爲無交易成本下，完全市場之動態決策模型。雖說眞實社會幾乎不見完全市場，但是完全市場之估計不僅可以簡化數學型態，同時亦提供一種不錯的眞實市場估計模式。

(2) 透過二項樹狀圖可讓我們瞭解抽象的機率測度（probability measure）以及隨機過程（stochastic process）等觀念。

(3) 透過二項式定價模型，使得我們得以接近風險中立或是平賭定價（martingale pricing）等抽象觀念。

(4) 透過二項式定價模型，使得我們可以輕易地得知選擇權之定價。

(5) 利用二項樹狀圖等間斷時間模型，使得我們得以快速地接近連續時間資產價格模型（continuous-time asset price model）。

3.1 一般的設定

令欲模型化資產價格的時間區間爲 $[t_0, t_T]$，其中 t_0 可視爲現在，而 t_T 爲衍生性商品如選擇權或期貨契約的到期日。上述 $[t_0, t_T]$ 的時間跨度（time span）爲：

[①] 本章所介紹的間斷時間模型如二項式模型係參考 Cox 與 Rubinstein（1985）、Cox et al.（1987, CRR）、Petters 與 Dong（2016）或《衍商》等文獻，其中《衍商》有提供許多 R 語言程式碼。

$$\tau = t_T - t_0$$

我們可將上述時間跨度分割成 n 個小區間如 $[t_0, t_1]$, $[t_1, t_2]$, $\cdots$, $[t_{n-1}, t_n]$，其中每個小區間的長度皆為 h_n，即其隱含著：

$$0 \le t_0, t_1 = t_0 + h_n, t_2 = t_0 + 2h_n, \cdots, t_n = t_0 + nh_n = t_T$$

其中 $h_n = \tau / n$。由於整個時間跨度 τ 被分割為 n 個小區間，故對應的二項樹狀圖可稱為 n 期的二項樹狀圖。理所當然，當 n 愈大，$t_i (i = 1, 2, \cdots, n)$（或稱為 t_i 期）所對應的時間亦隨之改變。

令 $S(t_j)(j = 0, 1, \cdots, n)$ 表示 t_j 期風險資產價格，其中 $S(t_0) = S_0$ 為已知；另一方面，風險資產的未來價格如 $S(t_1)$ $S(t_2)$, $\cdots$, $S(t_n)$ 為未知，故其皆可視為隨機變數。為了分析方便起見，有些時候我們可將上述風險資產的未來價格寫成 $S(t)$ 或 S_t。

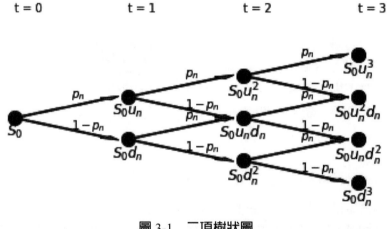

圖 3-1　二項樹狀圖

n 期二項樹狀圖的性質可以分述如下：

(1) 重組特徵（recombining property）：顧名思義，二項樹狀圖於每期價格不是上升就是下降。例如：參考圖 3-1 內的 $t = 1$ 期跳至 $t = 2$ 期的情況，可發現於 $S_0 u_n$ 與 $S_0 d_n$ 之下，下降與上升的結果相同，即 $S_0 u_n d_n = S_0 d_n u_n$，依此類推。

(2) 透過重組特徵可知，於 n 期共有 $n + 1$ 個可能價格如：

$$S_0 d_n^n, S_0 u_n d_n^{n-1}, \cdots, S_0 u_n^i d_n^{n-i}, \cdots, S_0 u_n^{n-1} d_n, S_0 u_n^n$$

(3) 於 t_j 期，我們計算 t_0 至 t_j 期資產價格為：

$$S(t_j) = S(t_0)u_n^{N_{U,j}}d_n^{j-N_{U,j}} \tag{3-1}$$

其中 $N_{U,j}$ 表示從 t_0 至 t_j 期資產價格隨機上升的次數。例如：於圖 3-1 內可看出 t_3（或寫成 $t = 3$），此時 $N_{U,j} = 3, 2, 1, 0$，依此類推。

(4) 就每個小區間 $[t_j, t_{j-1}](j = 1, \cdots, n)$ 而言，資產價格隨機上升或下降的幅度係根據固定的總報酬 $S(t_j) / S(t_{j-1})$ 而來；換言之，$S(t_j) / S(t_{j-1})$ 屬於獨立且相同分配（independent and identically distribution, IID）。或者說，$S(t_j) / S(t_{j-1})$ 屬於獨立的伯努尼分配（Bernoulli distribution）隨機變數，其中

$$\frac{S(t_j)}{S(t_{j-1})} = \begin{cases} u_n, & p_n \\ d_n, & 1-p_n \end{cases} \tag{3-2}$$

其中 u_n 與 d_n 於每期皆相同。(3-2) 式說明了於 t_{j-1} 期，$S(t_{j-1})$ 有 $p_n > 0$ 的可能性（機率）會上升至 $S(t_j) = S(t_{j-1})u_n$；當然，亦有 $1 - p_n > 0$ 的可能性（機率），$S(t_{j-1})$ 會下跌至 $S(t_j) = S(t_{j-1})d_n$，此隱含著：

$$u_n > 1 \text{、} d_n < 1 \text{ 以及 } 0 < p_n < 1 \tag{3-3}$$

換句話說，我們不考慮 $p_n = 0$ 與 $p_n = 1$ 的情況。

(5) $[t_0, t_T]$ 期間的總報酬之預期值可寫成：

$$\begin{aligned} E\left[\frac{S(t_n)}{S(t_0)}\right] &= E\left[\frac{S(t_1)}{S(t_0)}\frac{S(t_2)}{S(t_1)}\cdots\frac{S(t_n)}{S(t_{n-1})}\right] \\ &= \left\{E\left[\frac{S(t_1)}{S(t_0)}\right]\right\}^n \text{（其中 } S(t_j) / S(t_{j-1}) \text{ 為 IID）} \\ &= \left[p_n u_n + (1-p_n)d_n\right]^n \end{aligned} \tag{3-4}$$

因 $S(t_j) / S(t_{j-1})$ 為 IID，故對應的報酬率亦為 IID，即 $R_j = R(t_j) = \dfrac{S(t_j)}{S(t_{j-1})} - 1$ 屬於 IID；或者，對數報酬率如：

$$r_{tj} = r(t_j) = \log\left[\frac{S(t_j)}{S(t_{j-1})}\right] = \begin{cases} \log(u_n), & p_n \\ \log(d_n), 1-p_n \end{cases} \tag{3-5}$$

亦皆屬於 IID。

(6) 直覺而言，小區間的長度 h_n 若為時、日或週，前述三元變量如 p_n、u_n 與 d_n 應會不同，即上述三元變量會受到 h_n 的影響。

(7) 雖說前述三元變量如 p_n、u_n 與 d_n 於 n 期二項樹狀圖的每時點皆相同，但是於不同的二項樹狀圖下，上述三元變量卻未必相同。例如：圖 3-2 分別繪製出 1 期與 2 期二項樹狀圖，顯然二者的樣本空間 Ω 並不相同，即前者為 $\Omega_1 = \{U, D\}$ 而後者為 $\Omega_2 = \{UU, UD, DU, DD\}$。

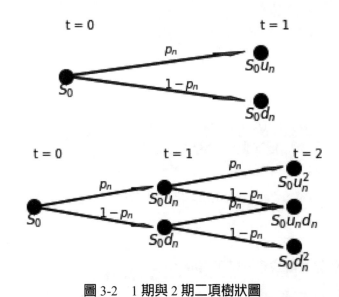

圖 3-2　1 期與 2 期二項樹狀圖

(8) $S(t)$ 的樣本時間路徑。Ω 內的元素 ω_n 可視為 t_0 至 t_n 的間斷價格路徑，即：

$$t \to S_t(\omega_n)$$

其中 $S_t = S(t)$、$S_{t_0}(\omega_n) = S_0$ 與 $t \in \{t_0, t_1, \cdots, t_n\}$。以圖 3-2 內的 Ω_2 為例，可以參考圖 3-3，特定的路徑 $\omega_2 = UD \in \Omega_2$，於 t_0、t_1 與 t_2 之下，$S_{t_0}(\omega_2) = S_0$、$S_{t_1}(\omega_2) = S_0 u_2$ 與 $S_{t_2}(\omega_2) = S_0 u_2 d_2$。換句話說，每條路徑是下列

$$S_0 d_n^n, S_0 u_n d_n^{n-1}, \cdots, S_0 u_n^i d_n^{n-i}, \cdots, S_0 u_n^{n-1} d_n, S_0 u_n^n$$

其中一個結果，而總共有 2^n 條樣本時間路徑。例如：圖 3-3 繪製出 $n = 2$ 內的 2
條樣本時間路徑[②]，讀者可以繪製其他路徑。

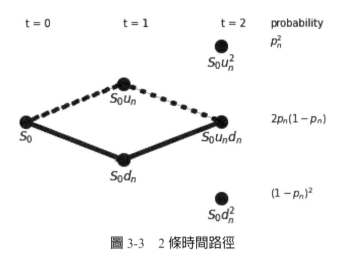

圖 3-3　2 條時間路徑

(9) 機率測度。例如：檢視圖 3-3 內 $t = 2$（即 $n = 2$）內每種結果所對應的機率計算。
顯然上述機率計算屬於二項式機率分配（binomial probability distribution），即：

$$P\left[S(t_n) = S_0 u_n^i d_n^{n-i}\right] = \binom{n}{i} p_n^i (1-p_n)^{n-i} \tag{3-6}$$

其中 $\binom{n}{i} = \dfrac{n!}{i!(n-i)!}$。透過 (3-6) 式可計算對應的期望值為：

$$
\begin{aligned}
E\left[S\left(t_T\right)\right] &= \sum_{i=0}^{n} S_0 u_n^i d_n^{n-i} \binom{n}{i} p_n^i (1-p_n)^{n-i} \\
&= S_0 \sum_{i=0}^{n} \binom{n}{i} (p_n u_n)^i [(1-p_n)d_n]^{n-i} \\
&= S_0 [p_n u_n + (1-p_n)d_n]^n
\end{aligned}
\tag{3-7}
$$

[②] 二項樹狀圖所產生的 $S(t)$ 之樣本時間路徑數量其實頗為驚人，例如：$n = 50$ 期的二項樹
狀圖總共有 $2^{50} \approx 10^{15}$ 條樣本時間路徑。

(3-7) 式的導出頗為直接 [3]，其亦與 (3-4) 式的結果一致。

(10) 連續的股利支付率。於 t_0 至 t_n 的期間內，假定標的資產有支付現金股利 $D(t_{j-1}, t_T)$，其可寫成：

$$D(t_{j-1}, t_T) = qS(t-j)h_n(j = 1, 2, \cdots, n)$$

其中 q 為（連續的）股利支付率 [4]。

(11) 對數報酬率與資產價格。因

$$S(t_n) = S_0 \frac{S(t_n)}{S_0} = S_0 e^{\log\left(\frac{S(t_n)}{S_0}\right)}$$

其中

$$\log\left(\frac{S(t_n)}{S_0}\right) = \log\left[\frac{S(t_1)}{S_0} \frac{S(t_2)}{S(t_1)} \frac{S(t_3)}{S(t_2)} \cdots \frac{S(t_n)}{S(t_{n-1})}\right]$$

$$= \sum_{j=1}^{n} \log\left[\frac{S(t_j)}{S(t_{j-1})}\right] = \sum_{j=1}^{n} r(t_j) = \sum_{j=1}^{n} r_j \qquad (3\text{-}8)$$

是故，資產價格 $S(t_n)$ 可寫成：

$$S(t_n) = S_0 \exp\left[\sum_{j=1}^{n} \log\left(\frac{S(t_j)}{S(t_{j-1})}\right)\right] = S_0 \exp\left(\sum_{j=1}^{n} r_j\right) \qquad (3\text{-}9)$$

(3-9) 式指出對數報酬率是重要的，因其可用於決定資產的價格。

其實 (3-9) 式是可以拆成由若干部分所構成，即令：

$$X_{n,j} = \frac{r_j - E\left(r_j\right)}{\sqrt{Var\left(r_j\right)}} \qquad (3\text{-}9a)$$

---

[3] 例如：若 $n = 2$，可得 $S_0[(1-p_2)^2 d_2^2 + 2p_2 u_2 + p_2^2 u_2^2] = S_0[p_2 u_2 + (1-p_2)d_2]^2$，依此類推。

[4] 可以參考《衍商》。

(3-9a) 式可改寫成：

$$r_j = E\left(r_j\right) + \sqrt{Var\left(r_j\right)}X_{n,j} \tag{3-10}$$

因 r_j 為 IID，故可知

$$E\left(r_j\right) = E\left(r_1\right) \ (j=1,2,\cdots,n) \tag{3-11}$$

與

$$Var\left(r_j\right) = Var\left(r_1\right) \ (j=1,2,\cdots,n) \tag{3-12}$$

是故根據 (3-11)～(3-12) 二式，加總 (3-10) 式可得：

$$\begin{aligned}
\sum_{j=1}^{n} r_j &= \sum_{j=1}^{n} E\left(r_j\right) + \sum_{j=1}^{n} \sqrt{Var\left(r_j\right)}X_{n,j} \\
&= nE\left(r_1\right) + \sqrt{nVar\left(r_1\right)}\sum_{j=1}^{n} X_{n,j}
\end{aligned} \tag{3-13}$$

令 $Z_n = \dfrac{1}{\sqrt{n}}\displaystyle\sum_{j=1}^{n} X_{n,j}$ 代入 (3-13) 式以及根據 (3-9) 式，可得：

$$S(t_n) = S_0 \exp\left[nE\left(r_1\right) + \sqrt{nVar\left(r_1\right)}Z_n \right] \tag{3-14}$$

(3-14) 式可視為一種間斷的資產價格公式。我們發現當 $n \to \infty$，即 (3-14) 式趨向於連續的資產價格公式，只不過我們必須於 $n \to \infty$ 之下，先檢視下列

$$nE\left(r_1\right) \cdot \sqrt{nVar\left(r_1\right)} \text{ 與 } Z_n$$

的特徵。上述特徵可參考 3.2 節。

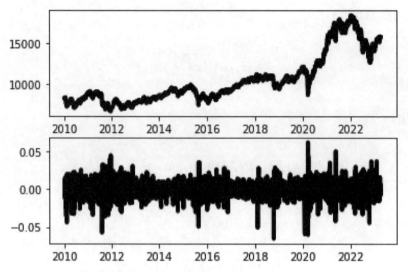

圖 3-4　TWI 的日收盤價與日對數報酬率的時間走勢（2010/1/4～2023/3/30）

例 1 TWI 的日收盤價與日對數報酬率

　　圖 3-4 分別繪製出臺灣加權股價指數（TWI）日收盤價以及對應的日對數報酬率時間走勢（2010/1/4～2023/3/30）。上述日收盤價資料之下載以及對應的日對數報酬率計算，可使用下列指令：

```
data = yf.download("^TWII", start="2010-01-01", end="2023-03-31")
St = data.Close # 收盤價
St_1 = St.shift(1)
rt = np.log(St/St_1)
```

　　利用上述日收盤價資料區間，我們可以進行分割如：

```
n = len(St) # 3237
St.head(2)
# Date
# 2010-01-04    8207.849609
# 2010-01-05    8211.400391
# Name: Close, dtype: float64
St.tail(2)
```

```
# Date
# 2023-03-29   15769.759766
# 2023-03-30   15849.429688
# Name: Close, dtype: float64
t1 = np.arange(0,n+1)
t2 = np.linspace(0,1,n)
```

換句話說，上述資料區間的長度爲 3,237（即總共有 3,237 個日收盤價觀察值），我們可以分割成如 t1 或 t2 所示，讀者可以分別檢視 t1 與 t2 內的元素爲何？

例2 將日對數報酬率轉換成日收盤價

續例 1，根據 (3-9) 式，可將日對數報酬率資料轉換成日收盤價資料，即：

```
St1 = St[0]*np.exp(np.cumsum(rt))
St1.head(2)
# Date
# 2010-01-04              NaN
# 2010-01-05    8211.400391
# Name: Close, dtype: float64
St1.tail(2)
# Date
# 2023-03-29   15769.759766
# 2023-03-30   15849.429687
# Name: Close, dtype: float64
```

例3 二項式機率分配

試下列指令：

```
from scipy.stats import binom
n = 10
p = 0.5
```

```
x = 5
binom.pmf(x,n,p) # 0.24609375000000003
```

其中 binom.pmf(.) 係計算二項式機率分配之機率質量函數（probability mass function）（即機率）（即 10 次試驗中出現 5 次成功的機率約爲 0.25，其中成功的機率爲 0.5），有關於二項式機率分配的特徵可參考《統計》。

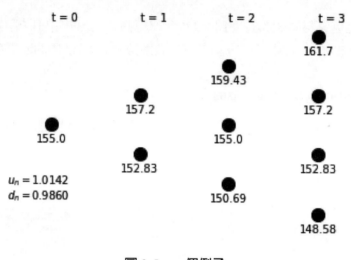

圖 3-5　一個例子

例 4　二項樹狀圖

　　根據圖 3-1，我們舉一個實際的例子，其結果則繪製如圖 3-5 所示。讀者可以檢視所附檔案得知如何繪製圖 3-5 或編製樹狀圖。

習題

(1) 根據圖 3-5 內的假定，若 $n = 100$，則於 $t = 100$ 共有多少資產價格？由下至上的第 57 個價格爲何？

(2) 續上題，若 $p_n = 0.523$，則對應的機率爲何？至多機率爲何？

(3) 就圖 3-4 的結果而言，TWI 之日對數報酬率序列資料是否有可能屬於 IID？試解釋之。

(4) 我們是否可以利用 (5-14) 式模擬出資產價格？試舉一例說明。

(5) 於圖 3-5 內，若 $t = 10$，則所有的資產價格爲何？

3.2 CRR 的樹狀圖

Cox-Ross-Rubinstein（CRR）的樹狀圖屬於二項樹狀圖的一個特例，其當然滿足 3.1 節內二項樹狀圖的性質。本節將分成三部分介紹，其一是說明 CRR 的方法，另一則是描述 CRR 的架構；最後，則介紹風險中立的 CRR 樹狀圖。

3.2.1 CRR 的方法

事實上，CRR 的樹狀圖提供我們一個如何估計 $nE(r_1)$ 與 $\sqrt{n\,\mathrm{Var}(r_1)}$ 的方式。於 $n \to \infty$ 之下，上述二者分別稱為資產對數報酬率之瞬間期望值（instantaneous expectation）與瞬間波動率（instantaneous volatility），並分別用 μ_{RW} 與 σ 表示。

CRR 的方法可以分述如下：

(1) 若 n 夠大，則我們只需計算至 $(1/n)$ 的第一階，即 $(1/n)^a$（其中 $a > 1$）皆可忽略。

(2) 當 $n \to \infty$，則 CRR 的樹狀圖的機率空間接近於連續時間的樣本空間 Ω；換言之，我們可以找出任何樣本資產價格路徑，即於任何元素 $\omega \in \Omega$ 下，

$$t \to (S(t))(\omega)$$

其中 $0 \leq t \leq t_T$。

(3) 例如：圖 3-4 係計算 TWI 之日對數報酬率，當然我們亦可以計算週或月對數報酬率等；同理，我們可以想像存在一種瞬間預期報酬率（instantaneous expected return），其特色是與時間無關。是故，當 $n \to \infty$，可得：

$$\frac{E[R(t_0, t_1)]}{h_n} \to m \tag{3-15}$$

其中 $R(t_0, t_1) = R_1$（第 1 期簡單報酬率）以及 $m > 0$ 可稱為每單位時間之瞬間預期報酬率或簡稱為瞬間預期報酬率。當然，若存在現金股利，則含股利收益的資本利得報酬率為 $R(t_0, t_1) = R_1 + qh_n$；因此，透過 (3-15) 式，於 $n \to \infty$ 之下，可得：

$$\frac{E(R_1)}{h_n} = \frac{E[R(t_0, t_1) - qh_n]}{h_n} \to m - q \tag{3-16}$$

通常，我們假定 $m - q > 0$。當然，m 或 $m - q$ 皆以年率化表示。

(4) 當 n 夠大，透過 (3-16) 式，可得：

$$(m-q)h_n \approx E(R_1) \tag{3-17}$$

另一方面，因 $R_1 = S(t_1) / S(0) - 1$ 以及 $e^{(m-q)h_n} \approx 1 + (m-q)h_n$，故 (3-17) 式可改寫成：

$$E[S(t_1)] = S_0 e^{(m-q)h_n} \tag{3-18}$$

同理，因 (3-4) 式隱含著：

$$E[S(t_T) / S(t_0)] = E[S(t_1) / S(t_0)]^n \approx [e^{(m-q)h_n}]^n = e^{(m-q)\tau}$$

故可得：

$$E[S(t_T)] = S_0 e^{(m-q)\tau} \tag{3-19}$$

可以注意 (3-19) 式是用間斷的時間表示。

(5) CRR 之樹狀圖具重組特徵，隱含著 $u_n d_n = 1$ 以及 $S_0 u_n d_n = S_0$，後者隱含著樹狀圖於 S_0 處是一條水平線。

(6) 令 μ_n 表示每單位時間的預期對數報酬率，即：

$$\mu_n = \frac{1}{h_n} E(r_1) \tag{3-20}$$

其中因 $E(r_1) = p_n \log(u_n) + (1 - p_n)\log(d_n)$，故可得[5]：

---

[5] $S(t_1) = \begin{cases} S_0 u_n, & p_n \\ S_0 d_n, 1 - p_n \end{cases} \Rightarrow r_1 = \log\left[\dfrac{S(t_1)}{S(t_0)}\right] = \begin{cases} \log(u_n), & p_n \\ \log(d_n), 1 - p_n \end{cases}$

$\Rightarrow E(r_1) = p_n \log(u_n) + (1 - p_n)\log(d_n)$。

$$\mu_n h_n = p_n \log(u_n) + (1 - p_n) \log(d_n) \tag{3-21}$$

另外，因對數報酬率 r_j 屬於 IID，隱含著：

$$E\left\{\log\left[S(t_n) / S(t_0)\right]\right\} = nE(r_1) = \mu_n \tau \tag{3-22}$$

其中 $\tau = nh_n$。

(7) 瞬間期望值或瞬間漂浮項（instantaneous drift）μ_{RW}，其可定義成：於 $n \to \infty$ 之下，可得：

$$\mu_n \to \mu_{RW} \tag{3-23}$$

其中 μ_{RW} 亦用年率表示。如同 $m - q$，μ_{RW} 亦可利用歷史價格如日資料估計，即：

$$\mu_{RW} \approx \frac{1}{h_n} E(r_1) = \frac{n}{\tau} E(r_1) \tag{3-24}$$

(8) 固定的 σ。定義 σ_n^2 為每單位時間（第 1 期）對數報酬率的變異數，即：

$$\sigma_n^2 = \frac{1}{h_n} Var(r_1) \tag{3-25}$$

利用 (3-21) 式不難得出 [6]：

$$\sigma_n^2 h_n = p_n(1 - p_n)\left[\log\left(\frac{u_n}{d_n}\right)\right]^2 \tag{3-26}$$

如同 (3-15) 或 (3-23) 式，當 $n \to \infty$，可得：

$$\sigma_n^2 \to \sigma^2 \tag{3-27}$$

---

[6] 參考註 5 與 (3-21) 式。

我們稱 $\sigma > 0$ 為瞬間波動率或簡稱為資產的波動率。

(9) μ_{RW} 用 $m - q$ 與 σ 表示。根據 (3-20) 式，可知：

$$\mu_n \frac{\tau}{n} = E(r_1) \approx E\left(R_1 - \frac{R_1^2}{2} \right) \tag{3-28}$$

或者，(3-28) 式亦可寫成：

$$E\left(R_1^2 \right) \approx 2E\left(R_1 \right) - \frac{2\mu_n \tau}{n} \tag{3-29}$$

另一方面，若 n 夠大，可得：

$$Var\left(r_1 \right) \approx E\left(R_1^2 \right) \tag{3-30}$$

再根據 (3-25) 式，(3-30) 式可改為：

$$\sigma_n^2 \frac{\tau}{n} \approx E\left(R_1^2 \right)$$

代入 (3-29) 式，可得：

$$\sigma_n^2 \frac{\tau}{n} \approx 2E\left(R_1 \right) - \frac{2\mu_n \tau}{n}$$

整理後可得：

$$\mu_n = \frac{1}{h_n} E\left(R_1 \right) - \frac{1}{2} \sigma_n^2 \tag{3-31}$$

當 $n \to \infty$，(3-31) 式可改為：

$$\mu_{RW} = m - q - \frac{1}{2} \sigma^2 \tag{3-32}$$

即 μ_{RW} 可用瞬間報酬率與瞬間波動率表示。

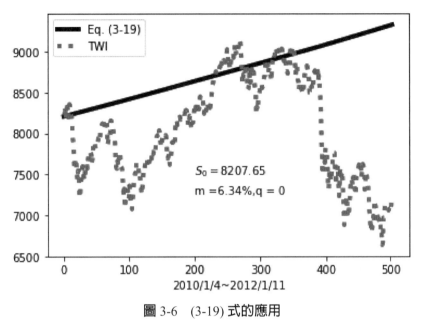

圖 3-6　(3-19) 式的應用

例 1 (3-19) 式的應用

　　假定所檢視的期間為 2 年，即 $\tau = t_0 - t_T$ 為 2 年而小時間區間 h_n 為單一交易日。假定 1 年有 252 個交易日，故我們相當於須檢視 504 個交易日。利用圖 3-4 內的 TWI 日收盤價資料，可得對應的日簡單報酬率資料的樣本平均數之年率化值約為 6.34%；另一方面，令 $q = 0$ 以及 $S_0 = 8,207.85$（即 2010/1/4 之 TWI 日收盤價），圖 3-6 繪製出根據 (3-19) 式所得到的 S_t 之 2 年時間走勢，為了比較起見，該圖亦繪製出實際的 TWI 日收盤價時間走勢。我們發現 (3-19) 式只是描述 S_t 的確定趨勢走勢，我們尚缺乏 S_t 的隨機（趨勢）走勢。

例 2 波動率之估計

　　假定所檢視的區間 $[t_0, t_T]$ 為 1 年，而 1 年共有 252 個交易日；因此，可得：

$$\tau = 1 \text{、} n = 252 \text{ 與 } h_n = \frac{1}{252}$$

利用圖 3-4 內的 TWI 日對數報酬率資料，我們每隔 252 個交易日估計一次對數報酬率的樣本標準差，我們稱上述為波動率之滾動估計 $\hat{\sigma}_T$，圖 3-7 進一步繪製出 $\hat{\sigma}_T$

的是次數分配；另一方面，表 3-1 則列出 $\hat{\sigma}_T$ 的基本敘述統計量。我們可用下列指令計算 $\hat{\sigma}_T$，即：

```
vol = pd.Series(rt.rolling(window=252).std()*np.sqrt(252)).dropna()
vol1 = pd.Series(R1.rolling(window=252).std()*np.sqrt(252)).dropna()
```

其中 R1 為 1 期簡單報酬率。

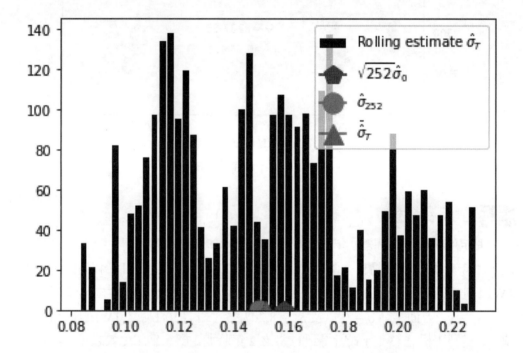

圖 3-7　$\sigma_T = \sqrt{252 Var\left\{ \log\left[\dfrac{S(t_1)}{S(t_0)}\right] \right\}}$ 之滾動估計（252 個交易日移動平均）$\hat{\sigma}_T$ 之次數分配，其中 $\hat{\sigma}_{252}$ 為年報酬率之樣本標準差與 $\sigma_0 = \sqrt{Var\left\{ \log\left[\dfrac{S(t_1)}{S(t_0)}\right] \right\}}$（所有樣本資料）之估計為 $\hat{\sigma}_0$

　　若使用上述 R1 期取代 $\hat{\sigma}_T$ 內的 1 期對數報酬率計算，表 3-1 內亦列出對應的基本敘述統計量。我們發現上述二種結果差距並不大；換言之，於 2010/1/5～2023/3/30 期間，我們發現波動率估計的最大、最小與平均數分別約為 0.228、0.083 與 0.152。

表 3-1　以 1 期對數報酬率所計算之 $\hat{\sigma}_T$（圖 3-7）的敘述統計量

	count	mean	std	min	25%	50%	75%	max
Log	2985	0.1518	0.0362	0.0832	0.1193	0.1507	0.1744	0.2284
Simple	2985	0.1515	0.0361	0.0832	0.1189	0.1503	0.1742	0.228

說明：1. Log 與 Simple 分別表示 1 期之對數報酬率與簡單報酬率所計算的 $\hat{\sigma}_T$（圖 3-7）。

　　　2. 第 2～9 欄分別表示 $\hat{\sigma}_T$ 的樣本之個數、平均數、標準差、最小值、第 1 四分位數、第 2 四分位數（中位數）、第 3 四分位數以及最大值。

　　　3. 2010/1/5～2023/3/30。

例 3　**對數報酬率屬於 IID？**

　　因對數報酬率屬於 IID，故可得：

$$Var\left\{\log\left[\frac{S(t_n)}{S(t_0)}\right]\right\} = nVar(r_1) \tag{3-33}$$

利用圖 3-4 內的 TWI 日對數報酬率資料，除了計算圖 3-7 內的 $\hat{\sigma}_T$ 之外，同時亦計算 $\hat{\sigma}_{252}^2 = Var\left\{\log\left[\frac{S(t_{252})}{S(t_0)}\right]\right\}$（年對數報酬率的變異數）。我們發現 $\hat{\sigma}_{252}$ 值約為 14.91%，頗接近表 3-1 內 $\hat{\sigma}_T$ 的樣本平均數約為 15.18%；換言之，利用 TWI 資料，我們發現就平均而言，(3-33) 式似乎可以成立！另外，利用所有的樣本資料所計算（即 rt）的年率標準差 $\sqrt{252}\hat{\sigma}_0$ 約為 15.86%，仍與上述二估計值差距不大；因此，(3-33) 式的可信度似乎可望提高。

例 4　**變異數的計算**

　　利用圖 3-4 的 TWI 日對數報酬率資料，應可發現對應的樣本平均數接近於 0，因此對應的樣本變異數可有不同的計算方式，例如：(3-28) 與 (3-30) 二式。我們可用下列指令說明：

```
n = len(St) # 3237
rt = np.log(St/St.shift(1)).dropna()
R1 = St/St.shift(1)-1
np.mean(rt) # 0.00020335060321345
```

```
np.mean(R1) # 0.00025317288274389845
np.var(rt) # 9.975440876532917e-05
np.mean(R1**2) # 9.936547435387047e-05
np.mean(rt**2) # 9.979576023315645e-05
np.mean(R1-0.5*R1**2) # 0.0002034901455669632
```

讀者可以檢視看看。

3.2.2 CRR 的架構

根據 3.2.1 節的結果，我們重新整理 CRR 的架構如：

$$u_n d_n = 1 \tag{3-34}$$
$$\mu_n \approx \mu_{RW} \tag{3-35}$$
$$\sigma_n^2 \approx \sigma^2 \tag{3-36}$$

其中

$$\mu_n h_n = p_n \log(u_n) + (1 - p_n) \log(d_n) \tag{3-37}$$

與

$$\sigma_n^2 h_n = p_n (1 - p_n) \left[\log\left(\frac{u_n}{d_n}\right) \right]^2 \tag{3-38}$$

當然，(3-35) 與 (3-36) 二式適用於 n 較大的情況。

我們進一步擴大 CRR 的架構。首先，根據 (3-34) 式，可得：

$$\log(u_n) = -\log(d_n)$$

代入 (3-37) 式內，可得：

$$\mu_n h_n = -p_n \log(d_n) + (1 - p_n) \log(d_n) = -2 p_n \log(d_n) + \log(d_n) \Rightarrow$$

$$p_n = \frac{\mu_n h_n - \log(d_n)}{2[-\log(d_n)]} = \frac{\mu_n h_n - \log(d_n)}{2\log(u_n)} = \frac{1}{2}\left(1 + \frac{\mu_n h_n}{\log(u_n)}\right) \tag{3-39}$$

根據 (3-39) 式與 $\log(u_n / d_n) = 2\log(u_n)$ 代入 (3-38) 式內，可得：

$$\sigma_n^2 h_n = \frac{1}{4}\left(1 + \frac{\mu_n h_n}{\log(u_n)}\right)\left(1 - \frac{\mu_n h_n}{\log(u_n)}\right) 4[\log(u_n)]^2$$

$$= \left[1 - \left(\frac{\mu_n h_n}{\log(u_n)}\right)^2\right][\log(u_n)]^2 \tag{3-40}$$

可記得 h_n 之高階項可忽略[①]，故 (3-40) 式可再寫成：

$$\sigma_n^2 h_n \approx [\log(u_n)]^2$$

代入 (3-36) 式內，可得：

$$\sigma^2 h_n \approx \sigma_n^2 h_n \approx [\log(u_n)]^2$$

因 $u_n > 1$，故上式可寫成 $\sigma\sqrt{h_n} \approx \log(u_n) = -\log(d_n)$，隱含著：

$$u_n \approx e^{\sigma\sqrt{h_n}} \text{ 與 } d_n \approx e^{-\sigma\sqrt{h_n}} \tag{3-41}$$

將 (3-40) 式內的 $u_n \approx e^{\sigma\sqrt{h_n}}$ 代入 (3-39) 式內，同時利用 (3-35) 式，可得：

$$p_n \approx \frac{1}{2}\left(1 + \frac{\mu_{RW}}{\sigma}\sqrt{h_n}\right) \tag{3-42}$$

顯然，若 $n \to \infty$，$p_n \to 1/2$。

最後，根據 (3-4) 與 (3-18) 二式，可得：

[①] 即若 $T = 1$，$h_n^a = (1/n)^a$（其中 $a > 1$）可被忽略。

$$p_n u_n + (1 - p_n) \approx e^{(m-q)hn}$$

隱含著 p_n 亦有另外一種表示方式，即：

$$p_n \approx \frac{e^{(m-q)hn} - d_n}{u_n - d_n} \approx \frac{e^{(m-q)hn} - e^{-\sigma\sqrt{h_n}}}{e^{\sigma\sqrt{h_n}} - e^{-\sigma\sqrt{h_n}}} \tag{3-43}$$

(3-41) 與 (3-43) 二式的特色是 u_n、d_n 與 p_n 皆可利用過去的歷史資料「校準（calibration）」。

我們重新檢視 (3-14) 式如：

$$S(t_n) = S_0 \exp\left[nE(r_1) + \sqrt{nVar(r_1)}Z_n \right] \tag{3-14}$$

其中 $Z_n = \frac{1}{\sqrt{n}} \sum_{j=1}^{n} X_{n,j}$ 而重寫 (3-9a) 式為：

$$X_{n,j} = \frac{r_j - E(r_j)}{\sqrt{Var(r_j)}} \tag{3-9a}$$

即 $X_{n,j}$ 可視為 r_j 之標準化。由於 r_j 屬於 IID，故 (3-9a) 式可再改寫成：

$$X_{n,j} = \frac{r_j - E(r_j)}{\sqrt{Var(r_j)}} = \frac{r_j - E(r_1)}{\sqrt{Var(r_1)}} \tag{3-44}$$

不過因

$$nE(r_1) = \mu_n \tau \text{ 與 } nVar(r_1) = \sigma_n^2 \tau$$

故 (3-44) 式可再改寫成：

$$X_{n,j} = \frac{r_j - \mu_n h_n}{\sigma_n \sqrt{h_n}} \tag{3-45}$$

根據 (3-34)～(3-38) 式，標準化後的 $X_{n,j}$ 其實有另外一種表示方式，即：

$$X_{n,j} = \begin{cases} \dfrac{1-p_n}{\sqrt{p_n(1-p_n)}}, p_n \\[4mm] \dfrac{-p_n}{\sqrt{p_n(1-p_n)}}, 1-p_n \end{cases} \tag{3-46}$$

(3-46) 式的證明頗為直接，讀者可以試試[8]。是故，CRR 樹狀圖的資產價格公式變成更緊湊如下：

$$S(t_n) = S_0 e^{\mu_n \tau + \sigma_n \sqrt{\tau} Z_n} \tag{3-47}$$

透過 (3-46) 與 (3-47) 式，於 3.3 節內我們可以看出 $n \to \infty$ 的特色。

例 1　參數之估計

利用圖 3-4 內之日對數報酬率資料（共有 3,236 個觀察值），我們以上述資料的樣本平均數與樣本標準差之年率化（假定 1 年 252 個觀察值）當作 m 與 σ 的估計值，即後二者的估計值分別約為 5.12% 與 15.86。假定 $q = 0$、$T = 0.25$（即 3 個月）與 $n = 100$（隱含著 h_{100} 為 1/100），根據 (3-41) 式可得 u_{100} 與 d_{100} 分別約為 1.0080 與 0.9921；其次，利用 (3-43) 式，可得 p_{100} 的估計值約為 0.5061，其中我們以 2010/1/4 的收盤價 8207.85 為期初值。

---

[8] $S(t_j) = \begin{cases} S(t_{j-1})u_n \\ S(t_{j-1})d_n \end{cases} \Rightarrow r_j = \begin{cases} \log(u_n) \\ \log(d_n) \end{cases}$，利用 (3-45) 式以及 (3-37) 與 (3-38) 二式，可得：

$$X_{n,j} = \begin{cases} \dfrac{\log(u_n) - p_n\log(u_n) - (1-p_n)\log(d_n)}{\sqrt{p_n(1-p_n)}[\log(u_n) - \log(d_n)]} \\[5mm] \dfrac{\log(d_n) - p_n\log(u_n) - (1-p_n)\log(d_n)}{\sqrt{p_n(1-p_n)}[\log(u_n) - \log(d_n)]} \end{cases} = \begin{cases} \dfrac{(1-p_n)}{\sqrt{p_n(1-p_n)}} \\[5mm] \dfrac{-p_n}{\sqrt{p_n(1-p_n)}} \end{cases}。$$

例 2 S_T 之次數分配

　　續例 1，利用如圖 3-1 的 CRR 樹狀圖可得 3 個月之 101 個到期價格 $S(T)$，可參考所附檔案得知如何計算該樹狀圖。當然，$S(T)$ 亦可用下列方式取得：

$$S(T) = S(0)u_{100}^{100-k}d_{100}^k, k = 0,1,2,\cdots,100 \tag{3-48}$$

讀者可以驗證看看。

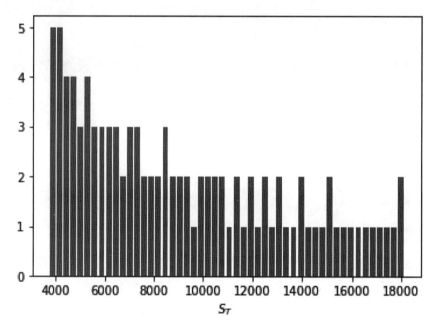

圖 3-8　根據 CRR 樹狀圖所得之到期（3 個月後）價格 S_T 之次數分配

例 3 $S(T)$ 之預期價格

　　根據 (3-7) 式，可得 $S(T)$ 之預期價格爲：

$$E[S(0.25)] = S_0[p_{100}u_{100} + (1-p_{100})d_{100}]^{100} \approx 8313.68$$

透過 (3-48) 式，不難找出 $S(T)$ 之預期價格所對應的 k 值，即根據圖 3-9，我們發現 $k = 49$ 最爲接近上述 $S(T)$ 之預期價格；換句話說，根據二項式機率分配於 $n = 100$ 與 $p_{100} = 0.5061$ 之下，可得 $P(k \leq 49) \approx 0.4121$。

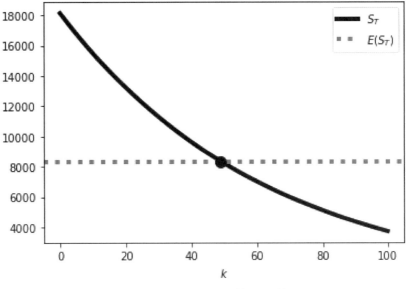

圖 3-9　找出預期價格的 k 值

例 4 布朗運動與幾何布朗運動

根據 (3-42) 式，可知若 $n \to \infty$，$p_n \to 1/2$；換言之，當 n 變大，p_n 會接近於 $1/2$，隱含著：

$$X_{n,j} \approx \begin{cases} 1, & p_n \approx 1/2 \\ -1, 1 - p_n \approx 1/2 \end{cases} \tag{3-49}$$

也就是說，$X_{n,j}$ 的實現值相當於 $[1, -1]$ 內以「抽出放回」的方式抽出 1 或 -1。因 $Z_n = \dfrac{1}{\sqrt{n}} \sum_{j=1}^{n} X_{n,j}$，故根據如《財計》，我們可以自設一個布朗運動（Brownian motion）[9] 的函數指令如下：

```
def Brownian(B0,h):
    t = np.arange(0,1+h,h)
```

---

[9] 布朗運動亦稱為維納過程（Wiener process），本書底下皆以維納過程表示布朗運動。第 4 章會介紹維納過程的定義與性質。

```
Bt = np.zeros(len(t))

Bt[0] = B0

h1 = [np.sqrt(h),-np.sqrt(h)]

for i in range(len(t)-1):

        Bt[i+1] = np.random.choice(h1,1,replace=True)

return t,np.cumsum(Bt)
```

例如：圖 3-10 繪製出 3 種布朗運動的實現值走勢，我們可以看出當 n 愈大，隱含著 h_n 愈小，而對應的布朗運動的實現值走勢愈緊密。圖 3-10 的特色是將檢視的期間對應至 [0, 1] 區間。其實，我們已經知道 (3-47) 式尚有另外一種表示方式，即根據 (3-45) 式，故 (3-47) 式亦可寫成：

$$S(t_j) = S_0 e^{\mu_n \tau + \sigma_n \sqrt{\tau} Z_n} \tag{3-50}$$

$$= S(t_{j-1}) e^{\mu_n h_n + \sigma_n \sqrt{h_n} Z_n} \tag{3-51}$$

(3-50) 或 (3-51) 式已有幾何布朗運動（geometric Brownian motion, GBM）的雛形。

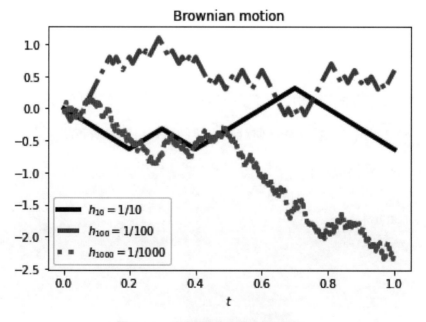

圖 3-10　布朗運動的實現值走勢

3.2.3 風險中立下的 CRR 樹狀圖

本節檢視於風險中立的環境下，CRR 樹狀圖的特徵；或者說，若投資人具有風險中立的偏好，則 CRR 樹狀圖的特色爲何？爲何需要檢視風險中立的環境呢？直覺而言，即使風險中立的假定不切實際（畢竟市場到處充滿著風險厭惡的投資人），不過若使用一個風險中立的經濟環境就能計算出衍生性商品價格，那我們不妨試試，尤其是我們已經知道 (2-32) 式的意義。

首先，根據本節附錄，於風險中立的環境內，可得未來 t_1 的預期價格爲：

$$E\left[S(t_1)\right] = S_0 e^{(r-q)h_n} \tag{3-52}$$

其中 S_0、r 與 q 分別表示目前價格、無風險利率與股利支付率。於風險中立的假定下，相當於假定 $m = r$；另一方面，於風險中立的環境內，假定所有的投資人皆看到相同的 $S(t_j)$（$j = 0, 1, 2, \cdots, n$）、q、h_n、u_n 與 d_n，其中 $u_n d_n = 1$ 以及

$$u_n \approx e^{\sigma\sqrt{h_n}} \text{ 與 } d_n \approx e^{-\sigma\sqrt{h_n}} \tag{3-53}$$

其中 σ 爲連續的資產波動率。

當實際環境改用風險中立環境，最明顯的改變是機率從實際機率 p_n 改成用風險中立機率 p_n^* 表示；換言之，(3-52) 式隱含著：

$$p_n^* S_0 u_n + (1 - p_n^*) S_0 d_n = S_0 e^{(r-q)h_n} \tag{3-54}$$

根據 (3-54) 式，可得：

$$p_n^* = \frac{e^{(r-q)h_n} - d_n}{u_n - d_n} \tag{3-55}$$

當然，我們必須說明 p_n^*「像」機率的條件爲 $0 < p_n^* < 1$。如同 (3-3) 式，我們排除 $p_n^* = 0$ 與 $p_n^* = 1$ 的可能，根據 (3-55) 式隱含著：

$$e^{(r-q)h_n} \neq d_n \text{ 與 } e^{(r-q)h_n} \neq u_n \tag{3-56}$$

另一方面，我們不難說明無套利的條件為：

$$d_n < e^{(r-q)h_n} < u_n \qquad (3\text{-}57)$$

可以參考例 1。滿足 (3-56) 與 (3-57) 二式，我們大致可以得到 $0 < p_n^* < 1$ 的結果，並且稱 p_n^* 為「單期價格」向上的風險中立機率。

類似於 3.2.2 節的分析，我們以 p_n^* 取代 p_n，可得：

$$m^* h_n \approx E_* \left[R(t_0, t_1) \right] \cdot \mu_n^* h_n = E_* \left(r_1 \right) \text{ 與 } (\sigma_n^*)^2 = Var_* \left(r_1 \right)$$

其中變數或操作式之下標或上標有「*」表示係以 p_n^* 計算的結果。我們假定 μ_* 與 $\sigma^* > 0$ 皆為固定數值，並且於 $n \to \infty$ 之下，可得：

$$\mu_n^* \to \mu_* \text{ 與 } \sigma_n^* \to \sigma^*$$

因於風險中立的環境內，預期未來價格係以 $r - q$ 的速度計算，其中瞬間預期報酬率 m^* 就是無風險利率 r，即於 $n \to \infty$ 之下，$m^* = r$；是故，類似於 (3-18) 與 (3-52) 二式，可得：

$$S_0 e^{(m^*-q)h_n} \approx S_0 e^{(r-q)h_n} \approx E_* \left[S(t_1) \right]$$

同理，根據 (3-32) 式，可得：

$$\mu_* = r - q - \frac{1}{2} \left(\sigma^* \right)^2$$

即 μ_* 可稱為風險中立之漂浮項（risk-neutral drift）。

類似於 (3-37) 與 (3-38) 二式，可得：

$$\mu_n^* h_n = p_n^* \log(u_n) + (1 - p_n^*) \log(d_n) \text{ 與 } (\sigma_n^*)^2 h_n = p_n^* (1 - p_n^*) \left[\log \left(\frac{u_n}{d_n} \right) \right]^2 \qquad (3\text{-}58)$$

其中 $u_n = 1 / d_n$。可以注意的是，當 $n \to \infty$，可得 $\mu_n^* \to \mu_*$ 與 $(\sigma_n^*)^2 \to (\sigma^*)^2$。將 μ_* 與 σ^* 代入 (3-58) 式，同時解 (3-58) 式，可得：

$$u_n \approx e^{\sigma^* \sqrt{h_n}} \text{、} d_n \approx e^{-\sigma^* \sqrt{h_n}} \text{ 與 } p_n^* \approx \frac{1}{2}\left(1 + \frac{\mu_*}{\sigma^*}\sqrt{h_n}\right) \tag{3-59}$$

比較 (3-53) 與 (3-59) 二式，可發現於風險中立與實際的環境內，u_n 與 d_n 值竟完全相同，隱含著：

$$\sigma^* = \sigma \tag{3-60}$$

即連續的波動率於上述二環境內竟然完全相同。

因此，我們重新整理於風險中立的環境內，CRR 樹狀圖之對應的架構為：

$$u_n \approx e^{\sigma \sqrt{h_n}} \text{、} d_n \approx e^{-\sigma \sqrt{h_n}} \text{ 與 } p_n^* \approx \frac{1}{2}\left(1 + \frac{\mu_*}{\sigma}\sqrt{h_n}\right) \tag{3-61}$$

其中

$$\mu_* = r - q - \frac{\sigma^2}{2} \tag{3-62}$$

另一方面，根據 (3-43) 式可知 p_n^* 有另外一種表示方式，即：

$$p_n^* \approx \frac{e^{(r-q)h_n} - e^{-\sigma \sqrt{h_n}}}{e^{\sigma \sqrt{h_n}} - e^{-\sigma \sqrt{h_n}}} \tag{3-43a}$$

隱含著 p_n^* 的計算其實並不需要額外計算 $\mu_* = r - q - \dfrac{\sigma^2}{2}$。

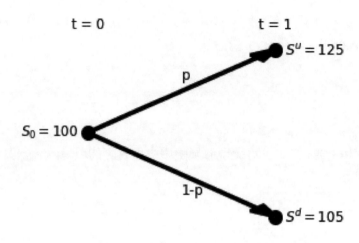

圖 3-11　一種簡單的二項樹狀圖，其中 $S^u = S_0 u_1$ 與 $S^d = S_0 d_1$

例 1　一種簡單的模型

　　假定只考慮目前 $t = 0$ 與未來 $t = 1$ 二個時點。投資人可以擁有風險資產與無風險資產，其對應的價格分別用 $S(t)$ 與 $B(t)$ 表示[⑩]。無風險資產的部位可用擁有債券的數量表示，而於 t 期下，單張債券的價格爲 $B(t)$；換言之，與 $S(1)$ 不同的是，$B(0)$ 與 $B(1)$ 皆是已知。換言之，債券的總報酬爲：

$$R_B = \frac{B(1)}{B(0)}$$

一位投資人的財富 $V(t)$ 可用擁有 x 數量股票與 y 數量債券表示，即：

$$V(t) = xS(t) + yB(t), t = 0,1 \tag{3-63}$$

其中 (x, y) 可以稱爲構成一種資產組合，而 $V(t)$ 可以表示 t 期資產組合的價值；或者，t 期投資人的財富。

　　假定 $S(1)$ 只有二種結果，如圖 3-11 所示。就圖 3-11 的結果而言，我們發現股價的上漲率與「下跌率」分別爲 25% 與 5%，一個實際的問題是：對應的無風險利率應爲何才較合理？10% 呢？抑或是 4%？

[⑩] 風險性資產可想像成股票資產。

命題 3-1：

若 $S(0) = B(0) = 0$，則

$$S^d < B(1) < S^u$$

否則會存在套利空間，其中 $S^u = S_0 u_1$ 與 $S^d = S_0 d_1$。

命題 3-1 並不難說明。假定 $S(0) = B(0)$，我們先考慮假定出現 $B(1) < S^d$ 的情況。此時投資人可以借入 $B(0)$ 資金購買 1 股股票[①]，故 $V(0) = 0$，就 (3-63) 式而言，此相當於 $x = 1$ 與 $y = -1$，即投資人不用額外資金可構成一個資產組合。因 $B(1) < S(1) = S^d$，故

$$V(1) = \begin{cases} S^u - B(1) > 0, & p \\ S^d - B(1) > 0, 1 - p \end{cases} \tag{3-64}$$

明顯違反第 2 章內的無套利定價準則，即 $V(1) > 0$ 的機率等於 1。

同理，考慮 $B(1) > S^u$ 的情況，此時投資人可以放空 x_0 股股票以買進 x_0 張債券，即就 (3-63) 式而言，此相當於 $x = -x_0$ 與 $y = x_0$，投資人依舊不需額外準備期初資金，而可得：

$$V(1) = \begin{cases} -S^u + B(1) > 0, & p \\ -S^d + B(1) > 0, 1 - p \end{cases} \tag{3-65}$$

可注意於 $t = 1$，投資人必須買回期初放空的股票。於 $B(1) > S^u$ 之下，(3-65) 式依舊違反無套利定價準則，即存在套利空間，有了免費的「賺錢機器」。

(3-64) 與 (3-65) 二式的二種情況皆出現「不勞而獲」的結果，明顯違背了「沒有付出就沒有收穫（No pain, no gain.）」的金科玉律，間接證明了命題 3-1 存在的重要性。事實上，命題 3-1 可以改寫成：

$$d_1 < R_B < u_1$$

即無風險資產報酬必須介於 d_1 與 u_1 之間才能避免無風險套利。

[①] 1 張股票有 1,000 股，故亦可以借入 $1000B(0)$ 資金買進 1 張股票。

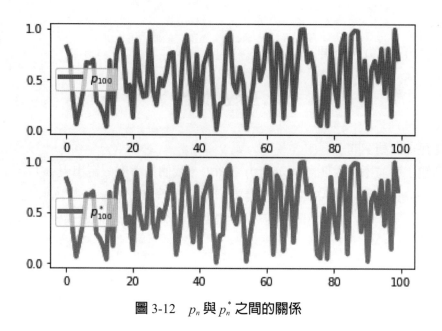

圖 3-12　p_n 與 p_n^* 之間的關係

例 2　p_n 與 p_n^* 之間的關係

Petters 與 Dong（2016）曾指出 p_n^* 與 p_n 的關係可為[12]：

$$p_n^* \approx p_n - \eta_n \sqrt{p_n(1-p_n)} \tag{3-66}$$

其中

$$\eta_n = \frac{E\left[R(t_0,t_1)\right] - rh_n}{\sqrt{Var\left[R(t_0,t_1)\right]}} \tag{3-67}$$

(3-66) 式可視為間斷版的 Girsanov 定理（Girsanov theorem）的一個例子，而該定理則描述機率測度之間的轉換[13]；換句話說，透過 (3-66) 式，我們可以看出 p_n 對應至 p_n^* 的關係，可以參考圖 3-12。圖 3-12 係利用圖 3-4 內 TWI 日收盤價資料轉換成簡單報酬率資料後，接著利用後者的樣本平均數與樣本變異數分別當作 $E[R(t_0, t_1)]$ 與 $Var[R(t_0, t_1)]$ 的估計值；另外，假定 $T = 1$、$n = 100$ 與 $r = 0.05$。

---

[12] (3-66) 式的證明可以參考 Petters 與 Dong（2016）。

[13] 於後面的章節內，我們會介紹 Girsanov 定理。

(3-66) 式或圖 3-12 的特色是任意的 p_n 可找到對應的 p_n^*，隱含著後者存在的唯一性。

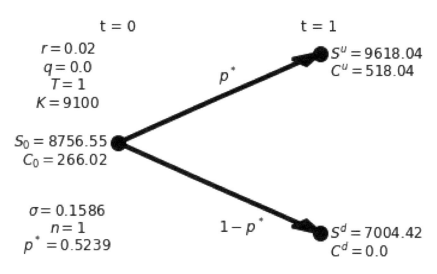

圖 3-13　簡單 1 期 CRR 樹狀圖

例3　逆推法

根據 (3-59)、(3-60) 與 (3-43a) 三式，可知：

$$u_n \approx e^{\sigma\sqrt{h_n}} \cdot d_n \approx e^{-\sigma\sqrt{h_n}} \text{ 與 } p_n^* \approx \frac{e^{(r-q)h_n} - e^{-\sigma\sqrt{h_n}}}{e^{\sigma\sqrt{h_n}} - e^{-\sigma\sqrt{h_n}}}$$

我們舉一個例子說明利用 CRR 樹狀圖以決定（歐式）買權價格。試下列指令：

```
S0 = St[0] # 8207.849609375

r = 0.02;q = 0

K = 9100

T = 1

h1 = 1

sigma = np.std(rt)*np.sqrt(252) # 0.1585500268333719

u1 = np.exp(sigma*np.sqrt(h1)) # 1.1718105447297533

d1 = 1/u1 # 0.8533802708104348
```

```
pstar = (np.exp((r-q)*h1)-d1)/(u1-d1) # 0.5238857071064444
Su = S0*u1 # 9618.044721821612
Sd = S0*d1 # 7004.4169224197585
```

即仍利用圖 3-4 內的資料可得 S_0 與 σ（以日對數報酬率資料估計）；另外，假定 $T = n = 1$、$r = 0.02$ 與 $q = 0$。利用上述已知條件可得：$S^u = S(0)u_1 \approx 9618.04$、$S^d = S(0)d_1 \approx 7004.42$ 與 $p^* \approx 0.5239$。我們進一步考慮一種以上述已知為條件的履約價為 $K = 9,100$ 的買權。

圖 3-13 分別繪製出 S_0、S^u 與 S^d；另一方面，根據上述 S^u 與 S^d 亦可得到買權之到期收益分別為 $C^u = \max(S^u - K, 0) \approx 518.04$ 與 $C^d = \max(S^d - K, 0) = 0$。我們已經知道（《衍商》）可以採用「逆推法（backward induction）」，即從到期日反向往回推至期初，即：

```
np.exp(-(r-q)*h1)*(pstar*Su+(1-pstar)*Sd) # 8207.849609375
```

即從到期日可以反推至 $S(0)$；同理，亦可以反推得到買權的市價 $C(0)$ 為：

```
Cu = np.max([Su-K,0]) # 518.0447218216123
Cd = np.max([Sd-K,0]) # 0.0
C0 = np.exp(-(r-q)*h1)*(pstar*Cu+(1-pstar)*Cd) # 266.0222200817331
```

換句話說，$C(0) = C_0$ 約為 266.02。是故，利用 CRR 之樹狀圖，我們可以計算選擇權的價格。

例 4　複製買權的資產組合

根據《衍商》，如圖 3-13 內的買權可以利用一個資產組合複製，即考慮一個複製買權的資產組合的期初值為 V_0，該資產組合是由標的資產與無風險資產所構成，其中後二者的數量分別為 m_0 與 B_0，故可寫成：

$$V_0 = m_0 S_0 + B_0$$

於 $t = 1$ 期，因 $S(1)$ 有 S^u 與 S^d 二種可能，故對應的資產組合價值為：

$$V_1 = \begin{cases} m_0 S^u + B_0 e^{rh_1} = C^u \\ m_0 S^d + B_0 e^{rh_1} = C^d \end{cases}$$

解上式可得：

$$m_0 = \frac{C^u - C^d}{S^u - S^d} \text{ 與 } B_0 = \frac{S^u C^d - S^d C^u}{e^{rh_1}\left(S^u - S^d\right)}$$

因此，根據圖 3-13 內的條件，可得：

```
m0 = (Cu-Cd)/(Su-Sd) # 0.19820906478733133

B0 = (Su*Cd-Sd*Cu)/(np.exp(r*h1)*(Su-Sd)) # -1360.8479749075486

V0 = m0*S0+B0 # 266.02222008173294
```

其中 $V_0 = C_0$，隱含著 C_0 亦可由 V_0 決定，而後者係借入 B_0 資金以購買 m_0 的標的資產。

　　例 3 與 4 的情況說明了我們有二種計算買權價格的方式，其一是複製買權的資產組合價值（例 4），而另一則是利用風險中立計算的價格（例 3）。因上述二種價格一致，故二項式模型符合資產定價之對偶性。

習題

(1) 於 3.2.3 節的例 3 內，若將 $n = 1$ 改爲 n = 1, 2, …, 1000，其餘不變，則對應的 p_n^* 爲何？試繪製出其圖形。

(2) 續上題，對應的 u_n 與 d_n 分別爲何？試分別繪製出其圖形。

(3) 續上題，令 $n = 1000$，試計算 $S_0 \sim S_n$ 對應的樹狀圖。

(4) 續上題，其實我們亦可以使用二項式機率分配，分別計算 S_n 與其對應的機率 P_n，S_n 與 P_n 爲何？試分別繪製出其對應的次數分配圖。

(5) 續上題，S_n 的期望值爲何？

(6) 就圖 3-10 而言，令 $h = 1/10000$，試分別繪製出 100 條維納過程（布朗運動）的實現值走勢。

(7) 就圖 3-13 而言，令 $n = 3$，其餘不變試分別計算 S_t 與 C_t，是否可以使用逆推法？

附錄：投資人的偏好

我們檢視投資人的偏好，可以參考圖 3-a。投資人的偏好可用效用函數 $U(x)$ 表示，即若 x 屬於確定的變數，則 $U(x)$ 亦爲確定的變數，不過一旦 X 表示隨機未來報酬率（或隨機未來財富），則 $U(X)$ 爲一個隨機變數。投資人選擇一項投資計畫或一種資產組合，其對應的未來報酬率爲 $x_1, x_2, \cdots, x_n$，我們假定投資人可以分別出上述未來報酬率的偏好；或者，假定可用「數值（或效用）」表示投資人的滿足程度，並且據此可以排列出不同投資計畫的喜愛程度。

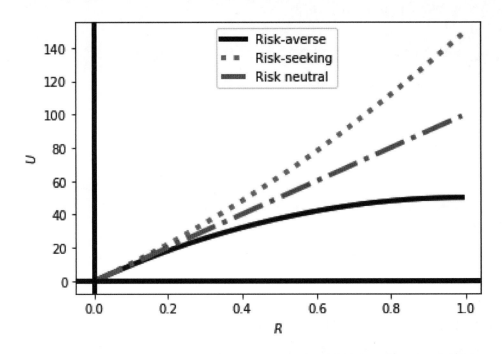

圖 3-a　二次效用函數下，風險愛好、風險中立與風險厭惡投資人的效用曲線

當投資人面對不同投資計畫的選擇時，我們進一步假定投資人的選擇係根據對應的極大預期效用；也就是說，當面臨多個投資計畫時，投資人會選擇預期效用最大的投資計畫。例如：投資人面對資產 A 與資產 B，而前者對應的預期效用低於後者的預期效用，則投資人會賣出資產 A 而買進資產 B，即投資人偏愛較大效用的資產。

投資人通常可以分成圖 3-a 所示的三類，我們舉一個例子說明。假定投資人面對下列的投資組合：

投資組合 A：無風險，即未來確定可得 $R_t^A = 10\%$（t 表示未來）；換言之，該投資組合的預期效用爲 $E\left[U\left(R_t^A\right)\right] = E[U(10\%)] = U(10\%)$。

投資組合 B：有風險且存在隨機報酬爲：

$$R_t^B = \begin{cases} 5\%, & p = 0.5 \\ 15\%, 1-p = 0.5 \end{cases}$$

其中 p 表示機率。顯然，投資組合 B 的預期報酬亦爲 10%，面對上述投資組合 A 與 B，我們考慮風險厭惡投資人（risk-averse investors）與風險中立投資人（risk-neutral investors）的投資決策[⑭]。風險厭惡投資人的效用函數 $U(x)$ 具有 $U'(x) > 0$ 與 $U''(x) < 0$ 的性質；換言之，上述 $U(x)$ 具有嚴格遞增且嚴格凹（strictly concave）的特色，可以參考圖 3-a。風險厭惡投資人如何評估投資組合 B 呢？由於報酬率從 10% 降至 5% 所導致的效用損失幅度（邊際效用）大於報酬率從 10% 升至 15% 所帶來的效用增加幅度，因此風險厭惡投資人會認爲投資組合 B 的效用會小於投資組合 A 的效用；也就是說，風險厭惡投資人會選擇投資組合 A。

我們亦可以從另外一個角度檢視。投資組合 B 的預期報酬率必須提高方能吸引風險厭惡投資人的注意，即投資組合 B 的預期報酬率高於投資組合 A 之預期報酬率（投資組合 A 屬於確定投資或無風險資產）的部分可稱爲風險貼水（risk premium）；換句話說，超過投資組合 A 之 10% 的報酬爲風險厭惡投資人要求的必要報酬。

上述風險貼水可寫成更一般的形式。令 R_f 與 r 分別表示於 $[0, t]$ 期間[⑮]無風險資產的報酬率以及連續複利之無風險利率，即：

$$R_f = e^{rt} - 1 \tag{3-a}$$

因 R_f 爲固定數值，故 $U(R_f)$ 並非隨機變數。令 R_S 爲於 $[0, t]$ 期間風險性資產如股票之隨機報酬率，其中該風險性資產之現金股利支付率爲 q，即 $S_t^C = E^{qt}S_t$，故 R_S 可寫成：

---

⑭ 讀者當然也可以分析風險愛好者（risk-seeking investors）的投資決策。

⑮ 現在可用 0 表示。

$$R_S = \frac{S_t^C}{S_0} - 1 \tag{3-b}$$

其中 S_0 與 S_t 分別表示風險性資產目前已知的價格與未來的隨機價格。因 $U(R_f)$ 為固定數值，若風險厭惡投資人認為無風險資產的投資恰等於風險性資產的預期效用，即

$$U(R_f) = E[U(R_f)] = E[U(R_S)] \tag{3-c}$$

利用泰勒展開式，效用函數 $U(X)$ 於 $E(X)$ 處可寫成：

$$U(X) = U[E(X)] + U'[E(X)][X - E(X)] + \frac{1}{2!}U''[E(X)][X - E(X)]^2$$
$$+ \frac{1}{3!}U^{(3)}[E(X)][X - E(X)]^3 + \cdots \tag{3-d}$$

其中 $U^{(k)}(X)$ 為 $U(X)$ 的第 k 次微分。因 $E[X - E(X)] = 0$ 以及 $E(X)$ 與 $U^{(k)}[E(X)]$ 皆為常數，故 (3-d) 式可寫成：

$$E[U(X)] = U[E(X)] + \frac{1}{2!}U''[E(X)]Var(X)$$
$$+ \frac{1}{3!}U^{(3)}[E(X)]E\{[X - E(X)]^3\} + \cdots \tag{3-e}$$

根據如 Markowitz（1952）或《財計》等，投資人可透過預期報酬 $E(X)$ 與變異數 $Var(X)$ 評估風險性投資計畫；因此，(3-e) 式內的效用函數之高階微分可省略，故 (3-e) 式可再寫成：

$$E[U(X)] = U[E(X)] + \frac{1}{2!}U''[E(X)]Var(X) \tag{3-f}$$

我們重新檢視 (3-c) 式。因風險厭惡投資人之 $U''(X) < 0$，故可知：

$$U(R_f) = U[E(R_S)] + \frac{1}{2}U''[E(R_S)]Var(R_S) < U[E(R_S)] \tag{3-g}$$

隱含著 $R_f < E(R_S)$，其中 $E(R_S) - R_f > 0$ 為風險貼水。

因風險貼水為正數值，根據 (3-a) 與 (3-b) 二式，可得：

$$E(R_S) > R_f \Rightarrow E\left[\frac{S_t^C}{S_0} - 1\right] > E\left[e^{rt} - 1\right] \Rightarrow S_t > S_0 e^{(r-q)t} \tag{3-h}$$

即風險厭惡投資人會選擇 $S_t > S_0 e^{(r-q)t}$ 的風險性資產。

至於風險中立投資人因具有 $U'(x) > 0$ 與 $U''(x) = 0$ 的性質，故於二次效用函數[⑯]下，風險中立投資人的效用函數為一直線，如圖 3-a 所示。類似於 (3-c) 與 (3-g) 二式的分析方式，可知風險中立投資人會選擇

$$S_t = S_0 e^{(r-q)t} \tag{3-i}$$

的風險性資產。

3.3 CRR 樹狀圖的應用

本節分成二部分介紹，其一是根據前述 CRR 樹狀圖架構以計算歐式選擇權價格，另一則仍利用 3.2 節的 CRR 樹狀圖架構以導出 GBM。GBM 於第 5 章內會再介紹。

3.3.1 CRR 之選擇權定價

我們使用圖 3-13 的條件並擴充至檢視 $n = 3$ 的情況，該結果則繪製如圖 3-14 所示。令 $S_{t,i}$ 表示於時間 t 之下的第 i 個節點，例如：$S_{3,3} = 7489.87$ 與 $S_{2,3} = 6834.7$，依此類推。前述所謂的「逆推法」是指利用 CRR 樹狀圖（如圖 3-14）由右至左反推至 $t = 0$，即：

$$S_{t-\Delta t,i} = e^{-r\Delta t}\left[p_n^* S_{t,i} + (1 - p_n^*)S_{t,i+1}\right] \tag{3-68}$$

其中 $\Delta t = h_3 = 1/3$；因此，CRR 樹狀圖的特色是不僅可以利用 $S_{t-\Delta t}$ 得知 S_t，同時亦

[⑯] 二次效用函數是指效用函數可設為 $U(x) = ax - 0.5bx^2$ $(b \neq 0, x < a / b)$。

可以利用後者反推（即貼現）至前者，其中的關鍵是 p_n^* 的使用以及使用無風險利率貼現。

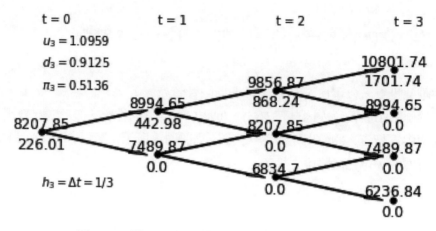

圖 3-14　圖 3-13 的延續，$n = 3$ 期之 CRR 樹狀圖

如前所述，利用樹狀圖內的 $S_t(t = 0, 1, \cdots, T)$ 資訊，我們可以計算到期對應的買權收益 C_T，並反推得到未到期的買權價格 C_t，即類似於 (3-68) 式，可得：

$$C_{t-\Delta t,i} = e^{-r\Delta t} \left[p_n^* C_{t,i} + (1 - p_n^*) C_{t,i+1} \right] \tag{3-69}$$

換句話說，CRR 樹狀圖之選擇權定價，其實就是利用 (3-69) 式得到期初的買權價格 C_0。例如：根據圖 3-14 的內容，可知對應的 C_0 約為 226.01。是故，CRR 樹狀圖之選擇權定價的特色為於樹狀圖內 u_n、d_n 與 p_n^* 皆固定不變。讀者可以練習如何建構圖 3-14 以及使用逆推法，有關於 CRR 樹狀圖的建構，可以參考下列指令：

```
def CRR_price(n,S0,sigma,T):
    dt = T/n
    U = np.exp(sigma*np.sqrt(dt))
    D = np.exp(-sigma*np.sqrt(dt))
    St = np.zeros([n+1,n+1])
    N = np.arange(0,n+1)
    St[0] = S0*U**N
    m = np.arange(1,n+1)
```

```
    for i in m:
        St[i][np.arange(i,n+1)] = St[i-1][np.arange(i-1,n)]*D
    return St
```

讀者可以嘗試看看。

CRR 樹狀圖不失為一個簡單的選擇權定價方法，我們以自設函數表示：

```
def CRR_options(S0,K,n,T,sigma,r,q):
    Stree = CRR_price(n,S0,sigma,T)
    dt = T/n
    U = np.exp(sigma*np.sqrt(dt))
    D = np.exp(-sigma*np.sqrt(dt))
    PI = (np.exp((r-q)*dt)-D)/(U-D)
    k = n+1
    cn = np.zeros([k,k])
    pn = np.zeros([k,k])
    n1 = np.arange(k-1,-1,-1)
    for i in n1:
        cn[i][k-1] = np.max([(Stree[i][k-1]-K),0])
        pn[i][k-1] = np.max([(K-Stree[i][k-1]),0])
    for j in n1:
        for i in np.arange(2,j+2,1):
            cn[i-2][j-1] = (PI*cn[i-2][j]+(1-PI)*cn[i-1][j])*np.exp(-r*dt)
            pn[i-2][j-1] = (PI*pn[i-2][j]+(1-PI)*pn[i-1][j])*np.exp(-r*dt)
    return cn,pn
```

利用上述函數，我們以圖 3-13 內的條件，可得：

```
n = 100
CRRcp = CRR_options(S0,K,n,T,sigmahat,r,q)
c01 = CRRcp[0][0][0] # 258.0673871081847
p01 = CRRcp[1][0][0] # 970.0257048246128
```

若使用 BSM 模型可得對應的買權與賣權價格分別約為 257.74 與 969.7，上述結果其實與 CRR 樹狀圖的定價差距不大；值得注意的是，此時後者只使用 $n = 100$。

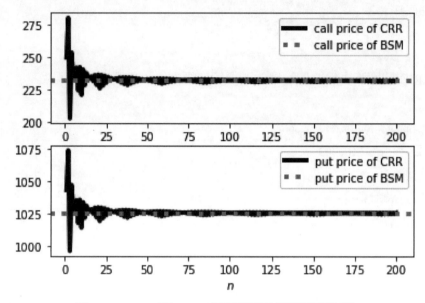

圖 3-15　CRR 與 BSM 之買權與賣權價格之比較

　　仍使用圖 3-13 內的條件，圖 3-15 分別繪製出於不同的 n 之下，使用 CRR 樹狀圖所得出買權與賣權價格，我們可以看出上述價格於 n 變大之下，逐漸趨向於 BSM 模型的買權與賣權價格，隱含著相對於後者而言，CRR 樹狀圖的確提供一種較為簡易的定價方法。

例 1　JR 樹狀圖

　　與 CRR 樹狀圖類似的是 JR 樹狀圖[⑰]，後者假定於 $n \to \infty$ 之下，$\sigma_n^* \to \sigma$ 與 $\mu_n^* \to \mu_* = r - q - 0.5\sigma^2$，其中 $\mu_n^* = \dfrac{1}{h_n} E(r_j)$ 與 $(\sigma_n^*)^2 = \dfrac{1}{h_n} Var(r_j)$；因此，只要 n 夠大，可得：

$$p_n = 1/2 \text{、} \mu_* h_n \approx p_n \log(u_n) + (1 - p_n) \log(d_n) \text{ 與 } \sigma^2 h_n \approx p_n(1 - p_n)\left[\log\left(\frac{u_n}{d_n}\right)\right]^2$$

[⑰] 可參考 Jarrow 與 Rudd（1983）。

即 p_n 皆固定為 1/2。利用圖 3-13 內的假定，圖 3-16 繪製出 $n = 3$ 期之 JR 樹狀圖，我們可以與圖 3-14 的 CRR 樹狀圖比較。

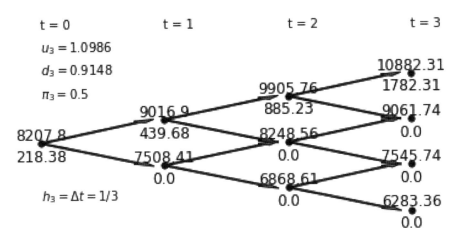

圖 3-16　圖 3-13 的延續，$n = 3$ 期之 JR 樹狀圖

例 2　JR 樹狀圖之定價

　　延續圖 3-16，我們可以擴充使用較大 n 的情況；或者，以自設函數的方式來計算 JR 樹狀圖之定價，即：

```python
def JR_options(S0,K,N,T,mu,sigma,r):
    Stree = JR_price(N,S0,mu,sigma,T)
    dt = T/N
    PI = 0.5
    k = N+1
    cn = np.zeros([k,k])
    pn = np.zeros([k,k])
    nl = np.arange(k-1,-1,-1)
    for i in nl:
        cn[i][k-1] = np.max([(Stree[i][k-1]-K),0])
        pn[i][k-1] = np.max([(K-Stree[i][k-1]),0])
    for j in nl:
        for i in np.arange(2,j+2,1):
```

```
            cn[i-2][j-1] = (PI*cn[i-2][j]+(1-PI)*cn[i-1][j])*np.exp(-r*dt)

            pn[i-2][j-1] = (PI*pn[i-2][j]+(1-PI)*pn[i-1][j])*np.exp(-r*dt)

    return cn,pn
mu = r-q-0.5*sigma**2
N = 100
JR = JR_options(S0,K,N,T,mu,sigma,r)
JR[0][0][0] # 256.54986046128505
JR[1][0][0] # 968.5125001721655
```

其中 JR_price(.) 函數亦是自設函數用以計算 JR 樹狀圖（參考所附檔案）；換言之，利用相同於圖 3-15 內的條件，於 $n = 100$ 的情況下，可得 JR 樹狀圖之買權與賣權價格分別約為 256.55 與 968.51，可以回想 BSM 模型之買權與賣權價格分別約為 257.74 與 969.7，二種方法的結果差距不大。圖 3-17 進一步繪製出不同 n 之下，JR 樹狀圖之買權與賣權價格，我們發現其實 n 亦不需太大。

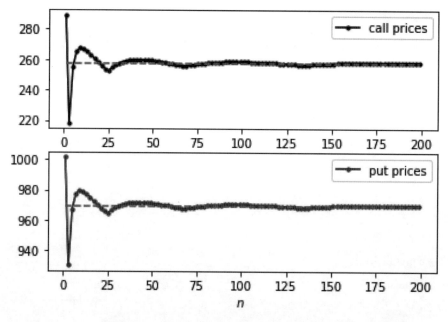

圖 3-17　JR 樹狀圖之定價，其中水平虛線為對應的 BSM 模型價格

例3 **複製買權的資產組合**

我們繼續使用 JR 樹狀圖定價。考慮 3.2.3 節的例 4。若使用 JR 樹狀圖，可得 m_0 與 B_0 分別約爲 0.2240 與 −1,549.29，是故資產組合的價值約爲 289.15，顯然與 3.2.3 節的例 4 結果有差距，不過那只是考慮 $n = 1$ 的情況。可以參考所附檔案得知如何計算 m_0 與 B_0。

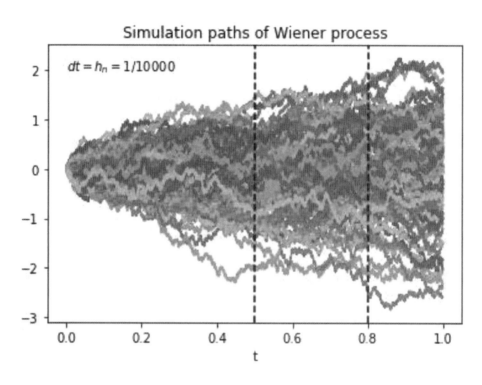

圖 3-18　維納過程 $W(r)$ 的實現值走勢

3.3.2 GBM

我們重新檢視 (3-50) 或 (3-51) 式，或重寫成：

$$S(t_j) = S_0 e^{\mu_n \tau + \sigma_n \sqrt{\tau} Z_n} \tag{3-50}$$

$$= S(t_{j-1}) e^{\mu_n h_n + \sigma_n \sqrt{h_n} Z_n} \tag{3-51}$$

於風險中立的環境與 $n \to \infty$ 下，透過 (3-46) 與 (3-62) 二式可知：

$$\mu_n \to \mu_* = r - q - \frac{\sigma^2}{2} \text{ 與 } X_{n,j} \approx \begin{cases} 1, & p_n \approx 1/2 \\ -1, 1 - p_n \approx 1/2 \end{cases}$$

其中 $Z_n = \frac{1}{\sqrt{n}} \sum_{j=1}^{n} X_{n,j}$。另外，於 $n \to \infty$ 下，令 $dt = T / n$ 與 $\sigma_n \to \sigma$。如前所述，$X_{n,j}$ 的實現值相當於 $[1, -1]$ 內以「抽出放回」的方式抽出 1 或 -1；因此，我們不難擴充圖 3-10 的結果，令 $dt = T / n = 1 / 10000$，圖 3-18 繪製出維納過程 $W(r)$ 的實現值走勢[18]。

圖 3-18 的特色是當 $n \to \infty$，Z_n 會趨向於 $W(r) = N(0, r)$，其中 $W(0) = 0$ 與 $0 \leq r \leq 1$；也就是說，當 n 變大，Z_n 會趨向於平均數與變異數分別為 0 與 r 的常態分配。例如：我們可以找出圖 3-18 垂直虛線內的觀察值，而整理上述觀察值所繪製的長條圖可視為 $W(0.5)$ 與 $W(0.8)$ 的實證（樣本）機率分配，圖 3-19 繪製出上述結果。為了比較起見，圖 3-19 內亦繪製出對應的常態機率分配，我們發現圖 3-19 內的結果與我們的直覺相符。

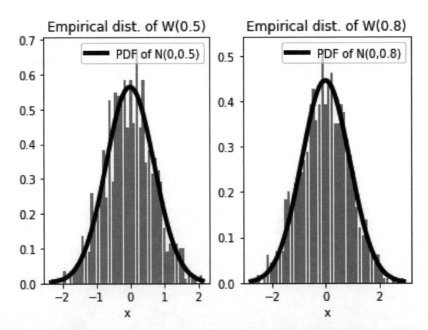

圖 3-19　根據圖 3-18 所得出之 $W(0.5)$ 與 $W(0.8)$ 的實證機率分配（長條圖）

根據圖 3-18 或圖 3-19 的結果，我們可將 (3-50) 與 (3-51) 二式分別改為：

---

[18] 可記得維納過程就是布朗運動。

$$S(t_j) \approx S_0 e^{\mu_{RW} t_j + \sigma \sqrt{t_j} Z_0} \tag{3-70}$$

$$\approx S(t_{j-1}) e^{(r-q-0.5\sigma^2)dt + \sigma\sqrt{dt}Z_0} \tag{3-71}$$

其中 Z_0 為標準常態分配的隨機變數,而 $0 \leq t_j \leq T$,其中 $dt = t_j - t_{j-1}$ 與 $0 \leq T \leq 1$[19]。
(3-70) 與 (3-71) 二式可視爲實際環境接近於連續模型的 GBM;同理,於風險中立的環境內,(3-70) 與 (3-71) 二式可改爲:

$$S(t_j) \approx S_0 e^{(r-q-0.5\sigma^2)t_j + \sigma\sqrt{t_j}Z_0} \tag{3-72}$$

$$\approx S(t_{j-1}) e^{(r-q-0.5\sigma^2)dt + \sigma\sqrt{dt}Z_0} \tag{3-73}$$

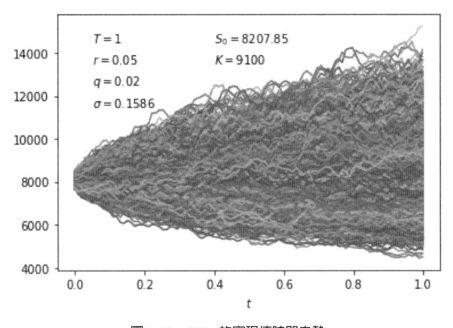

圖 3-20　GBM 的實現值時間走勢

我們不難根據 (3-70) 或 (3-72) 式設計一個 GBM(.) 函數,即:

---

[19] 如前所述,T 爲衍生性商品的到期期限,如 $T = 0.25$ 表示距離到期仍有 3 個月,依此類推。

```
def GBM(S0,r,q,sigma,T,steps):

    dt = T/steps

    mu = r-q-0.5*sigma**2

    s0 = np.log(S0)

    ST = s0+np.cumsum(mu*dt+sigma*np.sqrt(dt)*norm.rvs(0,1,steps))

    return np.exp(ST)
```

即 GBM(.) 函數係根據 (3-72) 式設計而成。利用上述函數，圖 3-20 繪製出 GBM 的實際時間走勢；換言之，圖 3-20 仍使用圖 3-4 的資料（即 $S_0 = 8207.85$ 與 $\sigma = 0.1586$），另外假定 $T = 1$、$r = 0.05$ 與 $q = 0.02$。

根據 (3-72) 式可知 $S(t_j)$ 屬於對數常態分配（lognormal distribution），隱含著 $\log[S(t_T)]$ 屬於平均數與變異數分別為 $MU = \log(S_0) + (r - q - 0.5\sigma^2)T$ 與 $\Sigma = \sigma^2 T$ 的常態分配。根據圖 3-20 的結果，我們可以找出對應的 $S(t_T)$ 並繪製 $x = \log[S(t_T)]$ 的實證分配如圖 3-21 所示。

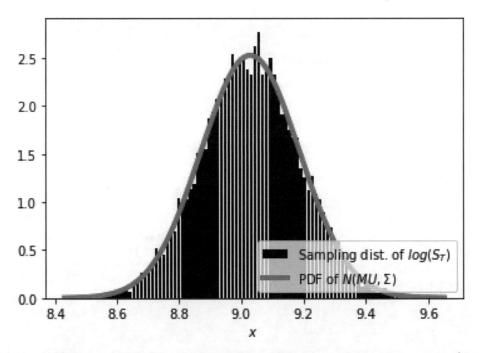

圖 3-21　根據圖 3-20 所得之 S_T 之實證分配，其中 $MU = \log(S_0) + (r - q - 0.5\sigma^2)T$ 與 $\Sigma = \sigma^2 T$ 以及 $x = \log[(S_T)]$

根據圖 3-21 的結果，我們發現 $x = \log[S(t_T)]$ 的實證分配接近於 $N(MU, \Sigma)$ 的 PDF；或者檢視下列結果：

```
np.mean(x) # 9.029781540871255
np.std(x) # 0.15787144275434306
mu = r-q-0.5*sigma**2
MU = np.log(S0) + mu # 9.030277189293695
SIGMA = sigma # 0.1585500268333719
```

即 $x = \log[S(t_T)]$ 的實證分配的樣本平均數與樣本標準差接近於 MU 與 Σ。

例 1　BSM 模型

我們已經知道歐式選擇權價格可用 BSM 模型（如《衍商》、《選擇》或《歐選》等）計算，即根據圖 3-20 內的條件（假定履約價 $K = 9100$），則利用 BSM 模型可得對應的買權價格約爲 277.31。

例 2　利用蒙地卡羅方法計算買權價格

續例 1，既然從圖 3-20 內已經可以找到 S_T 的結果，若已知 K，自然可以進一步計算對應的買權之到期收益。將買權到期收益的平均數貼現，自然可以得到對應的期初買權價格。就圖 3-20 內的結果而言，可得到對應的期初買權價格約爲 279.39，其與 BSM 模型的買權價格差距不大。上述方法可稱爲蒙地卡羅方法（method of Monte Carlo）。

例 3　以蒙地卡羅方法計算歐式選擇權價格

續例 2，我們亦不難自設一個以蒙地卡羅方法計算歐式選擇權價格的函數如：

```python
def MCoption(S0,K,r,q,T,sigma,steps,N):
    ST = np.zeros(N)
    for i in range(N):
        Stc = GBM(S0,r,q,sigma,T,steps)
        ST[i] = Stc[-1]
    payoffsC = np.maximum(ST-K, 0)
```

```
payoffsP = np.maximum(K-ST, 0)

C = np.mean(payoffsC)*np.exp(-r*T) #discounting back to present value

P = np.mean(payoffsP)*np.exp(-r*T) #discounting back to present value

return C,P
```

接下來，再試下列指令：

```
np.random.seed(2589)

MCoption(S0,K,r,q,T,sigma,5000,10000)

# (274.82867344035947, 888.5325174577429)

BSM(S0, K, T, r, q, sigma, option = 'call') # 277.3058236120273

BSM(S0, K, T, r, q, sigma, option = 'put') # 888.1702887577803
```

讀者可以比較檢視看看。

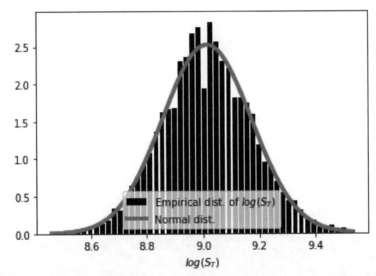

圖 3-22　使用抽出放回的方式取得 CRR 樹狀圖之 $\log(S_T)$ 的實證分配

例 4　使用抽出放回的方式

　　其實 (3-49) 式已經隱約提醒我們 CRR 樹狀圖之 $\log(S_T)$ 的實證分配會接近於平均數與變異數分別為 MU 與 Σ 的常態分配，我們可以驗證看看。我們已經知道 n 變大，對應的 CRR 樹狀圖之 p_n 會接近於 0.5，例如：令 $r = 0.05$、$q = 0.02$、$\sigma =$

0.1586、$T = 1$ 與 $n = 5,000$，根據 (3-43) 式（當然以 r 取代 m），對應的 CRR 樹狀圖之 p_n 約為 0.5008 已接近於 0.5，隱含著 S_t 之上升與下降的機率相當；另一方面，檢視 CRR 樹狀圖內每一個時點 S_t 的變化，不就是上升 u_n 或下降 d_n 嗎？因此，令 $UD = [u_n, d_n]$，於 CRR 樹狀圖內每一個時點 S_t 的變化用 $S_{t-1}u_n$ 或 $S_{t-1}d_n$ 表示，其中 u_n 或 d_n 的取得，是用於 UD 內以抽出放回的方式抽出，如此持續下去，直至取得 S_T 為止；上述動作重複 $N = 5,000$ 次，自然可以取得 $\log(S_T)$ 的實證分配，繪製如圖 3-22 所示。比較圖 3-21 與 3-22 的結果，應會發現其實二圖的結果頗為接近（可以參考所附檔案）。

事實上，圖 3-21 與 3-22 的結果隱含著 CRR 樹狀圖的「極限」就是 GBM。

習題

(1) 令 $S_0 = 100$、$r = 0.05$、$q = 0.02$、$T = 0.6$、$n = 3$ 與 $\sigma = 0.2$，試計算出 CRR 之 S_n 之樹狀圖。試用逆推法檢視。

(2) 續上題，令 $K = 95$，則對應的買權價格 C_n 為何？

(3) 續上題，改用 JR 樹狀圖計算。

(4) 令 $S_0 = 100$、$q = 0$、$T = 1$、$n = 252$ 與 $\sigma = 0.2$，試分別繪製出於 $r = 0.05, 0.1, 0.2$ 之下之 GBM 的實現值時間走勢。

(5) 何謂 GBM？試解釋之。

Chapter 4

隨機微積分（一）

衍生性商品的數學可稱為隨機微積分（stochastic calculus）。隨機微積分與傳統微積分（或稱確定性的微積分）的區別在於前者所分析的是隨機變數，而後者只檢視確定變數。隨機微積分的使用可有下列理由：

(1) 我們面對的未來時間幾乎可視為連續的，隱含著新的資訊不斷發生或被揭露，是故決策者必須隨時因應隨機發生的資訊；換言之，我們需要有一種新工具以處理於立即時間內所遭遇的隨機資訊。上述新工具就是隨機微積分。

(2) 相對於傳統微積分而言，金融市場訊息揭露的模型化與隨機微積分所檢視的內容一致。

(3) 複雜的隨機變數於連續時間內可有較為簡易的結構，尤其是於極微小的時間區間內。例如：相對於較大的時間區間內（用 Δt 表示）而言，於極微小的時間區間內（用 dt 表示），資產價格可有「上升」與「下降」二種結果的假定顯然較為合理。

(4) 相對於傳統微積分內的如黎曼積分（Riemann integral）等而言，隨機微積分內的 Itô 積分（Itô integral）較適用於金融市場分析。

其實隨機微積分的重點類似於傳統微積分，例如：

(1) 我們仍想要知道自變數變動後，隨機因變數如何反應，此類似於微分的概念。

(2) 我們仍欲計算隨機增量之和，此類似於積分的概念。

(3) 任何函數仍可用簡單的函數表示，此類似於泰勒展開式的概念。

(4) 連續時間隨機變數之動態行為的模型化，此可用隨機微分方程式（stochastic differential equations, SDE）表示。

4.1 隨機過程

本節介紹隨機過程。瞭解隨機過程的前提是我們必須要有機率空間、隨機變數或隨機變數之收斂等觀念。我們嘗試解釋看看。

4.1.1 機率空間

一個機率空間（probability space）可用三元 $(\Omega, \mathbf{F}, \mathbf{P})$ 表示，其中：

(1) Ω 表示樣本空間，Ω 是一個隨機實驗的所有可能結果所形成的集合。

(2) $\mathbf{F}$ 可以稱為 Ω 之 σ- 代數（σ-algebra）[①]。簡單地說，σ- 代數通常表示事件的集合。

(3) $\mathbf{P}$ 表示 $\mathbf{F}$ 之機率測度，即 $\mathbf{P} : \mathbf{F} \to [0,1]$。

一個簡單的例子可用於說明上述機率空間的意思。考慮擲一個公正銅板 1 次的實驗，對應的機率空間可寫成：

$$\Omega = \{H, T\},$$
$$\mathbf{F} = \{\varnothing, H, T, \Omega\},$$
$$\mathbf{P} : \mathbf{F} \to [0,1]$$

其中 $P(\varnothing) = 0$、$P(H) = P(T) = 0.5$ 與 $P(\Omega) = 1$。上述例子的涵義可為：

(1) 上述例子亦可視為 1 期之二項式樹狀圖，即於 $[t_0, t_1]$ 期間內，股價上升 u 的機率為 p，而股價下跌 d 的機率為 $1 - p$；因此，對應的機率空間可寫成：

$$\Omega = \{U, D\},$$
$$\mathbf{F} = \{\varnothing, U, D, \Omega\},$$
$$\mathbf{P} : \mathbf{F} \to [0,1]$$

其中 $P(\varnothing) = 0$、$P(U) = p$、$P(D) = 1 - p$、$P(\Omega) = 1$ 與 $U(D)$ 表示股價上升（下降）事件。

(2) $\mathbf{F}$ 亦可稱為 Ω 之事件空間（event space），我們可以看出機率測度係針對事件空間內的事件而言。有意思的是，我們用 σ- 代數表示事件空間。

(3) $\{\varnothing, \Omega\}$ 與 $\mathbf{F} = \{\varnothing, U, D, \Omega\}$ 分別為最小的 σ- 代數與最大的 σ- 代數，後者其實

[①] σ- 代數亦稱為 σ- 域（σ-field）。

稱爲 Ω 的冪集（power set）[2]，其亦可用 2^Ω 表示。$P(\varnothing) = 0$ 與 $P(\Omega) = 1$ 分別爲「不可能出現事件」的機率等於 0 與「必然出現事件」的機率等於 1[3]。

(4) Ω 內的事件如 U 或 D 表示一個 $[S(t_0), S(t_1)]$ 的一個路徑，其中 $S(t_i)(i = 0, 1)$ 爲 i 期股價。

　　前述的例子可以繼續延伸。考慮擲一個公正的銅板 2 次，則因每次的結果只有 $\{H, T\}$，故

$$\Omega = \{H, T\} \times \{H, T\} = \{HH, HT, TH, TT\}$$

另一方面，事件空間（冪集）就是表示所有可能的事件所形成的集合，其可爲：

$$\mathbf{F} = \{[(HH), (HT), (TH)], [(HH), (HT), (TT)], [(HH), (TH), (TT)], [(TT), (HT)(TH)],$$
$$[(HH), (TH)], [(HH), (TH)], [(HH), (TT)], [(HT), (TH)], [(HT), (TT)], [(TH), (TT)],$$
$$[(HH)], [(TT)], [(TH)], [(HT)], \Omega, \varnothing\}$$

換言之，若改成用 2 期二項式樹狀圖表示，則對應的機率空間可改爲：

$$\Omega = \{\omega_1, \omega_2, \omega_3, \omega_4\}$$

其中 $\omega_1 = UU$、$\omega_2 = UD$、$\omega_3 = DU$ 與 $\omega_4 = DD$；另一方面，Ω 的事件空間可爲：

$$\mathbf{F} = \{\varnothing, \{\omega_1\}, \{\omega_2\}, \{\omega_3\}, \{\omega_4\},$$
$$\{\omega_1, \omega_2\}, \{\omega_1, \omega_3\}, \{\omega_2, \omega_3\}, \{\omega_2, \omega_4\}, \{\omega_3, \omega_4\},$$
$$\{\omega_1, \omega_2, \omega_3\}, \{\omega_1, \omega_2, \omega_4\}, \{\omega_1, \omega_3, \omega_4\}, \{\omega_2, \omega_3, \omega_4\}, \Omega\}$$

　　同理，Ω 內的簡單事件表示一個 $[S(t_0), S(t_1), S(t_2)]$ 的路徑。事件空間相當於提醒我們可有多少種「有興趣」的事件，只要我們關心其中一個，例如：A 爲至少出現 1 次正面（或 U）的事件，則任何與 A 有關的事件（以集合操作表示）皆在 $\mathbf{F}$ 內，故可以進一步計算該事件的機率 $P(\cdot)$，即：

---

[2] 冪集爲 Ω 內所有的子集所形成的集合。

[3] 就擲一個銅板 1 次的例子而言，$\varnothing$（空集合）事件相當於「出現正面與反面」事件，而 Ω 事件相當於「出現正面或反面」事件。

$$\mathbf{P} : \mathbf{F} \to [0,1]$$

其中 $P(\{\omega_1\}) = p^2$、$P(\{\omega_2\}) = P(\{\omega_3\}) = p(1-p)$ 與 $P(\{\omega_4\}) = (1-p)^2$；當然，我們亦可以計算如 $P(\{\omega_1, \omega_2\}) = p$ 等之機率[④]。

例1　Ω 之分割

Ω 內的子集合如 $A \in \Omega$ 可稱為事件（event）。令 $A = \{A_1, A_2, \cdots, A_n\}$，其中 $A_i(\forall i)$ 屬於非空集合，A 稱為 Ω 的分割（partition）所形成的集合，其具有下列性質：

(1) 任何 A_i 與 $A_j(i \neq j)$ 屬於不關聯，即 $A_i \cap A_j = \varnothing$。

(2) $A_1 \cup A_2 \cup \cdots \cup A_n = \Omega$。

例2　代數與 σ-代數

令 Ω 屬於非空集合。若 $\mathbf{F} \subseteq 2^\Omega$ 稱為 Ω 之代數（algebra），其必須滿足下列三個條件，即：

(1) $\Omega \in \mathbf{F}$。

(2) $A \in \mathbf{F} \Rightarrow A^C \in \mathbf{F}$，其中 $A^C = \overline{A}$ 為 A 之餘集（complementary set）。

(3) $A, B \in \mathbf{F} \Rightarrow A \cup B \in \mathbf{F}$。

值得注意的是，上述最後一個條件隱含著有限聯集是封閉的，即：

$$A_i \in \mathbf{F}, i = 1, 2, \cdots, n \Rightarrow \bigcup_{i=1}^{n} A_i \in \mathbf{F}$$

若 n 改為 ∞，則稱 $\mathbf{F}$ 是一個 Ω 的 σ-代數。

例3　子 σ-代數

令 $\mathbf{F}_i(i = 1, 2)$ 為 Ω 之 σ-代數，其中 Ω 屬於非空集合。若 $\mathbf{F}_2 \subseteq \mathbf{F}_1$，則稱 $\mathbf{F}_2$ 為 $\mathbf{F}_1$ 的子 σ-代數（sub-σ-algebra）。

[④] 因 $P(\{\omega_1\}) = p^2$ 與 $P(\{\omega_2\}) = p(1-p)$，故
$$P(\{\omega_1, \omega_2\}) = P(\{\omega_1\}) + P(\{\omega_2\}) = p^2 + p(1-p) = p$$
其餘機率之計算，依此類推。

例 4 $\sigma(A)$

令 $A \subset \Omega$。$\{\emptyset, A, A^C, \Omega\}$ 是 Ω 內含 A 之最小 σ- 代數，寫成 $\sigma(A)$。$\sigma(A)$ 亦可稱爲由 A 所產生的 σ- 代數。我們舉一個例子說明。考慮於時間 $t = 1, 2, \cdots, T$ 期下，某檔股票價格 S_t 或寫成 $S(t)$，我們進一步可知：

$$\Omega = \{\omega : \omega = (S_1, S_2, \cdots, S_T)\}$$

表示於上述時間內所有的股價。

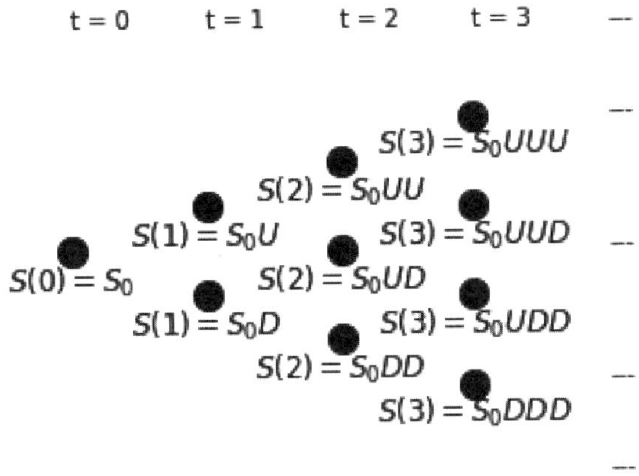

圖 4-1　二項樹狀圖

假定股價不是上升 u 就是下降 d 幅度，則重要的資訊降爲：

$$\Omega = \{\omega : \omega = (a_1, a_2, \cdots, a_T)\}$$

其中 a_t 爲 U 或 D。爲了模型化未來價格之不確定，我們可以列出未來所有股價的走勢，如圖 4-1 所示；換句話說，未來眞實價格走勢只是所有可能走勢的其中之一。隨著時間經過，更多資訊已被揭露，例如：於 $t = 1$ 之下，$S(0)$ 與 $S(1)$ 爲已知，眞實狀態處於 Ω 內的子集合 A，即 $A \subset \Omega$；其實，觀察過 $S(1)$ 後，我們已經知道何種價格落於 A 內或者何價格屬於 A^C。

令 $\mathbf{F}_t$ 表示至 t 期投資者所能收集到的資訊，其中包括 t 期之前的股價資訊。假定目前爲 $T = 2$（第 2 期），而於 $t = 0$（期初），我們並無 S_1 與 S_2 的資訊，故 $\mathbf{F}_0 =$

$\{0, \Omega\}$，我們只知眞實狀態處於 Ω；明顯地，$\mathbf{F}_0$ 是一個 σ- 代數[⑤]。現在考慮 $t = 1$。假定於 $t = 1$ 下，股價上升 u 幅度，則我們知道眞實狀態處於 A，即：

$$A = \{(U, S_2), S_2 = U, D\} = \{(U, U), (U, D)\}$$

因此，至 $t = 1$，資訊可爲：

$$\mathbf{F}_1 = \{0, \Omega, A, A^c\}$$

值得注意的是，$\mathbf{F}_0 \subset \mathbf{F}_1$，隱含著我們不會忘記過去的資訊。是故，於 t 期，投資人知道何部分的 Ω 包括眞實狀態，並且所對應的 $\mathbf{F}_t$ 爲一種 σ- 域或代數的集合。

例 5　機率測度

令 $\mathbf{F}$ 爲 Ω 內的 σ- 域。一種機率測度 $\mathbf{P}$ 是一種函數而且滿足下列條件：

(1) 於 $\forall A \in \mathbf{F}$ 之下，$0 \le P(A) \le 1$。
(2) $0 \le P(A) \le 1$。
(3) 可數加性（countable additivity）：就互斥集合（disjoint sets）[⑥]$A_i \in \mathbf{F}$ 而言，
$P(\bigcup_{i=1}^{\infty} A_i) = \sum_{i=1}^{\infty} P(A_i)$。

如前所述，上述三元 $(\Omega, \mathbf{F}, \mathbf{P})$ 可稱爲機率空間。若 $P(A) = 1$，我們稱事件 A 於 $\mathbf{P}$ 測度之下，幾乎必然（almost surely, a.s.）會出現[⑦]。

例 6　機率分派

考慮樣本空間內的樣本點爲一個有限的結果，即 $\Omega = \{\omega_1, \omega_2, \cdots, \omega_n\}$，其中單一結果的機率可寫成 $P(\omega_i)$。直覺而言，利用集合的觀念，可有

$$\bigcup_{i=1}^{n} \omega_i = \Omega$$

[⑤] $\mathbf{F}_0 = \{0, \Omega\}$ 亦可稱爲平凡域（trivial field）。
[⑥] 即 $A_i \cap A_j = \varnothing$，其中 $i \ne j$。
[⑦] 於 4.1.4 節，我們會解釋「幾乎必然」的意思。

即 $\omega_1, \omega_2, \cdots, \omega_n$ 構成 Ω 的一種分割，故

$$P(\bigcup_{i=1}^{n} \omega_i) = P(\Omega) = 1$$

顯然，若分派機率值至每一結果，即可形成 Ω 的一種簡單的機率分配，即：

$$\begin{cases} \omega_1 \to 0 \leq P(\omega_1) \leq 1 \\ \omega_2 \to 0 \leq P(\omega_2) \leq 1 \\ \qquad \vdots \\ \omega_n \to 0 \leq P(\omega_n) \leq 1 \end{cases} \quad \text{而} \sum_{i=1}^{n} P(\omega_i) = 1$$

理所當然，若 Ω 趨向於複雜化或其內的元素為不可數，我們欲定義機率或機率分配愈困難。

習題

擲二個公正的骰子 n 次而我們有興趣是點數和，試回答下列問題：

(1) 樣本空間為何？

(2) 若 $n = 10,000$，則每種結果的實證（樣本）機率為何？

(3) 每種結果的理論機率為何？

(4) 試繪製出實證（樣本）機率與理論機率的長條圖。

4.1.2 隨機變數

於機率空間 $(\Omega, \mathbf{F}, \mathbf{P})$ 內，隨機變數是一種從 Ω 至 $\mathbf{R}$（實數）的可測度實數函數，即：

$$X : \Omega \to \mathbf{R}$$
$$\omega \to X(\omega)$$

其中「可測度」係針對 σ- 代數 $\mathbf{F}$ 而言，隱含著就每個實數 a，$\{X \leq a\}$ 是機率空間的一個事件；換言之：

$$X^{-1}\left((-\infty, a]\right) = \{X \leq a\} = \left\{\omega \in \Omega \mid X(\omega) \leq a\right\} \in \mathbf{F} \tag{4-1}$$

其中 $X^{-1}(\cdot)$ 為 X 之原像（pre-image）。我們先舉幾個例子說明，然後再解釋 (4-1) 式。

例 1　簡單函數

考慮一個指示函數（indicator function）如：

$$I_A(\omega) = \begin{cases} 1, \omega \in A \\ 0, \omega \notin A \end{cases} \tag{4-2}$$

我們發現 $I_A(\omega)$ 其實就是一個簡單的隨機變數，即計算 $I_A(\omega)$ 的原像可為：

$$I_A^{-1}(1) = A \in \mathbf{F} \text{ 與 } I_A^{-1}(0) = A^C \in \mathbf{F}$$

即 $A \in \mathbf{F}$ 隱含著 $A^C \in \mathbf{F}$；或者說，$I_A(\omega)$ 是 $\mathbf{F}$ 內的一個隨機變數。尤有甚者，$\mathbf{F}_A = \{\varnothing, A, A^C, \Omega\}$ 是一個由上述指示函數（簡單函數）所產生的 σ- 代數。

例 2　伯努尼機率質量函數

就 (4-2) 式而言，令 $X(\omega) = I_A(\omega)$，則可得：

$$f_X(1) = P(X = 1) = \theta \text{ 與 } f_X(0) = P(X = 0) = 1 - \theta \tag{4-3}$$

我們稱 $f_X(\cdot)$ 為伯努尼機率質量函數（PMF of Bernoulli）。一個明顯的應用為：令 $\Omega = \{UU, UD, DU, DD\}$ 與 $\mathbf{F} = \{\varnothing, A, A^C, \Omega\}$。若 $A = \{UU, UD, DU\}$ 且 $P(A) = \theta$ 以及 $P(A^C) = 1 - \theta$，則機率架構或測度可用 (4-3) 式表示。

表 4-1　一種簡單的機率分配

X	0	1	2
$f(X)$	1/4	1/2	1/4

例 3　機率分配

令 $\Omega = \{UU, UD, DU, DD\}$ 與 $\mathbf{F} = 2^{\Omega}$。我們考慮下列情況如 $A_0 = \{\omega : X = 0\} = \{UU\}$、$A_1 = \{\omega : X = 1\} = \{UD, DU\}$ 與 $A_2 = \{\omega : X = 2\} = \{DD\}$，同時

假定 U 與 D 出現的機率皆相同，故可得：

$$P(A_0) = P(X = 0) = 1/4 \cdot P(A_1) = P(X = 1) = 1/2 \ \text{與} \ P(A_2) = P(X = 2) = 1/4$$

或列表如表 4-1 所示。

換句話說，我們使用隨機變數將 Ω 內的元素轉成實數（寫成 $\mathbf{R}_X$）而可得：

$$(\Omega, \mathbf{F}, \mathbf{P}) \overset{X(\cdot)}{\Rightarrow} (\mathbf{R}_X, f_X(\cdot)) \tag{4-4}$$

即原先的機率結構可以轉換成：

$$\{f_X(x_1), f_X(x_2), \cdots, f_X(x_m)\} \Rightarrow \sum_{i=1}^{m} f_X(x_i) = 1 \tag{4-5}$$

我們稱 (4-5) 式爲隨機變數 X 的機率分配。

例 4 Borel σ 域

於機率理論內，最重要的 σ 域，莫過於定義於實數內，我們稱爲 Borel σ 域或稱爲 Borel 域，可寫成 $\mathbf{B(R)}$。例如：我們如何於一條數線 $\mathbf{R}$ 上定義 $\mathbf{B(R)}$？於一條數線上，我們可以區間如 (a, ∞)、(a, b) 或 $(-\infty, b)$ 等取代事件，結果我們發現以半-無限值區間 $(-\infty, b]$ 取代最恰當；也就是說，若 Ω 表示數線 $\mathbf{R} = \{x : -\infty < x < \infty\}$ 而所關心的事件爲：

$$\mathbf{J} = \{\mathbf{B}_x : x \in \mathbf{R}\}$$

其中

$$\mathbf{B}_x = \{z : z \leq x\} = (-\infty, x]$$

則由 $\mathbf{B}_x$ 形成的 σ 域究竟爲何？姑且將其稱爲 $\sigma(\mathbf{J})$。我們可以從 $\mathbf{B}_x$ 開始，再擴充至 $\mathbf{B}_x$ 的餘集，即：

$$\mathbf{B}_x = \{z : z \in \mathbf{R}, z > x\} = (x, \infty) \in \sigma(\mathbf{J})$$

接著，再考慮 $\mathbf{B}_x$ 的可數的聯集，即：

$$\bigcup_{n=1}^{\infty}(-\infty, x-(1/n)] = (-\infty, x) \in \sigma(\mathbf{J})$$

故 $\sigma(\mathbf{J})$ 的確是一個域。我們也可以進一步檢視 $\sigma(\mathbf{J})$ 有多大？考慮下列的情況：

$$(x, \infty) = \overline{(-\infty, x]} \in \sigma(\mathbf{J})$$
$$[x, \infty) = \overline{(-\infty, x)} \in \sigma(\mathbf{J})$$
$$(x, z) = \overline{(-\infty, x] \cup [z, \infty)} \in \sigma(\mathbf{J})$$
$$\{x\} = \bigcap_{n=1}^{\infty}(x, x-1/n] \in \sigma(\mathbf{J})$$

顯然，$\mathbf{R}$ 內的許多可想到的子集合幾乎皆可包括於 $\sigma(\mathbf{J})$ 內；另一方面，$\mathbf{R}$ 內其他的子集合所形成的域，也幾乎與 $\sigma(\mathbf{J})$ 重疊，故通常寫成 $\sigma(\mathbf{J}) = \mathbf{B}(\mathbf{R})$。

例 5 CDF

續例 4，我們幾乎可將機率空間 $(\Omega, \mathbf{F}, \mathbf{P})$ 轉換成 $(\mathbf{R}, \mathbf{B}(\mathbf{R}), \mathbf{P}_X(\cdot))$，其中 $\mathbf{P}_X(\cdot)$ 為 $(-\infty, x]$ 的函數；因此，定義累積機率函數（cumulative probability function, CDF）為：

$$F_X(\cdot): \mathbf{R} \to [0,1] \tag{4-6}$$

其中

$$F_X(x) = P\{\omega: X(\omega) \le x\} = \mathbf{P}_X((-\infty, x]) \tag{4-7}$$

即我們選擇 $(-\infty, x]$ 產生 $\mathbf{B}(\mathbf{R})$。(4-7) 式的特徵為：

$$P\{\omega: a < X(\omega) \le b\} = P\{\omega: X(\omega) \le b\} - P\{\omega: X(\omega) \le a\}$$
$$= P((a,b]) = F_X(b) - F_X(a) \tag{4-8}$$

其中 $F_X(-\infty) = 0$。讀者可以思索 CDF 如 $F_X(x)$ 的特徵。

例6 PDF

假定存在一個函數有下列型態：

$$f_X(\cdot) : R \to [0, \infty) \tag{4-9}$$

$f_X(\cdot)$ 與 CDF 如 $F_X(x)$ 之間的關係可爲：

$$F_X(x) = \int_{-\infty}^{x} f_X(u)du \tag{4-10}$$

其中 $f_X(u) \geq 0$。我們稱 $f_X(\cdot)$ 爲 $F_X(x)$ 之機率密度函數（probability density function, PDF）[8]。

根據上述例子，我們重新檢視 (4-1) 式。簡單地說，(4-1) 式說明了隨機變數 X 是一個於 $(\Omega, \mathbf{F}, \mathbf{P})$ 內屬於從 Ω 至 $\mathbf{R}$ 的 $\mathbf{F}$ 可測度函數（**F**-measurable function）[9]，此隱含著：

$$P(X \in A) = P(\{\omega : X(\omega) \in A\}) = P(X^{-1}(A)) \tag{4-11}$$

或

$$P(\{X \leq a\}) = P(\{\omega : X(\omega) \leq a\}) = P(X^{-1}((-\infty, a])) \tag{4-12}$$

於 (4-11) 或 (4-12) 式內，以 $P(X^{-1}(A))$ 或 $P(X^{-1}((-\infty, a]))$ 的方式表示最吸引人，因若 $P(\cdot)$ 爲已知，則 $X^{-1}(A) \in \mathbf{F}$ 或 $X^{-1}((-\infty, a]) \subset \mathbf{B(R)}$，其中 $P(\cdot)$ 可由對應的 CDF 或 PDF 取得。

因此，於一個子 σ- 代數 $\mathbf{F}_1 \subseteq \mathbf{F}$ 之下，若隨機變數 X 爲已知，則稱 X 爲 $\mathbf{F}_1$ 下的

---

[8] 我們只考慮 X 爲連續隨機變數的情況。根據微積分基本定理（fundamental theorem of calculus），可知：

(i) 若 $F_X(x) = \int_{-\infty}^{x} f_X(u)du$，則 $dF_X(x)/dx = f_X(x)$；

(ii) 若 $dF_X(x)/dx = f_X(x)$，則 $\int_{a}^{b} f_X(u)du = F_X(b) - F_X(a)$。

讀者可以思考 X 屬於間斷隨機變數的情況。

[9] 當然，$\mathbf{F}$ 亦可用 $\mathbf{B(R)}$ 取代。

可測度函數，即 $X \in \mathbf{F}_1$，隱含著 $\mathbf{F}_1$ 擁有 X 的充分訊息。

例7 **1 期二項式樹狀圖**

考慮 1 期簡單的二項式樹狀圖如：

$$\Omega = \{U, D\},$$
$$\mathbf{F} = \{\varnothing, U, D, \Omega\},$$
$$\mathbf{P} : \mathbf{F} \to [0,1]$$

其中 $P(\varnothing) = 0$、$P(U) = p$、$P(D) = 1 - p$ 與 $P(\Omega) = 1$。令 $S(t_0) = S_0$ 與 $X : \Omega \to \mathbf{R}$ 為：

$$X(\omega) = \begin{cases} S_0 u, \omega = U \\ S_0 d, \omega = D \end{cases}$$

假定 $S_0 = 100$、$u = 6/5$ 與 $d = 5/6$，則上述 $X(\omega)$ 值可為：

$$X(\omega) = \begin{cases} 120, \omega = U \\ 83.33, \omega = D \end{cases}$$

因此，根據 (4-1) 式可得：

$$X^{-1}\big((-\infty, a]\big) = \{X \le a\} = \big\{\omega \in \Omega \mid X(\omega) \le a\big\}$$
$$= \begin{cases} \varnothing, & a < 83.33 \\ D, 83.33 \le a < 120 \\ \Omega, & 120 \le a \end{cases}$$

顯然就任意 $a \in R$ 而言，$X^{-1}\big((-\infty, a]\big) \in \mathbf{F}$。

習題

試從 Yahoo 下載臺灣加權股價指數（TWI）日收盤價資料（2010/1/1～2023/3/31）並將其轉換成日對數報酬率序列資料，試回答下列問題：

(1) 我們如何由日對數報酬率序列資料轉回日收盤價資料？

(2) 假定日對數報酬率屬於常態分配，試繪製出實證 CDF 曲線與理論 CDF 曲線。

(3) 假定日收盤價屬於對數常態分配，試繪製出日收盤價的實證 CDF 曲線。

(4) 令 $S(0) = 8{,}207.85$ 以及計算日對數報酬率的樣本平均數 $\bar{x}$ 與樣本標準差 s，並以 $\log[S(0)]+\bar{x}$ 與 s 為對數常態分配內之參數，試繪製出日收盤價的理論 CDF 曲線。

(5) 續上題，試從對數常態分配抽取 n 個觀察值並繪製出上述觀察值之實證 CDF 曲線與理論 CDF 曲線。

4.1.3 隨機過程

考慮下列的機率空間：

$$\Omega = \{U, D\}$$
$$\mathbf{F} = \{\varnothing, U, D, \Omega\}$$
$$\mathbf{P} : \mathbf{F} \rightarrow [0,1]$$

其中 $P(\varnothing) = 0$、$P(\Omega) = 1$、$P(U) = p$ 與 $P(D) = 1 - p$。我們定義一個隨機變數 X 為：

$$X(\omega) = \begin{cases} S_0 u, \omega = U \\ S_0 d, \omega = D \end{cases}$$

其中 $S(t_0) = S_0$、$u > 0$ 與 $d > 0$。

想像一個 3 期的二項樹狀圖，即 $[t_i, t_{i+1}]$，其中 $t_{i+1} > t_i$ 以及 $i = 0, 1, 2, 3$。假定 p、u 與 d 皆固定不變，則於 $(\Omega, \mathbf{F}, \mathbf{P})$ 下，重新定義 3 個隨機變數 $Y_i : \Omega \rightarrow \mathbf{R}$，其中

$$Y_i = Y_i(\omega) = \begin{cases} u, \omega = U \\ d, d = D \end{cases} (i = 1, 2, 3)$$

則

$$X_1 = S_0 Y_1 = S(t_1) \text{、} X_2 = S_0 Y_1 Y_2 = S(t_2) \text{ 與 } X_3 = S_0 Y_1 Y_2 Y_3 = S(t_3)$$

同理，我們擴充上述樹狀圖至無窮多期，即 $[t_i, t_{i+1}]$，其中 $i = 0, 1, 2, 3, \cdots$，此相當於重新定義無限多的隨機變數 Y_i，其中

$$Y_i = Y_i(\omega) = \begin{cases} u, \omega = U \\ d, d = D \end{cases} (i = 1, 2, 3, \cdots)$$

因此，可得一系列的隨機變數爲：

$$Y = \{Y_1, Y_2, Y_3, \cdots\} \text{ 或 } Y = \{Y_1(\omega), Y_2(\omega), Y_3(\omega), \cdots\} \tag{4-13}$$

根據 (4-13) 式，我們不難用 CRR 樹狀圖繪製出 Y 的實現值時間走勢，如圖 4-2 所示（根據圖 3-4 的資訊）。因 $p \approx 0.5$，令 $UD = [U, D]$，圖 4-2 內的 U 或 D 是以「抽出放回」的方式從 UD 內抽出一個觀察值取代。我們發現 (4-13) 式可有無限多的實現值走勢。

接下來，我們來檢視與 Y 相對應的一系列確定性函數 y，即：

$$y = \{y_1, y_2, y_3, \cdots\} \text{ 或 } y = \{f_1(x), f_2(x), f_3(x), \cdots\} \tag{4-14}$$

其中 $x \in \mathbf{R}$ 而 $f_i : \mathbf{R} \to \mathbf{R}$ 是確定性函數。例如：圖 4-2 內之深黑直線就是根據確定性函數所繪製而成，而從圖內可看出確定性函數與隨機函數之不同，即後者可有許多路徑而前者的路徑卻只有一個。

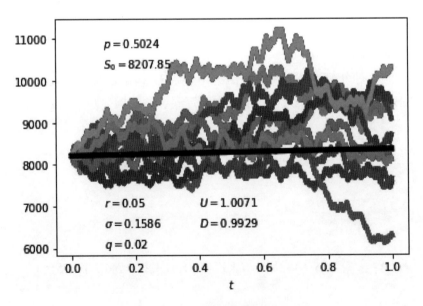

圖 4-2　CRR 樹狀圖之實現值走勢

我們如何描述 (4-14) 式或圖 4-2 內的確定性函數呢？一個可行的方式是使用向量，即 y 可視為一種二元變數函數，其中定義域與值域分別為 $I \times \mathbf{R}$ 與 S，即：

$$y : I \times \mathbf{R} \to S \tag{4-15}$$

其中 $I = \{1, 2, 3, \cdots\}$ 是一種指標集（index set）[⑩]。通常 I 表示時間。

(4-15) 式提供了一種定義隨機過程方式，即：

隨機過程

於 $(\Omega, \mathbf{F}, \mathbf{P})$ 之下，一種隨機過程（或簡稱過程）是一個函數 $X = \{X_t : t \in \Gamma\}$，其可寫成：

$$X : \Gamma \times \Omega \to S \tag{4-16}$$

其中 $\Gamma, S \subseteq \mathbf{R}$ 皆非空集合。我們稱 Γ 與 S 分別為 X 的指標集與狀態空間。

(4-16) 式可簡寫成 $X(t, \omega) = X_t(\omega) = X_t$。因此，一種隨機過程相當於隨時間演進的隨機變數，不過上述隨機變數皆有相同的機率空間；是故，簡單地說，從隨機過程內可看出隨時間變化的隨機變數。

例 1　隨機序列

令 $\Gamma = \{1, 2, \cdots\}$。隨機過程 $X = \{X_t : t \in \Gamma\}$ 可稱為隨機序列；有時，我們會寫成：

$$\{X_n\}_{n=1}^{\infty} \text{ 或 } X = \{X_1, X_2, X_3, \cdots\}$$

換句話說，若 X 定義成 $X_i = S_0 Y_1 \cdots Y_i$，如 (4-13) 式所示，則 X 可視為一種隨機過程，而 X 的實現值時間走勢，則可參考圖 4-2。我們發現 X_i 的實現值與 X_{i-1} 的實現值有關。

[⑩] (4-15) 式的例子可為 $y(i, x) \to f_i(x) = S_i$。

表 4-2　隨機過程的分類

	Γ	Ξ	例子
D-C	可數的	可數的	簡單隨機漫步
D-C	可數的	不可數的	常態過程
C-D	不可數的	可數的	卜瓦松過程
C-C	不可數的	不可數的	布朗運動

說明：Γ 與 Ξ 分別表示時間與狀態空間。

例2　隨機過程的分類

　　隨機過程的時間與狀態空間可以根據間斷 (D) 與連續 (C) 分成四類，如表 4-2 所示。例如：圖 4-2 是一種簡單隨機漫步過程，即其對應的時間與狀態空間皆屬於間斷的（即結果為可數的）；另外，圖 4-3 繪製出一種常態過程[⑪]，其特色為時間空間屬於間斷，但是對應的狀態空間卻是屬於連續（即結果屬於不可數）。至於圖 4-4 則繪製出一種卜瓦松過程（Poisson process）的實現值走勢，我們可以看出 Δt 愈小，圖內的 X 的實現值走勢趨向於 X_1 的實現值走勢，隱含著時間空間屬於連續，但是狀態空間卻是屬於間斷的[⑫]。

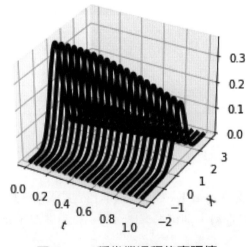

圖 4-3　一種常態過程的實現值

[⑪] 常態過程亦可稱為高斯過程（Gaussian process）。

[⑫] 4.2.2 節會介紹卜瓦松過程。

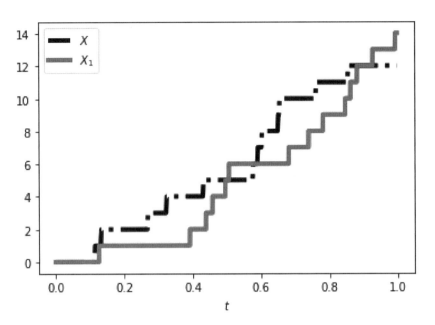

圖 4-4　一種卜瓦松過程的實現值走勢，其中 X 與 X_1 對應的 Δt 分別為 0.002 與 0.0001

例3 X_t

　　令 $\Gamma = [0, \infty)$。我們可將 $X = \{X_t : t \in \Gamma\}$ 過程寫成 $X = \{X(t) : t \geq 0\}$。假定 $X(0) \overset{a.s.}{=} 0$，我們說 X「幾乎必然」從 0 開始[⑬]；換言之，$X + 2 = \{X(t) + 2 : t \geq 0\}$ 過程「幾乎必然」從 2 開始。另一方面，如前所述，通常 Γ 可解釋為時間，故 $X_k = s$，表示於時間 $t = s$ 之下，X 過程處於狀態 $\omega = s$。

4.1.4 隨機變數的收斂

　　顧名思義，隨機變數的收斂是指 $n \to \infty$，$X_n \to X$，其中 X_n 與 X 皆是隨機變數。於尚未介紹之前，我們先看底下的例子。考慮擲一個公正的銅板 n 次的實驗，我們將正面（H）與反面（T）的結果分別用 1 與 0 表示；另一方面，由於是重複擲 n 次，故相當於從 [1,0] 內以抽出放回的方式抽出 n 個觀察值。是故，上述實驗結果可以列表如表 4-3 或繪製如圖 4-5 所示。

---

⑬「幾乎必然」相當於「必然」的意思。

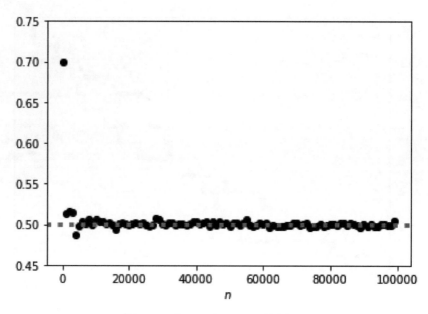

圖 4-5　表 4-3 內 results 的結果

表 4-3　擲一個公正銅板的實驗結果

n	10	1010	2010	3010	---	96010	97010	98010	99010
results	0.7	0.5139	0.5154	0.5146	---	0.5008	0.4998	0.4993	0.5042
results1	0.04	0.0002	0.0002	0.0002	---	0	0	0	0

說明：1. X 表示從 $[1, 0]$ 內以抽出放回的方式抽出 n 個觀察值。

2. results 係計算 $\overline{X}$ 的結果。

3. results1 係計算 $\Sigma(X-0.5)^2$ 的結果。

　　上述實驗的樣本空間 Ω 為包括 H 與 T 之無限序列，即 Ω 內的事件可寫成 $\Omega = \{\omega_1, \omega_2, \cdots, \omega_n, \cdots\}$。令隨機變數 $X_k(\omega)$ 為：

$$X_k(\omega) = \begin{cases} 1, \omega_k = H \\ 0, \omega_k = T \end{cases}$$

與 $Y_n(\omega) = \sum_{k=1}^{n} X_k(\omega)$。一個直覺的問題是

$$\lim_{n \to \infty} \left[\frac{1}{n} \sum_{k=1}^{n} X_k(\omega) \right] = \frac{1}{2} \tag{4-17}$$

是否成立？我們提出二個解釋：

(1) 從表 4-3 或圖 4-5 內可看出 $\lim\limits_{n\to\infty}\left[\dfrac{1}{n}\sum\limits_{k=1}^{n}X_k(\omega)\right]$ 可以非常接近於 $\dfrac{1}{2}$，只是 n 究竟應多大？

(2) 考慮 $\omega_T=\{T,T,\cdots,T,\cdots\}$ 與 $\omega_H=\{H,H,\cdots,H,\cdots\}$ 二個事件，顯然若出現 ω_T 與 ω_H 事件，(4-17) 式並不能成立；還好，ω_T 與 ω_H 事件出現的可能性微乎其微，尤其是 $n\to\infty$。換句話說，於 $n\to\infty$ 之下，$P(\Omega_0)\approx 0$，其中

$$\Omega_0=\left\{\omega:\lim_{n\to\infty}\left[\frac{1}{n}\sum_{k=1}^{n}X_k(\omega)\right]\neq\frac{1}{2}\right\}$$

而 $\Omega_0\subset\Omega$。就「測度」的術語而言，我們稱 Ω_0 為一個測度為 0 的集合（a set of measure of 0）。

　　其實上述實驗我們並不陌生，原來就是熟悉的大數法則（law of large number, LLN）或中央極限定理（central limit theorem, CLT）的例子。根據 Spanos（1999），我們可以從弱（weak）LLN（WLLN）、強（strong）LLN（SLLN）與 CLT 三個角度檢視。

WLLN

　　WLLN 所描述的情況可稱為機率極限（convergence of probability），即就任意 $\varepsilon>0$ 而言，可得：

$$\lim_{n\to\infty}P\left(\omega\in\Omega:\left|\frac{1}{n}\sum_{k=1}^{n}X_k(\omega)-\frac{1}{2}\right|\geq\varepsilon\right)=0 \tag{4-18}$$

(4-18) 式有二個成分：

(1) 事件係對應「距離」：$\left|\dfrac{1}{n}\sum\limits_{k=1}^{n}X_k(\omega)-\dfrac{1}{2}\right|\geq\varepsilon$。

(2) 尾部機率序列 $\{p_n\}_{n=1}^{\infty}$，其中 $p_n=P\left(\omega\in\Omega:\left|\dfrac{1}{n}\sum\limits_{k=1}^{n}X_k(\omega)-\dfrac{1}{2}\right|\geq\varepsilon\right)$。換言之，(4-18) 式說明了 $\lim\limits_{n\to\infty}p_n=0$。

　　當然，就任意 $\varepsilon>0$ 而言，(4-18) 式亦可寫成：

$$\lim_{n\to\infty} P\left(\omega \in \Omega : \left|\frac{1}{n}\sum_{k=1}^{n} X_k(\omega) - \frac{1}{2}\right| < \varepsilon \right) = 1 \tag{4-19}$$

即機率極限可用 (4-18) 或 (4-19) 式表示，其可簡寫成 $\bar{X}_n \xrightarrow{p} \frac{1}{2}$ 或 $\text{plim}\left(\bar{X}_n\right) = \frac{1}{2}$，其中 $\bar{X}_n = \frac{1}{n}\sum_{k=1}^{n} X_k(\omega)$。

SLLN

SLLN 所描述的收斂可稱為「幾乎必然（a.s.）」，即 (4-18) 與 (4-19) 二式可改為：

$$P\left(\omega \in \Omega : \lim_{n\to\infty}\left|\frac{1}{n}\sum_{k=1}^{n} X_k(\omega) - \frac{1}{2}\right| \geq \varepsilon \right) = 0 \tag{4-20}$$

與

$$P\left(\omega \in \Omega : \lim_{n\to\infty}\left|\frac{1}{n}\sum_{k=1}^{n} X_k(\omega) - \frac{1}{2}\right| < \varepsilon \right) = 1$$
$$\Rightarrow P\left(\omega \in \Omega : \lim_{n\to\infty}\frac{1}{n}\sum_{k=1}^{n} X_k(\omega) = \frac{1}{2} \right) = 1 \tag{4-21}$$

同理，「幾乎必然（a.s.）」收斂可簡寫成 $\bar{X}_n \xrightarrow{a.s.} \frac{1}{2}$ 或 $\text{aslim}\left(\bar{X}_n\right) = \frac{1}{2}$。

我們可以回想前述擲公正銅板的例子，因 $n \to \infty$，$P(\Omega_0) \to 0$，是故「幾乎必然」幾乎變成「必然」，即「幾乎必然」隱含著 (4-21) 式[14]；另一方面，直覺而言，「幾乎必然收斂」比「機率收斂」強烈，即：

$$X_n \xrightarrow{a.s.} X \Rightarrow X_n \xrightarrow{p} X \Rightarrow X_n \xrightarrow{d} X \tag{4-22}$$

---

[14] 因此，「幾乎必然」其實有包括幾乎不會出現的事件而該事件出現的機率等於 0。

其中 X 是一個隨機變數，而 $\xrightarrow{d}$ 則表示分配之收斂（convergence in distribution）[⑮]。

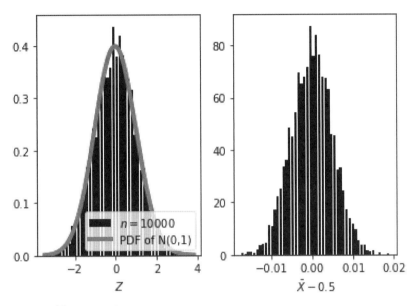

圖 4-6　$Z=\sqrt{n}\left(\bar{X}-0.5\right)/s_X$ 與 $\bar{X}-0.5$ 之抽樣分配，其中 s_X 為 X 之樣本標準差

CLT

　　前述如 (4-19) 或 (4-21) 等式係說明 $\bar{X}_n(\omega)$「退化（degenerate）」至 1/2（如表 4-3 內的 results）；不過，若 $\bar{X}_n(\omega)$ 不是退化收斂至單一數值而是收斂至隨機變數 X，如 (4-22) 所示。圖 4-6 繪製出上述結果。首先我們檢視圖 4-6 的右圖，應會發現 $n \to \infty$，$\bar{X}_n(\omega)$ 退化至 1/2，不過若檢視圖 4-6 的左圖，可發現 $Z=\sqrt{n}\left(\bar{X}-0.5\right)/s_X$ 反而收斂至標準常態分配[⑯]，其中我們稱 $\sqrt{n}$ 為收斂率（rate of convergence）。換句話說，CLT 可視為收斂率為 $\sqrt{n}$ 的 LLN。$\sqrt{n}$ 稱為 LLN 之收斂率是讓人印象深刻的，例如：圖 4-7 分別繪製出於 $n = 1{,}000$ 與 10,000 之下的 Z 的抽樣分配，我們可

[⑮] 從表 4-3 或圖 4-5 的結果應可看出「機率收斂」的存在條件其實頗為鬆散；另一方面，(4-22) 式的證明亦容易找到，例如：可參考 Spanos（1999）或 Mittelhammer（2013）等文獻。

[⑯] 就前述擲銅板的實驗而言，可知母體的期望值與變異數分別為：
$$\mu = 1 \times 0.5 + 0 \times 0.5 = 0.5$$
$$\sigma^2 = 0.5 \times (1 - 0.5)^2 + 0.5 \times (0 - 0.5)^2 = 0.25$$
其中圖 4-6 係用 s_X 估計 σ。因此，$\bar{X}$ 的抽樣分配接近於平均數與變異數分別為 μ 與 σ^2 / n 的常態分配。

以看出 Z 皆接近於標準常態分配，即後者爲 Z 的漸近（或極限）分配，隱含著 n 愈大並不導致 Z 退化爲一數值。

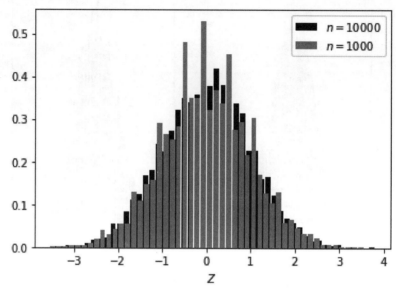

圖 4-7　不同 n 之下的 Z 的抽樣分配

其實，表 4-3 亦列出一種檢視「均方收斂（convergence in mean square）」的方式（如表內 results1），即除了機率收斂與幾乎必然收斂之外，我們亦可以使用均方收斂檢視隨機變數的收斂。

均方收斂

若 $\lim\limits_{n\to\infty} E\left(\left|X_n - X\right|^2\right) = 0$，則稱隨機變數序列 $\{X_n\}$ 爲隨機變數 X 的均方收斂（或稱爲 L^2 型態之收斂[17]），可寫成 $X_n \xrightarrow{m} X$。均方收斂亦較機率收斂強烈，即：

$$X_n \xrightarrow{m} X \Rightarrow X_n \xrightarrow{p} X \Rightarrow X_n \xrightarrow{d} X \tag{4-23}$$

(4-23) 式的證明或說明亦可參考 Spanos（1999）或 Mittelhammer（2013）等文獻。

---

[17] 令 $1 \le p \le \infty$。定義 $L^p(\Omega, \mathbf{F}, \mathbf{P})$ 爲 f 之可測度函數群，其中 $\int_\Omega \left|f(x)\right|^p d\mathbf{P}(x) < \infty$。我們稱 $\|f\|_p = \left(\int_\Omega \left|f(x)\right|^p d\mathbf{P}(x)\right)^{1/p}$ 爲 L^p 型態（L^p-norm）。

例1 有界機率

根據《財時》，若 $\{x_n\} = O_p(n^\delta)$（或 $\{x_n\} = o_p(n^\delta)$）是指我們總能找到一個有限的區間，使得 $n^{-\delta}|x_n|$ 出現的機率接近於 1（或為 0），上述機率可以稱為「有界機率（bounded in probability）」[18]。我們舉一個例子說明。令 $\{x_n\}$ 表示一個 IID 的標準常態隨機變數序列，即 $x_n \sim N(0, 1)$。定義 $\{S_n\}$，其中 $S_n = \sum_{i=1}^{n} x_i$，則 $\{x_n\} = O_p(1)$ 與 $\{S_n\} = O_p(n^{1/2})$。我們可以檢視為何會如此。因 $x_n \sim N(0, 1)$，應該存在一個常數 $c(\varepsilon)$，使得 $\int_{-c(\varepsilon)}^{c(\varepsilon)} f(x)dx \geq 1-\varepsilon$，其中 $f(x)$ 為標準常態分配之 PDF。因此 $\{x_n\} = O_p(1)$，可以參考圖 4-8。圖內的左圖繪製出 S_n 的實證分配，其中實線為標準常態分配之 PDF 曲線，從圖內可看出有界機率是何意思，即 $\{S_n\}$ 並無法形成一種有界機率，但是 $\{x_n\}$ 卻可以；換言之，$\{S_n\}$ 不屬於 $O_p(1)$，但是 $\{x_n\}$ 卻屬於 $O_p(1)$。

圖 4-8 內的右圖繪製出 $n^{-1/2}S_n$ 的實證分配，從圖內可看出該實證分配幾乎與標準常態分配的 PDF 曲線（虛線）重疊（讀者可繪製看看），故 $n^{-1/2}S_n$ 可形成一種有界機率，即 $\{S_n\} = O_p(n^{1/2})$。因 $Var(S_n) = n$，故 $n^{-1/2}S_n$ 其實就是經過標準化後的 S_n。

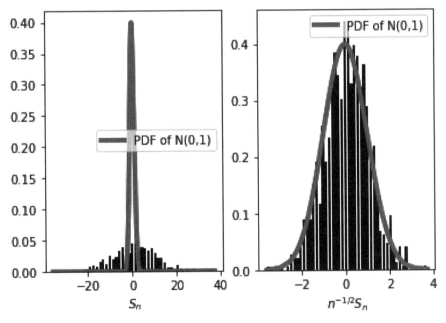

圖 4-8　S_n 與 $n^{-1/2}S_n$ 的抽樣分配

---

[18] 大 O 與小 o 的觀念亦可參考《財時》。

例2 簡單隨機漫步模型

於《財時》內，我們曾檢視簡單隨機漫步模型的收斂分配，即：

$$x_t = \beta x_{t-1} + u_t \text{ 與 } y_t = y_{t-1} + u_t \tag{4-24}$$

其中 $\beta \approx 0$ 與 u_t 爲 IID 之平均數與標準差分別爲 0 與 σ 的常態隨機變數。我們發現 $\bar{x}_t \xrightarrow{d} N(0, \sigma^2/n)$ 但是 $\bar{y}_t / \sqrt{n} \xrightarrow{d} N(0, \sigma^2/3)$ 隱含著 $\sum x \approx O_p(n^{0.5})$ 與 $\sum y \approx O_p(n^{1.5})$；也就是說，$\bar{x}_t$ 與 $\bar{y}_t$ 的收斂率或調整因子（scaling factor）並不相同，顯然後者大於前者。換句話說，相對於 $\bar{x}_t$ 的收斂速度而言，$\bar{y}_t$ 收斂至對應的極限分配快多了。值得注意的是，$\bar{x}_t$ 與 $\bar{y}_t$ 對應的極限分配並不相同[19]。例如：圖4-9繪製出上述的模擬結果（假定 $\sigma = 2$），可以注意該圖內之圖 (b) 顯示出 $\bar{y}_t$ 的極限分配並非爲 $N(0, \sigma^2/n)$，而圖 (c) 與 (d) 顯示出 $\dfrac{\bar{y}_t}{\sqrt{n}} = \dfrac{\sum y_t}{n^{1.5}} \xrightarrow{d} N\left(0, \dfrac{\sigma^2}{3}\right)$。

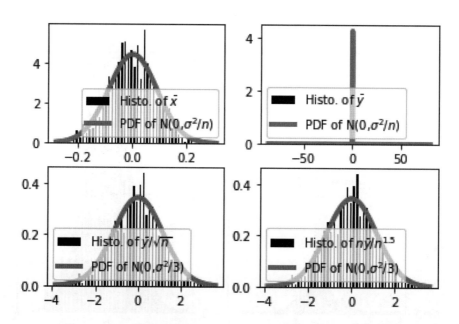

圖 4-9　$\bar{x}$、$\bar{y}$、$\dfrac{\bar{y}}{\sqrt{n}}$ 與 $n\dfrac{\bar{y}}{n^{1.5}}$ 的抽樣分配（$\sigma = 2$），其中 (a)～(d) 圖分別表示左上、右上、左下與右下圖

---

[19] 我們知道 x_t 與 y_t 分別屬於恆定過程（stationary process）與非恆定過程（non-stationary process）。

例 3　簡單隨機漫步模型與布朗運動

　　於第 3 章內，我們曾經自設二種布朗運動，其與簡單隨機漫步模型如 (4-24) 式的差別是，前者將期間縮至 [0,1]；換言之，(4-24) 式內的 y_t 亦可改寫成：

$$y_t = y_{t-1} + \sigma\sqrt{\Delta t}\, z \tag{4-25}$$

其中 z 為 IID 之標準常態分配的隨機變數。(4-25) 式的特色是將 $[t_0, t_n = t_T]$ 轉換至 [0,1]，其中 $h_n = \Delta t = 1 / n$；因此，因 $Var(T^{0.5}) = 1$，故若使用 (4-25) 式，可得 $\bar{y}_t \xrightarrow{d} N(0, \sigma^2 / 3)$，其模擬的結果繪製如圖 4-10 所示，讀者可以參考所附的檔案，得知該圖使用何種布朗運動的設定方式。

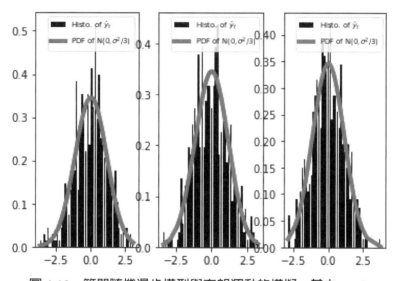

圖 4-10　簡單隨機漫步模型與布朗運動的模擬，其中 $\sigma = 2$

習題

(1) 何謂有界機率？試解釋之。

(2) 恆定過程如 (4-24) 式內的 x_t，其中 $|\beta| < 1$，則 x_t 可稱為 AR(1) 過程，我們可以加進一個常數項 δ。令 $\beta = 0.5$ 與 $\delta = 0.8$，試繪製出 $\bar{x}_t$ 的抽樣分配。提示：根據《財時》，可得 $n^{0.5}\bar{x}_t \xrightarrow{d} N(k, J)$，其中 $J = \sigma^2 / (1 - \beta)^2$ 與 $k / (1 - \delta)$。

(3) 非恆定過程如 (4-25) 式內的 y_t，我們將樣本期間轉換至 [0,1]；另外，於 y_t 內再加入一個常數項 δ。令 $\beta = 0.5$ 與 $\delta = 0.8$，試繪製出 $\bar{y}_t$ 的抽樣分配。

(4) 非恆定過程與恆定過程的中央極限定理分別為何？試說明之。

4.2 平賭過程

於當代財務理論內，平賭（martingales）是一個頗爲重要的工具，本節將介紹基本的平賭理論（martingale theory），不過因該理論頗爲巨大[20]，我們只介紹應用於衍生性商品的定價部分。

4.2.1 濾化與適應過程

隨機過程通常可視爲一種有用的工具，其可用以模型化隨時間變化的隨機性。例如：令 $X = \{X_t : t \geq 0\}$ 表示未來某股票價格。我們已經知道股價可視爲市場交易雙方（買方與賣方）共同決定的結果；換言之，若股價有變動，可反映出市場交易雙方對上述股票標的公司獲利情況等之預期。或者說，爲了取得上述公司獲利之預期，交易人或投資人必須過濾出上述有關於該公司獲利的資訊。因此，我們需要一種隨時間演化的資訊結構以檢視股價之隨機性；另一方面，其實就數學（模型）而言，我們也需要一種方式用以說明 X 之增量（increment）與時間 t 無關，即 $X_{t+h} - X_t$ $(h > 0)$ 與至 t 期的資訊無關。

就（嚴謹）的數學而言，上述隨時間演變的資訊結構就是底下所定義的一種「濾化（filtration）」，即：

濾化

一種濾化的機率空間 $(\Omega, \mathbf{F}, \{\mathbf{F}_t\}, \mathbf{P})$，其中 $(\Omega, \mathbf{F}, \mathbf{P})$ 爲機率空間而 $\{\mathbf{F}_t\}$ 是一種濾化。濾化是一種非遞減的 σ- 代數的收集 $\{\mathbf{F}_t \subset \mathbf{F} : t > 0\}$。例如：就任意 s 與 t 而言，可得：

$$\mathbf{F}_s < \mathbf{F}_t, s \leq t \tag{4-26}$$

(4-26) 式就是一種時間的資訊結構，其具有下列特徵：

(1) $\mathbf{F}_t$ 表示至 t 期的資訊。

(2) 隨時間遞增的資訊結構，如 (4-26) 式是連續的，即於 t 期，s 期的資訊並不會流失，其中 $s \leq t$。

我們仍以前述的二項式樹狀圖說明。考慮 $[t_0, t_1]$ 與 $[t_1, t_2]$ 二個期間，其對應的樣本空間爲：

---

[20] 例如：Liptser 與 Shiryayev（1989）或 Williams（1991）等文獻。

$$\Omega = \{\omega_1, \omega_2, \omega_3, \omega_4\}$$

其中 $\omega_1 = UU$、$\omega_2 = UD$、$\omega_3 = DU$ 與 $\omega_4 = DD$；另一方面，Ω 的事件空間可爲：

$$\begin{aligned} \mathbf{F} = \{&\varnothing, \{\omega_1\}, \{\omega_2\}, \{\omega_3\}, \{\omega_4\}, \\ &\{\omega_1, \omega_2\}, \{\omega_1, \omega_3\}, \{\omega_2, \omega_3\}, \{\omega_2, \omega_4\}, \{\omega_3, \omega_4\}, \\ &\{\omega_1, \omega_2, \omega_3\}, \{\omega_1, \omega_2, \omega_4\}, \{\omega_1, \omega_3, \omega_4\}, \{\omega_2, \omega_3, \omega_4\}, \Omega\} \end{aligned}$$

令 $\mathbf{F}_{t_0} = \{\varnothing, \Omega\}$、$\mathbf{F}_{t_1} = \{\varnothing, \{\omega_1, \omega_2\}, \{\omega_3, \omega_4\}, \Omega\}$ 與 $\mathbf{F}_{t_2} = \mathbf{F}$，因此 $\{\mathbf{F}_t : t = t_0, t_1, t_2\}$ 是一種濾化，即 $\mathbf{F}_{t_0} \subset \mathbf{F}_{t_1} \subset \mathbf{F}_{t_2} \subset \mathbf{F}$，可以參考表 4-4。

從表 4-4 內的結果，可以看出資訊結構隨時間的演進。例如：於 $t = t_0$ 期並沒有任何股價變動的訊息，但是於 $t = t_1$ 期已經有 $\{\omega_1, \omega_2\}$ 或 $\{\omega_3, \omega_4\}$ 的資訊，最後於 $t = t_2$ 期才有 $\{\omega_i\}(i = 1, 2, 3, 4)$ 的資訊被揭露；換言之，資訊從原先的混沌未明，然後才逐漸豁然開朗。

表 4-4　簡單的二項式樹狀圖

$S(t_0)$	$S(t_1)$	$S(t_2)$
		$S_0 u^2, \{\omega_1\}$
	$S_0 u, \{\omega_1, \omega_2\}$	
		$S_0 ud, \{\omega_2\}$
S_0		
		$S_0 du, \{\omega_3\}$
	$S_0 d, \{\omega_3, \omega_4\}$	
		$S_0 d^2, \{\omega_4\}$

X 的自然濾化

若 $\mathbf{F}_t = \sigma(X_s, 0 \le s \le t)(t \ge 0)$，則 $\{\mathbf{F}_t \subseteq \mathbf{F} : t \ge 0\}$ 可稱爲 X 的「自然濾化（natural filtration）」，其中 $\sigma(X_s, 0 \le s \le t)$ 可稱爲隨機變數 X_s 所產生的 σ- 代數。

換句話說，$\mathbf{F}_t = \sigma(X_s, 0 \le s \le t)$ 是由 $\{X_t : t \ge 0\}$ 所產生的，隱含著：

$$\mathbf{F}_s = \sigma(X_u, 0 \le u \le s) \subseteq \mathbf{F}_t = \sigma(X_u, 0 \le u \le t), \, 0 \le s \le t \tag{4-27}$$

例 1 **再談** $\sigma(A)$

A 事件所產生的一個 σ- 代數，寫成 $\mathbf{F}(A)$ 或 $\sigma(A)$，其中 $\mathbf{F}(A) = \{\Omega, \varnothing, A, \overline{A}\}$。$\mathbf{F}(A)$ 是一個 σ- 代數，是因：

$$\Omega \in \mathbf{F}(A) \qquad \Omega \cup \varnothing = \Omega \in \mathbf{F}(A) \qquad A \cup \Omega = \Omega \in \mathbf{F}(A) \qquad \overline{A} \cap \Omega = \overline{A} \in \mathbf{F}(A)$$
$$A, \overline{A} \in \mathbf{F}(A) \quad \Omega \cap \varnothing = \varnothing \in \mathbf{F}(A) \quad A \cup \overline{A} = \Omega \in \mathbf{F}(A) \quad A \cap \overline{A} = \varnothing \in \mathbf{F}(A)$$
$$\varnothing \in \mathbf{F}(A) \qquad \Omega - \varnothing = \Omega \in \mathbf{F}(A) \qquad A \cap \Omega = A \in \mathbf{F}(A) \qquad \overline{A} \cup \Omega = \Omega \in \mathbf{F}(A)$$

σ- 代數的定義，可以參考 4.1.1 節的例 2。上述 $\sigma(A)$ 已經讓我們看到一個機率模型架構的雛形了。於一個機率模型內，$\mathbf{F}_0$ 是基本的結果，因爲其內有含「完全有可能」與「完全不可能」的二種結果；其次，若所關心的事件爲 A，則除了 A 事件出現的機率外，我們也應該包含任何與 A 事件有關的機率，與 A 事件有關的事件，當然是以集合的操作表示。

例 2 **條件機率**

有些時候，我們可能事先能取得有關於隨機實驗的額外資訊，此時計算的機率，就稱爲條件機率（conditional probability）。就擲一個公正的銅板 2 次的例子而言，若已經知道至少會出現 1 次反面的資訊，則其餘結果出現的機率各爲何？

若已經知道至少會出現 1 次反面的資訊，而令 $B = \{(HT), (TH), (TT)\}$，則樣本空間僅剩下：

$$\Omega_B = \{(HT), (TH), (TT)\}$$

故每種實驗結果出現的機率不再是 1/4 而是 1/3，可寫成：

$$P_B(HT) = P((HT) \mid B) = \frac{1}{3}$$

表示於 B 事件出現的條件下，出現 $A = \{(HT)\}$ 的機率爲 1/3。通常，我們亦以下列方式表示條件機率：

$$P(A \mid B) = \frac{P(A \cap B)}{P(B)}$$

其中 $P(B) > 0$。因此，就上述例子而言，因 $A \cap B = \{(HT)\}$，故

$$P(A \mid B) = \frac{P(A \cap B)}{P(B)} = \frac{\dfrac{1}{4}}{\dfrac{3}{4}} = \frac{1}{3}$$

有關於聯合機率分配（joint probability distribution）、邊際機率分配（marginal probability distribution）、條件機率分配（conditional probability distribution）或獨立事件（independent event）的觀念，可參考《財數》。

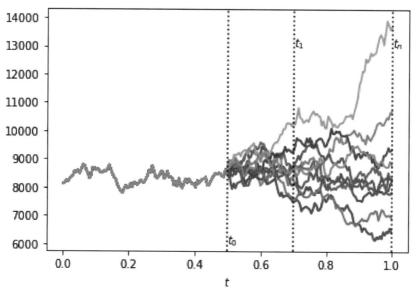

圖 4-11　濾化過程如 $\mathbf{F}(t_0) \subseteq \mathbf{F}(t_1) \subseteq \cdots \subseteq \mathbf{F}(t_n)$

例 3　現在與未來股價

　　參考圖 4-11，假定目前處於 $t = t_0$ 期。我們已經知道 $\mathbf{F}(t_i) = \sigma(X_i : j \leq i)$ 是一種有次序的 σ- 代數，如 (4-27) 式所示。我們稱 $\mathbf{F}(t_n)$ 是一種可測性是指於時間 $t_i \leq t_n$ 內，股價的實現值為已知，例如：至 $t = t_0$ 期的股價是已知，而 $t > t_0$ 期的未來股價為未知；換言之，就圖 4-11 的結果而言，$S(t \leq t_0)$（股價）是屬於 $\mathbf{F}(t_0)$ 之可測性，隱含著於 $t = t_0$ 期，$S(t \leq t_0)$ 是已知。$S(t = t_1)$ 亦屬於 $\mathbf{F}(t_1)$ 之可測性，不過就 $t = t_0$ 期而言，$S(t = t_1)$ 屬於「未來的實現值」，於 $t = t_0$ 期下仍未知，故 $S(t = t_1)$ 並不屬於 $\mathbf{F}(t_0)$ 之可測性。

例4 $\sigma(X_1, X_2)$

$\sigma(X_1, X_2)$ 是表示由二個隨機變數 X_1 與 X_2 所產生的最小 σ- 代數。$\sigma(X_1, X_2)$ 隱含著具有 X_1 與 X_2 的足夠資訊。直覺而言，$\sigma(X_1) \subset \sigma(X_1, X_2)$；因此，可以推廣至 $\sigma(X_1) \subseteq \sigma(X_1, X_2) \subseteq \sigma(X_1, X_2, X_3) \subseteq \cdots$。

例5 **可測性**

從例 3 內可知，若 X 具有 $\mathbf{F}$ 之可測性（measurability），則

$$E(X \mid \mathbf{F}_1) \overset{a.s.}{\to} X \tag{4-28}$$

我們已經知道於 $\mathbf{F}_1 \subseteq \mathbf{F}$ 之下，$\mathbf{F}_1$ 是一個 σ- 代數，亦是屬於一種資訊結構，因此 $E(X \mid \mathbf{F}_1)$ 是描述 X 於 $(\Omega, \mathbf{F}, \mathbf{P})$ 下的條件期望值。值得注意的是，$E(X \mid \mathbf{F}_1)$ 亦是一種隨機變數。因 X 屬於 $\mathbf{F}_1$ 之可測性，隱含著 $\mathbf{F}_1$ 內有充分 X 的資訊，故於 $\mathbf{F}_1$ 之下，X 為已知。另一方面，由於 X 為已知，故最佳的預期為 X。通常，我們用 $E(X)$ 表示最佳預期。

例6 **F 與 Z**

$\mathbf{F}$ 與 $\mathbf{Z}$ 屬於二種 σ- 代數，若 $\mathbf{F} \subseteq \mathbf{Z}$，則 X 具有 $\mathbf{F}$ 之可測性，可寫成 $E(X \mid \mathbf{Z})$。上述結果頗符合直覺，即 $\mathbf{F}$ 內具有 X 的充分資訊，$\mathbf{Z}$ 亦然，因 $\mathbf{F} \subseteq \mathbf{Z}$；同理，若不知 $\mathbf{F}$ 與 $\mathbf{Z}$ 的關係，自然不知 $E(X \mid \mathbf{Z})$ 為何？

例7 $\sigma(X)$

因 $\sigma(X)$ 內有 X 的充分資訊，故根據 (4-28) 式可知 $E\left(X \mid \sigma(X)\right) \overset{a.s.}{\to} X$。根據例 4，可得：

$$E\left(X_1 \mid \sigma(X_1, X_2)\right) \overset{a.s.}{\to} X_1 \text{ 與 } E\left(X_2 \mid \sigma(X_1, X_2)\right) \overset{a.s.}{\to} X_2$$

另一方面，令 $X = \{X_t : t \geq 0\}$ 是一種隨機過程而 $\mathbf{F}_t = \sigma(X_s, 0 \leq s \leq t)$ 為對應的 X 之自然濾化，故於 $s \in [0, t]$ 之下，可知：

$$E(X_s \mid \mathbf{F}_t) \overset{a.s.}{=} X_s \tag{4-29}$$

不過就任意 $u > t$ 之下，$E(X_u \mid \mathbf{F}_t)$ 卻是未知的。

例 8 **拿走已知的部分**

若 X 與 Y 皆為隨機變數，其中 X 屬於 $\mathbf{F}$ 之可測性，則

$$E(XY \mid \mathbf{F}) \overset{a.s.}{=} XE(Y \mid \mathbf{F}) \tag{4-30}$$

(4-30) 式的結果是頗直接的，因 X 屬於 $\mathbf{F}$ 之可測性，故於 $\mathbf{F}$ 之下，X 為已知，故可視為常數。

例 9 **重複期望值定理**

若 X 是一個隨機變數而 $\mathbf{F}$ 是一個 σ- 代數，

$$E\big(E(X \mid \mathbf{F})\big) = E(X) \tag{4-31}$$

(4-31) 式可稱為重複期望值定理（iterated expectation theorem）。有關於重複期望值定理的應用，可參考《財時》。

例 10 **「塔（tower）」性質**

若 $\mathbf{F}$ 是 $\mathbf{Z}$ 的子 σ- 代數，即 $\mathbf{F} \subset \mathbf{Z}$，則

$$E\big(E(X \mid \mathbf{Z}) \mid \mathbf{F}\big) \overset{a.s.}{=} E(X \mid \mathbf{F}) \tag{4-32}$$

就 (4-32) 式而言，用「較大」的資訊結構如 $\mathbf{Z}$ 與用「較小」的資訊結構如 $\mathbf{F}$，只要 X 屬於 $\mathbf{F}$ 之可測性，則上述二種期望值當然以後者為主。

瞭解上述例子後，我們進一步介紹適應過程（adapted process）。

適應過程或無法預期過程[21]

定義於一種過濾的機率空間 $(\Omega, \mathbf{F}, \{\mathbf{F}_t\}, \mathbf{P})$ 的隨機過程如 $\{X_t\}$。就任意 t 而言，若 X_t 具有可測性，則稱 X_t 為一種適應於 $\mathbf{F}_t$ 的過程。

---

[21] 適應過程亦稱為「無法預期過程（non-anticipating process）」，即前者的意義用後者的名稱可能較為恰當。

上述定義的特色為：

(1) 根據 (4-28) 式可知：就任意 $t \geq s$ 而言，除了可得 $X_s \overset{a.s.}{=} E(X_s \mid \mathbf{F}_t)$ 之外，亦可得：

$$X_s \overset{a.s.}{=} E(X_s \mid \mathbf{F}_s) \tag{4-33}$$

隱含著任意 $t \geq s$ 之下，除了 X_s 為已知之外，我們亦可以進一步發現：若 X_t 為一種適應於 $\mathbf{F}_t$ 的過程，則 X_s 值幾乎必然可由 (4-33) 式決定。

(2) 相對上，就任意 $t > s$ 而言，因 X_t 並不是屬於 $\mathbf{F}_s$ 之可測性，即於 s 期之下，X_t 值並無法利用 t 期之前的資訊得知。因此，此處所謂的適應性（adaptedness）是指無法預測未來的事件，故適應過程隱含著（未來事件）的無法預期（non-anticipating）。

(3) 根據上述定義，一種隨機過程 X_t 必然適應於對應的自然過濾。

4.2.2 平賭

平賭意味著「公平的遊戲（fair game）」，故第 3 章內的風險中立測度是一種「等值平賭測度（equivalent martingale measure, EMM）」。於衍生性商品的定價內，EMM 扮演著非常重要的角色。

平賭

平賭的定義可以分成三個部分，即：

(1) 隨機過程 $\{X_t : t \geq 0\}$ 屬於一種濾化的機率空間 $(\Omega, \mathbf{F}, \{\mathbf{F}_t\}, \mathbf{P})$。
(2) X_t 適應於 $\{\mathbf{F}_t\}$。
(3) 就任意 t 而言，$E(X_t) < \infty$。

因此，若符合 (1)～(3)，則稱 X_t 屬於 $\{\mathbf{F}_t\}$ 之平賭過程，其具有下列特色：

$$E(X_t \mid \mathbf{F}_s) = X_s \tag{4-34}$$

其中 $s < t$。(4-34) 式亦可用條件預期 $E_t(\cdot)$ 表示（即利用 t 期所得到的資訊而擁有的條件預期），故 (4-34) 式可改成：

$$E_s(X_t) = X_s \tag{4-35}$$

換句話說，(4-34) 式隱含著「未來（股價）實現值之最佳預期值為目前過程的價值」，即若對 (4-34) 式取期望值，可得：

$$E(X_t) = E(X_s)$$

隱含著 $E(X_t - X_s) = 0$；是故，因未來預期收益等於 0，故平賭模型對應至一個公平的遊戲，亦也隱含著平賭模型內的資產定價可決定出一個公平的價格。

其實，若根據上述平賭的定義，應有下列啟示：

(1) 於目前的資訊下，平賭模型內的隨機變數的未來值是不可測的。

(2) 假定 X_t 屬於一種平賭過程。考慮 X_{t+u} 之預期，其中 $u > 0$，可得：

$$E_t(X_{t+u} - X_t) = E_t(X_{t+u}) - E_t(X_t) = 0 \tag{4-36}$$

因 X_t 適應於 $\{\mathbf{F}_t\}$，故可得 $E_t(X_t) = X_t$（即於 t 期 X_t 為已知），而又因根據 (4-35) 式可知 $E_t(X_{t+u}) = X_t$，故 (4-36) 式隱含著 $E_t(X_{t+u} - X_t) = 0$，即於平賭過程之下，即使未來的一個小區間如 $t + u$ 期仍是無法預期到。

(3) 若一個隨機過程的軌跡（或是實現值走勢）存在明顯的長期、短期趨勢或者有脈絡可循，則該隨機過程並不是一種平賭過程。

(4) 根據上述平賭的定義，應可看出一種平賭過程可對應至某訊息結構或機率測度，若更改後者的內容，則上述過程未必仍屬於平賭過程；相反地，若一種隨機過程看起來不像平賭過程，則我們可以更改對應的機率測度，使得上述過程轉換成屬於平賭過程，我們於第 3 章內有看到上述的轉換。

瞭解平賭過程的意義後，我們當然有興趣想要知道隨機過程屬於平賭過程的實現值軌跡為何？圖 4-10 曾檢視不同型態的布朗運動，我們選擇其中之一的簡單隨機漫步模型並利用該模型模擬出布朗運動的實現值時間走勢，圖 4-12 進一步繪製上述走勢。從圖 4-12 內可看出布朗運動應該屬於平賭過程（4.3 節會說明），因其實現值時間走勢展現出「未來值」的不可測。

透過圖 4-12 的結果，其實可以讓我們檢視平賭過程實現值軌跡的特徵；換言之，假定 $\{X_t\}$ 屬於一種連續平方可積分平賭過程（continuous square integrable martingales），而我們計算上述過程實現值軌跡的變分（variation）為：

$$V^j = \sum_{i=1}^{n} \left| X_{t_i} - X_{t_{i-1}} \right|^j \tag{4-37}$$

其中 $t_0 = 0 < t_1 < \cdots < t_{n-1} < t_n = T$ 而 $t_i - t_{i-1} = h$。根據圖 4-12 的模擬方式、取不同的 h 值以及令 $j = 1\sim4$，我們計算對應軌跡之 V^j 值，可有下列結果：

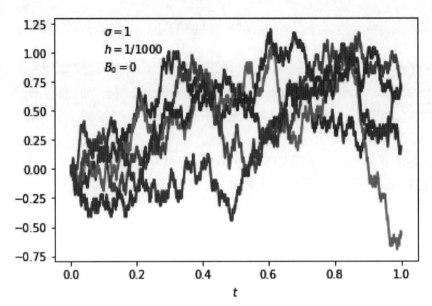

圖 4-12　布朗運動 B_t 的實現值時間走勢，其中 B_0 表示期初值

(1) $h \to 0 \Rightarrow V^1 \to \infty$，隱含著平賭過程之實現值軌跡充滿著崎嶇不平。

(2) V^2 會收斂至某個特定的隨機變數（即 V^2 會收斂），隱含著儘管平賭過程之實現值爲崎嶇不平的走勢，但是 V^2 卻是一個固定的數值，隱含著平賭過程仍屬於一種平方可積分函數（square integrable function）。

(3) 於 $j > 2$ 之下，V^j 值會接近於 0。

(4) 如此，可看出於平賭過程下 V^1 值並不是一個有用的數值，但是 V^2 值卻是；另一方面，於 $j > 2$ 之下，V^j 值並不扮演重要的角色。

例 1　卜瓦松隨機變數與卜瓦松過程

一種卜瓦松隨機變數 N 可以表示一段時間實際出現的次數；換言之，一段時間實際出現的次數爲 k 的機率可寫成：

$$P(N = k) = \frac{\lambda^k e^{-\lambda}}{k!}, k = 0, 1, 2, \cdots$$

其中 N 的平均數爲 λ，即 $E(N) = \lambda$。λ 表示一段時間平均出現的次數。

一種參數爲 λ 之卜瓦松（隨機）過程 $\{N(t), t > t_0 = 0\}$ 是一種整數型（即間斷型）的隨機過程，其具有下列特色：

(1) $N(0) = 0$。

(2) 任意 $0 = t_0 < t_1 < \cdots < t_n$ 之下，對應的隨機變數增量如：

$$N(t_1) - N(t_0), N(t_2) - N(t_1), \cdots, N(t_n) - N(t_{n-1})$$

皆相互獨立。

(3) 就 $s \geq 0$、$t > 0$ 與整數 $k \geq 0$ 而言，前述之隨機變數增量屬於卜瓦松機率分配，可寫成：

$$P\left[N(s+t) - N(s) = k\right] = \frac{(\lambda t)^k e^{-\lambda t}}{k!} \tag{4-38}$$

(4-38) 式說明了卜瓦松過程是一種計數過程（《歐選》），隱含著於時間長度爲 t 之下，可以計算跳動（jumps）次數的機率；或者說，(4-38) 式隱含著卜瓦松過程具有恆定增量（stationary increments）的特色（即上述增量與時間無關）。參數 $\lambda > 0$ 稱爲單位時間的強度（intensity）（即單位時間平均跳動的次數）；換言之，於極小時間區間 dt 之下，根據 (4-38) 式分別可得跳動 1 次與 0 次的機率分別爲[2]：

$$P\left[N(s+t) - N(s) = 1\right] = \frac{(\lambda dt) e^{-\lambda dt}}{1!} = \lambda dt + o(dt) \tag{4-39}$$

與

$$P\left[N(s+t) - N(s) = 0\right] = \frac{(\lambda dt)^0 e^{-\lambda dt}}{0!} = e^{-\lambda dt} = 1 - \lambda dt + o(dt) \tag{4-40}$$

因此，於 dt 之下，跳動 1 次的機率爲 λdt，隱含著

$$E\left[dN(t)\right] = 1 \cdot \lambda dt + 0 \cdot \left(1 - \lambda dt\right) = \lambda dt \tag{4-40a}$$

---

[2] 可回想 $g(x) = o(h(x)) \Rightarrow \lim\limits_{x \to \infty} \dfrac{g(x)}{h(x)} = 0$

其中 $dN(t) = N(s+dt) - N(s)$。

利用 Python，我們不難模擬出卜瓦松過程的實現值時間走勢。例如：令 λ = 10，圖 4-13 分別繪製出於 dt = 0.002 與 dt = 0.001 下之卜瓦松過程的模擬軌跡，讀者可以檢視上述軌跡的增量不是 1 就是 0 [23]。根據圖 4-13 的結果，因卜瓦松過程的實現值時間走勢具有明顯的向上趨勢，故卜瓦松過程並非屬於平賭過程。

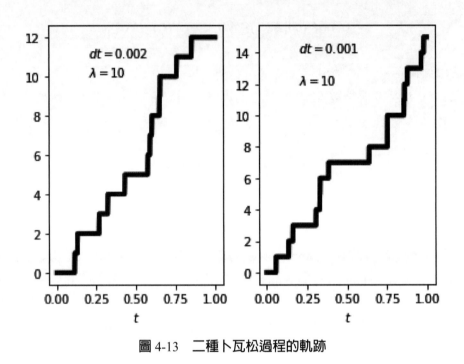

圖 4-13　二種卜瓦松過程的軌跡

例 2　**受補償卜瓦松過程**

續例 1，根據 (4-40a) 式，時間長度為 t 的期望值可為：

$$E\left[N(s+t) - N(s)\right] = \mu t \tag{4-41}$$

根據 (4-38) 式以及 $N(0) = 0$，於時間長度為 t 之下（令 $s = 0$），預期出現跳動的次數為：

$$E\left[N(t)\right] = \mu t \tag{4-42}$$

---

[23] 圖 4-12 內的結果可解釋成於時間期間為 [0, 1] 內，平均出現 10 次跳動的情況。

我們考慮另外一種定義：$\tilde{N}(t) = N(t) - \lambda t$，可知 $E[\tilde{N}(t)] = E[N(t)] - \lambda t = 0$，故隨機過程 $\tilde{N}(t)$ 可稱爲受補償卜瓦松過程（compensated Poisson process）。圖 4-14 分別繪製出二種受補償卜瓦松過程的實現值時間走勢，我們可以看出上述實現值時間走勢屬於一種右連續平賭過程（right-continuous martingale），即圖內隱含著 $\tilde{N}(t)$ 是不可測的。

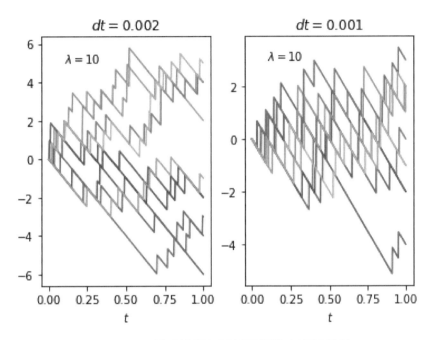

圖 4-14　二種受補償卜瓦松過程的實現值軌跡

例 3 Doob-Meyer 分解

　　前述卜瓦松過程與受補償卜瓦松過程（圖 4-13～4-14）的例子說明了如何將一個「上－平賭過程（super-martingale）」（即該過程有明顯的向上趨勢實現值）轉換成一個平賭過程。上述轉換可用「Doob-Meyer 分解（Doob-Meyer decomposition）」解釋，即：

Doob-Meyer 分解

　　一種上－平賭過程 X_t 存在唯一的一種拆解：$X_t = Y_t - A_t$，其中 Y_t 是一種平賭過程而 Y_t 則是一種遞增的可預期過程（即適應於 $\mathbf{F}_t$）。

　　同理，一種下－平賭過程（sub-martingale），亦可利用 Doob-Meyer 分解。有關於 Doob-Meyer 分解的證明或進一步說明，可參考例如：Protter（2005）。

例 4 **再談 EMM**

通常資產價格呈現出類似於上－平賭過程或下－平賭過程的實現值走勢，除了利用例 3 內的 Doob-Meyer 分解之外，其實第 3 章已提醒我們尚存在另外一種轉換。例如：

$$E_t^{\mathbf{P}}\left(e^{-ru}S_{t+u}\right) > S_t, u > 0 \tag{4-43}$$

其中 $E_t^{\mathbf{P}}(\cdot)$、r 與 S_t 分別表示於真實機率 **P** 下的條件預期、無風險利率與（風險）資產價格。EMM 已經提醒我們存在一種等值的機率 **Q**，使得

$$E_t^{\mathbf{Q}}\left(e^{-ru}S_{t+u}\right) = S_t, u > 0 \tag{4-44}$$

即 EMM 相當於將 (4-43) 式轉換為 (4-44) 式。

習題

(1) 若 $M_t = E(Y | \mathbf{F}_t)$，則利用 (4-32) 式說明 M_t 是一個平賭過程。

(2) 試說明簡單隨機漫步模型如 $x_t = x_{t-1} + \varepsilon_t$ 與 $y_t = \delta + y_{t-1} + \varepsilon_t$ 是否屬於平賭過程，其中 ε_t 屬於白噪音過程。若 y_t 不屬於平賭過程，應如何轉換使其屬於平賭過程。

(3) 試舉一例說明受補償卜瓦松過程之實現值的 V^j ($j = 1, 2, 3, 4$)。

(4) 若股價的變動 1 就是 –1（上升與下降的機率分別為 1/2），則股價的走勢是否屬於平賭過程？若下降的機率是 2/3，則股價的走勢是否仍屬於平賭過程？若不是，則應如何轉換使其屬於平賭過程？

4.3 維納過程

前面章節大多使用直覺或以「抽出放回」的方式介紹布朗運動，本節將用一種較正式的方式介紹布朗運動。其實布朗運動亦可稱為維納過程，有些時候似乎後者的使用較為普遍，故本書底下皆以維納過程取代布朗運動[24]。於尚未介紹之前，我們先檢視（複習）常態分配的特徵：

---

[24] 例如：著名的衍生性商品書籍如 Hull（2015）等使用維納過程，而 Jarrow 與 Turnbull（1996）或 McDonald（2013）等書則使用布朗運動，隱含著二者的一致。

(1) X 為平均數與變異數分別為 μ 與 σ^2 的常態分配隨機變數，我們可以簡寫成 $X \sim N(\mu, \sigma^2)$。

(2) $X \sim N(0,1) \Rightarrow a + bX \sim N(a, b^2)$。

(3) $X \sim N(\mu, \sigma^2) \Rightarrow a + bX \sim N(a + b\mu, b^2\sigma^2)$。

(4) $X \sim N(\mu, \sigma^2) \Rightarrow M_X(t) = e^{\mu t + \frac{1}{2}\sigma^2 t^2}$。

其中 a 與 b 皆為常數，而 $M_X(t)$ 則為 X 之動差母函數（moment generating function, MGF）。

有關於維納過程的意義可為：

維納過程

一種標準的布朗運動或維納過程 $W = \{W(t) : t \geq 0\}$ 是一種於 $(\Omega, \mathbf{F}, \mathbf{P})$ 之下的隨機過程[5]。$W = \{W(t) : t \geq 0\}$ 具有下列的性質：

(1) $W(0) \overset{a.s.}{=} 0$。例如：$P(\omega \in \Omega \mid W(0) \neq 0) = 0$。

(2) 於機率值為 1 之下，W 的實現值走勢是連續的。

(3) 於 $0 \leq t_1 < t_2 < \cdots < t_{n-1} < t_n < \infty$ 之下，W 的增量如：

$$W(t_2) - W(t_1), W(t_3) - W(t_2), \cdots, W(t_n) - W(t_{n-1})$$

皆是屬於相互獨立的隨機變數。

(4) 就任意 $0 \leq s < t < \infty$ 而言，$W(t) - W(s)$ 屬於平均數與變異數分別為 0 與 $t - s$ 的常態隨機變數，即 $W(t) - W(s) \sim N(0, t - s)$。

上述性質亦可說明如下：

(1) W 幾乎必然從 0 開始。

(2) W 的實現值走勢幾乎必然是連續的。

(3) W 具有獨立增量的特性。

(4) W 具有與時間無關的恆定增量，而該增量就是相同的常態分配；換言之，其具有下列性質：

$$W(t) - W(s) \overset{d}{=} W(t + h) - W(s + h)$$

---

[5] 同理，風險中立環境下的布朗運動可寫成 $W = \{W(t) : t \geq 0\}$ 是一種於 $(\Omega, \mathbf{F}, \mathbf{Q})$ 之下的隨機過程，其中 $\mathbf{Q}$ 為風險中立環境下的機率測度。

其中 $h \geq 0$。

透過上述性質，其實我們可以下列簡單隨機漫步過程表示維納過程 W_t，即：

$$W_t = b + W_{t-1} + u_t \tag{4-45}$$

其中 b 是一個常數、$W_0 = 0$ 與 $dW_t = \lim_{\Delta \to 0} \Delta W_t = W(t) - W(t-1)$ 表示 W_t 的增量，而 u_t 為平均數與標準差分別為 0 與 $\sigma > 0$ 的常態分配（即 $u_t = \sigma z_t$，$z_t \sim N(0, dt)$）；因此，從 (4-45) 式內可看出 W_t 的增量為相同的常態分配。若 $b = 0$，則 (4-45) 式為標準維納過程。通常，我們可將時間 $[0, T]$ 拆成 $n \cdot dt$ 而令 $T = 1$。有意思的是，根據 (4-45) 式可得：

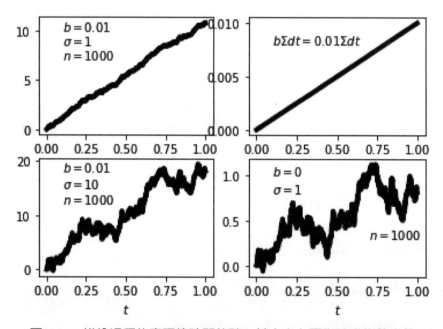

圖 4-15　維納過程的實現值時間軌跡，其中右上圖為確定趨勢走勢

$$W_t = b \sum dt + \sum u_t \tag{4-46}$$

即若 $b \neq 0$，則 W_t 可由二種趨勢所構成，其中 $b\Sigma dt$ 為確定趨勢（deterministic trend）而稱 Σu_t 為隨機趨勢（stochastic trend）；當然，若 $b = 0$，則 W_t 只有隨機趨勢。換句話說，標準維納過程只存在隨機趨勢，我們從圖 4-15 內可以看出端倪，可以分述如下：

(1) 圖 4-15 繪製出根據 (4-45) 式的模擬結果，其中右上圖繪製出確定趨勢的走勢，而其餘各小圖係繪製出維納過程的模擬結果。

(2) 比較圖 4-15 內的上圖結果，可以看出若 b 值不大，確定趨勢其實是微不足道的。顧名思義，隨機趨勢仍具有趨勢，只是該趨勢是不可測的[⑥]，我們可以檢視圖 4-15 內的右下圖結果（該圖是標準維納過程的模擬結果）。

(3) 若 $b \neq 0$ 且固定不變，我們可以看出（如圖 4-15 內的左下圖）σ 參數扮演著擴散（diffusion）的角色，即 σ 愈大，隨機趨勢的波動愈大。因此，維納過程通常被稱為一種擴散過程。

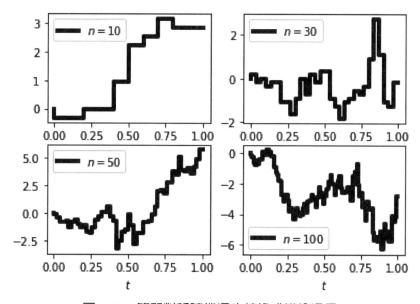

圖 4-16　簡單對稱隨機漫步轉換成維納過程

例 1 簡單對稱隨機漫步轉換成維納過程

其實，(4-45) 式係根源於：

$$X_t = X_{t-1} + \varepsilon_t \tag{4-47}$$

其中 $X_0 = 0$ 與 $\varepsilon_t \sim (0, \sigma^2)$ 是一種平均數與變異數分別為 0 與 $\sigma^2 > 0$ 的白噪音過程

[⑥] 即我們無法預測 u_t 的結果，更不用說欲預測 Σu_t 的結果；如此來看，標準維納過程接近於屬於平賭過程。本書底下皆以維納過程表示標準維納過程。

（white noise process）[⑳]。我們可以用一個簡單的例子說明。若 ε_t 只有二種結果分別為 1 與 -1（如擲一個公平的銅板），可知 $E(\varepsilon_t) = 0$ 與 $Var(\varepsilon_t) = 1$。因 $X_t = \sum_{j=1}^{n} \varepsilon_j$，故 X_t 的結果為 $\{-n, -n+1, \cdots, n-1, n\}$。上述簡單例子可稱為簡單對稱的隨機漫步過程且 $\sigma = 1$。

我們繼續將時間期間轉換成用 [0,1] 表示，並且利用下列的方式分割，即：

$$[0,1) = \bigcup_{i=1}^{n} \left[\frac{i-1}{n}, \frac{i}{n} \right)$$

接著再定義：

$$X_n(t) = \frac{1}{\sqrt{n}} \sum_{j=1}^{n} \varepsilon_j \tag{4-48}$$

其中 $t \in \left[\frac{i-1}{n}, \frac{i}{n} \right), i = 1, 2, \cdots, n$。換言之，簡單隨機漫步過程如 (4-48) 式乘以 $1/\sqrt{n}$ 後改以 $X_n(t)$ 表示，已逐漸將間斷的過程改用連續的過程表示，尤其是當 $n \to \infty$，則：

$$X_n(t) \overset{d}{\to} W(t) \tag{4-49}$$

即 $X_n(t)$ 的極限就是 $W(t)$，其中 $t \in [0,1]$ 而 $W(t)$ 的值域為 $\mathbf{R} = (-\infty, \infty)$。根據 CLT，我們不意外 $W(t)$ 屬於常態分配，即：

$$X_n(1) = \frac{1}{\sqrt{n}} \sum_{j=1}^{n} \varepsilon_j = \frac{\sum_{j=1}^{n} \varepsilon_j - E\left(\sum_{j=1}^{n} \varepsilon_j \right)}{\sqrt{Var\left(\sum_{j=1}^{n} \varepsilon_j \right)}} \overset{d}{\to} N(0,1) = W(1) \tag{4-50}$$

也就是說，維納過程其實就是標準常態分配；是故，(4-50) 式可視為維納過程的導出過程。根據 (4-48) 式，圖 4-16 分別繪製不同 n 之下的結果。我們可以看出

[⑳] 白噪音過程的意義可參考《財統》或《財時》。

$X_n(t)$ 其實是一種階梯式函數[28]，不過當 n 變大，上述階梯式形狀愈不明顯；也就是說，當 $n \to \infty$，$X_n(t)$ 的實現值走勢接近於連續函數。

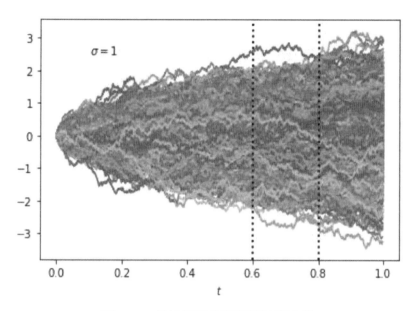

圖 4-17　維納過程的實現值時間走勢

例 2 **尺度不變性**

　　隨機過程 $\{W(t) : t > 0\}$ 是一個維納過程，其屬於平均數與變異數分別為 0 與 t 的常態分配。例如：根據前述之 $W(t)$ 的性質 (4)，即 $W(t) - W(s) \sim N(0, t - s)$，於 $s = 0$ 之下，可有上述結果。上述結果其實可用模擬的方式說明。例如：圖 4-17 分別繪製出 n 條 $W(t)$ 的實現值時間走勢，假定欲找出 $W(0.6)$ 或 $W(0.8)$ 的分配，不就是找出圖內垂直虛線所對應的 $W(t)$ 實現值嗎？其結果則繪製如圖 4-18 所示，我們發現 $W(0.6)$ 與 $W(0.8)$ 的實證機率分配的確接近於對應的常態分配。

　　圖 4-17～4-18 係假定 $\sigma = 1$，就任意 $\sigma > 0$ 而言，平均數與變異數分別為 0 與 $\sigma^2 t$ 的常態分配可寫成 $W(\sigma^2 t)$，而 $X(t) = (1/\sigma)W(\sigma^2 t)$ 則為維納過程，上述轉換可稱為維納過程的尺度不變性（scale invariance）。維納過程的尺度不變性特徵隱含著維納過程路徑具有分形（fractal）或自相似（self-similarity）的本質[29]。

---

[28] 畢竟 $X_n(t) = \dfrac{1}{\sqrt{n}} \displaystyle\sum_{j=1}^{n} \varepsilon_j$，其中 $\varepsilon_j = \begin{cases} 1, & p = 1/2 \\ -1, & 1 - p = 1/2 \end{cases}$。

[29] 具有分形或自相似的本質是指如放大或縮小圖 4-20 內維納過程的實現值路徑，應可發現路徑型態其實皆頗類似。

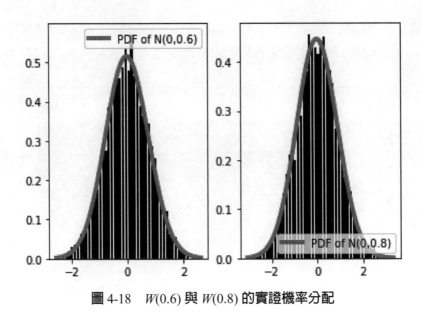

圖 4-18　$W(0.6)$ 與 $W(0.8)$ 的實證機率分配

例 3　就 $0 < s < t$ 而言，找出 $W_s + W_t$ 之分配

$W_s + W_t$ 可寫成 $2W_s + W_t - W_s$，利用增量獨立的條件可知 $2W_s$ 與 $W_t - W_s$ 之間相互獨立。利用相互獨立的常態分配加總仍為常態分配的結果，可知因 $E(2W_s) = 0$ 與 $E(W_t - W_s) = 0$，故 $E(2W_s + W_t - W_s) = 0$；另一方面，因 $Var(2W_s) = 4s$ 與 $Var(W_t - W_s) = t - s$，故可知 $Var(W_s + W_t) = 4s + t - s = t + 3s$，因此 $(W_s + W_t)$ 為平均數與變異數分別為 0 與 $3s + t$ 之常態分配的隨機變數。

例 4　機率的計算

因 $W_0 = 0$ 且 W_2 為平均數與變異數分別為 0 與 2 的常態分配隨機變數，故可知 $P(W_2 \leq 0) = \dfrac{1}{2}$；不過，因 W_1 與 W_2 並不是相互獨立的隨機變數，故無法透過 $P(W_1 \leq 0)P(W_2 \leq 0)$ 取得機率值。因此，可將 W_2 拆解成 $W_1 + Z_1$，其中 $Z_1 = (W_2 - W_1)$ 為標準常態分配的隨機變數，則：

$$P(W_1 \leq 0, W_2 \leq 0) = P(W_1 \leq 0, W_1 + Z_1 \leq 0)$$

$$= P(W_1 \leq 0, Z_1 \leq -W_1)$$

$$= \int_{-\infty}^{0} P(Z_1 \leq -x) f(x) dx$$

$$= \int_{-\infty}^{0} \Phi(-x) d\Phi(x)$$

其中 $f(x)$ 與 $\Phi(x)$ 分別表示標準常態分配的 PDF 與 CDF 且 $d\Phi(x) = f(x)dx$。由於 $\int_{-\infty}^{0} \Phi(-x)d\Phi(x) = \int_{0}^{\infty} \Phi(x)d\Phi(x)$ 且 $0 \le \Phi(x) \le 1$，故可得：

$$\int_{0}^{\infty} \Phi(x)d\Phi(x) = \int_{1/2}^{1} ydy = \frac{3}{8}$$

例 5 馬可夫性質

維納過程符合馬可夫性質（Markov property），即一種連續的隨機過程 $\{X_t\}_{t \ge 0}$ 若屬於馬可夫過程，則：

$$P(X_{t+s} \le c \mid X_u, 0 \le u \le s) = P(X_{t+s} \le c \mid X_s)$$

直覺而言，因 X_u 的資訊已包括於 X_s 內，故馬可夫過程強調目前而非過去的資訊。由於增量獨立的條件，使得維納過程亦符合馬可夫性質。

例 6 $Cov(W_t, W_s)$ 與 $Cor(W_t, W_s)$

W_t 是一種維納過程。因 $Cov(W_s, W_t) = E(W_s W_t) - E(W_s)E(W_t) = E(W_s W_t)$，而就 $s < t$ 而言，又因 $W_t = (W_t - W_s) + W_s$，是故：

$$\begin{aligned}
E(W_s W_t) &= E[W_s(W_t - W_s + W_s)] \\
&= E[W_s(W_t - W_s)] + E[W_s^2] \\
&= Var(W_s) = s
\end{aligned}$$

同理，若 $s > t$，則 $E(W_s W_t) = t$。

類似地，因 $Cor(W_t, W_s) = \dfrac{Cov(W_t, W_s)}{\sqrt{Var(W_t)}\sqrt{Var(s)}} = \dfrac{\min(t, s)}{\sqrt{t}\sqrt{s}}$，故可得：若 $s < t$，則 $Cor(W_s, W_t) = \sqrt{\dfrac{s}{t}}$；同理，若 $s > t$，則 $Cor(W_s, W_t) = \sqrt{\dfrac{t}{s}}$。

例 7 第 1 級變分與第 2 級變分

維納過程的路徑於 $[0, t]$ 內並不存在「有界變分（bounded variation）」，即維納過程的第 1 級變分（the first order variation）為 $\lim_{n \to \infty} \sum_{i=0}^{n-1} \left| W_{t_{i+1}} - W_{t_i} \right| = \infty$ 以及第 2 級變

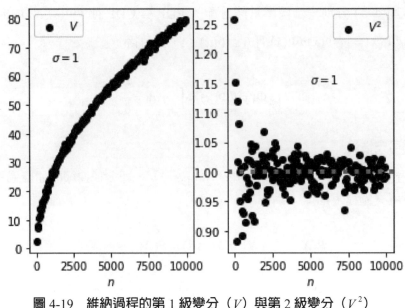

圖 4-19　維納過程的第 1 級變分（V）與第 2 級變分（V^2）

分（quadratic variation）為 $\lim_{n \to \infty} \sum_{i=0}^{n-1} \left| W_{t_{i+1}} - W_{t_i} \right|^2 = t$，其中 [0, t] 可分割成 $t = n\Delta t$，因此 $n \to \infty$ 相當於 $\Delta t \to 0$。圖 4-19 分別繪製出上述結果，可以參考 (4-37) 式的說明。於習題內，我們可以看出確定函數與隨機函數如維納過程之不同，我們發現確定函數屬於有界變分而對應的第 2 級變分等於 0。

例8 **維納過程的實現值為連續但是處處無法微分**

我們補充前述維納過程的性質 2。我們已經知道維納過程具有連續的實現值時間走勢；不過，於習題內我們已經知道每一個時點維納過程實現值所對應的斜率值變化頗大，因此應不易計算對應的微分值。例如：圖 4-20 繪製出維納過程的實現值時間走勢，我們發現上述時間走勢並非屬於圓滑的曲線，反而存在太多的「尖點」，如圖內的黑點所示。例如：考慮 A 點，該點的斜率值可以分別約為 48.86 與 −11.91（可以參考所附檔案），因此微分值（斜率之極限值）可能不存在。

其實，因 $W(t) = W(t) - W(0)$，故維納過程亦可用 $W(t) = z\sqrt{t}$ 表示，其中 $z \sim N(0,1)$；因此，維納過程無法微分，因

$$\lim_{\Delta t \to 0} \frac{W_{t+\Delta t} - W_t}{\Delta t} = \lim_{\Delta t \to 0} \frac{z\sqrt{\Delta t}}{\Delta t} = \lim_{\Delta t \to 0} \frac{z}{\sqrt{\Delta t}} \to \infty$$

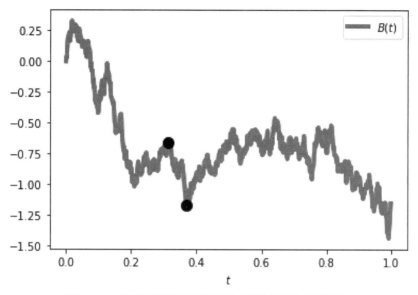

圖 4-20　維納過程的實現值為連續但是無法微分

換句話說，於機率值爲 1 之下，維納過程是一種處處無法微分函數（nowhere differentiable function with probability 1）。

例 9 **維納過程是一種平賭過程**

維納過程具有獨立增量的性質隱含著 $W_t - W_s$ $(s < t)$ 與 $\mathbf{F}_s = \sigma(W_u, u \le s)$ 之間相互獨立，故可得：

$$E\left(W_t - W_s \mid \mathbf{F}_s\right) = E\left(W_t - W_s\right) = 0 \tag{4-51}$$

(4-51) 式隱含著 $\mathbf{F}_t -$ 適應的維納過程（即維納過程爲 $\mathbf{F}_t$ 之可測度）亦可稱爲 $\mathbf{F}_t -$ 維納過程。我們嘗試說明下列三個性質：W_t、$W_t^2 - t$ 與 $e^{-\frac{1}{2}\sigma^2 t + \sigma W_t}$ 皆是一種 $\mathbf{F}_t -$ 平賭過程。

假定 $u \ge t$。首先檢視 W_t，因 $E\left(W_u - W_t \mid \mathbf{F}_t\right) = E\left(W_u - W_t\right) = 0$（可記得 $W_u - W_t$ 是一種平均數與變異數分別爲 0 與 $u - t$ 的常態分配隨機變數），故：

$$E\left(W_u \mid \mathbf{F}_t\right) = E\left(W_t \mid \mathbf{F}_t\right) = W_t$$

隱含著 W_t 是一種 $\mathbf{F}_t$ 之可測度或一種 $\mathbf{F}_t -$ 平賭過程。因 W_t 是一種 $\mathbf{F}_t -$ 平賭過程，

隱含著 W_t 具有 (4-51) 式的性質。

接下來檢視 $W_t - t$。因

$$(W_u - W_t)^2 = W_u^2 - W_t^2 - 2W_t(W_u - W_t)$$
$$\Rightarrow W_u^2 - W_t^2 = (W_u - W_t)^2 + 2W_t(W_u - W_t)$$
$$\Rightarrow E\left[W_u^2 - W_t^2 \mid \mathbf{F}_t\right] = E\left[(W_u - W_t)^2 + 2W_t(W_u - W_t) \mid \mathbf{F}_t\right] = u - t$$
（W_t 與 $(W_u - W_t)$ 相互獨立）

故可得 $E\left[W_u^2 - u \mid \mathbf{F}_t\right] = E\left[W_t^2 - t \mid \mathbf{F}_t\right] = E\left[W_t^2 \mid \mathbf{F}_t\right] - t$，即 $W_t^2 - t$ 爲一種 $\mathbf{F}_t$—平賭過程。

最後，檢視 $e^{-\frac{1}{2}\sigma^2 t + \sigma W_t}$。因 $e^{-\frac{1}{2}\sigma^2 u + \sigma W_u} = e^{-\frac{1}{2}\sigma^2 u + \sigma W_t + \sigma(W_u - W_t)}$，可得：

$$E\left[e^{-\frac{1}{2}\sigma^2 u + \sigma W_u} \mid \mathbf{F}_t\right] = e^{-\frac{1}{2}\sigma^2 u + \sigma W_t} E\left[e^{\sigma(W_u - W_t)} \mid \mathbf{F}_t\right] = e^{-\frac{1}{2}\sigma^2 u + \sigma W_t} E\left[e^{\sigma(W_u - W_t)}\right]$$

透過常態分配的 MGF，可知 $E\left[e^{\sigma(W_u - W_t)}\right] = e^{\frac{1}{2}\sigma^2(u-t)}$，是故

$$E\left[e^{-\frac{1}{2}\sigma^2 u + \sigma W_u} \mid \mathbf{F}_t\right] = e^{-\frac{1}{2}\sigma^2 u + \sigma W_t} e^{\frac{1}{2}\sigma^2(u-t)} = e^{-\frac{1}{2}\sigma^2 t + \sigma W_t}$$

即 $e^{-\frac{1}{2}\sigma^2 t + \sigma W_t}$ 是一種 $\mathbf{F}_t$—平賭過程。

例 10 布朗橋

一種布朗橋（Brownian bridge）是期初與期末值皆相同的維納過程；換言之，於 $W_1 = 0$ 的條件下，維納過程 $\{W_t : 0 \leq t \leq 1\}$ 可稱爲布朗橋。考慮 $X_t = W_1 - tW_1$，其中 W_t 爲維納過程而 $W_1 = 0$，則 $\{X_t : 0 \leq t \leq 1\}$ 是一種布朗橋。因：

$$X_t = W_1 - tW_1 = t(W_t - W_1) + (1-t)(W_t - W_0), 0 \leq t \leq 1$$

故顧名思義，$(W_t - W_1)$ 與 $(W_t - W_0)$ 二者之間搭建的「橋梁」爲 X_t。讀者倒是可以練習證明 $E(X_t) = 0$、$Cov(X_t, X_s) = \min(s, t) - st$ 以及 $Var(X_t) = t - st = t(1-s)$。直覺而言，因 $Var(X_t) \leq Var(W_t) = t$，故布朗橋可以提供一種較低波動的維納過程模

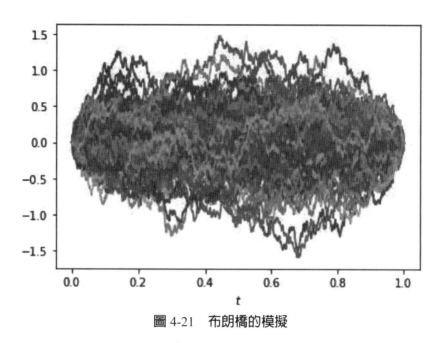

圖 4-21　布朗橋的模擬

擬走勢，可以參考圖 4-21。比較圖 4-17 與圖 4-21 二圖，自然可看出二者之間的差異。

例 11 首中時間

考慮一種維納過程 $X_t = a + W_t$。$\{X_t\}$ 是一種以 a 為期初值的維納過程。我們可以考慮一種情況說明如何從 W_t 轉換成 X_t。令 $t_a = \min\{t : W_t = a\}$ 表示維納過程的時間路徑首次接觸到 a 值的「首中時間（the first hitting time）」，如圖 4-22 所示。顯然，t_a 是一種中止時間（stopping time），不過其卻是一個隨機變數。那我們如何找出 t_a 的 PDF 呢？

因 W_t 屬於維納過程，故可知 $W_t > a$ 或 $W_t < a$ 的可能性應該差不多（擲公正的銅板），即 $P(W_t > a \,|\, t_a < t) = \dfrac{1}{2}$；另一方面，根據條件機率的定義，可知

$P(W_t > a \,|\, t_a < t) = \dfrac{P(W_t > a, t_a < t)}{P(t_a < t)}$，不過因「連續路徑」的條件使得若知「$W_t > a$ 事件」隱含著「$t_a < t$ 的事件」為已知，故可得 $P(W_t > a, t_a < t) = P(W_t > a)$，因此

$P(W_t > a \,|\, t_a < t) = \dfrac{P(W_t > a)}{P(t_a < t)} = \dfrac{1}{2}$。利用上述結果可得：

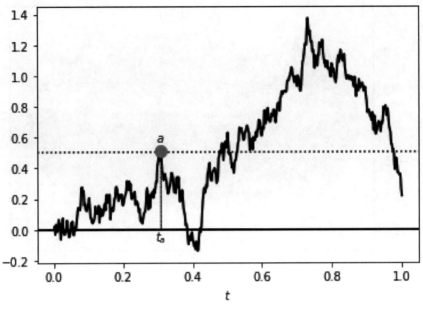

圖 4-22　t_a 表示一種首中時間

$$P(t_a < t) = 2P(W_t > a) = 2\int_a^\infty \frac{1}{\sqrt{2\pi t}}e^{-x^2/2t}dt$$

$$= 2\int_{a/\sqrt{t}}^\infty \frac{1}{\sqrt{2\pi}}e^{-x^2/2}dx$$

同理，若 $a < 0$，按照相同的推理過程可得類似的結果。因此，可得：

$$P(t_a < t) = 2\int_{|a|/\sqrt{t}}^\infty \frac{1}{\sqrt{2\pi}}e^{-x^2/2}dx$$

對 t 微分，則 t_a 的 PDF 可寫成：

$$f_{t_a}(t) = \frac{|a|}{\sqrt{2\pi t^3}}e^{-a^2/2t}, t > 0$$

　　我們舉一個例子說明。某股票日交易的報酬率屬於維納過程，若該股票開盤報酬率為 1%，三個小時後達到 1.5%，則下一個小時達到 2% 的機率為何？因 $a = 2 - 1.5 = 0.5$，故 $P(t_{0.5} < 1) = \int_0^1 \frac{0.5}{\sqrt{2\pi t^3}}e^{-(0.5)^2/2t}dt \approx 0.617$。

習題

(1) 某公司的預期報酬率可用維納過程模型化。於 $t = 2$ 時該公司的預期報酬率為 5%，而於 $t = 5$ 之下，預期報酬率至多為 6.5% 的機率為何？

(2) 若 $Y_t = \mu t + \sigma W_t$，其中 $\mu = 0.6$、$\sigma^2 = 0.25$ 以及 W_t 為維納過程，則 Y_4 的平均數與變異數分別為何？試計算 Y_4 介於 1 與 3 之間的機率。

(3) 其實，維納過程的模擬並不難，試舉一個例子說明。

(4) 維納過程是否是一種 IID 過程？抑或是一種白噪音過程？試解釋之。

(5) 令 $f(t) = t^2$ 是一種確定函數以及 W_t 為維納過程，其中 $t \in [0, 1]$。試分別模擬出 $f(t)$ 與 W_t 的實現值走勢。

(6) 續上題，利用 $f(t)$ 與 W_t 的實現值走勢，試計算每時點之斜率值（$\Delta f / \Delta t$ 與 $\Delta W_t / \Delta t$），結果為何？

(7) 續上題，試計算 $f(t)$ 的第 1 級變分與第 2 級變分。

(8) 試計算 $\int_0^1 f(t)dt$。

4.4 第 2 級變分與共變分

於 4.3 節的例 7 內，我們已經知道維納過程屬於「無界變分」以及第 2 級變分收斂至 t，即：

$$\lim_{n \to \infty} \sum_{i=0}^{n-1} \left| W_{t_{i+1}} - W_{t_i} \right|^2 = t \tag{4-52}$$

其中 W_t 為維納過程[30]。因此，隨機函數如維納過程的收斂與確定變數（見 4.3 節的習題）不同，前者需使用均方收斂的觀念。

---

[30] 因 $1 = n\Delta t$，故 $n \to \infty$ 相當於 $\Delta t = 1 / n \to 0$。

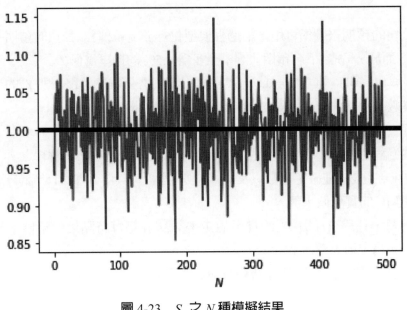

圖 4-23　S_n 之 N 種模擬結果

我們將 [0,1] 分割成 $0 = t_0 < t_1 < \cdots < t_n = 1$ 並且令 $\Delta t = t_{k+1} - t_k$，故 (4-52) 式可寫成：

$$S_n = \sum_{k=0}^{n-1} \left(W_{k+1} - W_k \right)^2 = \sum_{k=0}^{n-1} \Delta W_{k+1}^2 \tag{4-53}$$

我們不難用模擬的方式說明 (4-53) 式。令 $N = 500$ 與 $n = 1,000$，即於 n 之下，先模擬出 W_t 的實現值時間走勢 N 次，然後根據 (4-52) 式將 W_t 分割 n 等分後再計算對應的 S_n，其結果就繪製如圖 4-23 所示。我們發現 S_n 竟然接近於 $t = 1$。

圖 4-23 的結果頗符合直覺判斷，即將 $W(t = 1)$ 拆成 n 個 ΔW，而 ΔW 為平均數與變異數分別為 0 與 Δt 的獨立常態分配隨機變數，故加總 n 個 Δt，使得 S_n 的變異數為 $t = 1$；換言之，取 S_n 的期望值可得：

$$E(S_n) = E\left(\sum_{k=1}^{n} \Delta W_k^2 \right) = \sum_{k=1}^{n} E\left(\Delta W_k^2 \right) = \sum_{k=1}^{n} Var\left(\Delta W_k \right) = \sum_{k=1}^{n} \Delta t = t = 1 \tag{4-54}$$

利用均方收斂，可得：

$$E\left[\left(S_n - t\right)^2\right] = Var(S_n) = \sum_{k=1}^{n} Var\left(\Delta W_k^2\right) = \sum_{k=1}^{n}\left[E\left(\Delta W_k^4\right) - \left(E\left(\Delta W_k^2\right)\right)^2\right]$$

$$= \sum_{k=1}^{n}\left[\left(Var\left(\Delta W_k\right)\right)^2 K\left(\Delta W_k\right) - \left(Var\left(\Delta W_k\right)\right)^2\right]$$

$$= \sum_{k=1}^{n}\left[\left(Var\left(\Delta W_k^2\right)\right)^2 (3-1)\right] = 2\sum_{k=1}^{n}\Delta t^2 = 2\frac{t^2}{n}$$

$$(4\text{-}55)$$

其中 $Var(\Delta W_k) = E(\Delta W_k^2) - E(\Delta W_k)^2$ 與 $K(\cdot)$ 表示峰態（kurtosis）係數的計算[31]，我們知道常態分配的峰態係數等於 3。根據 (4-55) 式，於 $n \to \infty$ 之下，可得：

$$E\left[\left(S_n - t\right)^2\right] \to 0 \qquad (4\text{-}56)$$

就前述的例子而言，$t = 1$。(4-56) 式隱含著欲處理隨機函數如維納過程的「變分」，我們需要使用第 2 級變分的觀念。

我們可以將上述的「第 2 級變分」寫成較一般化的情況。首先可將期間 $[a, b]$ 分割成 $a = t_0 < t_1 < \cdots < t_n = b$ 且 $\Delta t = t_i - t_{i-1}$。令 $X = \{X_t : t \geq 0\}$ 與 $Y = \{Y_t : t \geq 0\}$ 皆為定義於 $(\Omega, \mathbf{F}, \mathbf{P})$ 之實數值隨機過程。若 X 與 Y 皆存在有限的第 2 級變分，則 $\langle X \rangle_t$ 與 $\langle X, Y \rangle_t$ 分別表示 X 的第 2 級變分過程以及 X 與 Y 的共變分過程（covariation process），即：

$$\langle X \rangle_t = \langle X, X \rangle_t = \lim_{\Delta t \to 0} \sum_{k=1}^{n}\left(\Delta_k X\right)^2 \qquad (4\text{-}57)$$

與

$$\langle X, Y \rangle_t = \lim_{\Delta t \to 0} \sum_{k=1}^{n}\left(\Delta_k X\right)\left(\Delta_k Y\right) \qquad (4\text{-}58)$$

其中 $\Delta_k X = X_{t_k} - X_{t_{k-1}}$ 與 $\Delta_k Y = Y_{t_k} - Y_{t_{k-1}}$；同理，$Y$ 的第 2 級變分過程可以寫成 $\langle Y \rangle_t$。

---

[31] 若 $E(X) = \mu$ 與 $Var(X) = \sigma^2$，$K(X) = E\left(\dfrac{(X-\mu)^4}{\sigma^4}\right)$ 為峰態係數的計算。

維納過程的第 2 級變分

令 W_t 爲維納過程。就微小變量的型態而言，可得：

(1) $dW_t^2 = dt$；

(2) $dW_t dt = 0$；

(3) $dt^2 = 0$。

上述定義的三個結果是頗爲直接的，即根據 (4-54)～(4-55) 二式可知 $E(\langle W \rangle_t) = t$ 與 $Var(\langle W \rangle_t) = 0$，隱含著 $\langle W \rangle_t = \langle W, W \rangle_t = t$ 是一個常數；換言之，根據 (4-52) 式可知 $\sum dW_t^2 = t$，隱含著 $dW_t^2 = dt$ 或是：

$$d\langle W \rangle_t = d\langle W, W \rangle_t = dW_t^2 = dt \tag{4-59}$$

於本書內，我們是以直覺的方式說明 (4-59) 式[32]，即將 $\langle W \rangle_t = t$ 分割成 m 個 dt，其中 $m \to \infty$，$d\langle W \rangle_t = dt$。Hirsa 與 Neftci（2014）曾進一步說明 (4-59) 式。至於另外二個結果，自然可知若 $dt \to 0$，則 $dW_t dt \to 0$ 以及 $dt^2 \to 0$。

(4-59) 式的結果倒是可以推廣。若 $W_t^{(1)}$ 與 $W_t^{(3)}$ 爲二個具有相關的維納過程，$W_t^{(1)}$ 與 $W_t^{(3)}$ 的相關係數爲 ρ，其可寫成：

$$d\langle W^{(1)}, W^{(3)} \rangle_t = dW_t^{(1)} dW_t^{(3)} = \rho dt \tag{4-60}$$

其中 $d\langle W^{(1)}, W^{(3)} \rangle_t$ 爲 $W_t^{(1)}$ 與 $W_t^{(3)}$ 的共變異數。我們並不打算證明 (4-60) 式，不過卻以模擬的方式取代[33]；也就是說，考慮下列式子：

$$W_t^{(3)} = \rho W_t^{(1)} + \sqrt{1 - \rho^2} W_t^{(2)} \tag{4-61}$$

其中 $W_t^{(1)}$ 與 $W_t^{(2)}$ 爲二個獨立的維納過程，故 $d\langle W^{(1)}, W^{(2)} \rangle_t = dW_t^{(1)} dW_t^{(2)} = 0$，我們可以「證明」$W_t^{(1)}$ 與 $W_t^{(3)}$ 的相關係數等於 ρ 而 $W_t^{(2)}$ 與 $W_t^{(3)}$ 的相關係數則等於 $\sqrt{1 - \rho^2}$；換言之，根據 (4-61) 式，我們可以模擬出 $W_t^{(1)}$ 與 $W_t^{(3)}$ 的觀察值，其結果則繪製如圖 4-24 所示。利用圖 4-24 的結果，讀者可以檢視 (4-60) 式其實就是 $W_t^{(1)}$

---

[32] 因 S_n 趨向於確定極限 t，此相當於 $\int_0^t (dW)^2 = t \Rightarrow (dW)^2 = dt$。

[33] (4-60) 式的證明可以參考 Petters 與 Dong（2016）。

與 $W_t^{(3)}$ 的共變異數而不是上述二者的相關係數。

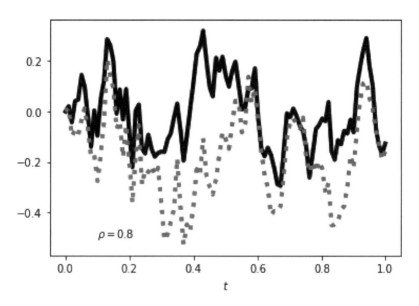

圖 4-24　具相關維納過程如 $W_t^{(1)}$ 與 $W_t^{(3)}$ 的觀察值之模擬

表 4-5　具相關維納過程如 $W_t^{(i)}$ $(i = 1, 2, 3)$ 與 dt 之間的關係

	dt	$dW^{(1)}$	$dW^{(2)}$	$dW^{(3)}$
dt		0	0	0
$dW^{(1)}$	0	dt	$\rho_{12}dt$	$\rho_{13}dt$
$dW^{(2)}$	0	$\rho_{12}dt$	dt	$\rho_{23}dt$
$dW^{(3)}$	0	$\rho_{13}dt$	$\rho_{23}dt$	dt

說明：1. $d\left\langle W^{(i)}, t \right\rangle_t = dW_t^{(i)}dt = 0$。 2. $d\left\langle W^{(i)}, W^{(j)} \right\rangle_t = dW_t^{(i)}dW_t^{(j)} = \rho_{ij}dt$，其中 $\rho_{ii} = 1$。

3. $d\left\langle t \right\rangle_t = (dt)^2 = 0$。

上述結果可以整理如表 4-5 所示。換句話說，表 4-5 列出具有相關的維納過程如 $W_t^{(i)}$ $(i = 1, 2, 3)$、dt 以及 $W_t^{(i)}$ 與 dt 之間的關係，其中 ρ_{ij} 表示 $W_t^{(i)}$ 與 $W_t^{(j)}$ 的相關係數。讀者應能瞭解表 4-5 內各結果的意思。

例 1　$d\left\langle t \right\rangle_t = (dt)^2$

因 dt 是一個確定的數值，隱含著當 $dt \to 0$，除了 $(dt)^2 \to 0$ 之外，其餘高階如 $(dt)^n \to 0 (n > 2)$。

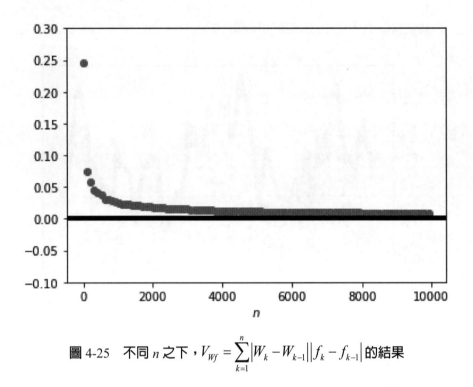

圖 4-25　不同 n 之下，$V_{Wf} = \sum_{k=1}^{n} |W_k - W_{k-1}||f_k - f_{k-1}|$ 的結果

例2　$\langle W, f \rangle_t = 0$

(4-60) 式是計算二個維納過程的共變異數，不過若令 $f(t)$ 是一種連續的確定函數，而 W_t 仍是表示維納過程，則 $\langle W, f \rangle_t$ 為何呢？換言之，根據 (4-60) 式可知 $d\langle W, f \rangle_t = dW_t df(t) = f'(t)dW_t dt = 0$，是故：

$$\langle W, f \rangle_t = 0 \tag{4-62}$$

(4-62) 式的結果亦符合預期，畢竟確定函數與隨機函數的共變異數等於 0。我們仍嘗試以模擬的方式說明 (4-62) 式。令 $f(t) = t^2$ 而 $\Delta t = 1/n$，圖 4-25 繪製出於不同 n 之下 $V_{Wf} = \sum_{k=1}^{n} |W_k - W_{k-1}||f_k - f_{k-1}|$ 的結果，我們發現 $n \to \infty$，$V_{wf} \to 0$。

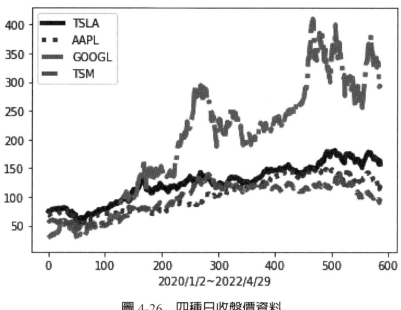

圖 4-26　四種日收盤價資料

例 3　利用實際資料的共變異數矩陣

　　續例 2，通常因不容易設計（或找到）適當的共變異數矩陣[34]，故欲模擬具有相關程度的維納過程觀察值具有一定的困難度。一個取巧的方式是利用實際資料的共變異數矩陣。例如：圖 4-26 分別繪製出 TESLA、APPLE、GOOGLE 與 TSM（TSMC 之 ADR）的日收盤價時間走勢（2020/1/2～2022/4/29），我們可以看出上述四種日收盤價時間走勢具有一定的相關程度。將上述四種日收盤價轉換成日對數報酬率後再標準化，可得相關係數矩陣或共變異數矩陣 $\mathbf{V}_0$ 為：

$$\mathbf{V}_0 = \begin{bmatrix} 1 & 0.71 & 0.50 & 0.57 \\ 0.71 & 1 & 0.43 & 0.56 \\ 0.50 & 0.43 & 1 & 0.43 \\ 0.57 & 0.56 & 0.43 & 1 \end{bmatrix}$$

例如：TESLA 與 APPLE 的標準化後日對數報酬率的樣本相關係數約為 0.71，其餘可類推。

---

[34] 即共變異數或相關係數矩陣必須符合半正定矩陣（semi-positive matrix）（《財統》或《財數》）的條件。

例4 可列斯基拆解

根據《財計》，(4-61) 式其實是使用可列斯基拆解（Cholesky decomposition）技巧。試下列指令：

```
rho = 0.8;n = 1000
Cor = np.array([[1, rho], [rho, 1]])
L = np.linalg.cholesky(Cor)
L
# array([[1. , 0. ],
#        [0.8, 0.6]])
L.dot(L.T)
# array([[1. , 0.8],
#        [0.8, 1. ]])
t = np.linspace(0,1,n+1)
dt = 1/n
# 2 Brownian motions with 1000 steps
np.random.seed(1234)
Z = norm.rvs(0,(dt**(1/2)),(2,n))
Z1 = np.zeros([2,1])
B = np.concatenate([Z1,Z],axis=1)
CB = np.dot(L,B)
B1 = np.cumsum(CB[0])
B2 = np.cumsum(CB[1])
np.corrcoef(B1,B2)[0,1] # 0.8304783891817489
```

根據上述指令，我們自然可以模擬出二個相關係數為 0.8 的維納過程的觀察值。

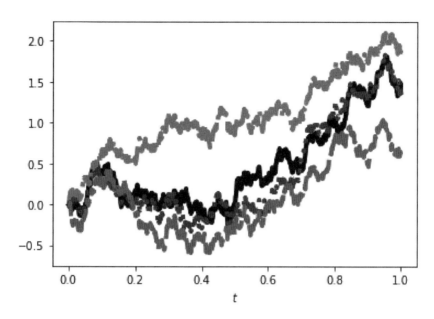

圖 4-27　四種相關的維納過程之模擬觀察值

例 5　相關的維納過程之模擬

　　續例 4，利用上述 $\mathbf{V}_0$，我們使用可列斯基拆解技巧，可得四種相關的維納過程之模擬觀察值，繪製如圖 4-27 所示。

習題

(1) 若 $f(t)$ 是一個連續的確定函數如 $f(t) = t^2$，試說明 $\langle f \rangle_t = 0$。若 W_t 為維納過程，試說明 $\langle W \rangle_t = t$。

(2) 若 $W_t^{(1)}$ 與 $W_t^{(2)}$ 為二個相關的維納過程且上述二者的相關係數為 ρ，試證明：$d\left(W_t^{(1)}W_t^{(2)}\right) = W_t^{(2)}dW_t^{(1)} + W_t^{(1)}dW_t^{(2)} + \rho dt$。

(3) 若 $dS(t) = 0.2t + 0.095dW(t)$，其中 $W(t) = W_t$ 屬於維納過程，試計算：$d\left(e^{-t^2+t}S(t)\right)$。

(4) 我們亦可以使用多變量常態分配取得相關的維納過程觀察值，試舉一例說明。

Chapter 5

隨機微積分（二）

維納過程是一種連續的函數，而連續的函數是可積分的。涉及到維納過程的積分，就是屬於隨機微積分或稱為 Itô 微積分的範圍。本章延續第 4 章，我們將繼續檢視隨機微積分。我們將介紹隨機微積分內 Itô 積分與 Itô's lemma 觀念，其中後者相當於微分的「連鎖法則（chain rule）」。於某些情況下，我們可以求解 SDE，而該解與 Itô 積分有關，本章會舉出一些例子說明。

5.1 SDE

本節簡單介紹 SDE 或是如何模型化資產的價格。通常連續複利的模型可用「尋常微分方程式（ordinary differential equation, ODE）」表示如：

$$\frac{dS}{dt} = rS \Rightarrow dS = rSdt \tag{5-1}$$

其中 $S(0) = S_0$（期初資金）、$S = S(t)$ 與 r 為固定的利率。令 $X(t) = \log(S(t)/S_0)$ 代入 (5-1) 式內，可得：

$$dX = rdt \tag{5-2}$$

其中 $X(0) = 0$ 與 $X = X(t)$ 表示 $[0, t]$ 的對數報酬率。

顯然 (5-2) 式是一種確定性模型（deterministic model），因為除了時間之外，我們看不到「不確定因素」。現在考慮上述固定利率內產生一種干擾；換言之，r

可以拆成 μ 與 u，其中後者表示不確定因子使得 r 難以預測，即：

$$r_t = \mu + u_t \tag{5-3}$$

其中下標表示時間 t。根據 (5-3) 式內的 u_t，(5-2) 式可以改為：

$$dX_t = \mu dt + u_t \tag{5-4}$$

通常 u_t 假定為一種高斯白噪音過程（Gaussian white noise process）。高斯白噪音過程的特色（見例 1）是 u_t 是一個隨機變數，隱含著 u_t（實現）值是不可測的。

與高斯白噪音過程相關的，當然就是維納過程 W_t 或寫成 $W(t)$；也就是說，(5-4) 式亦可改寫成：

$$dX_t = \mu dt + \sigma dW_t \tag{5-5}$$

其中 $\sigma > 0$。雖說 W_t 是連續但是無法微分，不過用 dW_t 型態表示可以看出每時點波動的情況[①]。(5-2) 與 (5-5) 二式的區別在於前者屬於確定性模型而後者則屬於隨機模型。(5-5) 式內的 X_t 可說是由 W_t 主導的隨機過程。

一般而言，於 $[t, t + \Delta t]$ 期間由維納過程 $W(t)$ 所主導的局部隨機過程可寫成：

$$\Delta X(t) = \mu(t)\Delta t + \sigma(t)\Delta W(t) \tag{5-6}$$

其中 $\mu(t)$ 與 $\sigma(t)$ 分別稱為適應的漂浮過程（adapted drift process）與適應的波動過程（adapted volatility process），此處「適應性」係針對維納過程的濾化（即維納過程資訊所形成的集合）而言。

通常 (5-6) 式的延伸有二個方向，其一是 (5-6) 式的微小變動可寫成：

$$dX(t) = \mu(t)dt + \sigma(t)dW(t) \tag{5-7}$$

另一則進一步假定 $\mu(t)$ 與 $\sigma(t)$ 亦可以分別為 $X(t)$ 的函數，即 (5-7) 式可改寫成：

[①] 畢竟 dW_t 相當於 $\sqrt{dt}Z$，其中 Z 為標準常態隨機變數。

$$dX(t) = \mu(X(t),t)dt + \sigma(X(t),t)dW(t) \tag{5-8}$$

我們稱 (5-7) 或 (5-8) 式是一種 Itô 過程（Itô process），其中 (5-7) 式可稱為 Itô 擴散過程（Itô diffusion process）。

若對 (5-1) 式「積分」，可得：

$$\int \frac{dS/dt}{S} = \int r dt \Rightarrow X = \log(S) = rt + C \tag{5-9}$$

其中 C 是一個常數。顯然，(5-9) 式的微分可對應至 ODE 如 (5-1) 或 (5-2) 式，但是對 (5-5)、(5-7) 或 (5-8) 式「積分」呢？例如：對 (5-8) 式「積分」，可得：

$$X(t) = X(0) + \int_0^t \mu\big(x, X(s)\big)ds + \int_0^t \sigma\big(x, X(s)\big)dW(s) \tag{5-10}$$

明顯地，面對 (5-10) 式，我們必須解釋式內不同積分型態的意義。

例 1　高斯白噪音過程

一個白噪音過程 $\{u_t\}$ 具有下列特色：

$$E(u_t) = 0 \text{ 與 } \gamma_j(t) = \begin{cases} \sigma_u^2, & j = 0 \\ 0, & j \neq 0 \end{cases}$$

其中 $\gamma_j(t)$ 可稱為自我共變異數函數（autocovariance function）。我們進一步可以寫成 $u_t \sim WN(0, \sigma_u^2)$，其中 $\sigma_u^2 > 0$。上述白噪音過程的缺點是缺乏特定機率分配的搭配，使得我們不易檢視白噪音過程的實際觀察值，因此通常會將白噪音過程擴充至高斯或其他白噪音過程而有 (i) $u_t \sim N(0, \sigma_u^2)$；(ii) $u_t \overset{IID}{\sim} N(0, \sigma_u^2)$ 的假定，其中 (i) 是指 u_t 屬於高斯白噪音過程，而 (ii) 則是指除了 u_t 屬於高斯白噪音過程之外，另外亦假定 u_t 亦屬於 IID，顯然 (ii) 的假定較為嚴格。例如：圖 5-1 分別繪製 IID 之高斯白噪音過程與 IID 之均等（分配）白噪音過程的實現值，隱含著搭配特殊機率分配，我們可以看到白噪音過程的實現值。

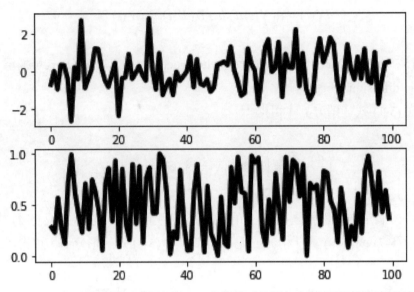

圖5-1　IID之高斯白噪音過程（上圖）與IID之均等（分配）白噪音過程的實現值（下圖）

例2 ACF 與 PACF

於《財統》或《財時》內，我們已經知道可用估計的自我相關係數（autocorrelation coefficients, ACF）與偏（partial）自我相關係數（PACF）以估計一個隨機過程的實際線性結構；換言之，根據圖 5-1 內的結果，圖 5-2 分別繪製出對應的估計 ACF 與 PACF，我們可以看出白噪音過程的特色：於不同落後期之下，ACF 與 PACF 皆接近於 0[②]，隱含著當期與落後期之間並不存在序列相關。

例3 W_t 之 ACF 與 PACF

續例 2，若是 W_t 之實現值的估計 ACF 與 PACF 呢？圖 5-3 繪製出對應之結果，有意思的是，W_t 之實現值的估計 ACF 有可能等於 1 或超過 1，此種結果應不意外，因為 W_t 其實是來自於簡單隨機漫步模型如 (4-45) 式；或者說，W_t 其實屬於自我迴歸模型（autoregression model, AR）內存在「單根（unit root）」的情況[③]。如此結果可解釋 SDE 如 (5-5)、(5-7) 或 (5-8) 等式，其內不使用 W_t 而以 dW_t 為主導「不確定」的來源。

[②] 圖 5-2 係繪製出估計 ACF（PACF）之 95% 信賴區間。

[③] 即維納過程 W_t 亦可以稱為「整合的變數（integrated variable）」或屬於一種非恆定過程。

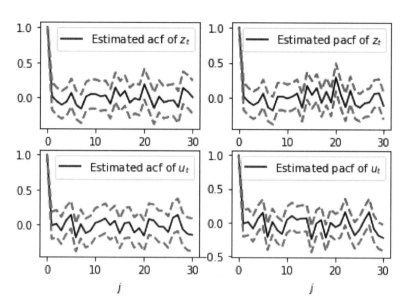

圖 5-2　圖 5-1 內結果的估計 ACF 與 PACF，其中 z_t 與 u_t 分別表示高斯白噪音過程與均
等（分配）白噪音過程的實現值

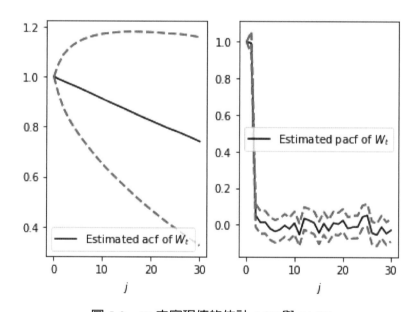

圖 5-3　W_t 之實現值的估計 ACF 與 PACF

例 4　平賭差異過程

　　一種隨機過程 $\{X_t\}$ 稱爲平賭差異過程（martingale difference process, MDP），
其必須滿足下列二條件：

(1) $E\left(|X_t|\right) < \infty$；

(2) $E\left[X_n \mid \sigma\left(X_{n-1}, X_{n-1}, \cdots, X_0\right)\right] = 0$。

根據重複期望值定理如 (4-31) 式，可知 MDP 具有下列特色：

$$E\left(X_n\right) = E\left\{E\left[X_n \mid \sigma\left(X_{n-1}, X_{n-1}, \cdots, X_0\right)\right]\right\} = 0$$

即 MDP 的期望值等於 0。

例5 「創新」過程

一種隨機過程 $\{Z_n\}$ 稱為「創新（innovation）」過程（innovation process），其必須滿足下列二條件，即：

(1) $E\left[Z_n \mid \sigma\left(Z_{n-1}, Z_{n-2}, \cdots, Z_1\right)\right] = 0$；

(2) $Cov\left[Z_n, Z_m \mid \sigma\left(Z_{n-1}, Z_{n-2}, \cdots, Z_1\right)\right] = \begin{cases} \sigma^2, n = m \\ 0, n \neq m \end{cases}$。

上述過程亦可以第二級平賭過程 $\{Y_n\}$ 表示，即：

(1) $E\left(\left|Y_n\right|^2\right) < 0$；

(2) $E\left[Y_n \mid \sigma\left(Y_{n-1}, Y_{n-2}, \cdots, Y_1\right)\right] = Y_{n-1}$。

而隨機過程 $\{Z_n = Y_n - Y_{n-1}\}$ 就是一個「創新」過程。

我們可以看出 (5-4) 內的 u_t（非預期成分），除了可用 IID 過程、白噪音過程表示之外，亦可以使用 MDP 或「創新」過程表示。上述過程的特色皆屬於二級恆定過程（2nd order stationary process）[4]，其限制就是缺乏特殊機率分配的假定，使得我們不易用模擬的方式檢視。

例6 隨機積分

其實，如前所述，W_t 內含「隨機趨勢」，那我們如何解釋下列二種積分型態？即：

$$\int_0^t W_s ds \tag{5-11}$$

與

$$\int_0^t W_s dW_s \tag{5-12}$$

---

[4] 上述過程的差異或比較，可以參考 Spanos（1999）。

上述積分型態的特色是「被積分函數（integrand）」皆是隨機過程，如維納過程。由於 W_t 與 dW_t 皆是隨機變數，故 (5-11) 與 (5-12) 二式內的積分型態皆屬於一種隨機積分（stochastic integrals）。

習題

(1) 令 $N(t)$ 表示 t 期擁有的股票數量而 q（年率化）表示股利支付率，股利支付再投資於股票，可得 $dN(t) = qN(t)dt$。令 $N(0) = N_0$，則 $N(t)$ 為何？

(2) 試評論「隨機漫步並不是白噪音過程」。

(3) 根據 (4-46) 式，若 $b = 0.2$，則 (5-3) 式的結果是否會受影響？

(4) $x = 0.2 \sum \Delta t$，其中 $\Delta t = 1/n$，則 x 之估計的 ACF 與 PACF 為何？

(5) 試評論習題 (3) 與 (4)。提示：確定趨勢。

5.2 隨機積分

　　如前所述，維納過程是一個連續的函數。我們知道連續函數是一種可積分函數（integrable function）。因此，我們遇到一個問題：維納過程是否可以積分？換句話說，本節欲檢視隨機積分；也就是說，我們會遇到的積分型態如 (5-10)～(5-12) 三式所示。(5-11) 與 (5-12) 二式型態的積分，分別可稱為隨機黎曼積分（Riemann integrals）與隨機黎曼－斯蒂爾傑斯積分（Riemann-Stieltjes integrals）或簡稱為斯蒂爾傑斯積分；不過，就 (5-12) 式而言，我們發現其中亦存在 Itô 積分（Itô integral）觀念。本節將介紹前二種積分，至於 Itô 積分則於 5.3 節介紹。

5.2.1 隨機黎曼積分

　　如同傳統微積分，我們定義黎曼積分之前必須重新詮釋「分割」的概念。於 $[0,t]$ 期間，為了要取得一個函數的積分，我們將前述區間分割成 n 個連續非重疊的小區間，即：

$$P_n\big([0,t]\big): 0 = t_0 < t_1 < \cdots < t_n = t \tag{5-13}$$

理所當然，若 $n \to \infty$，則

$$\max_{1 \le i \le n}\big(t_i - t_{i-1}\big) \to 0 \tag{5-14}$$

隱含著 $P_n\big([0,t]\big)$ 的分割愈精密。有時，我們會加總小區間而得：

$$\sum_{i=1}^{n}\big(t_i - t_{i-1}\big) = t_n - t_0 = t \tag{5-15}$$

因此，一個函數 $\varphi(\cdot)$ 亦可分割成：

$$\sum_{i=1}^{n}\big(\varphi(t_i) - \varphi(t_{i-1})\big) = \varphi(t) - \varphi(0) \tag{5-16}$$

通常，我們會採取「等距」的分割，即：

$$0 = t_0 < t_1 = \frac{t}{n} < \cdots < t_{n-1} = \frac{n-1}{n}t < t_n = t \tag{5-17}$$

隱含著 $t_i = it / n$，因此 $n \to \infty$，於 (5-14) 式之下，$P_n\big([0,t]\big)$ 的分割愈精細。令 $t_i^* \in [t_{i-1}, t_i]$ $(i = 1, \cdots, n)$ 表示小區間內的任意點。我們可以定義黎曼積分。

黎曼積分

我們定義黎曼加總（Riemann sum）為：

$$R_n = \sum_{i=1}^{n} f(t_i^*)X(t_i^*)(t_i - t_{i-1}) \tag{5-18}$$

其中 $f(\cdot)$ 是一個連續的確定性函數而 X 是一種隨機過程。直覺而言，(5-18) 式相當於加總一系列寬為 $(t_i - t_{i-1})$ 而高為 $f(t_i^*)X(t_i^*)$ 的長方形面積。當 (5-14) 式成立，我們發現 R_n 的均方收斂為：

$$R_n \xrightarrow{m} \int_0^t f(s)X(s)ds \tag{5-19}$$

隱含著黎曼積分的存在。

(5-19) 式的證明可參考 Hassler（2016）。直覺而言，因 $X(t)$ 是一種隨機過程，R_n 或其收斂值皆是隨機變數，故稱 (5-19) 式是一種隨機積分。我們檢視 (5-19) 式的一個特例，即令 $X(t) = W(t)$ 與 $f(\cdot) = 1$，故相當於檢視 (5-11) 式；不過，欲計算 (5-11) 式之前，可以先知道富比尼定理（Fubini's theorem）。

富比尼定理

若 $\int_0^t E(|X(s)|)ds$ 存在，可得：

$$E\left(\int_0^t X(s)ds\right) = \int_0^t E(X(s))ds \tag{5-20}$$

富比尼定理的證明或進一步說明可參考 Björk（2009）或 Hassler（2016）。檢視 (5-20) 式，可發現若將黎曼加總想像成「有限積分」，於間斷的型態下，加總與期望值可以互換，即：

$$E\left[\sum_{i=1}^n X(t_i^*)(t_i - t_{i-1})\right] = \sum_{i=1}^n E\left[X(t_i^*)\right](t_i - t_{i-1}) \tag{5-21}$$

根據 (5-20) 或 (5-21) 式，立即可知：

$$E\left(\int_0^t W(s)ds\right) = \int_0^t E(W(s))ds = 0 \tag{5-22}$$

另一方面，根據 Hassler（2016）可知：

$$\int_0^t W(s)ds \sim N\left(0, \int_0^t \int_0^t \min(r,s)drds\right) \tag{5-23}$$

其中

$$Var\left(\int_0^t W(s)ds\right) = \int_0^t \int_0^t \min(r,s)drds = \frac{t^3}{3} \tag{5-24}$$

(5-24) 式的證明並不難檢視[5]。

---

[5] $Var\left(\int_0^t W(s)ds\right) = \int_0^t \int_0^t \min(r,s)drds = \int_0^t \left[\int_0^s \min(r,s)dr + \int_s^t \min(r,s)dr\right]ds$

$\qquad = \int_0^t \left[\int_0^s rdr + \int_s^t sdr\right]ds = \int_0^t \left[\frac{s^2}{2} + s(t-s)\right]ds$

$\qquad = \frac{t^3}{3}$

(5-23) 式的結果不難用模擬的方式說明。例如：令 $t = 1$，於 $n = 500$ 與 $\sigma = 2$ 之下，圖 5-4 分別繪製出 $x = \sum Wdt$ 與 $\bar{W}$ 的抽樣分配，我們發現上述二種抽樣分配皆接近於 $N(0, \sigma^2/3)$ 的 PDF，即因 $dt = 1/n$，故 x 其實就是 $\bar{W}$；換言之，(5-11) 式，說穿了其實就是計算維納過程的（樣本）平均數，因維納過程是隨機變數，故 (5-11) 式的結果是隨機的，隱含著 (5-11) 式屬於一種隨機積分型態。

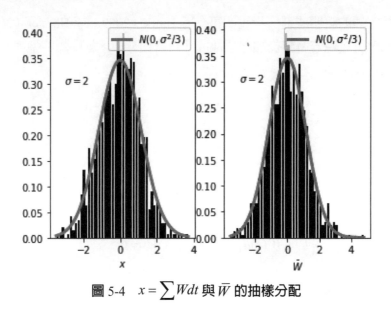

圖 5-4　$x = \sum Wdt$ 與 $\bar{W}$ 的抽樣分配

圖 5-4 的結果我們並不意外，因為我們已於 4.1.4 節遇到；也就是說，恆定過程如：

$$y_t = \beta_0 + \beta_1 y_{t-1} + u_t \tag{5-25}$$

其中 $|\beta_1| < 1$。(5-25) 式就是熟悉的 AR(1) 模型，不過若 $\beta_1 = 1$，如前所述，y_t 內存在一個單根，屬於非恆定過程，隱含著維納過程若用間斷的模型，如簡單隨機漫步模型檢視[6]，相當於存在一個單根；因此，簡單地說，利用 (5-11) 式我們可以擴充 CLT 至檢視維納過程的樣本平均數的抽樣分配。

得證。

[6] 畢竟我們幾乎皆用間斷的模型估計連續的模型。

例 1 **AR(1) 模型**

根據《財時》，可知 AR(1) 模型的 y_t 之標準差為 $\sigma_{\bar{y}} = \sqrt{\sigma^2 / (1-\beta_1)^2}$，其中 σ 為 u_t 之標準差，此時 u_t 屬於白噪音或 IID 過程。若令 $\beta_0 = 0$、$\beta_1 = 0.8$ 與 u_t 屬於 IID 之標準常態分配（$\sigma = 1$），圖 5-5 分別繪製出於不同 n 之下，$\bar{y} / \sigma_{\bar{y}}$ 之抽樣分配，我們發現上述抽樣分配接近於標準常態分配。讀者可以練習檢視 $n^{0.5}(\bar{y} - \mu)$ 的情況[7]。圖 5-5 可視為將 CLT 擴充至檢視 y_t 屬於 AR(1) 模型的情況。

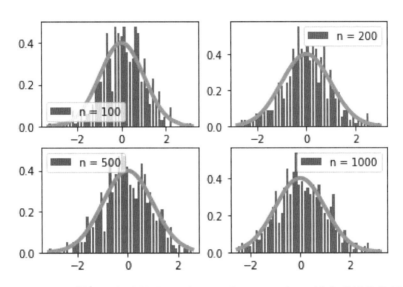

圖 5-5　AR(1) **模型下** $\bar{y} / \sigma_{\bar{y}}$ **之抽樣分配**（$\beta_0 = 0$ 與 $\beta_1 = 0.8$），**其中曲線為標準常態分配的** PDF

例 2 **泛函中央極限定理**

續 4.3 節的例 1，若 $\beta_0 = 0$、$\beta_1 = 1$ 以及 u_t 屬於 IID 之常態分配。令：

$$S_n(r) = \sum_{t=0}^{[rn]} u_t, 0 \le r \le 1 \tag{5-26}$$

其中 $[rT]$ 是只取 rT 內的整數部分[8]。於 (5-26) 式內可得：

---

[7]　即 $\mu = \beta_0 / (1-\beta_1)$ 與 $n^{0.5}(\bar{y} - \mu) \xrightarrow{p} N(0, \sigma_{\bar{y}}^2)$。

[8]　例如：若 $n = 100$ 而 $r = 0.658$，因 $rn = 65.8$ 故 $[rn] = 65$。於 Python 內，可使用模組（math）內的 trunc() 指令計算 $[rn]$。

$$若\ 0 \le r < \frac{1}{n}，則\ S_n(r) = u_0 = 0$$

$$若\ \frac{1}{n} \le r < \frac{2}{n}，則\ S_n(r) = u_1$$

$$若\ \frac{2}{n} \le r < \frac{3}{n}，則\ S_n(r) = u_1 + u_2$$

$$\vdots$$

$$若\ \frac{(n-1)}{n} \le r < \frac{n}{n}，則\ S_n(r) = \sum_{t=1}^{n-1} u_t$$

$$若\ r = \frac{n}{n}，則\ S_n(r) = \sum_{t=1}^{n} u_t$$

理所當然，當 $n \to \infty$，即 $\Delta t = 1/n \to 0$，則：

$$R_n(r) = \frac{S_n(r)}{\sigma\sqrt{n}} \xrightarrow{d} W(r), 0 \le r \le 1 \tag{5-27}$$

其中過程若定義為連續的，則 $W(r)$ 就稱為維納過程。$W(r)$ 其實就是 $N(0, r\sigma^2)$，其中若 $\sigma^2 = 1$，則稱 $W(r)$ 為標準的維納過程。(5-27) 式的特色是將期間為 $[t_1, t_n]$ 的資料（共有 n 個資料）轉換至 $r \in [0,1]$。根據《財時》，(5-27) 式可視為 CLT 的推廣，不過其仍與後者不同，即 (5-27) 式是屬於「泛函中央極限定理（functional central limit theorem, FCLT）」的應用[9]。FCLT 的特色是 (5-27) 式為隨機過程而非單一隨機變數的函數，我們從圖 5-6 內的各圖亦可看出端倪，即再重複幾次模擬，其時間走勢應會有不同。通常與 FCLT 同時使用的是連續映射定理（continuous mapping theorem, CMT）。簡單來看 CMT，其只不過是一種函數的轉換而已。例如：若 $R_n(r) \xrightarrow{d} W(r)$，而存在一種連續映射函數 $g[R_n(r)] = R_n(r)^2$，則 $R_n(r)^2 \xrightarrow{d} W(r)^2$。

---

[9] (5-27) 式亦可稱為 Donsker's 定理。

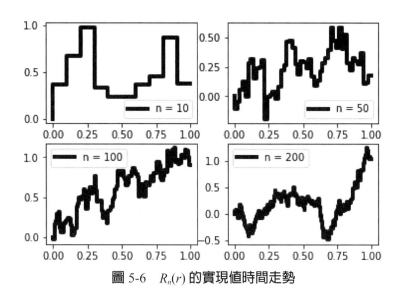

圖 5-6　$R_n(r)$ 的實現值時間走勢

利用 Python，我們容易取得 $R_n(r)$ 的觀察值。檢視下列指令：

```
import math
math.trunc(65.2)
n = 100
r = np.arange(0,1+1/n,1/n)
Tr = np.zeros(len(r))
for i in range(len(r)):
    Tr[i] = math.trunc(n*r[i])
```

比較上述 r 與 Tr，可發現 $S_n(r)$ 其實只是將 u_t 的觀察值從 1 至 n「累積加總」而已；換言之，根據 (5-27) 式，我們可以輕易地繪製出 $R_n(r)$ 的觀察值時間走勢（橫軸已用 r 表示），其結果則繪製如圖 5-6 所示。我們發現圖 5-6 的結果與圖 4-16 的結果頗為類似。

例3　y_t 內存在一個單根

續例 1，令 $\beta_1 = 1$，其餘不變，圖 5-7 繪製出 $\bar{y}/\sqrt{n}$ 的抽樣分配，我們發現上述抽樣分配接近於 $N(0,1/3)$。根據 (5-23) 式，$\int_0^1 W(s)ds$ 接近於 $\bar{y}/\sqrt{n}$；因此，簡單地說，$\int_0^1 W(s)ds$ 只是計算簡單隨機漫步過程內 y_t 的樣本平均數而已，其中 y_t 不僅是

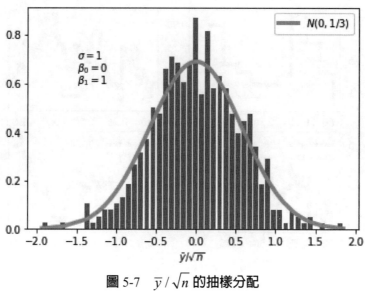

圖 5-7　$\bar{y} / \sqrt{n}$ 的抽樣分配

一個隨機變數，同時其內存在有一個單根。另一方面，因 $\bar{y} / \sqrt{n}$ 可寫成 $\sum y / n^{1.5}$，隱含著 $\sum y$ 收斂至極限分配的速度為 $n^{1.5}$。

習題

(1) 利用圖 5-5 的條件，試繪製出 $\sqrt{n}\left(\bar{y}_t - \mu\right)$ 的抽樣分配。

(2) 於例 3 內，若 $\beta_1 = 0.8$（其餘不變），則 $\sum y$ 收斂至極限分配的速度為何？

(3) 續上題，恆定過程如 $\beta_1 = 0.8$ 與非恆定過程如 $\beta_1 = 1$ 之極限分配分別為何？

(4) 試以模擬的方式說明於 $\beta_0 = 0$、$\beta_1 = 1$ 與 $\sigma = 1$ 之下，(5-25) 式內 $y_{t=1} / \sqrt{n}$ 的極限分配。其是否為 $W(1)$？

(5) 續上題，若 $\sigma = 2$（其餘不變）呢？

5.2.2 隨機斯蒂爾傑斯積分

本節介紹斯蒂爾傑斯積分，該積分係利用黎曼積分內的部分積分（integration by parts）技巧，不過因仍牽涉到隨機過程如維納過程的積分，故稱為隨機斯蒂爾傑斯積分。

於 (5-13)～(5-14) 式之下，隨機斯蒂爾傑斯加總可寫成：

$$RS_n = \sum_{i=1}^{n} f(t_i^*)\left(W(t_i) - W(t_{i-1})\right) \tag{5-28}$$

其中 $f(\cdot)$ 是一個連續可微分的確定函數而 $W(s) = W_s$ 仍表示維納過程。於 $n \rightarrow \infty$ 之下，可得：

$$RS_n \overset{m}{\rightarrow} \int_0^t f(s)dW(s) \tag{5-29}$$

即於 (5-14) 式之下，RS_n 的均方極限為 $\int_0^t f(s)dW(s)$。

就 $\int_0^t f(s)dW(s)$ 而言，我們可以利用部分積分技巧，可得：

$$\begin{aligned}
\int_0^t f(s)dW(s) &= \left[f(s)W(s)\right]_0^t - \int_0^t W(s)df(s) \\
&= f(t)W(t) - \int_0^t W(s)f'(s)ds
\end{aligned} \tag{5-30}$$

就 (5-30) 式而言，我們可以檢視下列三種情況：

情況 1

若 $f(s) = s$，則可得：

$$\int_0^t sdW(s) = tW(t) - \int_0^t W(s)ds \tag{5-31}$$

情況 2

若 $f(s) = 1 - s$，則可得：

$$\int_0^t (1-s)dW(s) = (1-t)W(t) + \int_0^t W(s)ds \tag{5-32}$$

情況 3

若 $f(s) = 1$，則可得：

$$\int_0^t dW(s) = W(t) \tag{5-33}$$

(5-33) 式的結果並不意外，因為我們早已透過簡單隨機漫步過程知道，$W(t)$ 其實是一種加總過去獨立增量的「整合」變數（即其具有隨機趨勢）。至於 (5-31) 與

(5-32) 二式的涵義，我們可以先檢視下列的命題：

命題 5-1

就一個連續可微分的確定函數 $f(\cdot)$ 而言，可知：

$$\int_0^t f(s)dW(s) \sim N\left(0, \int_0^t f^2(s)ds\right) \tag{5-34}$$

(5-34) 式的證明頗為直接，即 $E\left[\int_0^t f(s)dW(s)\right] = \int_0^t f(s)E\left[dW(s)\right] = 0$（富比尼定理）；其次，因 $Var(dW_t) = dt$，故 $Var\left[\int_0^t f(s)dW(s)\right] = \int_0^t f^2(s)ds$。

我們考慮 $t = 1$ 的情況，即就 (5-31) 式而言，可得：

$$\int_0^1 sdW(s) \sim N(0, 1/3) \tag{5-35}$$

隱含著

$$W(1) - \int_0^1 W(s)ds \sim N(0, 1/3) \tag{5-36}$$

同理，就 (5-32) 式而言，可得：

$$\int_0^1 (1-s)dW(s) \sim N(0, 1/3) \tag{5-37}$$

隱含著 $\int_0^1 W(s)ds \sim N(0, 1/3)$。讀者可以嘗試證明 (5-35) 與 (5-37) 二式。

例 1 Ornstein-Uhlenbeck 過程

Ornstein-Uhlenbeck 過程（Ornstein-Uhlenbeck process, OUP）常用於模型化利率動態過程[10]，我們發現 OUP 是一種隨機斯蒂爾傑斯積分的應用。根據 Hassler（2016），一個標準的 OUP 如 $X_c(t)$ 可寫成：

$$X_c(t) = e^{ct} \int_0^t e^{-ct}dW(s), t \geq 0 \tag{5-38}$$

---

[10] 可參考《財數》。

其中 $X_c(0) = 0$ 而 c 為任意的常數。若 $c = 0$，可得 $X_0(t) = \int_0^t dW(s) = W(t)$，即 $W(t)$ 是 $X_c(t)$ 的一個特例。根據 (5-38) 式，$X_c(t)$ 容易轉換成 AR(1) 過程如：

$$
\begin{aligned}
X_c(t+1) &= e^{ct}e^c\left[\int_0^t e^{-cs}dW(s) + \int_t^{t+1}e^{-cs}dW(s)\right] \\
&= e^c X_c(t) + e^{c(t+1)}\int_t^{t+1}e^{-cs}dW(s) \\
&= e^c X_c(t) + u(t+1)
\end{aligned}
\tag{5-39}
$$

其中 $u(t+1)$ 可視為 $X_c(t)$ 之獨立增量部分。顯然就 (5-39) 式而言，其屬於不含常數項的 AR(1) 過程，其中 c 扮演著關鍵的角色。根據 (5-25) 式，顯然 β_1 值與 c 值的大小有關。

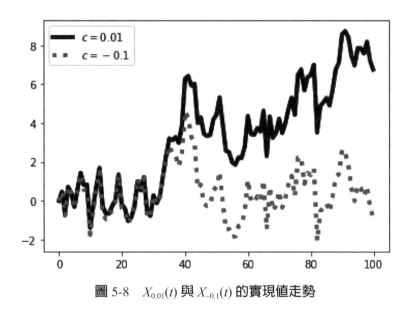

圖 5-8　$X_{0.01}(t)$ 與 $X_{-0.1}(t)$ 的實現值走勢

例2　c 之角色

　　續例 1，假定 u_t 屬於 IID 之標準常態分配，圖 5-8 分別繪製出 $c = 0.01$ 與 $c = -0.1$ 所對應的 $X_{0.01}(t)$ 與 $X_{-0.1}(t)$ 的實現值走勢，可看出前者有「向上不回頭」的走勢，但是後者卻有「回頭反轉」的走勢。我們進一步檢視即可知端倪，即 $\tilde{\beta}_1 = e^{0.01} \approx 1.01$ 與 $\beta_1 = e^{-0.1} \approx 0.9$；換言之，$\tilde{\beta}_1$ 與 β_1 所對應的隨機過程並不相同，前者屬於非恆定過程（具有隨機趨勢）而後者則屬於恆定過程（無隨機趨勢）；因此，若欲模型化具有「反轉」走勢的特性，c 值應小於 0。

例3 持續性

續例 2，我們已經知道若欲模型化恆定過程，c 值應小於 0。圖 5-9 分別繪製出 $X_{-0.9}(t)$ 與 $X_{-0.05}(t)$ 的實現值走勢，其中前者所對應的 β_1 值約爲 0.41，而後者的 β_1 值則約爲 0.95，我們可以看出後者的「持續力道」較強烈。

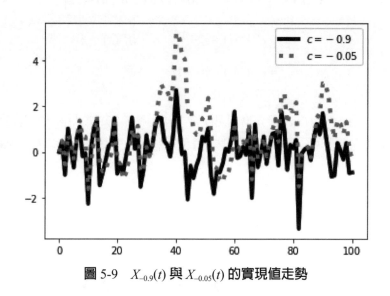

圖 5-9　$X_{-0.9}(t)$ 與 $X_{-0.05}(t)$ 的實現值走勢

習題

(1)　試證明 (5-35) 與 (5-37) 二式。

(2)　OUP 有何缺點？

(3)　就 (5-25) 式而言，令 $\beta_0 = 0$、$\beta_1 = 1$ 以及 u_t 爲 IID 之標準常態分配的隨機變數，試以模擬的方式說明：(i) $\dfrac{\bar{y}}{\sqrt{n}} \sim N(0, 1/3)$；(ii) $\dfrac{y_n}{\sqrt{n}} \sim N(0, 1)$；(iii) $\dfrac{y_n}{\sqrt{n}} - \dfrac{\bar{y}}{\sqrt{n}} \sim N(0, 1/3)$。

(4)　試證明 (5-33) 式。提示：使用 (5-30) 式。

(5)　續上題，試使用模擬的方式說明 $\displaystyle\int_0^{0.8} dW_t \sim N(0, 0.8)$。

(6)　我們是否可以模擬 (5-39) 式內的 $u(t+1) = e^{c(t+1)} \displaystyle\int_t^{t+1} e^{-cs} dW(s)$ 項？如何做？

5.3 Itô 微積分

我們先介紹 Itô 積分的一個特例，即改寫 (5-28) 式可得：

$$S_n(W) = \sum_{i=1}^{n} W(t_i^*)\big(W(t_i) - W(t_{i-1})\big) \tag{5-40}$$

其中 t_i 係根據 (5-17) 式的定義以及 $t_i^* \in [t_{i-1}, t_i]$ $(i = 1, \cdots, n)$。於 (5-14) 式之下，我們應該會想到 $S_n(W)$ 的極限為 $\int_0^t W(s)dW(s)$，其中後者像斯蒂爾傑斯積分。然而實際上並非如此，我們發現 $S_n(W)$ 存在一些限制：

(1) $S_n(W)$ 的極限並不是唯一的，必須適當地選擇 t_i^*。
(2) $S_n(W)$ 的極限並非定義於斯蒂爾傑斯積分。

由於存在上述限制，使得我們必須重新檢視隨機積分；或者說，Itô 積分乃因應而生，開啟了隨機微積分的大門。我們發現隨機微積分與傳統微積分並不相同。

5.3.1 Itô 積分

我們可以將 (5-12) 式的型態寫成更一般化的型態如：

$$I(t) = \int_0^t X(s)dW(s) \tag{5-41}$$

其中 $X_t = X(t)$ 是一種隨機過程而 $W_t = W(t)$ 仍表示維納過程。若我們選擇 $t_i^* = t_{i-1}$，則可以定義 Itô 加總為：

$$I_n(X) = \sum_{i=1}^{n} X(t_{i-1})\big(W(t_i) - W(t_{i-1})\big) \tag{5-42}$$

則

$$I_n(X) \xrightarrow{m} I_t = \int_0^t X(s)dW(s) \tag{5-43}$$

我們稱 I_t 是一種 Itô 積分。Itô 積分如 I_t 須滿足下列條件：

(1) $\int_0^t E(X_s^2)ds < \infty$。
(2) X_t 並不取決於 $\{W_s : s > t\}$ 而是取決於 $\{W_s : s \le t\}$。
(3) (5-43) 式是定義於均方收斂。

令 $s < t$。上述條件相當於假定 W_t 適應於其對應的自然濾化 $\{\mathbf{F}_t\}$ 而 W_t 的增量如 $W_t - W_s$ 與 $\mathbf{F}_s$ 相互獨立。X_t 亦是一種適應於 $\{\mathbf{F}_t\}$ 的隨機過程，即 X_t 並不包括 $W_t - W_s$ 的任何資訊，隱含著：

$$E\left[X_s(W_t-W_s)\mid \mathbf{F}_s\right]=X_s E\left[(W_t-W_s)\mid \mathbf{F}_s\right]=X_s E\left(W_t-W_s\right)=0 \tag{5-44}$$

因此，(5-44) 式的延伸為：

$$E\left(X_s dW_s\mid \mathbf{F}_s\right)=0 \tag{5-45}$$

是故，我們可以解釋 Itô 積分，如 I_t 是一種將 X_t 積分的方式，其中積分器（integrator）或主導過程竟然是維納過程[①]；或者說，Itô 積分如 I_t 是將一種隨機過程轉換成另外一種隨機過程，即 Itô 積分相當於創造出一種新的隨機過程。可以注意的是，於 t 期，I_t 不僅是一種隨機變數，同時 I_t 亦是一種隨機過程。

Itô 積分如 I_t 具有一些性質[②]，其中最重要的性質是 $E(I_t)=0$ 與 $\{I_t: t\ge0\}$ 是一種平賭過程。例如：就任意 $a,b\in[0,t]$ 以及 $b>a$ 而言，可得：

$$
\begin{aligned}
E\left(I_a-I_b\mid \mathbf{F}_a\right)&=E\left(\int_a^b X_s dW_s\mid \mathbf{F}_a\right)=\int_a^b E\left(X_s dW_s\mid \mathbf{F}_a\right)\\
&=\int_a^b E\left[E\left(X_s dW_s\mid \mathbf{F}_s\right)\mid \mathbf{F}_a\right]\\
&=0
\end{aligned}
\tag{5-46}
$$

我們可以看出 Itô 積分與傳統積分並不相同。例如：考慮以傳統積分檢視 $\int_0^t W(s)dW(s)$。使用部分積分技巧，可得：

$$\int_0^t W(s)dW(s)=W_t^2-W_0^2-\int_0^t W(s)dW(s)=W_t^2-\int_0^t W(s)dW(s)$$

$$\Rightarrow \int_0^t W(s)dW(s)=W_t^2/2$$

上述結果明顯與前述的 Itô 積分性質不一致。例如：Itô 積分的平均數等於 0，即 $E\left(\int_0^t W(s)dW(s)\right)=0$，但是上式卻顯示出 $E\left(W_t^2/2\right)=t/2$；因此，上述的部分積分技巧並不適用。

[①] 當然，積分器或主導過程未必局限於維納過程，有可能是其他的隨機過程。
[②] 可參考 Øksendal（2003）或 Björk（2009）等文獻。

我們使用 $\sum_{k=1}^{n} W(t_{k-1})(W(t_k) - W(t_{k-1}))$ 評估 $\int_0^t W(s)dW(s)$，即：

$$\sum_{k=1}^{n} W_{t_{k-1}}\left(W_{t_k} - W_{t_{k-1}}\right) = \sum_{k=1}^{n}\left[\frac{1}{2}\left(W_{t_k} + W_{t_{k-1}}\right) - \frac{1}{2}\left(W_{t_k} - W_{t_{k-1}}\right)\right]\left(W_{t_k} - W_{t_{k-1}}\right)$$

$$= \frac{1}{2}\sum_{k=1}^{n}\left(W_{t_k}^2 - W_{t_{k-1}}^2\right) - \frac{1}{2}\sum_{k=1}^{n}\left(W_{t_k} - W_{t_{k-1}}\right)^2$$

我們已經知道 $\sum_{k=1}^{n}\left(W_{t_k} - W_{t_{k-1}}\right)^2$ 項的均方收斂為 t（第 4 章），故可得：

$$\int_0^t W(s)dW(s) = \frac{1}{2}(W_t^2 - t) \tag{5-47}$$

(5-47) 式不僅說明了 Itô 積分與傳統積分技巧並不相同，同時亦說明了 Itô 積分是使用均方收斂觀念。

其實，(5-47) 式亦說明了 Itô 積分的微分技巧與傳統的技巧有些不同，即根據 (5-47) 式可得：

$$d\left(W_t^2\right) = 2W_t dW_t + dt \tag{5-48}$$

例 1 $I_{t1} = \int_0^1 W_s ds$ 與 $I_{t2} = \int_0^1 W_s dW_s$ 的實現值時間走勢

令 $I_{t1} = \int_0^1 W_s ds$ 與 $I_{t2} = \int_0^1 W_s dW_s$，我們不難以自設函數的方式模擬出 W_t、I_{t1} 與 I_{t2} 的實現值時間走勢，其結果繪製如圖 5-10 所示。有意思的是，I_{t1} 的實現值時間走勢竟接近於圓滑的曲線。

例 2 W_t 與 dW_t

根據 (5-33) 式，我們可以看出 W_t 與 dW_t 之間的關係，而且上述關係可用下列的自設函數表示：

```
def dbmW(n):
    dWt = np.zeros(n+1)
```

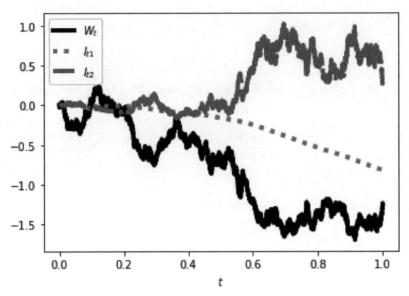

圖 5-10　W_t、I_{t1} 與 I_{t2} 的實現值時間走勢，其中 $I_{t1} = \int_0^1 W_s ds$ 與 $I_{t2} = \int_0^1 W_s dW_s$

```
dWt[1:] = norm.rvs(0,1,n)/np.sqrt(n)

return dWt,np.cumsum(dWt)
```

即 $W = \sum dW$。我們可以舉一個例子說明。例如：圖 5-11 利用上述自設函數於 $n =$ 100 之下，分別繪製出 dW 與 $W = \sum dW$ 之估計的實現值時間走勢，如此可看出二者之不同。

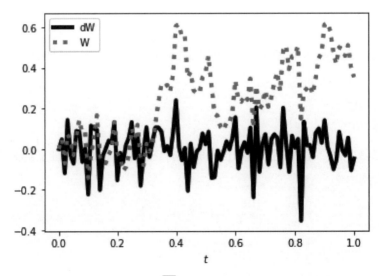

圖 5-11　dW 與 $W = \sum dW$ 估計的實現值時間走勢

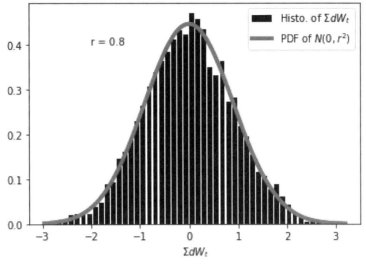

圖 5-12 $\sum dW_t$ 的抽樣分配

例 3 $\sum dW$ 的抽樣分配

　　續例 1，利用上述自設函數，圖 5-12 於 $r = 0.8$ 之下模擬並繪製出 $\sum dW_t$ 的抽樣分配，我們可以看出上述抽樣分配接近於 $W(r) \sim N(0, r)$ 的 PDF。

例 4 $\sum WdW$ 與 $0.5(W^2 - t)$ 的比較

　　續例 2～3，利用上述自設函數所得到的 dW 與 $W = \sum dW$ 之計算，我們進一步檢視 (5-47) 式，即用 $\sum WdW$ 取代式內的積分值，圖 5-13 分別繪製出 (5-47) 式的估計結果，其中上圖係以長條圖檢視（其中 W 以 $W(r)$ 取代）而下圖則分別繪製出二種可能。我們發現 $\sum WdW$ 與 $0.5(W^2 - t)$ 的實現值走勢有些類似，隱含著 $\int WdW$ 項有可能可以透過 $\sum WdW$ 項取代。

例 5 $W_t^2 - t$ 是一種平賭過程

　　於 4.3 節內，我們已經知道 $W_t^2 - t$ 是一種平賭過程，即：

$$E\left(W_t^2 - t \mid W_s\right) = W_s^2 - s \tag{5-49}$$

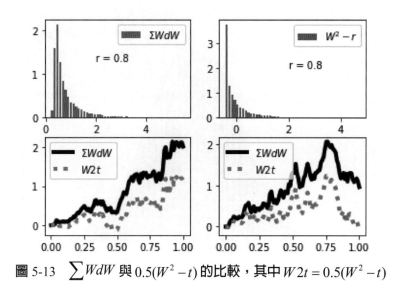

圖 5-13　$\sum WdW$ 與 $0.5(W^2 - t)$ 的比較，其中 $W2t = 0.5(W^2 - t)$

其中 $0 \le s < t$。上式說明了於 $\{W_s : 0 < s\}$ 的條件下（相當於隱含著過去至 s 期的資訊），$W_t^2 - t$ 是一種平賭過程；也就是說，W_t^2 並不是一種平賭過程[13]。圖 5-14 分別繪製出 W_t^2 與 $W_t^2 - t$ 的實現值時間走勢，嚴格來說，單獨從圖內並不容易分別 $W_t^2 - t$ 與 W_t^2 之實現值時間走勢不同；不過，從 (5-46)、(5-47) 與 (5-49) 三式可看出 $W_t^2 - t$ 或 $\frac{1}{2}(W_t^2 - t)$ 皆屬於平賭過程，隱含著乘上常數項的平賭過程依舊是屬於平賭過程。換句話說，Itô 積分如 $\int_0^t W(s)dW(s)$ 亦是一種平賭過程，隱含著未來的 Itô 積分是無法事先預測的。

例6　**再談 GBM**

令 $\{X_t : t \ge 0\}$ 是一種漂浮項參數與變異數參數分別為 μ 與 σ^2 的維納過程，則 $\{G_t : t \ge 0\}$ 過程定義為 $G_t = G_0 e^{X_t}$，其中 $G_0 > 0$。我們稱 G_t 是一種 GBM；換言之，對 G_t 取對數，可得 $\log(G_t) = \log(G_0) + X_t$，我們進一步計算 $\log(G_t)$ 的期望值與變異數，可得：

---

[13] 考慮下列的微小變動：

$$E\left(W_{t+\Delta t}^2 - W_t^2 \mid W_t\right) = E\left[E\left(W_t^2 - (W_t - W_{t+\Delta t})^2 - W_t^2\right) \mid W_t\right]$$
$$= E\left[(W_{t+\Delta t} - W_t)^2 \mid W_t\right] = \sigma^2 \Delta t$$
$$\Rightarrow E\left(\Delta W_t^2\right) = \sigma^2 \Delta t$$

是故，若 σ 為已知或不等於 0，W_t^2 並不是一種平賭過程。

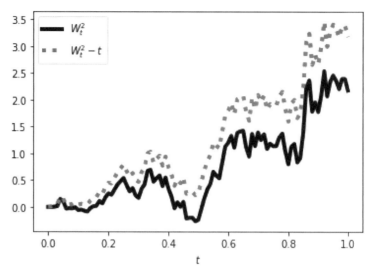

圖 5-14　W_t^2 與 $W_t^2 - t$ 的實現值時間走勢

$$E\left[\log(G_t)\right] = \log(G_0) + \mu t \text{ 與 } Var\left[\log(G_t)\right] = \sigma^2 t \tag{5-50}$$

隱含著 $X_t = \mu t + \sigma W_t$，即 $\log(G_t)$ 屬於常態分配而 G_t 則屬於對數常態分配。

　　因 $\{X_t : t \geq 0\}$ 具有恆定獨立增量的性質，故 GBM 亦有類似的性質，隱含著就 $0 \leq q < r \leq s < t$ 而言，可知：

$$\frac{G_t}{G_s} = e^{\mu(t-s)+\sigma(X_t - X_s)} \text{ 與 } \frac{G_r}{G_q} = e^{\mu(r-q)+\sigma(X_r - X_q)}$$

分別為獨立的常態隨機變數；是故，令 $Y_k = \dfrac{G_k}{G_{k-1}}, k = 1, 2, \cdots$，則 $Y_1, Y_2, \cdots$ 屬於 IID 之常態隨機變數，隱含著：

$$G_n = \left(\frac{G_n}{G_{n-1}}\right)\left(\frac{G_{n-1}}{G_{n-2}}\right)\cdots\left(\frac{G_2}{G_1}\right)\left(\frac{G_1}{G_0}\right)G_0 = G_0 Y_0 Y_1 \ldots Y_n$$

即 GBM 其實就是一連串獨立常態分配隨機變數的乘積。

例 7　**利用 GBM 計算到期預期之買權收益**

　　續例 6，假定 S_t 屬於 GBM，即 $S_t = S_0 e^{\mu t + \sigma W_t}$。令 S_0、T 與 K 分別表示買權標的

資產的當期股價，買權到期期限與履約價。我們的目的是欲找出到期的預期收益 $E[\max(S_T - K, 0)]$。令 $f(x)$ 為平均數與變異數分別為 0 與 T 之常態分配的 PDF，則

$$
\begin{aligned}
E[\max(S_T - K, 0)] &= E\left[\max\left(S_0 e^{\mu T + \sigma x} - K, 0\right)\right] \\
&= \int_{-\infty}^{\infty} \max\left(S_0 e^{\mu T + \sigma x} - K, 0\right) f(x) dx
\end{aligned}
\tag{5-51a}
$$

因 $S_0 e^{\mu T + \sigma x} \geq K \Rightarrow \log(S_0) + (\mu T + \sigma x) \geq \log(K) \Rightarrow x \geq \dfrac{\log(K/S_0) - \mu T}{\sigma} = \alpha$，故

(5-51a) 式可改為：

$$
\begin{aligned}
E[\max(S_T - K, 0)] &= \int_{-\infty}^{\infty} \max\left(S_0 e^{\mu T + \sigma x} - K, 0\right) f(x) dx \\
&= \int_{\alpha}^{\infty} \max\left(S_0 e^{\mu T + \sigma x} - K, 0\right) f(x) dx \\
&= S_0 e^{\mu T} \int_{\alpha}^{\infty} e^{\sigma x} f(x) dx - KP\left(Z > \frac{\alpha}{\sqrt{T}}\right)
\end{aligned}
\tag{5-51b}
$$

其中 Z 為標準常態分配的隨機變數而 $P\left(Z > \dfrac{\alpha}{\sqrt{T}}\right)$ 為計算大於 α 之標準化後的機率。

於 (5-51b) 式內，可知 $\int_{\alpha}^{\infty} e^{\sigma x} f(x) dx$ 可改為：

$$
\begin{aligned}
\int_{\alpha}^{\infty} e^{\sigma x} f(x) dx &= \int_{\alpha}^{\infty} e^{\sigma x} \frac{1}{\sqrt{2\pi T}} e^{-x^2/2T} dx = e^{\sigma^2 T/2} \int_{\alpha}^{\infty} \frac{1}{\sqrt{2\pi T}} e^{-(x-\sigma t)^2/2T} dx \\
&= e^{\sigma^2 T/2} \int_{(\alpha - \sigma T)/\sqrt{T}}^{\infty} \frac{1}{\sqrt{2\pi}} e^{-x^2/2} dx \\
&= e^{\sigma^2 T/2} P\left(Z > \frac{\alpha - \sigma T}{\sqrt{T}}\right)
\end{aligned}
$$

代回 (5-51b) 式內可得：

$$
E[\max(S_T - K, 0)] = S_0 e^{(\mu + \sigma^2/2)T} P\left(Z > \frac{\alpha - \sigma T}{\sqrt{T}}\right) - KP\left(Z > \frac{\alpha}{\sqrt{T}}\right)
\tag{5-51c}
$$

例 8 一個例子

　　續例 7，我們舉一個例子說明 (5-51c) 式的使用。令 $S_0 = 80$、$T = 90/365$、$\mu = 0.1$、$\sigma^2 = 0.25$ 與 $K = 100$，試下列指令：

```
alpha = (np.log(K/S0)-mu*T)/sigma # 0.3969720341352688

Z1 = alpha/np.sqrt(T)

Z2 = (alpha-sigma*T)/np.sqrt(T)

P1 = 1-norm.cdf(Z1,0,1) # 0.2120180805611911

P2 = 1-norm.cdf(Z2,0,1) # 0.29076309907504194

ET = S0*np.exp(T*(mu+0.5*sigma**2))*P2-K*P1 # 3.3862197724564567
```

可知 $E\left[\max(S_T - K, 0)\right]$ 值約爲 3.39，其中 $P\left(Z > \dfrac{\alpha - \sigma T}{\sqrt{T}}\right)$ 與 $P\left(Z > \dfrac{\alpha}{\sqrt{T}}\right)$ 值分別約爲 0.29 與 0.21。若令無風險利率爲 0.05，則 $E\left[\max(S_T - K, 0)\right]$ 的現值約爲：

```
r = 0.02

np.exp(-r*T)*ET # 3.369561714877807
```

　　上述結果若使用 BSM 模型估計，可得：

```
BSM(S0,K,T,mu,0,sigma,option='call') # 2.62737866561617243
```

　　可以注意上述結果是使用 $\mu = 0.1$ 計算，可以看出二種結果並不相同。

例 9 BSM 模型的導出

　　續例 8，若 $r = \mu + \dfrac{1}{2}\sigma^2$ 或 $\mu = r - \dfrac{1}{2}\sigma^2$，也就是說，BSM 模型內機率的計算係根據上述的 μ 值。我們已經知道上述機率可稱爲風險中立機率；換言之，於風險中立機率之下，BSM 模型的買權（或賣權）價格其實就是買權（或賣權）到期的預期收益現值。再試下列指令：

```
BSM(S0,K,T,r,0,sigma,option='call') # 2.30137126672122324

mu = r-0.5*sigma**2

alphaa = (np.log(K/S0)-mu*T)/sigma #

Z1a = alphaa/np.sqrt(T)

Z2a = (alphaa-sigma*T)/np.sqrt(T)

P1a = 1-norm.cdf(Z1a,0,1) #

P2a = 1-norm.cdf(Z2a,0,1) #

ETa = S0*np.exp(T*(mu+0.5*sigma**2))*P2a-K*P1a # 3.3862197724564567

np.exp(-r*T)*ETa # 2.30137126672122324
```

即 $C_0 = e^{-rT} E\big[\max(S_T - K, 0)\big]$，其中 C_0 爲根據 BSM 模型所計算的當期買權價格[14]；因此，(5-51c) 式其實就是 BSM 模型內買權的價格公式。

例 10　GBM 是一種平賭過程

於 4.3 節內，我們已經知道 $e^{-\frac{1}{2}\sigma^2 t + \sigma W_t}$ 是一種平賭過程。令 $S_t = S_0 e^{\mu t + \sigma W_t}$ 以及 $r = \mu + \frac{1}{2}\sigma^2$，可得 $e^{-rT} S_T = e^{-\left(\mu + \frac{1}{2}\sigma^2\right)T} S_0 e^{\mu T + \sigma W_T} = S_0 e^{-\frac{1}{2}\sigma^2 T + \sigma W_T}$。對於 W_t 而言，因 $e^{-\frac{1}{2}\sigma^2 t + \sigma W_t}$ 爲一種平賭過程，故 $S_0 e^{-\frac{1}{2}\sigma^2 T + \sigma W_T}$ 亦是一種平賭過程；換言之，可得：

$$E\left(e^{-rt} S_t \mid S_s\right) = e^{-rs} S_s \tag{5-52}$$

其中 $0 \le s < t$ 以及 S_t 屬於 GBM。

因此，若假定標的資產價格 $S(t)$ 屬於 GBM，愼選 μ 值，該 GBM 可以爲一種平賭過程。例如：圖 5-15 分別繪製出於不同的 r 之下，$S(T)$ 的實現值時間走勢，可以看出若 r 值有變，$S(T)$ 的實現值走勢幾乎會平行移動，不過上述 3 種皆有可能屬於平賭過程，端視實際的條件而定（即與 BSM 模型的條件一致）。

---

[14] 於上述的例子內假定 $q = 0$。若 $q \ne 0$，則 $\mu = r - q - \frac{1}{2}\sigma^2$。

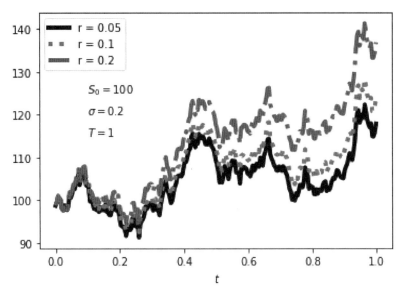

圖 5-15　於不同的 r 之下，S_T（GBM）的實現值時間走勢，其中 $r = \mu + \dfrac{1}{2}\sigma^2$

習題

(1) 何謂 Itô 積分？試解釋之。提示：Itô 積分是一種平賭過程。

(2) 就 (5-42) 式而言，若 $t_i^* = t_i$，結果爲何？試解釋之。提示：I_t 並不是一個平賭過程。

(3) 試舉一個例子說明 Itô 微積分與傳統微積分技巧之不同。

(4) 我們如何導出 BSM 模型的買權或賣權價格公式？試解釋之。

(5) 於 BSM 模型內，貼現的標的資產價格是一個「公平的遊戲」的價格？試解釋之。

(6) 若欲與 BSM 模型的條件一致，我們應如何設計一個 GBM 函數？試自行設計一個與 BSM 模型一致的 GBM 函數。

(7) 就例 1 而言，試分別模擬出 10 種 W_t、I_{t1} 與 I_{t2} 的實現值時間走勢。

5.3.2 Itô's lemma

　　Itô 微積分內最重要的公式或結果，當首推 Itô's lemma。Itô's lemma 相當於隨機版本的「連鎖法則」。Itô's lemma 可說是隨機微積分的基本定理[15]。

---

[15] Itô's lemma 亦可稱爲 Itô 公式（Itô's formula）。

Itô's lemma

假定 $f(\cdot)$ 是一個可以二次微分的連續實數函數，則

$$f(W_t) - f(W_0) = \int_0^t f'(W_s)dW_s + \frac{1}{2}\int_0^t f''(W_s)ds \qquad (5\text{-}53a)$$

其中 W_t 仍是表示維納過程。通常，(5-53a) 式可以寫成：

$$df(W_t) = f'(W_t)dW_t + \frac{1}{2}f''(W_t)dt \qquad (5\text{-}53b)$$

我們舉一個例子說明 (5-53a)～(5-53b) 二式。若 $f(W_t) = W_t^2$，則根據 (5-53a) 式，可得：

$$W_t^2 = \int_0^t 2W_s dW_s + \frac{1}{2}\int_0^t 2ds = 2\int_0^t W_s dW_s + t$$

故 $\int_0^t W_s dW_s = \frac{1}{2}W_t^2 - \frac{t}{2}$ 恰為 (5-47) 式。可以注意的是，(5-53b) 式若使用傳統微積分可得 $2W_t dW_t = 2W_t dW_t + \frac{1}{2}$，明顯出現不一致的情況；換言之，若使用 (5-53b) 式，可知：

$$d(W_t^2) = 2W_t dW_t + dt$$
$$\Rightarrow \int_0^t d(W_t^2) = W_t^2 = 2\int_0^t W_t dW_t + t$$

依舊得到 (5-47) 式的結果。

直覺而言，(5-53a)～(5-53b) 二式的結果可以使用泰勒展開式（Tylor series expansion）取得，即就 $f(\cdot)$ 而言，可得：

$$f(t+dt) = f(t) + f'(t)dt + \frac{1}{2}f''(t)(dt)^2 + \cdots$$

其中 $(dt)^n$ $(n=3,4,\cdots)$ 可省略。就函數 $h(\cdot)$ 而言，利用 $df(h) = f'(h)dh$，上式可改為：

$$f(h(t)+dh(t)) = f(h(t)) + f'(h(t))dh(t) + \frac{1}{2}f''(h(t))(dh(t))^2 + \cdots \tag{5-54a}$$

其中高階微分項依舊被省略。以 W_t 取代 (5-54a) 式內的 $h(t)$，可得：

$$f(W_t + dW_t) = f(W_t) + f'(W_t)dW_t + \frac{1}{2}f''(W_t)(dW_t)^2 + \cdots \tag{5-54b}$$

根據表 4-5 的結果，可知 $(dW_t)^2$ 項不能被省略，但是 $(dW_t)^k = (dt)^{k/2}$（其中 $k > 2$），則可被忽略；因此，(5-54b) 式可再改寫成：

$$f(W_t + dW_t) = f(W_t) + f'(W_t)dW_t + \frac{1}{2}f''(W_t)(dW_t)^2 \tag{5-54c}$$

根據 (5-54c) 式，可得：

$$df(W_t) = f(W_t + dW_t) - f(W_t) = f'(W_t)dW_t + \frac{1}{2}f''(W_t)(dW_t)^2 \tag{5-55}$$

(5-55) 式為 Itô's lemma 的微分型態。我們可以總結導出上述微分型態有採取下列的性質：

$$(dt)^2 = 0 \text{、} dtdW_t = 0 \text{ 與 } (dW_t)^2 = dt$$

Itô's lemma 的延伸

假定 $f(t, x)$ 是一個可對 t 之一次（偏）微分與對 x 二次（偏）微分的連續實數函數，則

$$f(t, W_t) - f(t, W_0) = \int_0^t \left(\frac{\partial f(s, W_s)}{\partial t} + \frac{1}{2}\frac{\partial^2 f(s, W_s)}{\partial x^2} \right)ds + \int_0^t \frac{\partial f(s, W_s)}{\partial x}dW_s \tag{5-56a}$$

而對應的微分型態為：

$$df(t, W_t) = \left(\frac{\partial f(t, W_t)}{\partial t} + \frac{1}{2}\frac{\partial^2 f(t, W_t)}{\partial x^2} \right)dt + \frac{\partial f(t, W_t)}{\partial x}dW_t \tag{5-56b}$$

(5-56b) 式的推導可以參考 Hirsa 與 Neftci（2014）或 Björk（2009）等文獻。

我們舉一個例子說明。假定欲計算 $d(tW_t^2)$。我們可以令 $f(t,x)=tx^2$ 並計算下列的偏微分：$\dfrac{\partial f}{\partial t}=x^2$、$\dfrac{\partial f}{\partial x}=2tx$ 與 $\dfrac{\partial f}{\partial x^2}=2t$。將上述偏微分代入 (5-56b) 式內，可得 $d(tW_t^2)=(W_t^2+t)dt+2tW_tdW_t$。可以注意的是，上述結果與傳統微分的結果仍不相同，即後者為 $d(tW_t^2)=W_t^2dt+2tW_tdW_t$。

透過 (5-56a)～(5-56b) 二式，我們可以重新檢視 Itô 過程如 (5-7) 或 (5-8) 式。例如：檢視 Itô 過程如 (5-8) 式，即該式可寫成：

$$X(t,\omega)=X(0,\omega)+I_1(t,\omega)+I_2(t,\omega) \tag{5-57}$$

其中 $I_1(t,\omega)=\int_0^t \mu\big(X(s,\omega),s\big)ds$ 與 $I_2(t,\omega)=\int_0^t \sigma\big(X(s,\omega),s\big)dW_s$；換言之，Itô 過程如 (5-8) 或 (5-57) 式相當於由期初狀態與二個積分值相加。就每個固定的狀態 ω 而言，$\mu\big(X(s,\omega),s\big)$ 是一個可積分的函數（依傳統積分而言），但是 $I_2(t,\omega)$ 卻是屬於 Itô 積分，$\sigma\big(X(s,\omega),s\big)$ 必須符合 (5-41)～(5-43) 式的要求，即 X_t 的第 2 級變分必須為有限值。

因此，若 $\{X_t\}$ 是一種 Itô 過程，其對應的 SDE 為：

$$dX_t=\mu\big(X_t,t\big)dt+\sigma\big(X_t,t\big)dW_t \tag{5-58}$$

我們可以找到一個圓滑的函數 $f(X_t,t)$，將 $X(t)$ 轉換成 $Y_t=f(X_t,t)$，其中 $\{Y_t\}$ 亦是一種 Itô 過程。透過 Itô's lemma，可知 Y_t 的 SDE 為：

$$dY_t=\left(\frac{\partial f(X_t,t)}{\partial t}+\mu(X_t,t)\frac{\partial f(X_t,t)}{\partial x}+\frac{1}{2}\sigma^2(X_t,t)\frac{\partial^2 f(X_t,t)}{\partial x^2}\right)dt$$
$$+\sigma(X_t,t)\frac{\partial f(X_t,t)}{\partial x}dW_t \tag{5-59a}$$

$$=\left(f_t+\mu f_x+\frac{1}{2}\sigma^2 f_{xx}\right)dt+\sigma f_x dW_t \tag{5-59b}$$

其中 (5-59b) 式為 (5-59a) 式的簡寫。換言之，Y_t 的漂浮項與波動項分別為：

$$\mu_Y=\left(f_t+\mu f_x+\frac{1}{2}\sigma^2 f_{xx}\right) \text{ 與 } \sigma_Y=\sigma f_x$$

我們亦舉一個例子說明。假定股價 $\{S_t\}$ 是一種 Itô 過程，其可由 $S_t = e^{\mu t + \sigma W_t}$ 模型化。我們當然先找出 X_t 與圓滑的函數 $f(x, t)$，根據 (5-57) 式，X_t 可寫成：

$$X_t = X_0 + \int_0^t \mu_X(X_s, s)ds + \int_0^t \sigma_X(X_s, s)dW_s$$

我們考慮簡單的情況，即 $\mu_X = \mu$ 與 $\sigma_X = \sigma$，其中 μ 與 $\sigma > 0$ 皆是常數。是故，$X_t = \mu t + \sigma W_t$ 以及 $f(x) = e^x$。

因 $f_t = 0$ 與 $f_x = f_{xx} = S_t$，故根據 (5-59b) 式，可得：

$$dS_t = \left(f_t + \mu f_x + \frac{1}{2}\sigma^2 f_{xx} \right)dt + \sigma f_x dW_t$$

$$= \left(\mu + \frac{1}{2}\sigma^2 \right)S_t dt + \sigma S_t dW_t$$

根據 5.3.1 節可知，令 $r = \mu + \frac{1}{2}\sigma^2$，其中 r 表示無風險利率，隱含著 $\mu = r - \frac{1}{2}\sigma^2$。上述例子說明了 GBM 的設定方式可藉由 Itô's lemma 完成[16]。

例 1 整合的高斯白噪音過程

若維納過程可以微分，則 (5-33) 式可寫成：

$$W_t = \int_0^t dW_s = \int_0^t \frac{dW_s}{ds}ds$$

其中 $U_t = \dfrac{dW_t}{dt}$ 可以稱為「高斯白噪音過程」，我們會用「」表示上述過程，原因就在於維納過程無法微分，故上述過程應該不存在，不過維納過程有些時候被稱為整合的白噪音過程（integrated white noise process）。

令 Δ_t 表示 t 的微小變動以及 $U_t = \dfrac{W_{t+\Delta t} - W_t}{\Delta t}$ 表示平均數與變異數分別為 0 與 $1/\Delta_t$ 的常態分配隨機變數。我們可以想像當 $\Delta_t \to 0$，U_t 會接近於平均數與變異數分

---

[16] 若 $q \neq 0$（股利支付率），則令 $r - q = \mu + \frac{1}{2}\sigma^2$ 隱含著 $\mu = r - q - \frac{1}{2}\sigma^2$。

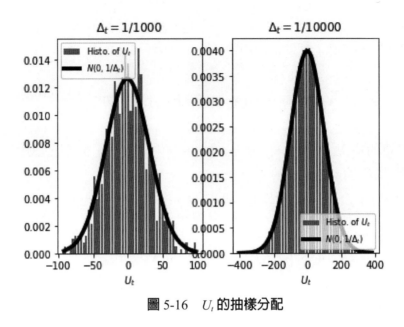

圖 5-16　U_t 的抽樣分配

別為 0 與 1/dt 的常態分配隨機變數。例如：圖 5-16 分別繪製出於 Δ_t = 1/1000 與 Δ_t = 1/10000 之下，U_t 的抽樣分配，我們可以看出後者（右圖）愈接近於平均數與變異數分別為 0 與 1/Δ_t 的常態分配的 PDF；換言之，雖說 $d\mathbf{W}_t$ / dt 並不存在，但是我們可以用 U_t「想像」。

　　U_t 可以想像為連續的白噪音過程（即 5.1 節所介紹的是間斷型），其具有下列特色：就 $s \neq t$ 而言，可得：

$$E(U_t U_s) = E\left(\frac{dW_s}{ds}\frac{dW_t}{dt}\right) = \frac{1}{dsdt}E\left[\left(W_{s+ds}-W_s\right)\left(W_{t+dt}-W_t\right)\right] = 0$$

即維納過程具有獨立增量性質，隱含著我們可以取得或繪製出於「連續過程」下毫不相關的觀察值，如圖 5-17 所示。

例2　再談 GBM

　　GBM 像一種指數成長過程（exponential growth process）。例如：X_t 可以表示於 t 期之股價、人口數量或流行性疾病如 COVID-19 等。如前所述，確定的指數成長模型可利用 ODE 模型化，即：

$$\frac{dX_t}{dt} = \alpha X_t, X_0 = x_0 \tag{5-60}$$

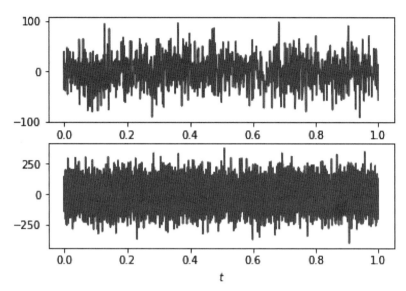

圖 5-17　圖 5-16 內 U_t 的實現值時間走勢，其中下圖所對應的是 $\Delta_t = 1/10000$

其中 X_0 表示期初值 x_0 而 α 為成長率。(5-60) 式的解為：

$$X_t = X_0 e^{\alpha t}, t \geq 0 \tag{5-61}$$

我們於 (5-60) 式內加入 $U_t = dW_t / dt$ 項使其變成隨機或不確定的模型，即：

$$\frac{dX_t}{dt} = (\alpha + \beta U_t) X_t = \alpha X_t + \beta X_t \frac{dW_t}{dt}$$
$$\Rightarrow dX_t = \alpha X_t dt + \beta X_t dW_t \tag{5-62}$$

其中 α 與 β 為二個參數。換言之，(5-62) 式是一種 SDE，其中該式可再寫成：

$$X_t = X_0 + \alpha \int_0^t X_s ds + \beta \int_0^t X_s dW_s \tag{5-63}$$

(5-63) 式可視為 (5-62) 式的解。

就指數成長模型而言，我們發現 GBM 如：

$$X_t = X_0 e^{\left(\alpha - \frac{1}{2}\beta^2\right)t + \beta W_t}, t \geq 0$$

是一個解。我們可以試試。令 $f(t,x) = X_0 e^{\left(\alpha - \frac{1}{2}\beta^2\right)t + \beta x}$，根據 (5-56a) 式，可知需計算下列的偏微分：

$$f_t = \frac{\partial f}{\partial t} = \left(\alpha - \frac{1}{2}\beta^2\right)f \text{、} f_x = \frac{\partial f}{\partial x} = \beta f \text{ 與 } f_{xx} = \frac{\partial^2 f}{\partial x^2} = \beta^2 f$$

代入 (5-56a) 式內，可得：

$$f(t,W_t) - f(0,W_0) = X_0 e^{\left(\alpha - \frac{1}{2}\beta^2\right)t + \beta W_t} - X_0$$
$$= \left(\alpha - \frac{1}{2}\beta^2 + \frac{1}{2}\beta^2\right)\int_0^t X_0 e^{\left(\alpha - \frac{1}{2}\beta^2\right)s + \beta W_s} ds + \beta \int_0^t X_0 e^{\left(\alpha - \frac{1}{2}\beta^2\right)s + \beta W_s} dW_s$$

最後，上式隱含著：

$$X_t = X_0 + \alpha \int_0^t X_s ds + \beta \int_0^t X_s dW_s$$

例3 再談 OUP

5.2.2 節我們曾介紹 OUP，該過程其實是 Itô 過程的一個特例。OUP 假定 $\sigma(X_t,t) = \sigma > 0$ 為一個固定常數，而漂浮項則是一種（向）平均數反轉過程（mean-reverting process），即 $\mu(X_t,t) = \alpha(\mu - X_t)$，故 OUP 可寫成：

$$dX_t = \alpha(\mu - X_t) + \sigma dW_t \tag{5-64}$$

其中 α 與 μ 皆為正數值常數。若 $\sigma = 0$，OUP 如 (5-64) 式變成：

$$\frac{dX_t}{X_t - \mu} = -\alpha dt$$

上式等號二邊分別積分，可得：

$$\log(X_t - \mu) = -\alpha t + C$$

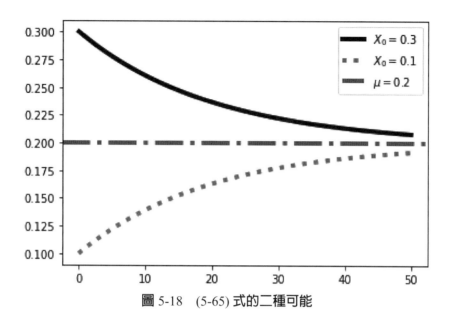

圖 5-18 (5-65) 式的二種可能

其中 $C = \log(X_0 - \mu)$ 而 X_0 為期初值。根據上式，可得確定式為：

$$X_t = \mu + (X_0 - \mu)e^{-\alpha t} \tag{5-65}$$

例如：圖 5-18 分別繪製出二種 (5-65) 式的過程，可看出當 $t \to \infty$，X_t 會接近於 μ 值。

例 4 再談 OUP（續）

續例 2，若 $\sigma \neq 0$，可以透過 Itô's lemma 取得 SDE 如 (5-64) 式之解，即令 $f(t,x) = e^{\alpha t}x$，而對應的偏微分分別為：

$$f_t = \alpha e^{\alpha t}x \text{、} f_x = e^{\alpha t} \text{ 與 } f_{xx} = 0$$

因此，透過 Itô's lemma 可得：

$$
\begin{aligned}
d(e^{\alpha t}X_t) &= \left(f_t - \alpha(X_t - \mu)f_x + \frac{1}{2}f_{xx}\sigma^2\right)dt + f_x\sigma dW_t \\
&= \left(\alpha e^{\alpha t}X_t - \alpha(X_t - \mu)e^{\alpha t}\right)dt + \sigma e^{\alpha t}dW_t \\
&= \alpha e^{\alpha t}\mu dt + \sigma e^{\alpha t}dW_t
\end{aligned} \tag{5-66}
$$

隱含著：

$$e^{\alpha t} X_t - X_0 = \alpha\mu\int_0^t e^{\alpha s} ds + \sigma\int_0^t e^{\alpha s} dW_s = \mu(e^{\alpha t} - 1) + \sigma\int_0^t e^{\alpha s} dW_s$$

$$\Rightarrow X_t = \mu + (X_0 - \mu)e^{-\alpha t} + \sigma\int_0^t e^{-\alpha(t-s)} dW_s \tag{5-67a}$$

$$= X_{t1} + X_{t2} \tag{5-67b}$$

即 (5-67a) 或 (5-67b) 式為 (5-64) 式的解，而該解可以拆成二部分，其中 $X_{t2} = \sigma\int_0^t e^{-\alpha(t-s)} dW_s$ 屬於隨機的部分。圖 5-19 進一步繪製出 X_t 的實現值走勢，該走勢可以分成由確定的部分與隨機的部分相加[17]。

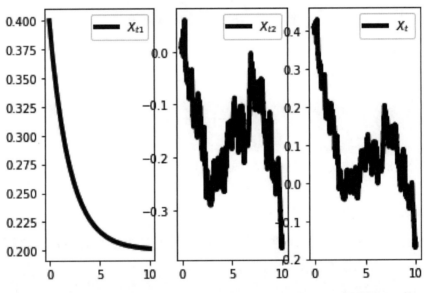

圖 5-19　於 $\mu = 0.2$、$X_0 = 0.4$、$\sigma = 0.1$ 與 $\alpha = 0.5$ 之下，X_t 的實現值走勢

例 5　Euler-Maruyama 方法

我們可以利用模擬的方式取得 SDE 的結果；換言之，若 SDE 為：

---

[17] 圖 5-19 的繪製有使用到部分積分技巧，即 $\int_0^t f(s) dW_s = f(t)W_t - \int_0^t f'(s)W_s ds$，可以參考所附檔案。

$$dX_t = a(t, X_t)dt + b(t, X_t)dW_t$$

使用 Euler-Maruyama 方法[18]，可以於 $[0, T]$ 區間內取得 $X_0, X_1, \cdots, X_n$ 的模擬值。首先將 $[0, T]$ 區間分割成：

$$0 = t_0 < t_1 < \cdots < t_{n-1} < t_n = T$$

其中 $t_i = iT / n, i = 1, 2, \cdots, n$。微小的變動如 $t_i - t_{i-1} = T / n$ 可用於估計 dt_i，而 $W(t_i) - W(t_{i-1})$ 可用於估計 $dW(t_i)$，其中後者屬於平均數與變異數分別為 0 與 $t_i - t_{i-1} = T / n$ 的常態分配隨機變數，故其可用 $(T / n)^{1/2} Z$ 取代（其中 Z 為標準常態分配的隨機變數）。令

$$X_{i+1} = X_i + a(t_i, X_i)T / n + b(t_i, X_i)\sqrt{T / n}Z_i, i = 0, 1, 2, \cdots, n-1$$

透過上式，我們可以取得 $X_0, X_1, \cdots, X_n$ 的模擬值。

習題

(1)　若 $X_t = t^2 + e^{W_t^2}$ 與 $Y_t = e^{t^2 + W_t^2}$，試使用 Itô's lemma 計算 dX_t 與 dY_t。

(2)　Euler-Maruyama 方法。令 $n = 10000$、$T = 10$、$\sigma = 0.2$、$\mu = 0.2$ 以及 $\alpha = 0.5$，試利用 Euler-Maruyama 方法模擬 (5-64) 式的觀察值。

(3)　於《財數》內，我們曾介紹 Cox-Ingersoll-Ross（CIR）過程，CIR 過程又可稱為平方根擴散過程（square-root diffusion process），故 CIR 過程可寫成：

$$dX_t = \alpha(\mu - X_t)dt + \sigma\sqrt{X_t}dW_t$$

若與 (5-64) 式比較，自可看出 OUP 與 CIR 過程之不同。同理，其間斷型態為：

$$X_{t_i} = \alpha\mu\Delta t + (1 - \alpha\Delta t)X_{t_{i-1}} + \sigma\sqrt{X_{t_{i-1}}}Z_t$$

---

[18] 可以參考 Oosterlee 與 Grzelak（2020）。

CIR 過程常用於模型化短期利率的走勢，為避免利率出現負值，一般須假定 $\alpha\mu > \sigma^2$。試模擬出 X_t 的觀察值。

(4) 令 $dX_t = \mu dt + \sigma dW_t$，試利用圖 5-19 內的假定，繪製出 10 種 X_t 的實現值走勢。

偏微分方程式

當代財務學已發展二種衍生性商品定價方法，其一是利用偏微分方程式（partial differential equations, PDE），另一則是將標的過程轉為平賭，即使用 EMM 方法。EMM 方法將於第 7 章介紹，本章將介紹 PDE 方法。雖然上述 PDE 與 EMM 方法皆能產生相同的結果，但是二方法所使用的觀念或數學工具迥異；另一方面，因上述二方法各有優劣，端視所面臨的問題或狀況而定，故反而使得我們無法只專注或強調單一方法。換言之，對於衍生性商品（定價）有興趣的讀者，仍須對上述二方法有基本的認識。

當然，PDE 方法所包含的範圍相當廣泛，底下的介紹只包括於財金上的應用；比較特別的是，我們將說明如何利用 PDE 方法以說明 BSM 模型的價格公式。

6.1 為何存在 PDE？

顧名思義，衍生性商品係由標的資產所衍生，不過與後者不同的是，衍生性商品存在有限的期限。令 T 表示到期日，顯然衍生性商品的到期價格 F_T 只受到標的資產到期價格 S_T 的影響，即：

$$F_T = f(S_T, T) \tag{6-1}$$

隱含著於到期，我們完全知道 $f(S_T, T)$ 的型態為何。於未到期 $t < T$，我們假定存在一個與類似於 (6-1) 式的衍生性商品價格函數如：

$$F_t = f(S_t, t) \tag{6-2}$$

而 dF_t 則表示未到期時，衍生性商品價格的增量。比較麻煩的是，此時我們不知 $f(S_t, t)$ 的型態為何？換句話說，於 $t < T$ 之下，我們須找出 $f(S_t, t)$。

首先，我們需先設定 S_t 的隨機（增量）過程如 dS_t，然後利用 Itô's lemma 找出 dF_t，此隱含著 dS_t 與 dF_t 具有相同的不確定或隨機項；換句話說，二種增量如 dS_t 與 dF_t 皆依賴一種隨機項，隱含著可以形成一種無風險資產組合。

令投資於 $f(S_t, t)$ 與 S_t 的資金總額為 P_t，即：

$$P_t = \theta_1 f(S_t, t) + \theta_2 S_t \tag{6-3}$$

其中 θ_1 與 θ_2 分別表示購買 $f(S_t, t)$ 與 S_t 的數量。(6-3) 式隱含著 P_t 可視為一種資產組合，其中 θ_1 與 θ_2 分別為投資於 $f(S_t, t)$ 與 S_t 的權數。

令 θ_1 與 θ_2 為固定常數，隨著時間經過，S_t 會變動，使得 $f(S_t, t)$ 亦會隨之改變，故可得：

$$dP_t = \theta_1 df(S_t, t) + \theta_2 dS_t \tag{6-4}$$

通常，隨著時間經過，θ_1 與 θ_2 亦會隨之改變（見例題），不過我們暫時先不考慮此種情況；換言之，假定 dS_t 符合下列的 SDE，即；

$$dS_t = \mu(S_t, t)dt + \sigma(S_t, t)dW_t, t \in [0, \infty] \tag{6-5}$$

其中 W_t 仍表示標準的維納過程。利用 Itô's lemma，可得[①]：

$$df(S_t, t) = f_t dt + f_s dS_t + \frac{1}{2} f_{ss} \sigma_t^2 dt \tag{6-6}$$

根據 (6-5) 式，(6-6) 式可改為：

[①] 讀者應不會對下列的表示方式感到困惑，例如：P_t、dP_t、$df(S_t, t)$ 或 F_t 等，其中 P_t 表示 t 期資產組合價值、f_t 表示 $\partial f(S_t, t)/\partial t$，而 dP_t 與 dF_t 則表示 P_t 與 F_t 的增量。最後，F_t 表示衍生性商品價格。

$$df(S_t, t) = f_t dt + f_s dS_t + \frac{1}{2} f_{ss} \sigma_t^2 dt$$

$$= f_t dt + \frac{1}{2} f_{ss} \sigma_t^2 dt + f_s \left(\mu_t dt + \sigma_t dW_t \right) \tag{6-7}$$

$$\Rightarrow df(S_t, t) = \left(f_s \mu_t + \frac{1}{2} f_{ss} \sigma_t^2 + f_t \right) dt + f_s \sigma_t dW_t$$

　　若 $f(S_t, t)$ 的型態為已知，我們自然可以進一步計算 f_t、f_s 與 f_{ss}，故利用 (6-7) 式可直接得到對應的 PDE，但是 $f(S_t, t)$ 的型態通常是未知的。雖說如此，根據 (6-7) 式，我們仍可以看出一些端倪：

(1) (6-7) 式說明了二種增量如 dS_t 與 dF_t 的不確定性，皆屬於同一種隨機項 dW_t，隱含著利用 dS_t 可消除 dF_t 的不確定性。

(2) 我們可以選擇 θ_1 與 θ_2 值使得 dP_t 與 dW_t 無關。

　　換句話說，我們可以設計一個資產組合 P_t，而 P_t 的結果是完全可以預期的。上述結果可根據下列步驟達成，即將 (6-6) 式代入 (6-4) 式內，可得：

$$dP_t = \theta_1 df(S_t, t) + \theta_2 dS_t$$

$$= \theta_1 \left(f_t dt + f_s dS_t + \frac{1}{2} f_{ss} \sigma_t^2 dt \right) + \theta_2 dS_t \tag{6-8}$$

根據 (6-8) 式，若選擇 $\theta_1 = 1$ 與 $\theta_2 = -f_s$，可得資產組合 P_t 為：

$$P_t = f(S_t, t) - f_s S_t \tag{6-9}$$

而對應的資產組合增量 dP_t 為：

$$dP_t = f_t dt + \frac{1}{2} f_{ss} \sigma_t^2 dt \tag{6-10}$$

換言之，於 t 期的資訊下，因 (6-10) 式內無隨機項，隱含著資產組合增量 dP_t 是完全可預期的，即資產組合如 (6-9) 式是一種無風險資產組合。

　　因 P_t 是一種無風險資產組合，隨著時間經過應可賺得資本利得為：

$$rP_t dt \tag{6-11}$$

其中 r 表示無風險利率。因此，以 $rP_t dt$ 取代 (6-10) 式內的 dP_t，(6-10) 式可改為：

$$rP_t dt = f_t dt + \frac{1}{2} f_{ss} \sigma_t^2 dt$$
$$\Rightarrow rP_t = f_t + \frac{1}{2} f_{ss} \sigma_t^2$$

(6-12)

將 (6-9) 式代入 (6-12) 式內，可得：

$$r[f(S_t, t) - f_s S_t] = f_t + \frac{1}{2} f_{ss} \sigma_t^2$$
$$\Rightarrow r f_s S_t + f_t + \frac{1}{2} f_{ss} \sigma_t^2 = rf, 0 \le S_t, 0 \le t \le T$$

(6-13)

　　(6-13) 式就是對應的 PDE，不過該 PDE 仍存在一些已知條件。如前所述，衍生性商品有期限的限制，於到期時，衍生性商品的價格為已知，如 (6-1) 式所示，即令：

$$f(S_T, T) = G(S_T, T)$$

(6-14)

其中 $G(\cdot)$ 是一種 S_T 與 T 的確定函數。例如：若上述衍生性商品是一種履約價為 K 的買權，則 (6-14) 式可進一步寫成：

$$f(S_T, T) = G(S_T, T) = \max(S_T - K, 0)$$

(6-15)

換言之，(6-13) 式是一種 PDE，而 (6-14) 式就是該 PDE 的邊界條件（boundary condition）。

例 1　貨幣市場帳戶

　　通常經濟理論模型會有一些基本或理想的假定，BSM 模型自然也不例外[2]；不過，我們可以注意 BSM 模型內的貨幣市場帳戶（money market account）。BSM 模型內的貨幣市場帳戶是假定存在一種無風險資產，其當期的價格為 $B_0 = B(0)$，其中

---

[2] 例如：BSM 模型的基本假定可參考《歐選》。

B_0 係以無風險利率 r 的「速度」成長（即 r 是連續之無風險利率），即：

$$B_t = B_0 e^{rt} \qquad (6\text{-}16)$$

通常令 $B_0 = 1$。B_t 常用於表示模型內其他資產的計價標準（numéraire），即其他資產的價值可用 B_t 表示。B_t 的瞬時變化可為：

$$dB_t = re^{rt}dt = rB_t dt \quad (B_0 = 1) \qquad (6\text{-}17)$$

例 2　股利與 GBM 的考慮

模型內的標的資產假定支付連續股利，其中支付率為 q。另外，標的資產價格 S_t 假定為漂浮參數與波動參數分別為 μ_{RW} 與 σ 的 GBM，即 $S_t = S_0 e^{\mu_{RW}t + \sigma W_t}$，其中 S_0 為期初標的資產價格，而 $\mu_{RW} = m - q - \dfrac{\sigma^2}{2}$；是故，對應的 SDE 為：

$$dS_t = (m-q)S_t dt + \sigma dW_t \qquad (6\text{-}18)$$

其中 μ_{RW}、σ 與 q 皆是常數。

由於標的資產有股利收益，因此必須分別出未含息之價格 S_t 與含息價格 S_t^C 之不同，即：

$$S_t^C = S_t e^{qt} \qquad (6\text{-}19)$$

(6-19) 式隱含著前述的股利收益全數再投資於標的資產。根據 (6-19) 式，可得 $S_t = e^{-qt}S_t^C$，隱含著市場價格 S_t 係由含息價格 S_t^C 調整而得。

假定 $\{X_t : t \ge 0\}$ 是一個 Itô 過程如：

$$X_t = u(X_t, t)dt + v(X_t, t)dW_t \qquad (6\text{-}20)$$

其中 $u(x, t)$ 與 $v(x, t)$ 皆是確定函數。(6-20) 式顯示出 $\{X_t : t \ge 0\}$ 是一種適應於維納過程的過程[3]。假定 $Y_t = g(X_t, t)$，其中 $g(x, t)$ 分別是 x 與 t 的可連續二次微分以及一次

---

[3] 隱含著 $\int_0^t X_s dW_s$ 是一種平方可積分函數，即 $\int_0^t E(X_s)ds < \infty$。

微分的確定函數；因此，可得：

$$dY_t = \left(g_t + u(X_t,t)g_x + \frac{1}{2}v^2(X_t,t)g_{xx} \right)dt + v(X_t,t)g_x dW_t \tag{6-21}$$

因此於 $S_t^C = S_t e^{qt}$ 之下，相當於令 $g(x,t) = xe^{qt}$，採取 Itô's lemma，如 (6-21) 式，其中令 $u(S_t,t) = (m-q)S_t$ 與 $v(S_t,t) = \sigma S_t$，可得：

$$\begin{aligned} dS_t^C &= \left(qS_t^C + (m-q)S_t e^{qt} \right)dt + \sigma S_t e^{qt} dW_t \\ &= mS_t^C dt + \sigma S_t^C dW_t \end{aligned} \tag{6-22}$$

(6-22) 式可視為考慮股利與 S_t 屬於 GBM 的 SDE。

例3　自我融通的複製資產組合

　　我們考慮一種交易策略 (n_t, b_t)，即該策略是由 n_t 單位（股）標的資產以及 b_t 單位的無風險資產（貨幣市場帳戶）所構成的資產組合，而該資產組合係以自我融通（self-financing）的方式複製衍生性商品價格[④]。假定存在一種衍生性商品的標的資產價格為 S_t，而其瞬時價格調整如 (6-18) 所示；其次，仍令 $f(S_t, t)$ 為上述衍生性商品的價格。現在假定我們於 t 期有分別購買 n_t 與 b_t 單位的（含息）標的資產與無風險資產的資本支出 V_t，我們可以將 (n_t, b_t) 想像成於 $\mathbf{R}^2$ 內的隨機過程，故 V_t 可為一種資產組合，其價值可寫成：

$$V_t = n_t S_t^C + b_t B_t \tag{6-23}$$

當時間 t 改變，理所當然，(n_t, b_t) 亦會隨之改變，只是我們如何融通上述 n_t 與 b_t 單位的變化？

　　假定上述資產組合係以複製上述衍生性商品為依歸，隱含著：

$$V_t = n_t S_t^C + b_t B_t = f(S_t, t) \tag{6-24}$$

[④] 自我融通策略是指當時間有變，我們不須額外增加或減少期初的資本支出。

當時間由 t 增至 $t+dt$，因 (n_{t+dt}, b_{t+dt}) 可以複製 $f(S_{t+dt}, t+dt)$，故可知：

$$V_{t+dt} = n_{t+dt} S_{t+dt}^C + b_{t+dt} B_{t+dt} = f(S_{t+dt}, t+dt)$$

不過因屬於自我融通策略，隱含著 $V_{t+dt} = n_t S_{t+dt}^C + b_t B_{t+dt}$；是故，因採取自我融通策略可知：

$$n_t S_{t+dt}^C + b_t B_{t+dt} = n_{t+dt} S_{t+dt}^C + b_{t+dt} B_{t+dt} \tag{6-25}$$

隱含著：

$$S_{t+dt}^C dn_t + B_{t+dt} db_t = 0 \tag{6-26}$$

亦隱含著：

$$dV_t = n_t dS_t^C + b_t dB_t \tag{6-27}^{⑤}$$

其中 (6-26) 式可說是採取自我融通策略須符合的條件；另一方面，(6-27) 式卻是複製衍生性商品須符合的條件。

例 4 **找出 n_t 與 b_t 值**

我們進一步檢視若符合上述條件，其結果爲何？根據 (6-23) 式可得：

$$b_t = \frac{f(S_t, t) - n_t S_t^C}{B_t}$$

代入 (6-27) 式同時使用 (6-17) 與 (6-22) 二式，可得：

---

⑤ (6-25) 式可改寫成 $n_{t-dt} S_t^C + b_{t-dt} B_t = n_t S_t^C + b_t B_t$，隱含著 $S_t^C dn_t + B_t db_t = 0$；其次，考慮 (6-24) 式的全微分，即 $dV_t = S_t^C dn_t + n_t dS_t^C + B_t db_t + b_t dB_t$，可得 (6-27) 式。

$$dV_t = n_t dS_t^C + \frac{[f(S_t,t) - n_t S_t^C]}{B_t} dB_t$$

$$= [rf(S_t,t) + n_t(m-r)S_t^C]dt + n_t \sigma S_t^C dW_t \qquad (6\text{-}28)$$

另一方面，根據 Itô's lemma，可得：

$$dV_t = df(S_t,t) = \left(f_t + (\mu - q)S_t f_s + \frac{1}{2}\sigma^2 S_t^2 f_{ss} \right)dt + \sigma S_t f_s dW_t \qquad (6\text{-}29)$$

比較 (6-28) 與 (6-29) 二式，Petters 與 Dong（2016）曾指出 Itô 過程存在唯一的表示方式，故上述二式隱含著：

$$n_t = \frac{S_t}{S_t^C}\Delta_F(S_t,t) \qquad (6\text{-}30)$$

與

$$rf(S_t,t) + n_t(m-r)S_t^C = f_t + (m-q)S_t f_s + \frac{1}{2}\sigma^2 S_t^2 f_{ss} \qquad (6\text{-}31)$$

其中 $\Delta_F(S_t,t) = \dfrac{\partial f(S_t,t)}{\partial S_t}$ 可稱為衍生性商品的 Delta 值（可參考《選擇》）。

綜合上述，可知於任意時期下，$f(S_t, t)$ 可由自我融通策略 (n_t, b_t) 複製，即：

$$f(S_t,t) = n_t S_t^C + b_t B_t \qquad (6\text{-}32)$$

其中

$$n_t = \frac{S_t}{S_t^C}\Delta_F \text{ 與 } b_t = \frac{f(S_t,t) - S_t\Delta_F(S_t,t)}{B_t} \qquad (6\text{-}33)$$

例 5　**考慮股利的** PDE

將 (6-30) 式代入 (6-31) 式，整理後可得：

$$\frac{1}{2}\sigma^2 S_t^2 f_{ss} + (r-q)S_t f_s + f_t - rf = 0 \qquad (6\text{-}34)$$

此為有考慮股利與 S_t 屬於 GBM 下的 PDE，其與 (6-13) 式稍有不同。

習題

(1) 令 $S_0 = K = 100$、$T = 1$、$r = 0.05$、$q = 0.01$ 與 $\sigma = 0.25$，試使用 BSM 模型計算對應的買權價格。

(2) 續上題，試計算對應的 Delta 值。

(3) 續上題，試計算 B_t 值。

(4) 續上題，根據 (6-33) 式，n_t 與 b_t 各為何？

(5) 續上題，根據 (6-24) 式，V_t 值為何？

6.2 何謂 PDE？

如前所述，採取無風險資產組合策略以取得無套利衍生性商品價格的方法總能找到對應的 PDE。那何謂 PDE？PDE 的解又為何？我們再檢視 (6-13) 或 (6-34) 式，其又與簡單的微分方程式如 (6-17) 式不同，顯然 PDE 複雜多了。

我們先使用直覺判斷。例如：圖 6-1 繪製出根據 BSM 模型所計算的買權價格曲面（call price surface），若無期初或邊界條件，從圖內可看出上述買權價格其實是一種曲面[6]，我們無法找到唯一對應的買權價格過程，不過若有已知的特定 S_t 與 T 資訊，我們卻可以找到對應的買權價格曲線，如圖內曲面內的曲線所示。上述例子有些類似 PDE 以及對應的求解過程；也就是說，單獨只檢視 PDE，只能得到一個函數或曲面，必須輔以期初與邊界條件，才能得到我們的標的。值得注意的是，此時標的物是一種隨機函數。可惜的是，上述隨機函數未必可以用完整的數學式表示，此時只能訴諸於使用數值方法（numerical method）。

---

[6] 根據《衍商》或《選擇》可知 BSM 模型內之買權價格計算必須事先取得 S_0 (S_t)、K、T、r、q 與 σ 等參數資訊。從圖 6-1 內可看出 K、r、q 與 σ 等參數皆為已知，不過 S_t 與 T 卻是未知，尤其是 S_t 是一種隨機過程。

本節分成二部分說明。第一部分簡單介紹 PDE 以及 PDE 的分類，第二部分則說明可用數值方法以求解 PDE。

Call price surface

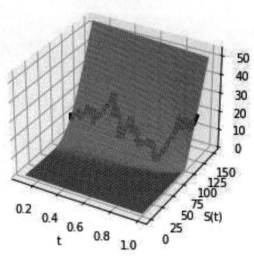

圖 6-1　　買權價格曲面

6.2.1 PDE 的分類

根據 (6-13) 或 (6-34) 式，我們將 PDE 寫成一般式如：

$$a_0 f(S_t,t) + a_1 f_s(S_t,t) + a_2 f_t(S_t,t) + a_3 f_{ss}(S_t,t) = 0, 0 \le S_t, 0 \le t \le T \tag{6-35}$$

其中邊界條件為：

$$f(S_T,T) = G(S_T,T) \tag{6-36}$$

其中 $G(\cdot)$ 是一種已知的確定函數。

PDE 的分類可有底下的方式：

(1) PDE 可以分成線性 PDE 與非線性 PDE 二種，通常我們可以藉由 (6-35) 式內的係數如 a_i（其中 $i = 0, 1, 2, 3$）判斷。例如：若 (6-35) 式為 f 與對應的偏微分的線性組合，則 (6-35) 式屬於一種線性 PDE。

(2) 我們亦可以利用微分的「階次（order）」分類。例如：若所有的偏微分的階次皆爲一階（first-order），則稱爲一階 PDE；同理，若存在二階偏微分或有交叉偏微分，則稱二階（second-order）PDE，顯然，若 $a_3 \neq 0$，則 (6-35) 式是一種二階 PDE。通常，非線性金融衍生性商品如含有選擇權成分，其皆屬於二階 PDE。

(3) 上述 (1) 與 (2) 的區分類似於 ODE 的分類。就 PDE 而言，尚存在將 PDE 分成橢圓形（elliptic）、拋物線（parabolic）與雙曲線（hyperbolic）三類型。於財金的應用上，大多接近於拋物線型 PDE。

　　底下我們檢視線性一階與二階 PDE 的例子，雖說未必屬於財金上的應用，不過卻可說明 PDE 的意義以及邊界條件的重要性。

例 1　**線性一階** PDE

　　考慮一種 PDE 爲：

$$f_t + f_s = 0, 0 \leq S_t, 0 \leq t \leq T \tag{6-37}$$

其中 t 表示時間而 S_t 則表示標的資產價格。當然，從 (6-37) 式內可看出 $f_t = -f_s$。雖然上述結果不容易合理化[⑦]，不過我們的目的是欲找到一個符合 (6-37) 式的 $f(S_t, t)$。現在一個問題是 $f(S_t, t)$ 的形狀爲何？

　　首先，我們猜想 $f(S_t, t)$ 的型態可能爲：

$$f(S_t, t) = \alpha S_t - \alpha t + \beta \tag{6-38}$$

其中 α 與 β 爲任意常數。我們進一步檢視 (6-38) 式，可得 $f_t = \partial f / \partial t = \alpha$ 與 $f_s = \partial f / \partial S_t = -\alpha$，顯然與 (6-37) 式一致。就 (6-38) 式而言，可知於三度空間內 $f(S_t, t)$ 的曲面是一個平面。例如：圖 6-2 與圖 6-3 分別繪製出

$$f(S_t, t) = 3S_t - 3t + 4, -10 \leq t \leq 10, -10 \leq S_t \leq 10$$

[⑦] 即 $\dfrac{\partial f}{\partial t} = -\dfrac{\partial f}{\partial S_t}$ 隱含著隨時間經過 f 會減少，而減少的幅度恰等於 f_s。

與

$$f(S_t, t) = -2S_t + 2t - 4, -10 \leq t \leq 10, -10 \leq S_t \leq 10$$

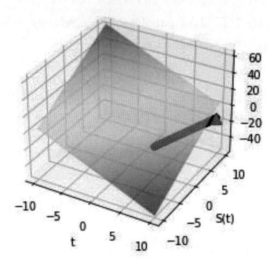

圖 6-2　$f(S_t, t) = 3S_t - 3t + 4$ 的曲面，其中點三角形表示邊界條件

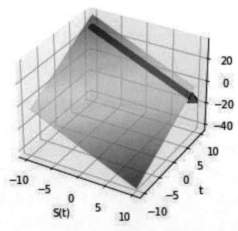

圖 6-3　$f(S_t, t) = -2S_t + 2t - 4$ 的曲面，其中點三角形表示邊界條件

的曲面。我們可以看出若無額外的邊界條件，我們並無法從上述曲面內取得進一步資訊，雖說可能存在期初條件如 $f(S_0,0)=\alpha S_0+\beta$，但是我們竟無法從圖 6-2 與圖 6-3 內分別出，哪一個是才是我們的標的。

如此可看出邊界條件的重要性。考慮接近於 $t=10$ 之下，存在一個邊界條件如：

$$f(S_{10},10)=6-2S_{10}$$

從圖 6-3 內可看出曲面有符合上述邊界條件（如圖內三角形所示），隱含著圖 6-3 的可信度；反觀，圖 6-2 內的曲面並沒有通過上述邊界條件，故圖 6-2 的說服力並不高。

例2 線性二階 PDE

於例 1 內，我們較易猜測線性一階 PDE 的解。現在，考慮一種二階 PDE 如：

$$\frac{\partial^2 f}{\partial t^2}=0.3\frac{\partial^2 f}{\partial S_t^2} \tag{6-39}$$

(6-39) 式亦可寫成：

$$-3f_{ss}+f_{tt}=0 \tag{6-40}$$

因係數為固定數值，故 (6-39) 或 (6-40) 式是一種線性二階 PDE。

考慮下列方程式：

$$f(S_t,t)=\frac{1}{2}\alpha\left(S_t-S_0\right)^2+\frac{0.3}{2}\alpha\left(t-t_0\right)^2+\beta\left(S_t-S_0\right)\left(t-t_0\right) \tag{6-41}$$

其中 S_0 與 t_0 為未知常數，而 α 與 β 則為未知係數。就 (6-41) 式而言，顯然符合 (6-40) 式的要求，故前者可為後者的解。我們進一步考慮 (6-41) 式的例子：令 $\alpha=-20$、$S_0=4$、$t_0=2$ 與 $\beta=0$，可得：

$$f(S_t,t)=-10\left(S_t-4\right)^2-3\left(t-2\right)^2,\ -10\le S_t\le 10,-10\le t\le 10 \tag{6-42}$$

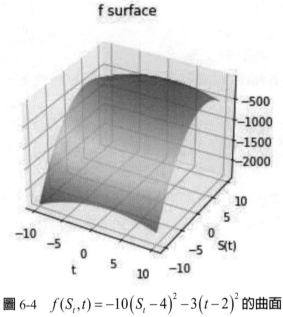

圖 6-4　$f(S_t, t) = -10(S_t - 4)^2 - 3(t - 2)^2$ 的曲面

　　例如：根據 (6-42) 式，圖 6-4 繪製出 $f(S_t, t)$ 的曲面而圖 6-5 則繪製出對應的輪廓線（contour）[8]。從圖 6-5 內可看出輪廓線屬於橢圓形，故 (6-40) 式屬於一種橢圓形型態的 PDE。

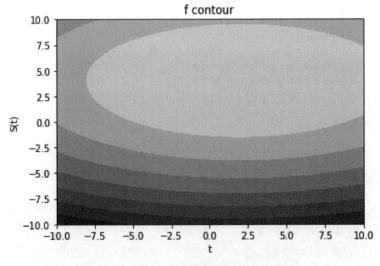

圖 6-5　圖 6-4 內曲面所對應的輪廓線

---

[8] 輪廓線亦稱為等高線。

我們重新檢視圖 6-4 的結果，的確若沒有搭配期初或邊界條件，(6-42) 式並不是一個唯一解。考慮下列二個邊界條件為：

$$f(S_{10},10) = -10(S_{10}-4)^2 -192 \ 與 \ f(0,t) = -160 - 3(t-2)^2$$

利用上述邊界條件，我們重新繪製圖 6-4，其結果則繪製如圖 6-6 所示。我們可以看出已經出現唯一解。

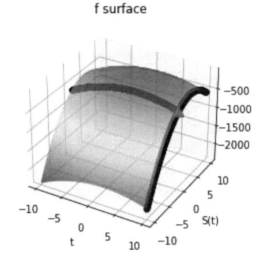

圖 6-6　$f(S_t,t) = -10(S_t-4)^2 - 3(t-2)^2$ 的曲面，其中點三角形表示邊界條件

例3　拋物線 PDE

考慮下列的方程式：

$$f(S_t,t) = -10(S_t-4)^2 - 3(t-2) \tag{6-43}$$

而對應的曲面則繪製如圖 6-7所示。從圖 6-7內可看出 (6-43) 式的輪廓線屬於拋物線。

就 (6-43) 式而言，因 $f_{ss} = -20$ 與 $f_t = -3$，故 (6-43) 式有可能為 (6-44) 式的其中一個解，其中：

$$-\frac{1}{4}f_{ss} + \frac{5}{3}f_t = 0 \tag{6-44}$$

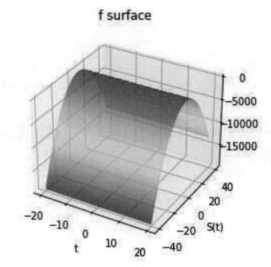

圖 6-7　$f(S_t, t) = -10(S_t - 4)^2 - 3(t - 2)$ 的曲面

於例 2 內，可知 (6-44) 式屬於拋物線型態的 PDE。我們進一步可知 (6-44) 式可能存在二個邊界條件：就 t 而言，其對應的邊界條件的型態屬於拋物線；然而就 S_t 而言，對應的邊界條件的型態則屬於直線。

例 4　**雙曲線** PDE

考慮下列的方程式：

$$f(S_t, t) = -2(S_t - 4)^2 + 10(t - 2)^2 \tag{6-45}$$

而對應的曲面則繪製如圖 6-8 所示。從圖 6-8 內可看出 (6-45) 式的輪廓線屬於雙曲線。

就 (6-45) 式而言，因 $f_{ss} = -4$ 與 $f_{tt} = 20$，故 (6-45) 式有可能為 (6-46) 式的其中一個解，其中：

$$\frac{3}{4} f_{ss} + \frac{3}{20} f_{tt} = 0 \tag{6-46}$$

於例 5 內，可知 (6-46) 式屬於雙曲線型態的 PDE。

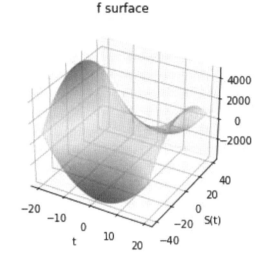

圖 6-8　$f(S_t, t) = -2(S_t - 4)^2 + 10(t - 2)^2$ 的曲面

例 5 PDE 的分類

就 (6-35) 式而言，我們可將該式寫成更一般的型態如：

$$a_0 + a_1 f_t + a_2 f_s + a_3 f_{ss} + a_4 f_{tt} + a_5 f_{st} = 0 \tag{6-47}$$

並且進一步將 PDE 分類如下：

(1) 若 $a_5^2 - 4a_3 a_4 < 0$，則對應的 PDE 型態屬於橢圓形。例如：可參考例 2。

(2) 若 $a_5^2 - 4a_3 a_4 = 0$，則對應的 PDE 型態屬於拋物線。例如：可參考例 3。

(3) 若 $a_5^2 - 4a_3 a_4 > 0$，則對應的 PDE 型態屬於雙曲線。例如：可參考例 4。

習題

(1)　PDE 的解為何？試解釋之。

(2)　試分別繪製圖 6-7 與圖 6-8 的輪廓線。

(3)　圖 6-7 與圖 6-8 內的曲面有何不同？試解釋之。

(4)　利用 Python，試解釋如何於三度空間內繪製標的函數的曲面。

6.2.2 數值方法

從 6.2.1 節內應已看出 PDE 的求解並不容易，即我們並不容易找到符合 PDE 的隨機函數 $f(\cdot)$，故反而讓我們覺得檢視 PDE 的意義並不大。事實上，檢視 PDE

的一個優點是反而讓我們發現存在一個衍生性商品的定價方法，即使用數值方法以取得衍生性商品的價格。6.3 節會介紹如何使用數值方法以取得 BSM 模型的價格。

　　本節將舉三個例子以說明上述數值方法。我們使用的數值方法稱爲有限差分法（finite difference method, FDM）；顧名思義，FDM 是利用有限差分以估計 PDE 內的偏微分。

例 1 　成長模型

　　假定 $M(t)$ 表示 t 期的人口數[⑨]，我們有興趣的是 $M(t)$ 的預期值爲何？一個簡單的方式是使用 ODE 而其對應的解就是 $M(t)$；換言之，上述 ODE 可寫成：

$$\frac{dM(t)}{dt} = M(t)' = \alpha M(t) \qquad (6\text{-}48)$$

其中 α 是一個常數以及 $M(t)$ 是一個實數函數。

　　面對 (6-48) 式，我們猜 $M(t)$ 的型態爲何？一個合理的型態爲 $M(t) = Ce^{\alpha t}$，其中 C 是一個常數。爲了取得明確的結果（或唯一解），我們必須固定 C 值。假定於 $t = 0$ 期，$C = M(0)$ 爲一個固定的數值[⑩]，故 $M(t) = M(0)e^{\alpha t}$。例如：圖 6-9 繪製出於 $\alpha = 5$ 與 $M(0) = 100$ 下，$M(t)$ 的實現值時間走勢。

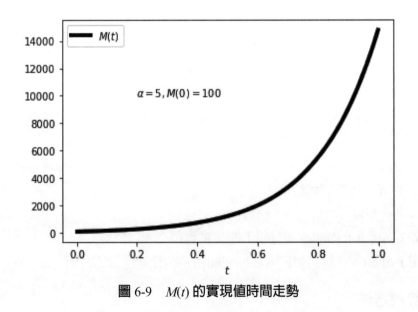

圖 6-9　$M(t)$ 的實現值時間走勢

[⑨] $M(t)$ 亦可以表示 t 期的銀行帳戶金額、COVID-19 確診人數或 CO_2 的排放數等。
[⑩] $C = M(0)$ 稱爲期初條件。

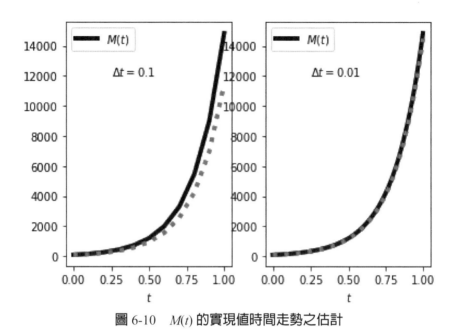

圖 6-10　$M(t)$ 的實現值時間走勢之估計

我們已經知道微分如 $f'(t)$ 可寫成 $f'(t) = \lim_{\Delta \to 0} \dfrac{\Delta f}{\Delta t}$，那如果除去 $\lim_{\Delta \to 0}$，直接用 $\dfrac{\Delta f}{\Delta t}$ 取代 $f'(t)$ 呢？直覺而言，Δ 應接近於 0；換言之，(6-48) 式可改用底下的式子估計，即用 $\dfrac{M(t_{i+1}) - M(t_i)}{\Delta t}$ 估計 $f'(t)$，代入 (6-48) 式內可得：

$$M(t_{i+1}) = M(t_i) + \Delta t \alpha M(t_i) \tag{6-49}$$

其中 $\Delta t = t_{i+1} - t_i$。圖 6-10 繪製出上述結果，我們可以看出於 $\Delta t = 0.1$ 之下，用 $M(t_{i+1})$（圖內虛線）估計 $M(t)$ 仍存在差距（左圖），不過若使用 $\Delta t = 0.01$，$M(t_{i+1})$ 幾乎可以估計到 $M(t)$。

例2　二階的 ODE

於例1內，我們是使用期初條件找到特定的標的函數 $M(t)$。現在我們來看如何利用邊界條件取得特定的標的函數。考慮一個 ODE 為：

$$\frac{d^2 y}{dt^2} = -w \tag{6-50}$$

其中 $y_0 = 0$。6.3 節會說明可用 $\dfrac{y_{i-1} - 2y_i + y_{i+1}}{(\Delta t)^2}$ 估計 $\dfrac{d^2 y}{dt^2}$。假定於 $[0, t]$ 期間內，可

分割成 $n\Delta t$，即 $\Delta t = \dfrac{t}{n}$，故 (6-50) 式可改成用下列式子估計：

$$y_{i-1} - 2y_i + y_{i+1} = -w(\Delta t)^2, i = 1, 2, \cdots, n-1 \tag{6-51}$$

我們先舉一個簡單的例子說明。令 $t = n = 5$、$w = -9.1$ 與 $y_5 = 100$，此相當於假定 $\Delta t = 1$ 以及邊界條件為 $y_5 = 100$；因此，(6-50) 式的解相當於求解下列的聯立方程式，即：

$$\begin{cases} y_0 = 0 \\ y_{i-1} - 2y_i + y_{i+1} = -w(\Delta t)^2, i = 1, 2, \cdots, n-1 \\ y_5 = 100 \end{cases} \tag{6-52}$$

換言之，(6-52) 式可改成：

$$\begin{bmatrix} 1 & 0 & 0 & 0 & 0 & 0 \\ 1 & -2 & 1 & 0 & 0 & 0 \\ 0 & 1 & -2 & 1 & 0 & 0 \\ 0 & 0 & 1 & -2 & 1 & 0 \\ 0 & 0 & 0 & 1 & -2 & 1 \\ 0 & 0 & 0 & 0 & 0 & 1 \end{bmatrix} \begin{bmatrix} y_0 \\ y_1 \\ y_2 \\ y_3 \\ y_4 \\ y_5 \end{bmatrix} = \begin{bmatrix} y_0 \\ -w(\Delta t)^2 \\ -w(\Delta t)^2 \\ -w(\Delta t)^2 \\ -w(\Delta t)^2 \\ 100 \end{bmatrix} \Rightarrow \mathbf{Ay = b} \tag{6-53}$$

是故 $\mathbf{y = A^{-1}b}$。將 $w = -9.1$ 與 $\Delta t = 1$ 代入 (6-53) 式內，可得：

$$\mathbf{y}^T = \begin{bmatrix} 0 & 38.2 & 67.3 & 87.3 & 98.2 & 100 \end{bmatrix}$$

圖 6-11 繪製出 y_i 的實際走勢圖。我們可以看出邊界條件扮演著重要的角色。

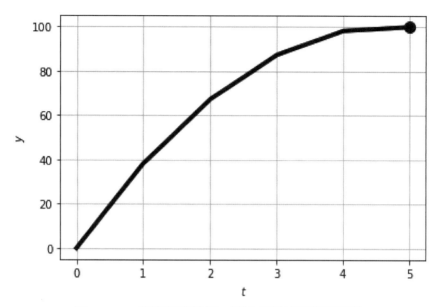

圖 6-11　y 的實際走勢圖，其中黑點表示邊界條件

例 3　熱傳導方程式

考慮下列方程式：

$$\begin{cases} f_t = \alpha^2 f_{xx}, 0 \leq x \leq \pi, t > 0 \\ f(0,t) = 0, f_x(\pi,t) = 0 \\ f(x,0) = 3\sin\left(\dfrac{5x}{2}\right) \end{cases} \tag{6-54}$$

根據 A. Peirce（見 https://personal.math.ubc.ca/~peirce/HeatProblems.pdf），(6-54) 式
的解可寫成：

$$f(x,t) = \alpha^2 \left[-\frac{75}{4} \sin\left(\frac{5x}{2}\right) e^{-\left(\frac{5\alpha}{2}\right)^2 t} \right] \tag{6-55}$$

就 (6-54) 式而言，根據 (6-47) 式，可知 (6-55) 式對應的 PDE 型態屬於拋物
線。根據 Hirsa 與 Neftci（2014），函數 $f(x, y, z, t)$ 若稱為熱傳導方程式（heat
equation），則 $f(x, y, z, t)$ 對應的 PDE 為：

$$f_t = a^2 \left(f_{xx} + f_{yy} + f_{zz} \right) \tag{6-56}$$

其中 a 是一個常數。顯然 (6-54) 式是 (6-56) 式的一個特例；或者說，熱傳導方程式亦屬於拋物線型的 PDE。例如：圖 6-12 繪製出於 $a = 1$ 之下，(6-55) 式的曲面，讀者可檢視對應的輪廓線。

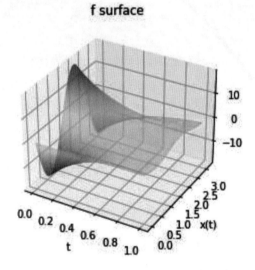

圖 6-12　於 $a = 1$ 之下，(6-55) 式的曲面

例 4　**3D 熱傳導方程式之數值解**[11]

　　如前所述，熱傳導方程式屬於拋物線型的 PDE 而於財金的應用上倒也常見。例如：利用熱傳導方程式可以導出 BSM 模型的價格方程式[12]。由於我們已經可以用其他方式導出 BSM 模型（第 5 章），故反而對熱傳導方程式較為陌生。底下，我們利用數值方法以求解一個 3D 空間的熱傳導方程式，而該數值方法類似於 6.3 節方法。

　　根據 (6-56) 式，我們考慮其中一個特例：

$$\frac{\partial f}{\partial t} - \alpha \left(\frac{\partial^2 f}{\partial x^2} + \frac{\partial^2 f}{\partial y^2} \right) = 0 \tag{6-57}$$

---

[11] 本例係參考 Nervadof（2020）。

[12] 可以參考 Wilmott et al.（1995）或 Petters 與 Dong（2016）等文獻。

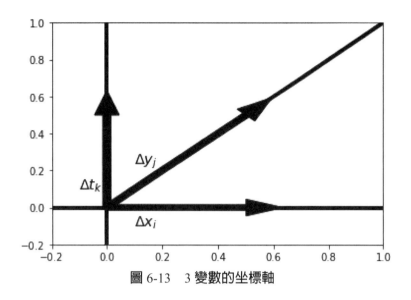

圖 6-13　3 變數的坐標軸

其中 t 可以表示時間,而 x 與 y 爲影響 $f(\cdot)$ 的二個空間變數;另外,α 表示擴散的常數。換言之,(6-57) 式隱含著隨著 t 的變化,我們可以觀察到溫度如 $f(\cdot)$ 的變化。

　　根據 FDM,首先可將 3D 空間格式化,如圖 6-13 所示。t、x 與 y 格式化的步驟爲:分別令 $x_i = i\Delta x$、$y_j = j\Delta y$ 與 $t_k = k\Delta t$,其中 i、j 與 k 分別爲對應的「分隔的步數」。我們的目標爲找出 (6-57) 式之解 $f(\cdot)$,其中 $f(\cdot)$ 可用 $f(x,y,t) = f_{i,j}^k$ 估計,即不同時間點可看出溫度如 $f_{i,j}$ 的變化。

　　根據例 1 與 2,(6-57) 式可用下列式子估計:

$$\frac{f_{i,j}^{k+1} - f_{i,j}^k}{\Delta t} - \alpha\left(\frac{f_{i+1,j}^k - 2f_{i,j}^k + f_{i-1,j}^k}{\Delta x^2} + \frac{f_{i,j+1}^k - 2f_{i,j}^k + f_{i,j-1}^k}{\Delta y^2}\right) \tag{6-58}$$

即一階與二階偏微分可用對應的「有限差分」取代。令 $\Delta x = \Delta y$,代入 (6-58) 式內,整理後可得:

$$f_{i,j}^{k+1} = \gamma\left(f_{i+1,j}^k + f_{i-1,j}^k + f_{i,j+1}^k + f_{i,j-1}^k - 4f_{i,j}^k\right) + f_{i,j}^k \tag{6-59}$$

　　其中 $\gamma = \alpha\dfrac{\Delta t}{\Delta x^2}$。根據 Nervadof(2020),利用上述數值方法以求解熱傳導方程式的條件爲 $\Delta t \leq \dfrac{\Delta x^2}{4\alpha}$。

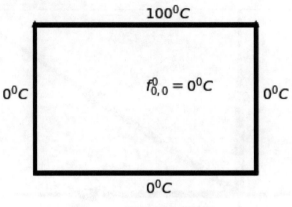

圖 6-14　期初與邊界條件

為了求解 (6-59) 式，我們必須先預設期初與邊界條件，其結果則繪製如圖 6-14 所示。令 $\alpha = 10$ 與 $\Delta x = 1$，可得 $f_{i,j}^k$ 之實現值，繪製如圖 6-15 所示。從圖內可看出隨著 t 的提高，溫度竟逐漸上升，指出 (6-57) 式隱含的意義。

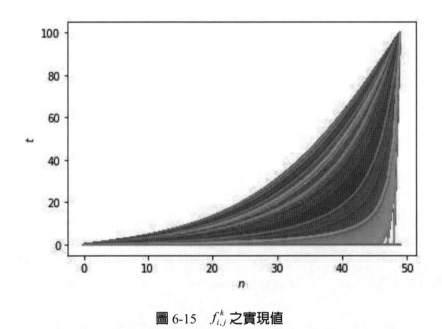

圖 6-15　$f_{i,j}^k$ 之實現值

習題

(1) 試繪製出圖 6-12 內曲面所對應的輪廓線。

(2) 於例 2 內，令 $t = 5$ 與 $n = 100$，其餘不變，結果為何？

(3) 令：

$$\mathbf{A} = \begin{bmatrix} 3 & -1 & 0 & 0 & 0 \\ -1 & 3 & -1 & 0 & 0 \\ 0 & -1 & 3 & -1 & 0 \\ 0 & 0 & -1 & 3 & -1 \\ 0 & 0 & 0 & -1 & 3 \end{bmatrix}$$

　　則 **A** 是一種稱為三角對角矩陣（tridiagonal matrix）。試使用 Python，得出 **A**。

(4) 續上題，試計算 $\mathbf{A}^{-1}$。

(5) 繪製出圖 6-12 所對應的輪廓線。

6.3 有限差分法

　　6.2.2 節的例 4 說明了 PDE 可用數值方法估計，而該數值方法就是有限差分法（FDM）。FDM 利用「有限差分」取代偏微分，簡化了 PDE。於尚未介紹之前，我們先來看如何設計一個方格。假定我們面對的是一種到期日為 T 的歐式選擇權合約，可以先將時間區間 $[0, T]$ 分成 n 個相同寬度的小區間，即 $T = n\Delta t$；因此，我們總共有 $n + 1$ 個時段，即 $t_i = i\Delta t$，$i = 0, 1, 2, \cdots, n$。另一方面，令 $x = \log(S)$，其中 S 為標的資產價格。我們先找出 x 的上下限區間值 $[x_{min}, x_{max}]$，然後再將上下限區間值內分成 m_1 個相同長度，即 $\Delta x = (x_{\max} - x_{\min}) / m_1$ 表示每段時間價格的增量。因此，標的資產價格亦可以用 $x_0 \pm j\Delta x$ 表示，其中 x_0 表示期初價格，而 $j = \cdots, -2, -1, 0, 1, 2, \cdots$。如此，於方格內，總共可劃出有 $(n + 1) \times (m_1 + 1)$ 個點。例如，圖 6-16 繪製出 $x_{\min} = 0$、$x_{\max} = 60$、$n = 10$、$m_1 = 6$ 以及 $T = 1$ 的一個方格，而方格內的一點可依坐標 (i, j) 表示。換句話說，於圖內，從縱軸與橫軸的坐標可以分別看出標的資產價格以及對應的時間點；也就是說，假定履約價 $\log(K)$ 介於 $x_{\min}$ 與 $x_{\max}$ 之間，若 $f_{i,j+1}$ 表示 $t_i = i\Delta t$ 與 $\log(S_{j+1}) = x_{j+1}$ 的買權或賣權價格，我們自然可以從圖內找到對應的點。換言之，上述買權或賣權價格可以寫成：

$$f_{i,j+1} = f(t_i, x_{j+1}) = f[i\Delta t, x_0 + (j+1)\Delta x], \quad i = 0, 1, 2, \cdots, n, \quad j = \cdots, -2, -1, 0, 1, 2, \cdots$$

　　當然，我們也可以再繼續擴大上述的 n 與 m_1 值，如此自然可以提高方格內各點的緊密度。

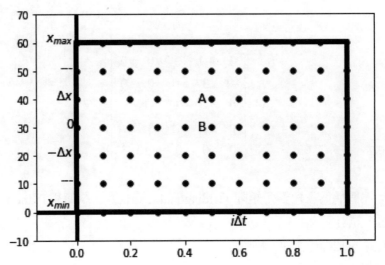

圖 6-16　繪製一個方格，其中點 A 表示 $f(i, j+1) = f_{i,j+1}$ 而點 B 的坐標為 (i, j)

接著，我們描述如何利用 FDM 以估計 BSM 模型的 PDE。例如：考慮歐式買權的情況，根據 (6-34) 式，歐式買權所對應的 PDE 可寫成：

$$-\frac{\partial C}{\partial t} = \frac{1}{2} S^2 \sigma^2 \frac{\partial^2 C}{\partial S^2} + (r-q) S \frac{\partial C}{\partial S} - rC \tag{6-60}$$

其中 $C = C_t$ 表示歐式買權價格。為分析方便起見，(6-60) 式省略變數的下標 t。如《衍商》所述，(6-60) 式不僅可以計算歐式選擇權價格，同時亦可以計算美式選擇權價格；也就是說，若標的資產價格屬於 GBM，(6-60) 式可以主導歐式與美式選擇權價格的變化。

假定 $x = \log(S)$，(6-60) 式可改為：

$$-\frac{\partial C}{\partial t} = \frac{1}{2} \sigma^2 \frac{\partial^2 C}{\partial x^2} + v \frac{\partial C}{\partial S} - rC \tag{6-61}$$

其中 $v = r - q$。我們可以看出 (6-61) 式是一種固定係數的 PDE（即不受 x 或 t 的影響），即從 (6-60) 式轉換為 (6-61) 式，對應的 PDE 較為簡易。

底下，我們重新檢視顯式（explicit）FDM。雖說除了顯式 FDM 之外，於文獻內尚包括隱式（implicit）、Crank-Nicolson 或其他等的 FDM [13]；不過，本節發現只

---

[13] 可參考 Clewlow 與 Strickland（1998）。

要「設定正確」，顯式 FDM 不失為一個簡單易懂的方法。

就 (6-61) 式而言，若以前向差分估計（forward difference approximation）取代 $\partial C / \partial t$，而以中心差分估計（centered difference approximation）取代 $\partial C / \partial x^2$ 與 $\partial C / \partial x$，則 (6-61) 式可改為：

$$-\frac{C_{i+1,j} - C_{i,j}}{\Delta t} = \frac{1}{2}\sigma^2 \frac{C_{i+1,j+1} - 2C_{i+1,j} + C_{i+1,j-1}}{\Delta x^2} + v\frac{C_{i+1,j+1} + C_{i+1,j-1}}{\Delta x} - rC_{i+1,j} \tag{6-62}$$

(6-62) 式即為顯式 FDM 的表示方式[14]。(6-62) 式可再簡化為：

$$C_{i,j} = p_u C_{i+1,j+1} + p_m C_{i+1,j} + p_d C_{i+1,j-1} \tag{6-63}$$

其中

$$p_u = \Delta t\left(\frac{\sigma^2}{2\Delta x^2} + \frac{v}{2\Delta x}\right); p_m = 1 - \Delta t\frac{\sigma^2}{\Delta x^2} - r\Delta t; p_d = \Delta t\left(\frac{\sigma^2}{2\Delta x^2} - \frac{v}{2\Delta x}\right) \tag{6-64}$$

(6-63) 式其實可視為一種「貼現方程式」。例如：根據《衍商》，(6-61) 式亦可使用另外一種方式估計：

$$C_{i,j} = a_j C_{i+1,j-1} + b_j C_{i+1,j} + c_j C_{i+1,j+1} \tag{6-65}$$

其中

---

[14] 前向差分估計如 $\dfrac{\partial f}{\partial S} = \dfrac{f_{i,j+1} - f_{i,j}}{\Delta S}$、中心差分估計如 $\dfrac{\partial f}{\partial S} = \dfrac{f_{i,j+1} - f_{i,j-1}}{2\Delta S}$ 或後向差分估計

（backward difference approximation）如 $\dfrac{\partial f}{\partial S} = \dfrac{f_{i,j} - f_{i,j-1}}{\Delta S}$；最後，二階中心差分估計如：

$$\frac{\partial^2 f}{\partial S^2} = \frac{\dfrac{f_{i,j+1} - f_{i,j}}{\Delta S} - \dfrac{f_{i,j} - f_{i,j-1}}{\Delta S}}{\Delta S} = \frac{f_{i,j+1} + f_{i,j-1} - 2f_{i,j}}{\Delta S^2}$$

可以參考《衍商》。

$$a_j = \frac{1}{1+r\Delta t}\left[-\frac{1}{2}vj\Delta t + \frac{1}{2}\sigma^2 j^2\Delta t\right]; b_j = \frac{1}{1+r\Delta t}\left(1-\sigma^2 j^2\Delta t\right);$$

$$c_j = \frac{1}{1+r\Delta t}\left[\frac{1}{2}vj\Delta t + \frac{1}{2}\sigma^2 j^2\Delta t\right]$$

因 $\frac{1}{1+r\Delta t}$ 可用 $e^{-r\Delta t}$ 估計，故實際上顯式 FDM 之定價頗類似於三項式模型定價（《衍商》）或甚至於二項式模型定價。例如：從圖 6-17 內可看出點 A 所對應的價格可由點 B、D 與 E 的價格決定。

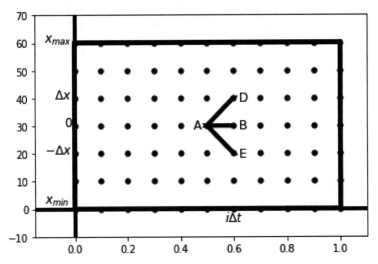

圖 6-17　顯式 FDM 之定價[15]**，其中點 A、B、D 與 E 分別表示 $C_{i,j}$、$C_{i+1,j}$、$C_{i+1,j+1}$ 與 $C_{i+1,j-1}$**

事實上，(6-63) 式可再寫成用矩陣的型態表示，即：

$$\mathbf{F}_{i+1} = \mathbf{A}\mathbf{F}_i + \mathbf{K}_i \tag{6-66}$$

---

[15] 歐式買權與賣權的邊界條件可爲：

　　買權　　　　　　　　　　　賣權

$V(S,T) = \max(S-K,0)$　　　$V(S,T) = \max(K-S,0)$

$V(0,t) = 0$　　　　　　　　$V(0,t) = Ke^{-r(T-t)}$

$\lim_{S\to\infty}V(S,t) = S$　　　$\lim_{S\to\infty}V(S,t) = 0$

其中 $V(\cdot)$ 表示買權或賣權價格。美式買權的邊界條件與歐式買權的邊界條件相同；至於美式賣權的邊界條件則將上述歐式賣權的邊界條件內的 $V(0,t) = Ke^{-r(T-t)}$ 改爲 $V(0,t) = K$，其餘則相同。

其中

$$\mathbf{F}_i = \begin{bmatrix} C_{i,1} \\ C_{i,2} \\ \vdots \\ \vdots \\ C_{i,M-1} \end{bmatrix} \text{、} \mathbf{K}_i = \begin{bmatrix} a_1 C_{i,1} \\ 0 \\ \vdots \\ 0 \\ c_{M-1} C_{i,M-1} \end{bmatrix} \text{與 } \mathbf{A} = \begin{bmatrix} b_1 & c_1 & 0 & \cdots & 0 & 0 \\ a_2 & b_2 & c_2 & \cdots & 0 & 0 \\ 0 & a_3 & b_3 & \cdots & 0 & 0 \\ \vdots & \vdots & \vdots & \ddots & \vdots & \vdots \\ 0 & 0 & 0 & \cdots & a_{M-1} & b_{M-1} \end{bmatrix}$$

顯然，(6-66) 式安定的條件為 $[\![\mathbf{A}]\!]_\infty = \max_i |v_i| < 1$，其中 $[\![\mathbf{A}]\!]_\infty$ 表示 $\mathbf{A}$ 之無窮範數（infinity norm），而 v_i 為 $\mathbf{A}$ 內之行向量。

根據 Clewlow 與 Strickland（1998），顯式 FDM 除了 p_i ($i = u, m, d$) 必須皆大於 0 之外；另外，安定與收斂的條件為 $\Delta x \geq \sigma\sqrt{3\Delta t}$。因此，我們重新檢視顯式 FDM 的根據為：

(1) 使用經過「變數轉換」後的 PDE，如 (6-63) 式所示。若使用 (6-65) 式，顯式 FDM 的估計並不安定，我們已經於《衍商》內見識到了。

(2) 假定 $\Delta x \geq \sigma\sqrt{3\Delta t}$。

根據上述假定，我們自設一個計算歐式買權與賣權價格函數[16]為：

```python
def EXFDM(S0,K,T,sigma,r,q,n,m,option = 'call'):

    dt = T/n;dx = sigma*np.sqrt(3*dt)

    v = r-q-0.5*sigma**2

    pu = 0.5*dt*((sigma/dx)**2+v/dx)

    pm =1.0-dt*(sigma/dx)**2-r*dt

    pd = 0.5*dt*((sigma/dx)**2-v/dx)

    Option = np.zeros([2*m+1,n+1])

    p = [pu,pm,pd]
    # Asset prices at maturity:
    St = [S0*np.exp(-m*dx)]
```

---

[16] EXFDM(.) 係譯自 Clewlow 與 Strickland（1998）所提供的指令。

```
for j in range(1, 2*m+1):
    St.append(St[j-1]*np.exp(dx))
# at maturity:
for i in range(2*m+1):
    if option == 'call':
        Option[i,n] = max(0,St[i]-K)
    elif option == 'put':
        Option[i,n] = max(0,K-St[i])
# Backwards computing
for j in np.arange(n-1, -1, -1):
    for i in range(1, 2*m):
        Option[i,j] = pu*Option[i+1,j+1] + pm*Option[i,j+1] + pd*Option[i-1,j+1]
    # Boundary conditions
    Option[0,j] = Option[1,j]
    Option[2*m,j] = Option[2*m-1,j] + (St[2*m]-St[2*m-1])
return Option,p
```

其中邊界條件係使用 $dC = dS$ 或 dP / dS（P 為賣權價格）為基準[⑰]。

我們舉一個例子說明顯式 FDM 的使用。令 $S_0 = K = 100$、$T = 1$、$r = 0.06$、$q = 0.03$、$\sigma = 0.2$ 與 $n = m = 3$，利用上述 EXFDM(.) 函數，可得圖 6-18 的結果，其中對應的 p_u、p_m 與 p_d 分別約為 0.17、0.66 與 0.17；換言之，根據上述假定，可得一個 7×4 的買權價格矩陣，而期初買權價格則約為 8.55（即第 4 列與第 1 行位置）。因此，利用 FDM，我們所得出的價格矩陣不同於第 3 章內二項式價格矩陣。值得注意的是，p_u、p_m 與 p_d 頗類似於「機率」，即不僅「機率值」如 p_i 介於 0 與 1 之間，同時 Σp_i 接近於 1。

[⑰] 根據《衍商》，歐式價格（如 c, p）與美式價格（如 C, P）的邊界條件為：於 $S = S_{max}$ 處，可知 $\partial c / \partial S = \partial C / \partial S = 1$ 以及 $\partial p / \partial S = \partial P / \partial S = 0$，而於 $S = S_{min}$ 處，則可得 $\partial c / \partial S = \partial C / \partial S = 0$ 與 $\partial p / \partial S = \partial P / \partial S = -1$；另一方面，就美式賣權而言，若 $S = S_{max}$，則 $P = 0$，而若 $S = S_{min}$，則 $P = K$。

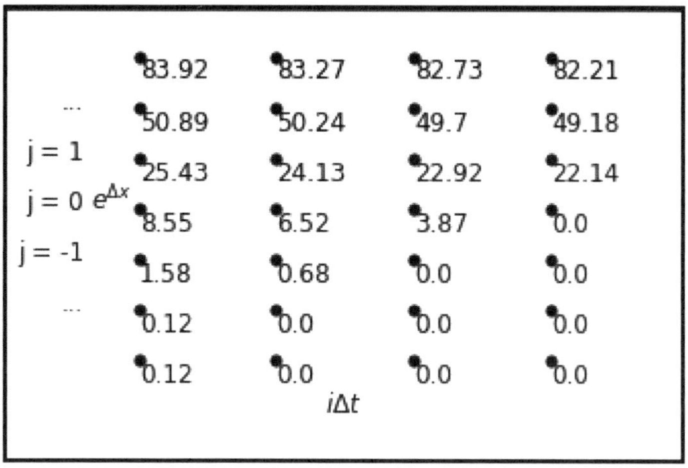

圖 6-18　於 $S_0 = K = 100$、$T = 1$、$r = 0.06$、$q = 0.03$、$\sigma = 0.2$ 與 $n = m = 3$ 下，買權價格的顯式 FDM 估計結果

我們發現上述顯式 FDM 的估計頗爲穩定，我們分成若干例子檢視看看[18]。

例 1　與 BSM 模型比較

仍使用圖 6-18 的假定，不過將 $n = m = 3$ 改爲 $n = m = 500$，其餘不變。根據顯式 FDM，可估得歐式買權與賣權價格分別約爲 9.132 與 6.264，而利用 BSM 模型的買權與賣權價格則分別約爲 9.135 與 6.267，隱含著使用顯式 FDM 亦可估計到 BSM 模型的買權與賣權價格。另外，上述對應的 p_u、p_m 與 p_d 值則分別約爲 0.17、0.66 與 0.17，隱含著亦接近於機率值。

例 2　低波動率

續例 1，將 σ 改爲 0.01，其餘不變。利用顯式 FDM，可估得歐式買權價格約爲 2.87，其與使用 BSM 模型的估計相當；另一方面，上述對應的 p_u、p_m 與 p_d 值則分別約爲 0.21、0.66 與 0.13。

例 3　高無風險利率

續例 1，將 r 改爲 0.6，其餘不變。利用顯式 FDM，可以估得歐式買權價格約

---

[18] 我們是使用 Clewlow 與 Strickland（1998, CS）所提供的指令，因科技進步，若使用較大的 n 與 m 並不會增加計算的負擔，故已與 CS 不可同日而語。

爲 42.194，而使用 BSM 模型估計則約爲 42.173，二者雖有差距，但是不大；另一方面，上述對應的 p_u、p_m 與 p_d 值則分別約爲 0.20、0.67 與 0.13。例 2 與 3 的情況，明顯改善了《衍商》內的估計，《衍商》是使用 (6-65) 式。讀者可以檢視賣權的情況。

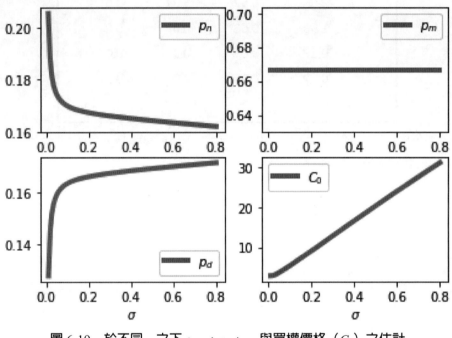

圖 6-19　於不同 σ 之下，p_u、p_m、p_d 與買權價格（C_0）之估計

例 4　不同的 σ

仍使用例 1 內的假定，不過更改 σ 值爲介於 0.01 與 0.8 之間，其餘不變。圖 6-19 分別繪製出使用顯式 FDM，於不同 σ 之下，p_u、p_m、p_d 與買權價格（C_0）之估計結果。我們發現上述 p_i 值皆介於 0 與 1 之間，其中 p_m 值變化不大。

例 5　買權價格曲面

續例 1 內的假定，不過設定 r 介於 0.001 與 0.8 之間以及 σ 介於 0.05 與 0.8 之間，其餘不變，圖 6-20 繪製出使用顯式 FDM 所得出的買權價格曲面。圖 6-20 的結果隱含著利用顯式 FDM 計算買權價格的可行性。

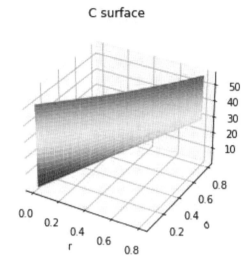

圖 6-20　不同 r 與 σ 下，買權價格曲面

習題

(1) 使用例 1 內的假定，不過將 T 改爲 0.01，其餘不變，試使用顯式 FDM 計算歐式買權與賣權價格。

(2) 就圖 6-19 而言，若將 σ 與 r 互換，結果爲何？

(3) 續圖 6-20，試繪製出歐式賣權價格的曲面。

(4) 利用圖 6-20 內的假定，使用 BSM 模型，試分別繪製出買權與賣權價格的曲面。

(5) 何謂顯式 FDM，試解釋之。

Chapter 7

等值平賭測度

本章介紹 EMM 方法。其實 EMM 方法亦可稱為平賭定價方法（method of martingale pricing）。我們回想第 3 章的結果可以寫成：

$$C_t = E^{\mathbf{Q}}\left[e^{-r(T-t)}\max(S_T - K, 0)\right] \tag{7-1}$$

其中 C_t、r、S_T 與 K 分別表示（歐式）買權於 t 期的價格、無風險利率、標的資產於到期的價格以及買權的履約價；另一方面，$\mathbf{Q}$ 表示風險中立機率。換句話說，本章欲介紹 EMM 方法，就是發現該方法可以用於計算選擇權的價格。

就 (7-1) 式而言，應該是 $\mathbf{Q}$ 最吸引人，同時也最具挑戰性。我們已經知道 $\mathbf{Q}$ 是一種人造或合成的機率（synthetic probability），那究竟 $\mathbf{Q}$ 是什麼？其與真實機率 $\mathbf{P}$ 之間的關係又為何？$\mathbf{P}$ 可以對應到一種（標準）維納過程如 $W^{\mathbf{P}}$，那 $\mathbf{Q}$ 對應的維納過程如 $W^{\mathbf{Q}}$ 又為何？$W^{\mathbf{P}}$ 與 $W^{\mathbf{Q}}$ 之間的關係為何？我們如何產生 $\mathbf{Q}$？我們是否可以將風險資產價格如 S_t 轉換為屬於一種平賭過程？為何利用 $\mathbf{Q}$，就可以決定選擇權的價格？這一連串的問題，就是本章想要知道的部分。

7.1 一個例子

於尚未介紹之前，我們先看底下的例子。假定一個隨機變數 Z 的結果是根據擲一個公正骰子的結果分派，即若出現點 1 與 2，則 $Z = 5$；若出現點 3 與 4，則 $Z = -3$；最後，若出現點 5 與 6，則 $Z = -1$（可以參考表 7-1）。我們可以分別計算 Z 的期望值與變異數分別為：

$$E^{\mathbf{P}}(Z) = 5 \times \frac{1}{3} - 3 \times \frac{1}{3} - 1 \times \frac{1}{3} \approx 0.33$$

與

$$V^{\mathbf{P}}(Z) = [5 - E^{\mathbf{P}}(Z)]^2 \times \frac{1}{3} + [-3 - E^{\mathbf{P}}(Z)]^2 \times \frac{1}{3} + [-1 - E^{\mathbf{P}}(Z)]^2 \times \frac{1}{3} \approx 11.56$$

其中 $V^{\mathbf{P}}(Z)$ 表示變異數的計算，而上標 $\mathbf{P}$ 表示根據真實的機率計算。

面對上述結果，我們發現有二種方法可以將 Z 的期望值（或稱為 Z 的預期值）消除（即消除後 Z 的預期值等於 0）。方法 1 是藉由令 $Z_1 = Z - E(Z)$ 的轉換達成，我們進一步計算，可得 $E^{\mathbf{P}}(Z_1) = 0$ 與 $V^{\mathbf{P}}(Z_1) \approx 11.56$；換言之，使用方法 1 能使轉換後的 Z 的期望值消除並且變異數仍維持固定不變。

至於方法 2 是欲改變上述的機率測度。假定新的機率測度為 $\mathbf{Q}$，而各結果對應的新機率分別約為 $[0.3032, 0.4097, 0.2870]$，則可得 [1]：

$$E^{\mathbf{Q}}(Z) \approx 0 \quad 與 \quad V^{\mathbf{Q}}(Z) \approx 11.56$$

即於 $\mathbf{Q}$ 之下，不僅 Z 的預期值接近於 0，同時 Z 的變異數又能維持不變。我們發現方法 2 的確相當吸引人；至於方法 1，其因需要事先估計 $E^{\mathbf{P}}(Z)$ 值，反而不易使用。

表 7-1　擲一個公正骰子的例子

Z	dP	dQ	QZ	PZ
5	0.3333	0.3032	0.9096	1.0994
−3	0.3333	0.4097	1.2291	0.8136
−1	0.3333	0.287	0.861	1.1614

說明：$\mathbf{Q}Z = (d\mathbf{Q} / d\mathbf{P})Z$ 與 $\mathbf{P}Z = (d\mathbf{P} / d\mathbf{Q})Z$。

---

[1] 令 $q_i (i = 1, 2, 3)$ 分別表示上述結果所對應的新機率，q_i 值可以透過下列的聯立方程式求得：

$$\begin{cases} q_1 + q_2 + q_3 = 1 \\ 5q_1 - 3q_2 - q_3 = 0 \\ 25q_1 + 9q_2 + q_3 \approx 11.56 \end{cases}$$

其中 $0 \le q_i \le 1$。可以參考所附檔案。

表 7-1 列出前述擲一個公正骰子的結果，其中 $d\mathbf{P}$ 為真實機率測度而 $d\mathbf{Q}$ 則為消除 Z 之預期值的機率測度；換言之，根據表 7-1 的結果可得 $E^{\mathbf{P}}(Z) \approx 0.33$ 與 $E^{\mathbf{Q}}(Z) \approx 0$。令 $\mathbf{Q}Z = (d\mathbf{Q}/d\mathbf{P})Z$ 與 $\mathbf{P}Z = (d\mathbf{P}/d\mathbf{Q})Z$，可得：

$$E^{\mathbf{P}}(\mathbf{Q}Z) \approx 0 \text{ 與 } E^{\mathbf{Q}}(\mathbf{P}Z) \approx 0.33$$

上述結果的一般式可寫成：

$$E^{\mathbf{P}}(\mathbf{Q}Z) = \sum \mathbf{Q}Z(d\mathbf{P}) = \sum \frac{d\mathbf{Q}}{d\mathbf{P}}(d\mathbf{P})Z = \sum \xi(Z)(d\mathbf{P})Z \qquad (7\text{-}2)$$

與

$$E^{\mathbf{Q}}(\mathbf{P}Z) = \sum \mathbf{P}Z(d\mathbf{Q}) = \sum \frac{d\mathbf{P}}{d\mathbf{Q}}(d\mathbf{Q})Z = \sum \xi(Z)^{-1}(d\mathbf{Q})Z \qquad (7\text{-}3)$$

其中 $\dfrac{d\mathbf{Q}}{d\mathbf{P}} = \xi(Z)$ 與 $\dfrac{d\mathbf{P}}{d\mathbf{Q}} = \xi(Z)^{-1}$，$d\mathbf{P}, d\mathbf{Q} > 0$。

從上述例子內可看出 $\xi(Z)$ 或 $\xi(Z)^{-1}$ 的確扮演著機率測度轉換的功能，例如：從 (7-2) 式內可看出前者將 $E^{\mathbf{P}}(Z) \approx 0.33$ 轉換成 $E^{\mathbf{P}}(\mathbf{Q}Z) \approx 0$；同理，於 (7-3) 式內，可得 $E^{\mathbf{Q}}(Z) \approx 0$ 轉回 $E^{\mathbf{Q}}(\mathbf{P}Z) \approx 0.33$ 的結果。因此，從上述例子內，我們看到了 EMM。

表 7-2　一個簡單的例子

x	5.1	15.1	10.9	14.6	8.6	14.8	9.8	7.9	3.6	11.6
p	0.1	0.1	0.1	0.1	0.1	0.1	0.1	0.1	0.1	0.1
q	0.2	0.3	0.01	0.03	0.1	0.07	0.02	0.045	0.2	0.025

說明：p 與 q 分別表示不同的機率測度。

習題

就表 7.2 的結果而言，試說明機率測度的轉換。

7.2 機率測度

7.1 節曾使用機率測度如 $d\mathbf{P}$、$d\mathbf{Q}$ 或 $\xi(Z)$，其中 $\xi(Z)$ 可稱為 Radon-Nikodym 微分。究竟機率測度為何？Radon-Nikodym 微分的意義又為何？本節嘗試解釋。

7.2.1 何謂機率測度？

考慮於 t 期下，標準常態分配的隨機變數 Z_t，即 $Z_t \sim N(0, 1)$，而 Z_t 的 PDF 可寫成：

$$f(Z_t) = \frac{1}{\sqrt{2\pi}} e^{-\frac{Z_t^2}{2}} \tag{7-4}$$

假定我們欲計算 Z_t 接近於 $\bar{Z}$ 的機率值，顯然該機率值可透過 (7-4) 式計算，即：

$$P\left(\bar{Z} - \frac{1}{2}\Delta < Z_t < \bar{Z} + \frac{1}{2}\Delta\right) = \int_{\bar{Z}-\frac{1}{2}\Delta}^{\bar{Z}+\frac{1}{2}\Delta} \frac{1}{\sqrt{2\pi}} e^{-\frac{Z_t^2}{2}} dZ_t$$

$$\approx \frac{1}{\sqrt{2\pi}} e^{-\frac{\bar{Z}^2}{2}} \int_{\bar{Z}-\frac{1}{2}\Delta}^{\bar{Z}+\frac{1}{2}\Delta} dZ_t$$

$$= \frac{1}{\sqrt{2\pi}} e^{-\frac{\bar{Z}^2}{2}} \Delta = f(\bar{Z})\Delta \tag{7-5}$$

因此，上述機率值可藉由一個長方形的面積計算，其中高度為 $f(\bar{Z})$ 而寬度為 Δ。例如：檢視圖 7-1 的結果，可發現 PDF 底下的機率值其實可由無窮多個長條圖面積取代，其中（小）長條圖的寬度恰為 Δ 而高度則為 $f(Z_t)$；換言之，若 $\bar{Z} = 1$，則含 $\bar{Z}$ 的（小）長條圖面積可用 $f(\bar{Z})\Delta$ 計算。

我們不難用 Python 計算上述面積或機率，例如：

```
fzbar = norm.pdf(1,0,1) # 0.24197072451914337
```

即 $f(\bar{Z} = 1)$ 值約為 0.24。我們進一步檢視 (7-5) 式的合理性。試下列指令：

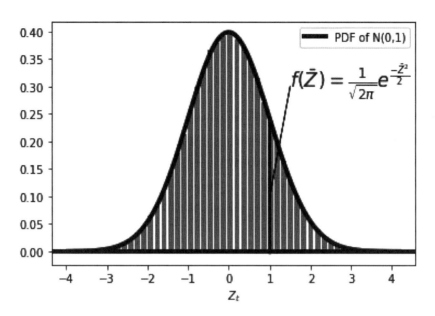

圖 7-1　常態分配之機率測度

```
delta = 0.01
zbar = 1
norm.pdf(zbar,0,1)*delta # 0.0024197072451914337
norm.cdf(zbar+0.5*delta,0,1)-norm.cdf(zbar-0.5*delta,0,1)
# 0.0024197072451661583
fx = lambda x:norm.pdf(x,0,1)
integrate.quad(fx,1-0.5*delta,1+0.5*delta)[0]
# 0.002419707245166204
```

換言之，若令 $\Delta = 0.01$，則 $f(\bar{Z} = 1)\Delta$ 值約爲 0.0024，其與使用常態分配的 CDF 或使用 Python 的積分方法所計算出的結果相當，隱含著 (7-5) 式的可行性。我們可以將 (7-5) 式稱爲眞實機率的機率測度 $d\mathbf{P}(\cdot)$。

　　針對 (7-5) 式，我們以自設函數的方式計算機率值如：

```
def dP(x,delta):
    return norm.pdf(x,0,1)*delta
```

例如：

```
dP(zbar,delta) #  0.0024197072451914337
```

讀者自然可以解釋上述指令的意思。

我們進一步檢視上述 dP(.) 函數的說服力。試下列指令：

```
delta = 0.01

z = np.arange(-4,4,delta)

Tprob = np.zeros(len(z))

Ez = np.zeros(len(z))

Vz = np.zeros(len(z))

for i in range(len(z)):

    Tprob[i] = dP(z[i],delta)

    Ez[i] = dP(z[i],delta)*z[i]

    Vz[i] = dP(z[i],delta)*(z[i]-Ez[i])**2

np.sum(Tprob) # 0.9999366574272239

np.sum(Ez) # -5.353209030667383e-06

np.sum(Vz) # 0.9960480073014872
```

即上述指令說明了利用 dP(.) 函數亦可以計算標準常態分配的平均數與變異數。

我們已經知道常態分配有二個參數：μ 與 σ，其中 μ 表示位置（location）而 σ 可以主導常態分配的形態（shape）[2]。例如：圖 7-2 分別繪製出標準常態隨機變數 Z_t 與常態隨機變數 X_t 的 PDF，其中

$$Z_t = (X_t - \mu) / \sigma \Rightarrow X_t = \mu + \sigma Z_t \tag{7-6}$$

透過「標準化」或圖 7-2，我們可以看出 Z_t 如何轉換至 X_t。

不過，於衍生性商品的定價上，我們利用一種新的轉換方式，即將機率測度 $d\mathbf{P}$ 轉換至 $d\mathbf{Q}$，我們發現 Z_t 過程的預期值已經改變。上述轉換，其實已於前面的章節（如第 3 章）內遇到，即使用風險中立機率測度如 $d\mathbf{Q}$，標的資產的預期報酬

---

[2] 於 Python 內，我們是使用模組（scipy.stats）內的常態分配指令，即 loc 相當於 μ 而 s 表示 σ。

已改用無風險利率 r_t。

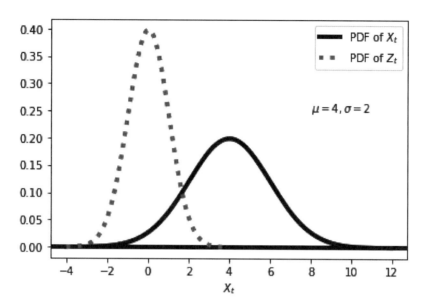

圖 7-2　常態分配與標準常態分配

習題

(1) 試設計一個常態分配的機率測度。

(2) 續上題，如何驗證所設計的機率測度函數無誤？

(3) 續上題，試繪製（該）常態分配的 PDF。

(4) 續上題，試利用所設計的機率測度計算（該）常態分配的平均數與變異數。

(5) 試說明何謂機率測度。

(6) 試說明何謂機率測度的轉換。

7.2.2 Radon-Nikodym 微分與 Girsanov 定理

我們重寫 (7-5) 式為：

$$d\mathbf{P}(Z_t) = \frac{1}{\sqrt{2\pi}} e^{-\frac{1}{2}(Z_t)^2} dZ_t \tag{7-7}$$

即 $d\mathbf{P}(\overline{Z})$ 可表示 $f(\overline{Z})$ 與 Δ 之乘積，其中後者用 dZ_t 取代。令：

$$\xi(Z_t) = e^{-Z_t\mu - \frac{1}{2}\mu^2} \tag{7-8}$$

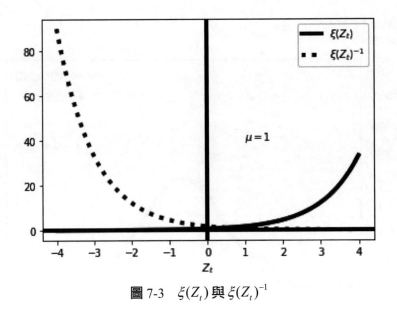

圖 7-3　$\xi(Z_t)$ 與 $\xi(Z_t)^{-1}$

可得：

$$dQ(Z_t) = \xi(Z_t)dP(Z_t)$$

$$= e^{-Z_t\mu-\frac{1}{2}\mu^2}\frac{1}{\sqrt{2\pi}}e^{-\frac{1}{2}(Z_t)^2}dZ_t = \frac{1}{\sqrt{2\pi}}e^{-\frac{1}{2}(Z_t-(-\mu))^2}dZ_t \qquad (7\text{-}9)$$

換言之，透過 $\xi(Z_t)$，竟然將 $dP(Z_t)$ 轉換成 $dQ(Z_t)$，其中後者為平均數與變異數分別為 $-\mu$ 與 1 的機率測度[3]。

上述 $\xi(Z_t)$ 可稱為 Radon-Nikodym 微分，即根據 (7-9) 式可得：

$$\frac{dQ(Z_t)}{dP(Z_t)} = \xi(Z_t) \qquad (7\text{-}10)$$

例如：圖 7-3 於 $\mu = 1$ 之下分別繪製出 $\xi(Z_t)$ 與 $\xi(Z_t)^{-1}$ 的形狀，其中於 (7-9) 式內可

---

[3] 因：

$$-Z_t\mu-\frac{1}{2}\mu^2-\frac{1}{2}(Z_t)^2 = -\frac{1}{2}\left((Z_t)^2+\mu^2+2Z_t\mu\right) = -\frac{1}{2}\left(Z_t-(-\mu)\right)^2$$

可得 (7-9) 式的指數部分。

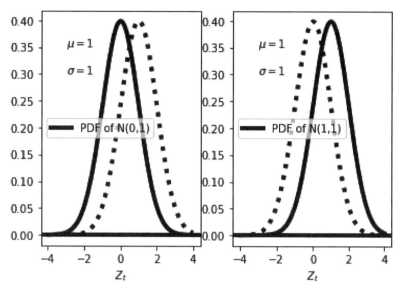

圖 7-4　機率測度之互換，其中虛線表示轉換後之結果

看出 $\xi(Z_t)$ 扮演著將 $d\mathbf{P}(Z_t)$ 轉換至 $d\mathbf{Q}(Z_t)$ 的角色，而 $\xi(Z_t)^{-1}$ 卻是有將 $d\mathbf{Q}(Z_t)$ 回復至 $d\mathbf{P}(Z_t)$ 的功能，即：

$$d\mathbf{P}(Z_t) = \xi(Z_t)^{-1}d\mathbf{Q}(Z_t) \text{ 或 } \frac{d\mathbf{P}(Z_t)}{d\mathbf{Q}(Z_t)} = \xi(Z_t)^{-1} \tag{7-11}$$

當然，上述轉換必須符合 $d\mathbf{Q}(Z_t) > 0$ 與 $d\mathbf{P}(Z_t) > 0$ 的條件。令 $\mu = \sigma = 1$，圖 7-4 分別繪製 $d\mathbf{P}(Z_t) \sim N(0, 1)$ 轉換至 $d\mathbf{Q}(Z_t) \sim N(1, 1)$ 以及後者回復至前者的情況。

　　那 Radon-Nikodym 微分如 $\xi(Z_t)$ 如何應用於選擇權的定價呢？第 3 章曾說明可以使用風險中立機率測度以計算選擇權的價格；換言之，若標的資產於期間內無股利發放，於風險中立機率測度下，標的資產報酬率的預期必須等於無風險利率。若用數學式說明上述結果，相當於令 $\mu(t, X_t) = \mu(t)$ 與 $\sigma(t, X_t) = \sigma(t)$，則 Itô 過程如 (5-8) 式可改寫成：

$$dX(t) = \mu(t)dt + \sigma(t)dW_t^{\mathbf{P}} \tag{7-12}$$

其中 $dW_t^{\mathbf{P}} = dW^{\mathbf{P}}(t)$ 表示於真實機率測度 $\mathbf{P}$ 下的（標準）維納過程，寫成 $\mathbf{P}$- 維納過程；同理，令 $dW_t^{\mathbf{Q}} = dW^{\mathbf{Q}}(t)$ 表示於風險中立機率測度 $\mathbf{Q}$ 下的（標準）維納過程（寫成 $\mathbf{Q}$- 維納過程），(7-12) 式可改成：

$$dX(t) = r(t)dt + \sigma(t)dW_t^{\mathbf{Q}} \tag{7-13}$$

其中 $r(t)$ 表示無風險利率。令 $X(t) = \log(S(t) / S_0)$，從 (7-13) 式內可看出於 $\mathbf{Q}$ 下，$S(t)$ 的預期報酬率恰等於 $r(t)$。

假定 $\mu(t)$、$\sigma(t)$ 與 $r(t)$ 皆為常數，即：

$$\mu(t) = \mu \cdot \sigma(t) = \sigma \text{ 與 } r(t) = r$$

比較 (7-12) 與 (7-13) 二式，可以看出 $dW^{\mathbf{P}}(t)$ 與 $dW^{\mathbf{Q}}(t)$ 有關，即 (7-12) 式減 (7-13) 式，可得：

$$dW^{\mathbf{Q}}(t) = \frac{\mu - r}{\sigma}dt + dW^{\mathbf{P}}(t) \tag{7-14}$$

(7-14) 式亦隱含著：

$$W^{\mathbf{Q}}(t) = \left(\frac{\mu - r}{\sigma}\right)t + W^{\mathbf{P}}(t) \tag{7-15}$$

即透過 (7-15) 式可知 $W^{\mathbf{Q}}(t)$ 與 $W^{\mathbf{P}}(t)$ 屬於同一種濾化。

面對 (7-14) 或 (7-15) 式，其實我們有些困惑，原因就在於 $W^{\mathbf{Q}}(t)$ 與 $W^{\mathbf{P}}(t)$ 皆是一種標準的維納過程，隱含著上述二者皆屬於平賭過程；但是，顯然因：

$$E(W_t^{\mathbf{Q}}) = \left(\frac{\mu - r}{\sigma}\right)t + E(W_t^{\mathbf{P}}) = \left(\frac{\mu - r}{\sigma}\right)t$$

故除非 $\mu = r$，否則 $W^{\mathbf{Q}}(t)$ 應不屬於平賭過程，因 $E(W_t^{\mathbf{Q}}) \neq 0$。換句話說，我們如何合理化 (7-14) 或 (7-15) 式？我們的解釋如下：因 $W^{\mathbf{Q}}(t)$ 與 $W^{\mathbf{P}}(t)$ 屬於不同的機率測度，(7-14) 或 (7-15) 式只是在說明使用機率測度 $\mathbf{P}$ 而已，也就是說，$W^{\mathbf{Q}}(t)$ 應該用機率測度 $\mathbf{Q}$ 檢視才對。

那應如何檢視 $W^{\mathbf{Q}}(t)$ 呢？仍令 $X(t) = \log(S(t) / S_0)$，假定 $dX(t)$ 屬於一種於真實機率測度 $\mathbf{P}$ 下之 Itô 過程，即：

$$dX(t) = \mu dt + \sigma dW_t^{\mathbf{P}}$$

此相當於假定 $S(t)$ 屬於 GBM，即：

$$dS(t) = \mu S(t)dt + \sigma S(t)dW_t^{\mathbf{P}}$$

令 $\tilde{S}(t) = e^{-rt}S(t)$，透過全微分技巧可得：

$$\begin{aligned}
d\tilde{S}(t) = d\left(e^{-rt}S(t)\right) &= -re^{-rt}S(t)dt + e^{-rt}dS(t) \\
&= -re^{-rt}S(t)dt + e^{-rt}\left(\mu S(t)dt + \sigma S(t)dW_t^{\mathbf{P}}\right) \\
&= \sigma e^{-rt}S(t)\left(\frac{\mu - r}{\sigma}dt + dW_t^{\mathbf{P}}\right) \\
&= \sigma Y(t)dW_t^{\mathbf{Q}}
\end{aligned} \qquad (7\text{-}16)$$

故可知於 $\mathbf{Q}$ 之下 $\tilde{S}(t)$ 屬於一種平賭過程，隱含著 $W^{\mathbf{Q}}(t)$ 是一種標準的維納過程。

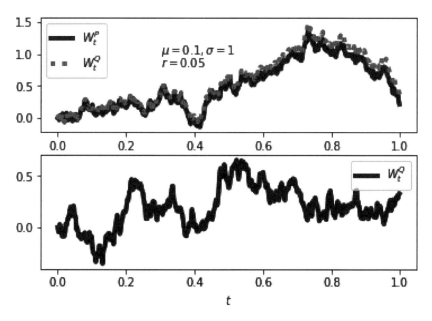

圖 7-5 $W_t^{\mathbf{Q}}$ 與 $W_t^{\mathbf{P}}$ 的實現值時間走勢

　　令 $\mu = 0.1$、$r = 0.05$ 與 $\sigma = 1$，圖 7-5 分別繪製出 $W_t^{\mathbf{Q}}$ 與 $W_t^{\mathbf{P}}$ 的實現值時間走勢，其中上圖是使用 $\mathbf{P}$ 而下圖則使用 $\mathbf{Q}$。值得注意的是，上圖的 $W_t^{\mathbf{Q}}$ 並不是一種平賭過程。

雖然從 (7-14) 或 (7-15) 式內可看出 $dW_t^{\mathbf{P}}$ 與 $dW_t^{\mathbf{Q}}$ 之間的關係，那我們如何利用 Radon-Nikodym 微分如 $\xi(Z_t) = d\mathbf{Q}(Z_t) / d\mathbf{P}(Z_t)$，從事 $dW_t^{\mathbf{P}}$ 與 $dW_t^{\mathbf{Q}}$ 之間的轉換呢？底下，我們利用一個例子說明如何導出整個 $\mathbf{P}$ 與 $\mathbf{Q}$。令 $v = (\mu - r) / \sigma$。於第 3 章內，我們已經知道可以利用簡單隨機漫步模型模擬出維納過程，即假定於小期間 Δt 之下，$\Delta W_t^{\mathbf{P}}$ 的結果不是 $\sqrt{\Delta t}$ 就是 $-\sqrt{\Delta t}$（即「上升」與「下降」的機率皆固定為 0.5），故根據 (7-14) 式可知：

$$E\left[\Delta W^{\mathbf{Q}}(t)\right] = \frac{1}{2}\left[v\Delta t + \sqrt{\Delta t}\right] + \frac{1}{2}\left[v\Delta t - \sqrt{\Delta t}\right] = v\Delta t$$

即若 $v \neq 0$，則 $E\left[\Delta W^{\mathbf{Q}}(t)\right] \neq 0$，隱含著若以 $d\mathbf{P}$ 計算，$dW^{\mathbf{Q}}(t)$ 並不是一種維納過程。

我們回想 CRR 如 (3-59) 或 (3-63) 式的設定方式，可知 $p_n^* \approx \frac{1}{2}(1 + \lambda\sqrt{dt})$ 與 $1 - p_n^* \approx \frac{1}{2}(1 - \lambda\sqrt{dt})$，因此可得 [4]：

$$\frac{d\mathbf{Q}}{d\mathbf{P}} = \frac{\mathbf{Q}\left(\Delta W_{t1} = \varepsilon_1\sqrt{\Delta t}, \Delta W_{t2} = \varepsilon_2\sqrt{\Delta t}, \cdots, \Delta W_{tn} = \varepsilon_n\sqrt{\Delta t}\right)}{\mathbf{P}\left(\Delta W_{t1} = \varepsilon_1\sqrt{\Delta t}, \Delta W_{t2} = \varepsilon_2\sqrt{\Delta t}, \cdots, \Delta W_{tn} = \varepsilon_n\sqrt{\Delta t}\right)}$$

$$= \frac{\mathbf{Q}\left(\Delta \mathbf{W}_{t1} = \varepsilon_1\sqrt{\Delta t}, \Delta \mathbf{W}_{t2} = \varepsilon_2\sqrt{\Delta t}, \cdots, \Delta \mathbf{W}_{tn} = \varepsilon_n\sqrt{\Delta t}\right)}{(0.5)^n}$$

$$= \frac{\prod_{i}^{n}(1/2)\left(1 \mp \lambda\sqrt{\Delta t}\right)}{(1/2)^n}$$

---

[4] 利用 $e^{\pm\sigma\sqrt{dt}} \approx 1 \pm \sigma\sqrt{dt}$，代入 (3-63) 式內並令 $\mu = r$，可得：

$$p_n^* \approx \frac{e^{(r-q)h_n} - e^{-\sigma\sqrt{h_n}}}{e^{\sigma\sqrt{h_n}} - e^{-\sigma\sqrt{h_n}}} = \frac{1 + (r-q)h_n - 1 + \sigma\sqrt{h_n}}{2\sigma\sqrt{h_n}}$$

$$= \frac{(r-q)h_n + \sigma\sqrt{h_n}}{2\sigma\sqrt{h_n}} = \frac{1}{2}(1 + \lambda\sqrt{h_n})$$

其中 $\lambda = (r-q)/\sigma$；同理，可得 $1 - p_t^* = 1 - \frac{1}{2}(1 + \lambda\sqrt{h_n}) = \frac{1}{2}(1 - \lambda\sqrt{h_n})$。

$$= \prod_i^n \left(1 \mp \lambda \sqrt{\Delta t} \right) = e^{\log\left[\prod_i^n \left(1 \mp \lambda \sqrt{\Delta t} \right) \right]} = e^{\sum \log\left(1 \mp \lambda \sqrt{\Delta t} \right)} \tag{7-17}$$

其中 $\lambda = (r - q) / \sigma$ 以及 $\mathbf{Q}(\cdot)$ 與 $\mathbf{P}(\cdot)$ 分別表示聯合機率函數，而 $\varepsilon_i (i = 1, 2, \cdots, n)$ 則為 $\left[\sqrt{\Delta t}, -\sqrt{\Delta t} \right]$ 內的其中一個觀察值。

因 $\log(1+x) = x - \dfrac{x^2}{2} + \dfrac{x^3}{3} - \cdots$ 或 $\log(1-x) = -x - \dfrac{x^2}{2} - \dfrac{x^3}{3} - \cdots$，故 (7-17) 式可以進一步寫成：

$$\frac{d\mathbf{Q}}{d\mathbf{P}} = e^{\sum \log\left(1 \mp \lambda \sqrt{\Delta t} \right)} = e^{-\lambda \sum_t^T \pm \sqrt{\Delta t} - \frac{\lambda^2}{2} \sum_t^T \Delta t} = e^{-\lambda \sum_t^T \Delta W_t^{\mathbf{P}} - \frac{\lambda^2}{2} \sum_t^T \Delta t} = e^{-\lambda W_T^{\mathbf{P}} - \frac{\lambda^2}{2} T} \tag{7-18}$$

(7-18) 式的型態，我們並不陌生，因為其類似於 (7-8) 式內的 $\xi(Z_t)$，而於 (7-9) 式內，我們已經知道 $d\mathbf{P} \sim N(0, 1)$ 而 $d\mathbf{Q} \sim N(-\mu, 1)$，故 (7-18) 式隱含著機率測度的轉換。

(7-18) 式其實就是 Girsanov 定理。換句話說，Girsanov 定理可以敘述如下：

Girsanov 定理

$W^{\mathbf{P}} = \{W^{\mathbf{P}}(t)\}$ 是一個於 $(\Omega, \mathbf{F}, \{\mathbf{F}_t\}, \mathbf{P})$ 內標準維納過程，其中 $\{\mathbf{F}_t\}$ 是 $W^{\mathbf{P}}$ 的自然濾化。令 $\theta(t)$ 是 $\{\mathbf{F}_t\}$ 的一種適應過程而且其滿足 $e^{\frac{1}{2}\int_0^T (\theta(s))^2 ds} < \infty$ 的條件[5]。就 $t \in [0, T]$ 而言，定義：

(1) $\xi(t) = e^{-\int_0^t \theta(s) dW^{\mathbf{P}}(s) - \frac{1}{2}\int_0^t (\theta(s))^2 ds}$；

(2) $W^{\mathbf{Q}}(t) = W^{\mathbf{P}}(t) + \int_0^t \theta(s) ds$；

(3) $\dfrac{d\mathbf{Q}}{d\mathbf{P}} = \xi(T)$。

則於機率測度 $\mathbf{P}$ 之下，$\{\xi(t)\}$ 是一種平賭（過程），而於機率測度 $\mathbf{Q}$ 之下，$\mathbf{W}^{\mathbf{Q}} = \{\mathbf{W}^{\mathbf{Q}}(t)\}$ 則是一種標準維納過程。

上述 Girsanov 定理可解釋為：

---

[5] $e^{\frac{1}{2}\int_0^T (\theta(s))^2 ds} < \infty$ 又可稱為 Novikov 條件（Novikov's condition）。Novikov 條件是 $\{\xi(t)\}$ 為一種平賭（過程）的充分條件。

(1) 於 **P** 之下，$W^{\mathbf{P}} = \{W^{\mathbf{P}}(t)\}$ 是一種標準維納過程，而若 $\theta(t) = \theta$ 是一個常數，則於 **Q** 之下，$W^{\mathbf{Q}} = \{\theta t + W^{\mathbf{P}}(t)\}$ 亦是一種標準維納過程。

(2) 為了避免困擾，我們省略 T。令 $\xi = \xi(T)$，可知：

$$\frac{d\mathbf{Q}}{d\mathbf{P}} = \xi \text{ 隱含著 } \frac{d\mathbf{Q}}{d\mathbf{P}} = \xi(\omega), \omega \in \Omega \text{，亦隱含著 } \mathbf{Q}(A) = \int_A \xi(\omega) d\mathbf{P}(\omega), \omega \in \mathbf{F}$$

其中 $\dfrac{d\mathbf{Q}}{d\mathbf{P}} = \xi(\omega)$ 稱為 Radon-Nikodym 微分，其是一種（機率）密度過程（density process）。Radon-Nikodym 微分扮演著將 **P** 轉為等值 **Q** 的角色。

(3) 簡單地說，Girsanov 定理描述了如何將一種機率測度「等值地」轉換為另外一種機率測度。

例 1 **常態分配的** MGF

假定 Y_t 是一種連續的過程如 $Y_t \sim N(\mu t, \sigma t)$，其中 Y_0 為固定數值[⑥]。另外，令：

$$S_t = S_0 e^{Y_t} \tag{7-19}$$

其中 S_0 亦為固定數值。利用上述 Y_t 之定義，可得：

$$E\left(e^{\lambda Y_t}\right) = \int_{-\infty}^{\infty} e^{\lambda Y_t} \frac{1}{\sqrt{2\pi\sigma^2 t}} e^{-\frac{1}{2}\frac{(Y_t - \mu t)^2}{\sigma^2 t}} dY_t = \int_{-\infty}^{\infty} \frac{1}{\sqrt{2\pi\sigma^2 t}} e^{-\frac{1}{2}\frac{(Y_t - \mu t)^2}{\sigma^2 t} + \lambda Y_t} dY_t$$

其中 λ 為任意參數。因 $e^{-\left(\lambda\mu t + \frac{1}{2}\sigma^2 t\lambda^2\right)} e^{\left(\lambda\mu t + \frac{1}{2}\sigma^2 t\lambda^2\right)} = 1$，故可得：

$$E\left(e^{\lambda Y_t}\right) = \int_{-\infty}^{\infty} \frac{1}{\sqrt{2\pi\sigma^2 t}} e^{\left(\lambda\mu t + \frac{1}{2}\sigma^2 t\lambda^2\right)} e^{-\frac{1}{2}\frac{(Y_t - \mu t)^2}{\sigma^2 t} + \lambda Y_t - \left(\lambda\mu t + \frac{1}{2}\sigma^2 t\lambda^2\right)} dY_t \tag{7-20}$$

$$= e^{\left(\lambda\mu t + \frac{1}{2}\sigma^2 t\lambda^2\right)} \int_{-\infty}^{\infty} \frac{1}{\sqrt{2\pi\sigma^2 t}} e^{-\frac{1}{2}\frac{\left[Y_t - \left(\mu t + \sigma^2 t\lambda\right)\right]}{\sigma^2 t}} dY_t \tag{7-21}[⑦]$$

[⑥] Y_t 其實可以稱為一種一般的維納過程（generalized Wiener process），畢竟其屬於常態分配，其中 μ 未必等於 0 與 σ 未必等於 1。

[⑦] (7-20) 式的（積分內）指數部分可寫成：

因 (7-21) 式的積分部分等於 1，故可得：

$$M(\lambda) = E\left(e^{\lambda Y_t}\right) = e^{\lambda \mu t + \frac{1}{2}\sigma^2 \lambda^2 t} \tag{7-22}$$

其中 $M(\lambda)$ 爲常態分配的 MGF。

例2 GBM 的條件預期

續例 1，因 $Y_t = Y_s + \int_s^t dY_u$，隱含著 $\Delta Y_t = \int_s^t dY_u$。因 $Y_t \sim N(\mu t, \sigma t)$，故可得：

$$\Delta Y_t \sim N\left(\mu(t-s), \sigma^2(t-s)\right) \tag{7-23}$$

是故，(7-23) 式對應的 MGF 爲：

$$M(\lambda) = e^{\lambda \mu(t-s) + \frac{1}{2}\sigma^2 \lambda^2 (t-s)} \tag{7-24}$$

我們繼續計算 GBM 的條件預期如[8]：

$$E\left(\frac{S_t}{S_u}\bigg| S_u, u < t\right) = E\left(e^{\Delta Y_t} \mid S_u\right) = E\left(e^{\Delta Y_t}\right) \tag{7-25}$$

故令 $\lambda = 1$，根據 (7-24) 式可得：

$$-\frac{1}{2}\frac{(Y_t - \mu t)^2}{\sigma^2 t} + \lambda Y_t - \left(\lambda \mu t + \frac{1}{2}\sigma^2 t \lambda^2\right)$$

$$= -\frac{1}{2\sigma^2 t}\left[(Y_t - \mu t)^2 - 2\lambda Y_t \sigma^2 t + 2\lambda \mu t \sigma^2 t + \lambda^2 \sigma^4 t^2\right]$$

$$= -\frac{1}{2\sigma^2 t}\left[Y_t^2 - 2Y_t \mu t + \mu^2 t^2 - 2\lambda Y_t \sigma^2 t + 2\lambda \mu t^2 \sigma^2 + \lambda^2 \sigma^4 t^2\right]$$

$$= -\frac{1}{2\sigma^2 t}\left[Y_t^2 - 2Y_t\left(\mu t + \lambda \sigma^2 t\right) + \left(\mu^2 t^2 + 2\lambda \mu t^2 \sigma^2 + \lambda^2 \sigma^4 t^2\right)\right]$$

$$= -\frac{1}{2\sigma^2 t}\left[Y_t^2 - 2Y_t\left(\mu t + \lambda \sigma^2 t\right) + \left(\mu t + \lambda \sigma^2 t\right)^2\right] = -\frac{1}{2\sigma^2 t}\left\{\left[Y_t - \left(\mu t + \lambda \sigma^2 t\right)\right]^2\right\}$$

[8] 因 $S_t / S_u = S_0 e^{Y_t} / S_0 e^{Y_u} = e^{\Delta Y_t}$，其中 $u < t$ 以及 ΔY_t 與 S_u 相互獨立。

$$E\left(e^{\Delta Y_t}\right) = e^{\mu(t-u)+\frac{1}{2}\sigma^2(t-u)} = E\left(\frac{S_t}{S_u}\bigg| S_u\right) \tag{7-26a}$$

(7-26a) 式隱含著：

$$E\left(S_t \big| S_u\right) = S_u e^{\mu(t-u)+\frac{1}{2}\sigma^2(t-u)} \tag{7-26}$$

我們已經知道因存在風險貼水，於真實機率測度 **P** 之下，因

$$E^{\mathbf{P}}\left(e^{-rt}S_t \big| S_u\right) > e^{-rt}S_u \tag{7-27a}$$

即 $e^{-rt}S_t$ 並不是一種平賭過程。

例3 **Q** 的使用

　　續例 1 與 2，定義一種新的機率測度 **Q** 如 $Y_t \sim N(\rho t, \sigma t)$，其與真實機率測度 **P** 如 $Y_t \sim N(\mu t, \sigma t)$ 的差距只表現於 $\rho \neq \mu$ 項。於 **Q** 之下，根據 (7-26) 式可得：

$$E^{\mathbf{Q}}\left(e^{-r(t-u)}S_t \big| S_u\right) = S_u e^{-r(t-u)+\rho(t-u)+\frac{1}{2}\sigma^2(t-u)} \tag{7-27}$$

根據 (7-27) 式，若令 $\rho(t-u) = r(t-u) - \dfrac{1}{2}\sigma^2(t-u)$ 或

$$\rho = r - \frac{1}{2}\sigma^2 \tag{7-28}$$

則 (7-27) 式可改爲：

$$E^{\mathbf{Q}}\left(e^{-r(t-u)}S_t \big| S_u\right) = S_u \tag{7-29}$$

隱含著：

$$E^{\mathbf{Q}}\left(e^{-rt}S_t \mid S_u\right) = e^{-ru}S_u \tag{7-30}$$

隱含著於 **Q** 之下，$e^{-rt}S_t$ 竟是一種平賭（過程），故 **Q** 可進一步稱爲風險中立機率測度，其亦隱含著於 **Q** 之下，$Y_t \sim N\left[\left(r - \frac{1}{2}\sigma^2\right)t, \sigma^2 t\right]$。

例 4　$e^{-\frac{1}{2}\sigma^2 t + \sigma W_t}$ 與 GBM

4.3 節與 5.3.1 節內，我們已經說明 $e^{-\frac{1}{2}\sigma^2 t + \sigma W_t}$ 與 $e^{-rT}S_T = S_0 e^{-\frac{1}{2}\sigma^2 T + \sigma W_T}$ 皆是一種平賭（過程）；因此，若 $\theta(t) = \theta$ 是一個常數，則並不難說明 Girsanov 定理內的 $\{\xi(t)\}$ 亦是一種平賭（過程）。

習題

(1) 爲何於眞實機率測度 **P** 之下，$e^{-rt}S_t$ 並不是一種平賭過程？

(2) 我們如何利用常態分配的 MGF 計算對應的 μ 與 σ？

(3) 試分別繪製出於 $\mu = 0$ 之下，不同 σ 值之下的常態分配的 MGF 形狀。

(4) 假定 S_t 屬於 GBM，我們如何分別繪製出於 **P** 與 **Q** 之下的 S_t 之實現值時間走勢？試解釋之。

(5) 續上題，試舉一例說明。結果爲何？

7.3 BSM 模型與風險中立定價

至目前爲止，我們大多檢視於滿足 $E(|S_t|) < \infty$ 條件下的資產價格模型。衍生性商品的定價如選擇權等，大多著重於到期收益之預期，因此上述條件頗爲重要。本節利用一種數學模型說明平賭的特徵隱含著「無法套利」，即於該模型內不存在無風險利潤。上述平賭的特徵的機率測度可稱爲風險中立測度，有意思的是，於風險中立測度下，貼現的交易資產價值亦是一種平賭。

7.3.1 從 BSM 模型至風險中立定價

首先存在一個可以決定資產價格的市場眞實機率測度 **P**；當然，市場參與者（或投資人）不知 **P** 爲何，他們只能盡可能地估計 **P**。每位投資人利用各自的（主觀的）機率測度以預期未來的資產價格。我們大致可以將上述機率測度分成風險厭惡、風險中立以及風險愛好投資人的機率測度，而分別以 $\mathbf{P}_{RA}$、$\mathbf{P}_{RN}$ 與 $\mathbf{P}_{RS}$ 表示。根

據第 3 章可知上述投資人的風險偏好可用下列方式表示：

$$E^{\mathbf{P}_{RA}}(S_t) = S_0 e^{(m-q)t} > S_0 e^{(r-q)t} \Leftrightarrow m > r$$

$$E^{\mathbf{P}_{RN}}(S_t) = S_0 e^{(m-q)t} = S_0 e^{(r-q)t} \Leftrightarrow m = r$$

$$E^{\mathbf{P}_{RS}}(S_t) = S_0 e^{(m-q)t} < S_0 e^{(r-q)t} \Leftrightarrow m < r$$

其中 m、r 與 q 分別表示瞬間標的資產的平均報酬率、無風險利率與股利支付率，而 S_t 與 S_0 仍表示標的資產價格與期初價格。

　　就 BSM 模型而言，透過適當的條件（期初與邊界條件），我們發現 BSM 模型的價格其實就是 BSM 模型所對應的 PDE 的解；不過，若再檢視 BSM 模型所對應的 PDE 如 (6-60) 或 (6-61) 式，可發現上述 PDE 竟然與 m 無關；換言之，就 BSM 模型的使用而言，竟然與投資人的風險偏好無關。

　　換句話說，上述結果說明了於一個風險中立的環境內，我們可以找到衍生性商品的價格，隱含著每位投資人的機率測度竟然皆相同。即令 $m(\mathbf{P})$ 表示根據 $\mathbf{P}$ 所估計的 m 值，我們發現 $m(\mathbf{P}_{RN}) = r$。當然，上述結果有底下二點值得注意[9]：

(1) 假定存在一個風險中立的環境，而其內的機率測度為 $\mathbf{P}_{RN}$。
(2) 假定 $m(\mathbf{P}_{RN}) = r$。

　　那如何知道風險中立的環境必然存在而且只有一種機率測度？我們發現答案竟然是於 BSM 模型的架構內，風險中立的環境相當於假定所有的標的資產價格皆屬於 GBM！

　　假定標的資產價格屬於 GBM，即[10]：

$$dS_t = mS_t dt + \sigma S_t dW_t^{\mathbf{P}} \tag{7-31}$$

其中 $W_t^{\mathbf{P}}$ 是一種於 $\mathbf{P}$ 之下的標準維納過程，而 $m(\mathbf{P}) = m$。根據 Girsanov 定理，存在一種等值於 $\mathbf{P}$ 的機率測度 $\mathbf{Q}$，其中

$$d\mathbf{Q} = e^{-\left(\frac{m-r}{\sigma}\right)W_T^{\mathbf{P}} - \frac{1}{2}\left(\frac{m-r}{\sigma}\right)^2 T} d\mathbf{P}, 0 \le t \le T \tag{7-32}$$

---

[9] 例如：可參考 Cox 與 Ross（1976）。
[10] 此處假定 $q = 0$，我們當然亦可以考慮 $q \ne 0$ 的情況。

與

$$W_t^{\mathbf{Q}} = W_t^{\mathbf{P}} + \left(\frac{m-r}{\sigma}\right)t \tag{7-33}$$

其中 $W_t^{\mathbf{Q}}$ 為 $(\Omega, \mathbf{F}, \{\mathbf{F}_t\}, \mathbf{Q})$ 之下的一種標準維納過程。於 $\mathbf{Q}$ 之下,我們已經知道 $m(\mathbf{Q}) = r$,即:

$$dS_t = rS_t dt + \sigma S_t dW_t^{\mathbf{Q}} \tag{7-34}$$

其中

$$dW_t^{\mathbf{Q}} = dW_t^{\mathbf{P}} + \left(\frac{m-r}{\sigma}\right)dt \tag{7-35}$$

(7-34) 式可以進一步寫成:

$$S_t = S_0 e^{\left(r - \frac{1}{2}\sigma^2\right)t + \sigma W_t^{\mathbf{Q}}} \tag{7-36}$$

其中 S_0 為常數。於 7.2.2 節內,我們已經知道於 $\mathbf{Q}$ 之下,$e^{-rt}S_t$ 是一種平賭,其可進一步寫成:

$$S_s = e^{-r(t-s)}E^{\mathbf{Q}}(S_t \mid \mathbf{F}_s), 0 \le s \le t \le T \tag{7-37}$$

其中 $\mathbf{F}_s$ 是對應的濾化,而 $E^{\mathbf{Q}}(\cdot)$ 係根據 $\mathbf{Q}$ 所得到的預期值,其中 $W^{\mathbf{Q}}$ 是 $W^{\mathbf{P}}$ 的函數。(7-37) 式說明了就 $\mathbf{Q}$ 而言,$\{e^{-rt}S_t\}$ 是一種平賭(過程),故 $\mathbf{Q}$ 被稱為風險中立測度。可以注意的是,根據 (7-33) 或 (7-35) 式,只有於 $m(\mathbf{P}) = m = r$ 之下,$\mathbf{P}$ 方有可能等於 $\mathbf{Q}$。

現在我們檢視如何於 $\mathbf{Q}$ 之下導出 BSM 模型的 PDE。根據 (7-37) 式,可得:

$$E^{\mathbf{Q}}(S_t \mid \mathbf{F}_s) = S_s e^{r(t-s)} \ne S_s \tag{7-38}$$

即於 $\mathbf{Q}$ 之下,S_t 並不是一種平賭過程。考慮存在一個貨幣市場帳戶如:

$$B_t = B_s e^{r(t-s)} \tag{7-39}$$

(7-39) 式可視爲 (6-16) 式的延伸。根據 (7-38) 與 (7-39) 二式可得：

$$E^{\mathbf{Q}}\left(\frac{S_t}{B_t}\,\middle|\,\mathbf{F}_s\right) = \frac{e^{-r(t-s)}}{B_s}E^{\mathbf{Q}}\left(S_t\,\middle|\,\mathbf{F}_s\right) = \frac{e^{-r(t-s)}}{B_s}S_s e^{r(t-s)} = \frac{S_s}{B_s} \tag{7-40}$$

我們已經知道貨幣市場帳戶如 B_t 可視爲一種計價單位，而 (7-40) 式隱含著 S_t 用 B_t 表示竟是一種平賭（過程）！

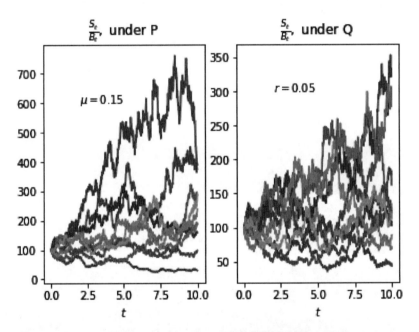

圖 7-6　於 **P** 與 **Q** 之下，S_t 屬於 GBM 之 S_t / B_t **實現值時間走勢**，其中 $S_0 = 100$、$\mu = 0.15$、$r = 0.05$、$q = 0$、$T = 10$、$\sigma = 0.25$ 與 n = 1,000

　　我們舉一個例子說明 (7-40) 式。假定 S_t 屬於 GBM。令 $S_0 = 100$、$\mu = 0.15$、$r = 0.05$、$q = 0$、$T = 10$、$\sigma = 0.25$ 與 $n = 1,000$，圖 7-6 分別繪製出於 **P** 之下（使用 $\mu = 0.15$）以及於 **Q** 之下（使用 $r = 0.05$），S_t / B_t 的實現值時間走勢，我們已經知道前者並不屬於平賭而後者則屬於平賭（過程）。換言之，於圖 7-6 內，我們可以看出非平賭過程與平賭過程之實現值走勢之不同；也就是說，相對於非平賭過程的實現值走勢而言（左圖），平賭過程（或風險中立測度下）的實現值走勢波動幅度較小（右圖）。

我們先簡單介紹 BS 的 PDE。上述 PDE 之導出的精髓在於複製資產組合（replicating portfolio）的概念。令 $V(t, S_t)$ 為一個標的資產為股票，而其價格為 S_t 的歐式選擇權價值，其中 $V(\cdot)$ 為 t 與 S_t 的可微分之連續函數。假定 S_t 屬於 GBM 與真實機率測度為 **P**，即：

$$dS_t = \mu S_t + \sigma S_t dW_t^{\mathbf{P}} \tag{7-41}$$

其中 μ 與 σ 為常數，而 $W^{\mathbf{P}}$ 為一種（於 **P** 之下）標準維納過程。根據 Itô's lemma，可得：

$$\begin{aligned}
dV(t,S) &= \frac{\partial V}{\partial t} dt + \frac{\partial V}{\partial S} dS + \frac{1}{2} \frac{\partial^2 V}{\partial S^2} (dS)^2 \\
&= \left(\frac{\partial V}{\partial t} + \mu S \frac{\partial V}{\partial S} + \frac{1}{2} \sigma^2 S^2 \frac{\partial^2 V}{\partial S^2} \right) dt + \sigma S \frac{\partial V}{\partial S} dW^{\mathbf{P}}
\end{aligned} \tag{7-42}$$

為了分析方便，(7-42) 式與底下的分析，我們省略變數之下標。

我們建構一種資產組合如：

$$\Pi(t,S) = V(t,S) - \Delta S \tag{7-43}$$

換言之，上述資產組合是由買進一單位（或稱一口）選擇權與放空 Δ 股的標的資產所構成。根據 (7-41) 與 (7-42) 二式，可得：

$$\begin{aligned}
d\Pi &= dV - \Delta dS \\
&= \left[\frac{\partial V}{\partial t} + \mu S \left(\frac{\partial V}{\partial S} - \Delta \right) + \frac{1}{2} \sigma^2 S^2 \frac{\partial^2 V}{\partial S^2} \right] dt + \sigma S \left(\frac{\partial V}{\partial S} - \Delta \right) dW^{\mathbf{P}}
\end{aligned} \tag{7-44}$$

即 $W^{\mathbf{P}}$ 主導著上述資產組合價值隨時間的隨機性。若選擇 $\frac{\partial V}{\partial S} = \Delta$，代入 (7-44) 式，可得：

$$d\Pi = \left(\frac{\partial V}{\partial t} + \frac{1}{2} \sigma^2 S^2 \frac{\partial^2 V}{\partial S^2} \right) dt \tag{7-45}$$

我們可以看出 (7-45) 式內並無隨機項，隱含著 $\Pi(t,S)$ 係一種無風險的資產組合；有意思的是，$\Pi(t,S)$ 的變動與 μ 值無關[①]。

因無風險資產如貨幣市場銀行帳戶 $B_t = B_{t_0} e^{r(t-t_0)}$，隱含著 $dB = rBdt$，即隨時間會有 r 的報酬率；同理，因 $\Pi(t,S)$ 是一種無風險的資產組合，故隨時間亦存在有 r 的報酬率，隱含著：

$$d\Pi = r\Pi dt = r\left(V - S\frac{\partial V}{\partial S}\right)dt \tag{7-46}$$

根據 (7-45) 與 (7-46) 二式，可得：

$$\frac{\partial V}{\partial t} + rS\frac{\partial V}{\partial S} + \frac{1}{2}\sigma^2 S^2 \frac{\partial^2 V}{\partial S^2} - rV = 0 \tag{7-47}$$

(7-47) 式即為 BS 的 PDE。讀者可比較 (6-34) 與 (7-47) 二式，隱含著其實我們有多種方式導出 BSM 模型的 PDE。

接下來，我們來看如何利用平賭的特徵以導出 BS 的 PDE。根據 (7-1) 式，其可再寫成：

$$e^{-rt}C_t = e^{-rT}E^{\mathbf{Q}}\left[\max\left(S_T - K, 0\right)\right] = E^{\mathbf{Q}}\left(e^{-rT}C_T\right) \tag{7-48}$$

其不是隱含著於 $\mathbf{Q}$ 之下，$e^{-rT}C_T$ 亦是屬於一種平賭（過程）嗎？因此，根據 (7-40) 與 (7-48) 二式，我們可以再寫成更一般的情況，即：

$$\frac{V(t_0, S)}{B(t_0)} = E^{\mathbf{Q}}\left[\frac{V(T, S)}{B(T)}\middle| \mathbf{F}(t_0)\right] \tag{7-49}$$

其中 V 可以表示買權、賣權或其他選擇權的價值。

(7-49) 式說明了只要適當地選擇機率測度，貼現的選擇權合約或其他交易資產價值是一種平賭（過程）。考慮下列動態：

[①] 雖然 $\Pi(t, S)$ 是一種無風險的資產組合，不過從 (7-45) 式內可看出 $\Pi(t, S)$ 的變動與 σ 值有關，其中後者可影響標的資產的波動。

$$d\left(\frac{V}{B}\right) = \frac{dV}{B} - \frac{V}{B^2}dB = \frac{dV}{B} - r\frac{V}{B}dt \tag{7-50}$$

可回想 $dB = RBdt$。另外，於 **Q** 之下，以 r 取代 (7-42) 式內的 μ 值，可得：

$$dV = \left(\frac{\partial V}{\partial t} + rS\frac{\partial V}{\partial S} + \frac{1}{2}\sigma^2 S^2 \frac{\partial^2 V}{\partial S^2}\right)dt + \sigma S\frac{\partial V}{\partial S}dW^{\mathbf{Q}} \tag{7-51}$$

將 (7-51) 式代入 (7-50) 式內，可得：

$$\begin{aligned}
d\left(\frac{V}{B}\right) &= \frac{dV}{B} - r\frac{V}{B}dt \\
&= \frac{1}{B}\left\{\left(\frac{\partial V}{\partial t} + rS\frac{\partial V}{\partial S} + \frac{1}{2}\sigma^2 S^2 \frac{\partial^2 V}{\partial S^2}\right)dt + \sigma S\frac{\partial V}{\partial S}dW^{\mathbf{Q}} - rVdt\right\} \\
&= \frac{1}{B}\left\{\left(\frac{\partial V}{\partial t} + rS\frac{\partial V}{\partial S} + \frac{1}{2}\sigma^2 S^2 \frac{\partial^2 V}{\partial S^2} - rV\right)dt + \sigma S\frac{\partial V}{\partial S}dW^{\mathbf{Q}}\right\}
\end{aligned} \tag{7-52}$$

因 $\dfrac{V}{B}$ 是一種平賭過程，隱含著其內不應該存在 dt 項，故 (7-52) 式隱含著：

$$\frac{\partial V}{\partial t} + rS\frac{\partial V}{\partial S} + \frac{1}{2}\sigma^2 S^2 \frac{\partial^2 V}{\partial S^2} - rV = 0 \tag{7-53}$$

雖說可以看出 (7-47) 與 (7-53) 二式完全相同，但是前者是使用 **P** 而後者卻是使用 **Q** 機率測度。

例 1 Delta 中立避險策略

如前所述，若選擇選擇權的 Delta 值，即 $\partial V / \partial S = \Delta$，因 (7-43) 式內的資產組合 $\Pi(t,S) = V(t,S) - \Delta S = V(t,S) - (\partial V / \partial S)S$，除了可以導出 BSM 模型的 PDE，隱含著 $\Pi(t,S) + (\partial V / \partial S)S$ 可以複製選擇權的價格之外，亦可以看到「Delta 中立避險策略」，即 $\partial \Pi(t,S) / \partial S = 0$。換言之，PDE 如 (7-47) 式的導出，就是藉由市場參與者採取上述策略所導致；或者說，若採取「Delta 中立避險策略」，$V(t, S)$ 可以藉由 $\Pi(t,S) + (\partial V / \partial S)S$ 複製，此結果頗與 3.2.3 節內的例 4 或 (6-32) 式一致。

表 7-3　$r = 0.01$、$\sigma = 0.4$、$q = 0$ 與 $K = 225$

t	T	St	Delta	Lend	Short	BSM	price
0	1	242.5	-0.34	110.273	-82.45	27.823	27.823
1	0.958	252.016	-0.305	101.452	-76.865	24.052	24.588
2	0.917	227.998	-0.401	123.34	-91.427	31.771	31.913
3	0.875	255.545	-0.291	95.23	-74.364	21.55	20.867
---	---	---	---	---	---	---	---
23	0.042	211.468	-0.762	178.237	-161.139	15.754	17.099
24	0.001	220.599	-0.94	217.504	-207.363	4.471	10.141

說明：1. price 表示複製之賣權價格。

　　　2. BSM 表示 BSM 之賣權價格。

　　　3. Lend 表示累加借出。

　　　4. Short 表示放空。

　　我們亦舉一個賣出賣權的例子說明。底下為了分析方便起見，假定買權與賣權契約內含的股數為 1 股。考慮一位投資人賣一口履約價為 225 的賣權，若該投資人採取 Delta 避險策略，則根據表 7-4 可知，該投資人必須同時放空標的資產。利用表 7-3 內的假定，圖 7-7 繪製出上述賣權複製之資產組合價值與對應之 BSM 賣權價格，可以參考表 7-3（詳細的結果可參考所附檔案）。

　　於表 7-3 內，我們先利用 GBM 模擬出 1 年內有 25 個標的資產價格 St，其中期初（t = 0）價格為 242.5。利用 BSM 模型，我們計算對應的賣權價格與 Delta 值，從該表內可看出期初的賣權價格與期初 Delta 值分別為 27.823 與 -0.34。因放空 34% 的標的資產可得 82.45（0.34×242.5）再加上賣出賣權的權利金 27.823，故期初可得現金 110.273（82.45 ＋ 27.823）[12]；換言之，表 7-3 內的 "Lend" 欄 + "Short" 欄可以構成一個能複製賣權的資產組合。值得注意的是，上述資產組合的 Delta 值等於 0 [13]，此大概是「Delta 中立」名稱的由來。不過，隨著時間經過，因標的資產價格改變破壞了上述的 Delta 中立，使得我們必須重新調整以維持 Delta 中立，故於「動態調整」下，相當於每隔一段時間就必須調整上述資產組合。

---

[12] 若按照 3.2.3 節內的例 4，上述相當於 $m_0 = -0.34$、$B_0 = 110.273$、$S_0 = 242.5$ 與 $V_0 = 27.823$，即買了價值 110.273 的貼現債券（面額為 1）與放空 34% 的標的資產。

[13] 即按照 3.2.3 節內的例 4 可知 $B_0 = P_0 - m_0 S_0$，故 $\partial B_0 / \partial S_0 = 0$ 隱含著 $\Delta_0^p = m_0$，其中 P_0 與 Δ_0^p 分別表示期初賣權價格與期初賣權之 Delta 值。

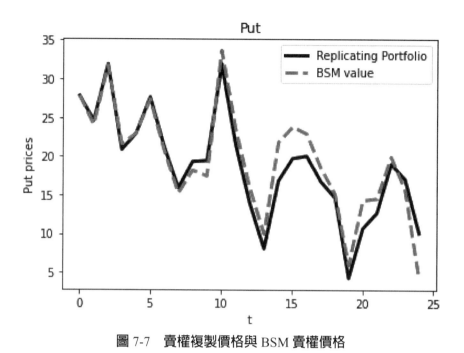

圖 7-7　賣權複製價格與 BSM 賣權價格

　　是故，我們繼續檢視 t = 1 的情況。顯然標的資產價格上升至 252.016，同時 Delta 值亦上升至 −0.305，故若繼續複製賣權，該投資人必須額外買進 3.5%（0.34 − 0.305）的標的資產，故現金剩下 101.452（110.273 − 0.035×252.016）[⑭]。繼續檢視 t = 2 的情況，此時標的資產價格與 Delta 值同時跌至 227.998 與 −0.401，故該投資人必須再放空 9.6%（0.401 − 0.305）的標的資產，故現金增至 123.34（101.452 + 0.096×227.998）。其餘各期的計算過程依此類推。可以注意的是，上述避險策略竟然使用「買高賣低」策略。

例2　Delta 避險策略

　　於例 1 內，投資人欲於期初賣出一口賣權，該投資人承擔了到期標的資產價格下跌的風險，為了避險，該投資人於期初賣出賣權時，可以同時賣出標的資產，不過因未到期，故只賣出 Δ^p 股的標的資產，此說明了該投資人執行 Delta 避險策略。同理，若投資人於期初欲賣出買權，若欲採取 Delta 避險策略，故可以同時買進 Δ^c 股的標的資產。上述二種情況亦可類推，可以參考表 7-4。

---

⑭　我們當然亦可以加上利息的考慮，不過於此似乎沒有必要。

表 7-4   Delta 避險

選擇權部位	對應的部位	適當的避險
買買權	Long	賣標的資產
賣買權	Short	買標的資產
買賣權	Short	買標的資產
賣賣權	Long	賣標的資產

表 7-5   買權價格與買權的避險參數

買權價格	Delta	Gamma	Vega	Theta	Rho
424.816	0.5345	0.0004	16.2692	−3.3895	8.4759

說明：$S_0 = 9,700$、$r = 0.02$、$\sigma = 0.25$、$K = 9,700$、$q = 0$ 以及 $T = 65 / 365$。

例 3 選擇權的避險參數

例如：根據表 7-5 內的條件，表內分別計算出 BSM 模型的避險參數（Greek letters），有關於上述避險參數的意義以及如何於 Python 內操作，可以參考《選擇》。

例 4 Long Call Gamma 與 Short Call Gamma

如前所述，我們可以採取「Delta 中立動態」策略複製選擇權的價格，如圖 7-7 所示。直覺而言，因 Delta 值為時間 t 的函數[15]，故上述複製策略應隨時間調整，因此調整愈頻繁，複製的誤差愈小；相反地，調整的次數愈少，自然誤差愈大。當調整的次數愈少，此相當於忽略 Gamma 值對於 Delta 策略的影響。例如：圖 7-8 繪製出一種未到期買權的價格曲線，而投資人正處於 A 點。我們發現該投資人若採取 Delta 中立避險策略，其可能會忽略 Gamma 值所造成的扭曲。例如：倘若上述投資人採取賣出買權策略，當標的資產價格下降，上述投資人會誤以為買權價格降至 E 點，但實際上買權價格只降至 D 點；同理，若標的資產價格上升，實際買權價格上升至 B 點但投資人卻誤以為上升至 C 點。我們發現上述誤判與 Gamma 值的大小有關。讀者亦可以檢視投資人採取買進買權策略的情況。

---

[15] 表 7-5 內的避險參數皆為時間 t 的函數。

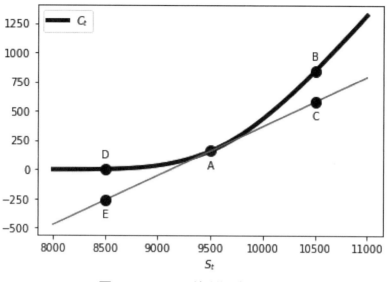

圖 7-8　Gamma 值所扮演的角色

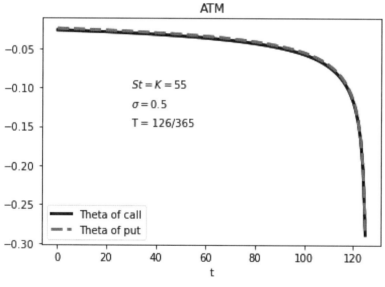

圖 7-9　ATM 的 Theta 曲線，其中 t 表示經過的日數

例 5　Theta 值所扮演的角色

選擇權是屬於一種有期限（或有壽命）的資產，故有時其被稱為「消耗性資產（wasting assets）」，即該資產價值會隨時間消逝。例如：圖 7-9 分別繪製出一種歐式買權與賣權於價平（at the money, ATM）處隨時間經過（或接近到期）所對應

的 Theta 值[16]。我們發現愈接近到期，上述買權與賣權的價值愈低，尤其是於到期前一個月，上述 Theta 值的遞減速度變快，甚至約於到期前 7 日，遞減的速度更快，隱含著不要於快要到期前採取買進買權或賣權策略，即可以採取賣出買權或賣權策略，因後者可以用更便宜的價位買回。

習題

(1) 試解釋 Long Put Gamma 與 Short Put Gamma 策略。

(2) 試舉一例說明選擇權價格可以採取「Delta 中立動態」策略複製，尤其是動態調整愈頻繁，複製的誤差愈小。

(3) 試舉一例說明買權價格的複製。

(4) 我們如何合理化表 7-3 內的「買高賣低」策略？

7.3.2 Feynman-Kac 定理[17]

面對 BSM 模型的 PDE 如 (7-53) 式，其實存在多種的求解方式，本節將介紹利用 Feynman-Kac 定理以導出 BSM 模型的價格。Feynman-Kac 定理可以分述如下：

Feynman-Kac 定理

假定存在一種貨幣市場帳戶如 $dB(t) = rB(t)dt$，其中 r 為固定之利率。令 $V(t, S_t)$ 是 t 與 S_t 的可微分之連續函數。假定 $V(t, S)$ 滿足下列的微分方程式如：

$$\frac{\partial V}{\partial t} + \tilde{\mu}(t, S)\frac{\partial V}{\partial S} + \frac{1}{2}\tilde{\sigma}^2(t, S)\frac{\partial^2 V}{\partial S^2} - rV = 0 \tag{7-54}$$

其中邊界條件為 $V(T, S) = H(T, S)$。於 $t < T$ 之下，$V(t, S)$ 的解為：

$$V(t, S) = e^{-r(T-t)}E^{\mathbf{Q}}\left[H(T, S) \mid F(t)\right] = B(t)E^{\mathbf{Q}}\left[\frac{H(T, S)}{B(T)}\middle| F(t)\right] \tag{7-55}$$

其中

---

[16] 買權與賣權的 Theta 值並不相同，可以參考《選擇》。

[17] 本節 Feynman-Kac 定理係參考 Oosterlee 與 Grzelak（2020）。

$$dS(t) = \tilde{\mu}(t, S_t)dt + \tilde{\sigma}(t, S_t)dW^{\mathbf{Q}}(t) \tag{7-56}$$

我們嘗試說明 Feynman-Kac 定理。考慮 $\dfrac{V(t, S)}{B(t)} = e^{-r(t-t_0)}V(t, S)$，其對應的全微分為：

$$d\left[\frac{V(t, S)}{B(t)}\right] = d\left[e^{-r(t-t_0)}V(t, S)\right] = V(t, S)d\left[e^{-r(t-t_0)}\right] + e^{-r(t-t_0)}dV(t, S) \tag{7-57}$$

令 $V = V(t, S)$、$S = S(t)$、$\tilde{\mu} = \tilde{\mu}(t, S_t)$、$\tilde{\sigma} = \tilde{\sigma}(t, S_t)$ 與 $W^{\mathbf{Q}} = W^{\mathbf{Q}}(t)$。根據 Itô's lemma 可知：

$$dV = \left(\frac{\partial V}{\partial t} + \tilde{\mu}\frac{\partial V}{\partial S} + \frac{1}{2}\tilde{\sigma}^2\frac{\partial^2 V}{\partial S^2}\right)dt + \tilde{\sigma}\frac{\partial V}{\partial S}dW^{\mathbf{Q}} \tag{7-58}$$

將 (7-58) 式代入 (7-57) 式內，其中後者再乘以 $e^{r(t-t_0)}$ 可得：

$$
\begin{aligned}
&e^{r(t-t_0)}d\left[e^{-r(t-t_0)}V\right] \\
&= e^{r(t-t_0)}Vd\left[e^{-r(t-t_0)}\right] + \left(\frac{\partial V}{\partial t} + \tilde{\mu}\frac{\partial V}{\partial S} + \frac{1}{2}\tilde{\sigma}^2\frac{\partial^2 V}{\partial S^2}\right)dt + \tilde{\sigma}\frac{\partial V}{\partial S}dW^{\mathbf{Q}} \\
&= \left(\frac{\partial V}{\partial t} + \tilde{\mu}\frac{\partial V}{\partial S} + \frac{1}{2}\tilde{\sigma}^2\frac{\partial^2 V}{\partial S^2} - rV\right)dt + \tilde{\sigma}\frac{\partial V}{\partial S}dW^{\mathbf{Q}} \quad (\text{參考 (7-54) 式}) \\
&= \tilde{\sigma}\frac{\partial V}{\partial S}dW^{\mathbf{Q}}
\end{aligned}
\tag{7-59}
$$

對 (7-59) 式積分，可得：

$$
\begin{aligned}
&\int_{t_0}^{T} d\left(e^{-r(t-t_0)}V(t, S)\right) = \int_{t_0}^{T} e^{-r(t-t_0)}\tilde{\sigma}\frac{\partial V}{\partial S}dW^{\mathbf{Q}} \\
&\Rightarrow e^{-r(T-t_0)}V(T, S) - V(t_0, S) = \int_{t_0}^{T} e^{-r(t-t_0)}\tilde{\sigma}\frac{\partial V}{\partial S}dW^{\mathbf{Q}}
\end{aligned}
\tag{7-60}
$$

對 (7-60) 式取期望值，可得：

$$V(t_0, S) = E^{\mathbf{Q}}\left[e^{-r(T-t_0)} V(T,S) \,|\, \mathrm{F}(t_0) \right] - E^{\mathbf{Q}}\left[\int_{t_0}^{T} e^{-r(t-t_0)} \tilde{\sigma} \frac{\partial V}{\partial S} dW^{\mathbf{Q}} \,|\, \mathrm{F}(t_0) \right] \qquad (7\text{-}61)$$

其中因 $\int_{t_0}^{T} e^{-r(t-t_0)} \tilde{\sigma} \frac{\partial V}{\partial S} dW^{\mathbf{Q}}$ 屬於 Itô 積分，隱含著 $E^{\mathbf{Q}}\left[\int_{t_0}^{T} e^{-r(t-t_0)} \tilde{\sigma} \frac{\partial V}{\partial S} dW^{\mathbf{Q}} \right] = 0$

（可參考 (5-46) 式），故根據 (7-61) 式可得：

$$V(t_0, S) = E^{\mathbf{Q}}\left[e^{-r(T-t_0)} V(T,S) \,|\, \mathrm{F}(t_0) \right] = E^{\mathbf{Q}}\left[e^{-r(T-t_0)} H(T,S) \,|\, \mathrm{F}(t_0) \right] \qquad (7\text{-}62)$$

可以看出 (7-62) 式就是 (7-55) 式。

Feynman-Kac 定理如 (7-55) 式說明了於風險中立機率測度 **Q** 之下，選擇權之到期貼現值就是期初選擇權的價格。換句話說，Feynman-Kac 定理的結論類似於 3.2.2 節的結果，即 (7-55) 式可以用蒙地卡羅方法而以模擬的方式說明。

Oosterlee 與 Grzelak（2020）曾介紹 Euler 與 Milstein 二種模擬方法，其特色是用間斷的方式以估計 GBM。我們重寫 GBM 為於 $[t_i, t_{i+1}]$ 之下，GBM 可寫成：

$$S(t_{i+1}) = S(t_i) e^{\left(r - \frac{1}{2}\sigma^2 \right)\Delta t + \sigma\left(W(t_{i+1}) - W(t_i) \right)} \qquad (7\text{-}63)$$

我們知道 (7-63) 式其實是 $dS(t) = rS(t)dt + \sigma S(t)dW(t)$ 的解；或者說，(7-63) 式類似於 (3-71) 式，只不過前者以 $W(t_{i+1}) - W(t_i)$ 項取代後者式內的 $\sqrt{dt}Z_0$ 項，其中 Z_0 為標準常態分配的隨機變數。

根據 Oosterlee 與 Grzelak（2020），下列二種方法可用於取代 (7-63) 式的估計：

Euler 方法

$$\begin{aligned} S(t_{i+1}) &= S(t_i) + rS(t_i)\Delta t + \sigma S(t_i)\left(W(t_{i+1}) - W(t_i) \right) \\ &= S(t_i)\left[1 + r\Delta t + \sigma\left(W(t_{i+1}) - W(t_i) \right) \right] \end{aligned} \qquad (7\text{-}64)$$

Milstein 方法

$$S(t_{i+1}) = S(t_i)\left[1 + r\Delta t + \sigma\left(W(t_{i+1}) - W(t_i) \right) + \frac{1}{2}\sigma^2\left(\left(W(t_{i+1}) - W(t_i) \right)^2 - \Delta t \right) \right] \qquad (7\text{-}65)$$

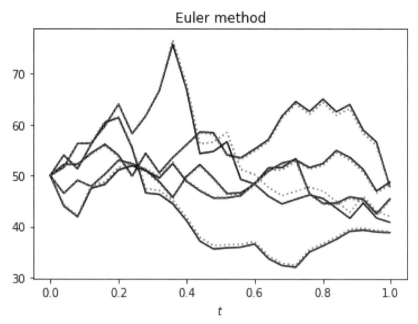

圖 7-10　Euler 方法，其中實線與虛線分別表示使用 (7-64) 式 與 (7-63) 式估計
（$S_0 = 50$、$r = 0.06$、$\sigma = 0.3$、$T = 1$ 與 $\Delta t = 1 / 25$）

　　因此，於使用蒙地卡羅方法內，我們可以使用 (7-64) 式與 (7-65) 式分別取代 (7-63) 式，其中仍以 $W(t_{i+1}) - W(t_i)$ 項取代 $\sqrt{dt}Z_0$ 項[18]。

　　例如：圖 7-10 與 7-11 繪製出 5 條分別使用 Euler 與 Milstein 方法的實現值時間走勢，我們可以看出使用上述方法與使用 (7-63) 式的結果非常接近，尤其是使用 Milstein 方法更是與使用 (7-63) 式的結果一致；因此，從圖 7-10 與 7-11 的結果可知，其實於蒙地卡羅模擬內可以搭配使用 Euler 與 Milstein 方法。

　　我們進一步使用上述模擬方法來計算 BSM 模型的價格，其結果則列於如表 7-6 內所示。首先，根據表 7-6 內的假定，可得 BSM 模型的買權與賣權價格分別約為 7.3585 與 4.4468；其次，於表 7-6 內，M 與 n 分別表示蒙地卡羅方法的模擬次數與模擬的樣本個數。我們可以看出於 $n = 1{,}000$ 之下，當 $M = 100{,}000$，上述二種模擬方法所得到的價格愈接近於 BSM 模型的價格，此說明了 Euler 與 Milstein 方法的可行性。表 7-6 的結果隱含著根據 Feynman-Kac 定理亦可計算出選擇權如 BSM 模型的買權與賣權價格。

---

[18] (7-64)～(7-65) 式的證明以及說明可參考 Oosterlee 與 Grzelak（2020）。

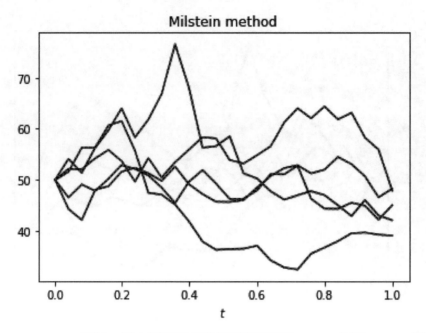

圖 7-11　Milstein **方法，其中實線與虛線分別表示使用** (7-65) **式與** (7-63) **式估計**
（$S_0 = 50$、$r = 0.06$、$\sigma = 0.3$、$T = 1$ 與 $\Delta t = 1 / 25$）

表 7-6　$S_0 = K = 50$、$r = 0.06$、$\sigma = 0.3$、$T = 1$ 與 $n = 1000$

M	Ca	Cb	Pa	Pb
500	7.4011	7.7018	4.4311	4.2489
1000	6.8963	7.6867	4.4996	4.3127
5000	7.2163	7.0811	4.4528	4.459
10000	7.3301	7.438	4.4376	4.452
100000	7.3655	7.3685	4.4421	4.4405

說明：1. M 表示蒙地卡羅方法的模擬次數。

2. Ca 與 Pa 係表示使用 Euler 方法所估計的買權與賣權價格。

3. Cb 與 Pb 係表示使用 Milstein 方法所估計的買權與賣權價格。

4. BSM 模型的買權與賣權價格分別約為 7.3585 與 4.4468。

例 1 BSM **模型的** PDE

　　BSM 模型的 PDE 如 (7-53) 式內偏微分若改用避險參數表示，則 (7-53) 式可改寫成：

$$\Theta^V + rS\Delta^V + \frac{1}{2}\sigma^2 S^2 \Gamma^V = rV \tag{7-66}$$

其中 Θ^V、Δ^V 與 Γ^V 為 V 之對應的 Theta、Delta 與 Gamma 值。換句話說，若 V 表示買權或賣權，則買權與賣權的偏微分方程式分別可改用 (7-67) 與 (7-68) 二式表示，即：

$$\Theta^C + rS_t\Delta^C + \frac{1}{2}\sigma^2 S^2 \Gamma = rC \tag{7-67}$$

與

$$\Theta^P + rS\Delta^P + \frac{1}{2}\sigma^2 S^2 \Gamma = rP \tag{7-68}$$

其中 C 與 P 分別表示買權與賣權的價格。我們可以舉一個例子說明 (7-67) 與 (7-68) 二式是否正確。試下列指令：

```
K = 55;r = 0.015;sigma = 0.3;q = 0;T = 1/12;S0 = 55
Tc = Theta(S0,K,r,q,T,sigma)['c']
Tp = Theta(S0,K,r,q,T,sigma)['p']
Dc = Delta(S0,K,r,q,T,sigma)['c']
Dp = Delta(S0,K,r,q,T,sigma)['p']
G = Gamma(S0,K,r,q,T,sigma)
c0 = BSM(S0,K,r,q,T,sigma)['ct']
p0 = BSM(S0,K,r,q,T,sigma)['pt']
sigma2 = sigma**2;S02 = S0**2
Tc*365+r*S0*Dc+0.5*sigma2*S02*G # 0.02899483198633135
r*c0 # 0.02899483198633355
Tp*365+r*S0*Dp+0.5*sigma2*S02*G # 0.027964226249112656
r*p0 # 0.02796422624911276
```

可以注意 (7-55) 或 (7-56) 式內的 Theta 值須乘上 365 以表示 1 年的 Theta 值。

我們發現上述結果與 Feynman-Kac 定理一致。

例2 資產組合的避險參數

考慮一個擁有 k 種相同標的資產的選擇權資產組合，其可寫成：

$$\mathbf{V}(S_t, t) = \sum_{i=1}^{k} N_i f_i(S_t, t) \tag{7-69}$$

其中 $f_i(S_t, t)$ 表示第 i 種選擇權，而 N_i 為對應的購買數量[19]。我們發現上述選擇權資產組合亦有避險參數，即令：

$$\Delta^{\mathbf{V}}(S_t, t) = \frac{\partial \mathbf{V}(S_t, t)}{\partial S} = \sum_{i=1}^{k} N_i \Delta_i(S_t, t) \tag{7-70a}$$

$$\Gamma^{\mathbf{V}}(S_t, t) = \frac{\partial^2 \mathbf{V}(S_t, t)}{\partial S^2} = \sum_{i=1}^{k} N_i \Gamma_i(S_t, t) \tag{7-70b}$$

$$\Theta^{\mathbf{V}}(S_t, t) = \frac{\partial \mathbf{V}(S_t, t)}{\partial S} = \sum_{i=1}^{k} N_i \Theta_i(S_t, t) \tag{7-70c}$$

其中 Δ_i、Γ_i 與 Θ_i 為 $f_i(S_t, t)$ 之對應的 Delta、Gamma 與 Theta 值，而 $\Delta^{\mathbf{V}}$、$\Gamma^{\mathbf{V}}$ 與 $\Theta^{\mathbf{V}}$ 則為 $\mathbf{V}(S_t, t)$ 之對應的 Delta、Gamma 與 Theta 值；換言之，選擇權資產組合如 $\mathbf{V}(S_t, t)$ 的避險參數，其實就是 $\mathbf{V}(S_t, t)$ 內選擇權之避險參數的加總。

若擴充 $\mathbf{V}(S_t, t)$ 為：

$$\tilde{\mathbf{V}}(S_t, t) = \mathbf{V}(S_t, t) + N_S S_t \tag{7-71}$$

其中 N_S 為標的資產的（購買）數量。顯然，$\tilde{\mathbf{V}}(S_t, t)$ 的避險參數可寫成：

$$\tilde{\Delta}^{\mathbf{V}} = \frac{\partial \tilde{\mathbf{V}}}{\partial S} = \Delta^{\mathbf{V}} + N_S \text{、} \tilde{\Gamma}^{\mathbf{V}} = \frac{\partial^2 \tilde{\mathbf{V}}}{\partial S^2} = \Gamma^{\mathbf{V}} \text{ 與 } \tilde{\Theta}^{\mathbf{V}} = \frac{\partial \tilde{\mathbf{V}}}{\partial t} = \Theta^{\mathbf{V}}$$

若 $\mathbf{V}(S_t, t)$ 與 S_t 符合 BSM 模型的 PDE 的要求，則 (7-54) 式亦可擴充至：

---

[19] 即 $N_i > 0$、$N_i = 0$ 與 $N_i < 0$ 分別表示做多、0 與放空部位。

$$\tilde{\Theta}^{\mathbf{V}} + rS\tilde{\Delta}^{\mathbf{V}} + \frac{1}{2}\sigma^2 S^2\tilde{\Gamma}^{\mathbf{V}} = r\tilde{\mathbf{V}} \tag{7-72}$$

即資產組合的 PDE 亦可用避險參數的型態表示。

例 3　Delta 中立資產組合

　　續例 2，考慮底下的情況。假定投資人放空一單位（一口）（歐式）買權，即 $\mathbf{V}(S_t, t) = -C(S_t, t)$，其中 C 為上述買權價格。為了避險，根據表 7-4，上述投資人可以買進 N_S 單位的標的資產；因此，上述投資人的資產組合為：

$$\tilde{\mathbf{V}}(S_t, t) = \mathbf{V}(S_t, t) + N_S S_t = -C(S_t, t) + N_S S_t \tag{7-73}$$

如前所述，若上述投資人採取 Delta 中立避險策略，即 $N_S = \Delta^C = \partial C / \partial S$，則根據 (7-73) 式，可得 $\partial\tilde{\mathbf{V}} / \partial S = \partial\mathbf{V} / \partial S + \Delta^C = -\partial C / \partial S + \Delta^C = 0$；換言之，於動態下，若上述投資人的策略不變，其必須經常隨時間調整對應的部位。

例 4　Delta-Gamma 中立策略

　　續例 3。根據 Itô's lemma，可得：

$$d\tilde{\mathbf{V}}(S_t, t) = \frac{1}{2}\sigma^2 S_t^2 \frac{\partial^2\tilde{\mathbf{V}}(S_t, t)}{\partial S_t^2}dt + \frac{\partial\tilde{\mathbf{V}}(S_t, t)}{\partial S_t}dS_t + \frac{\partial\tilde{\mathbf{V}}(S_t, t)}{\partial t}dt \tag{7-74}$$

若用避險參數型態表示，(7-74) 式其實可寫成：

$$d\tilde{\mathbf{V}}(S_t, t) = \frac{1}{2}\tilde{\Gamma}(S_t, t)(dS_t)^2 + \tilde{\Delta}(S_t, t)dS_t + \tilde{\Theta}(S_t, t)dt \tag{7-75}$$

其中 $(dS_t)^2 = \sigma^2 S_t^2 dt$、$\tilde{\Gamma}(S_t, t) = \Gamma(S_t, t)$ 與 $\tilde{\Theta}(S_t, t) = \Theta(S_t, t)$。

　　(7-75) 式的「間斷版」可寫成[20]：

---

[20] 例如：通常用 Δt 取代 dt，不過因已使用 Δ 表示 Delta 值，故用 δt 取代 dt，其餘類推。

$$\delta \tilde{\mathbf{V}}(S_t,t) = \frac{1}{2}\tilde{\Gamma}(S_t,t)\left(\delta S_t\right)^2 + \tilde{\Delta}(S_t,t)\delta S_t + \tilde{\Theta}(S_t,t)\delta t \qquad (7\text{-}76)$$

若採取 Delta 中立避險策略，即 $\tilde{\Delta}(S_t,t) = 0$，故 (7-76) 式可再改寫成：

$$\delta \tilde{\mathbf{V}}(S_t,t) \approx \frac{1}{2}\tilde{\Gamma}(S_t,t)\left(\delta S_t\right)^2 + \tilde{\Theta}(S_t,t)\delta t \qquad (7\text{-}77)$$

於 (7-77) 式內可看到 Gamma 中立，即除去 (7-77) 式內的 Gamma 項。

如《選擇》所述，可以額外再多考慮一種具有相同標的資產的選擇權 $f_o(S_t,t)$，其中對應的 Gamma 值為 $\Gamma_o \neq 0$，故 (7-73) 式可擴充為：

$$\tilde{\tilde{\mathbf{V}}}(S_t,t) = \tilde{\mathbf{V}}(S_t,t) + N_o f_o(S_t,t) \qquad (7\text{-}78)$$

其中 N_o 為 $f_o(S_t,t)$ 對應的（購買）數量。根據 (7-78) 式，新資產組合的 Gamma 值為：

$$\tilde{\tilde{\Gamma}}(S_t,t) = \frac{\partial^2}{\partial S_t^2}\tilde{\tilde{\mathbf{V}}}(S_t,t) = \frac{\partial^2}{\partial S_t^2}\tilde{\mathbf{V}}(S_t,t) + N_o \frac{\partial}{\partial S_t^2} f_o(S_t,t) = \tilde{\Gamma}(S_t,t) + N_o \Gamma_o(S_t,t)$$

顯然若選擇：

$$N_o = \frac{\tilde{\Gamma}(S_t,t)}{\Gamma_o(S_t,t)} \qquad (7\text{-}79)$$

則 $\tilde{\tilde{\Gamma}}(S_t,t) = 0$。雖說如此，採取 Gamma 中立策略會影響原先的 Delta 中立策略，故 (7-73) 式仍須進一步修正為 $\tilde{\mathbf{V}}_m(S_t,t)$，即：

$$\tilde{\tilde{\mathbf{V}}}_m(S_t,t) = \tilde{\mathbf{V}}(S_t,t) + N_o f_o(S_t,t) + N_m S_t \qquad (7\text{-}80)$$

我們可以看出：

$$\tilde{\tilde{\Delta}}_m = \frac{\partial \tilde{\tilde{\mathbf{V}}}_m}{\partial S} = \frac{\partial \tilde{\mathbf{V}}}{\partial S} + N_o \frac{\partial f_o}{\partial S} + N_m S = \tilde{\Delta} + N_o \Delta_o + N_m$$

因 $\tilde{\Delta} = 0$，故 N_m 應選擇：

$$N_m = -N_o \Delta_o \tag{7-81}$$

隱含著 $\tilde{\tilde{\Delta}}_m = 0$。結合 (7-74)～(7-76) 式，可得：

$$\tilde{\mathbf{V}}_m(x,t) = \tilde{\mathbf{V}}(x,t) + N_o f_o(x,t) + N_m x \tag{7-82}$$

其中

$$\tilde{\tilde{\Delta}}_m(x,t) = \tilde{\Delta}(x,t) + N_o \Delta_o(x,t) + N_m = 0$$

與

$$\tilde{\tilde{\Gamma}}_m(x,t) = \tilde{\Gamma}(x,t) + N_o \Gamma_o(x,t) = 0$$

而 (7-79) 與 (7-81) 式必須成立。

習題

(1) 何謂 Feynman-Kac 定理？試解釋之。

(2) 何謂 Euler 方法？試解釋之。

(3) 何謂 Milstein 方法？試解釋之。

(4) 何謂 Delta-Gamma 中立策略？試解釋之。

7.4 資產定價的基本定理

　　第 3 章的二項式定價方法或 7.3 節顯示出一些重要的性質，我們重新整理或複習分述如下：

無法套利的準則

　　二種資產組合的價值若於 T 期相等，則於 t 期上述二種資產組合的價值亦會相等，其中 $t < T$。

　　上述準則的證明為：I 與 J 分別表示二個資產組合，其中 $V(I, T) = V(J, T)$ 表示

於 T 期 I 與 J 的價值相等。若於 t 期（$t < T$），$V(I,t) < V(J,t)$，則投資人可以執行一個買 I 賣 J 的投資策略，並將差額 $D(t) = V(J, t) - V(I, t)$ 投資於無風險資產上，其中後者有 r 的報酬率。是故，於 t 期該投資人新的投資組合價值爲：

$$D(t) + V(I, t) - V(J, t) = 0$$

顯然該投資人於 t 期並不需要有額外的資本支出。但是，於 T 期該投資人卻有 $D(t)e^{r(T-t)} + V(I,T) - V(J,T) = D(t)e^{r(T-t)}$ 的收益，隱含著「天下有白吃的午餐」，當然不合理，故 $V(I, t) = V(J, t)$。

平賭過程

我們說一種隨機過程 $\{S_t, t \in [0,\infty]\}$ 屬於一種平賭過程，指的是存在一群訊息結構 F_t 以及機率下，具有下列性質：

(1) 於 F_t 的前提下，S_t 爲一個已知的結果。

(2) S_t 的非條件預期值爲有限值，即 $E(S_t) < \infty$。

(3) 就所有的 t 而言 ($t < T$)，$E_t(S_T) = S_t$，其中 $E_t(\cdot) = E(\cdot | I_t)$ 表示條件預期。

因此，若 S_t 屬於一種平賭過程，隱含著未來的 S_T 是不可預測的；或者說，S_T 的最佳預期值竟然是 S_t。

計價

計價是指一種爲正數值的價格過程 S_t^0。

典型的計價例子爲 $S_t^0 = e^{rt}$，即貼現的計價單位爲 S_t^0；因此，V_t 的現值可寫成 $\hat{V}_t = \dfrac{V_t}{S_t^0}$。令 $B(t,T) = \dfrac{S_t^0}{S_T^0}$ 表示貼現因子。若計價單位爲 $S_t^0 = e^{rt}$，隱含著 $S_T^0 = e^{rT}$，故貼現因子爲 $B(t,T) = \dfrac{S_t^0}{S_T^0} = e^{-r(T-t)}$。

等值平賭測度

若下列二條件成立，則稱一種機率衡量 **Q** 爲 EMM，即：

(1) **Q** 與 **P**「相同」，其中 **P** 爲眞實機率衡量。

(2) 於 **Q** 之下，貼現價格過程 $\hat{S}_t = e^{-rt}S_t$ 是一個平賭過程，隱含著 $E^{\mathbf{Q}}\left(\hat{S}_T^i | F_t\right) = \hat{S}_t^i$。

上述條件 (1) 是指 **Q** 與 **P** 皆定義於相同的事件空間，隱含著事件不可能或可能出現於 **Q** 之下，就不可能或可能出現於 **P** 之下，反之亦然[20]。而條件 (2) 就是指 **Q** 是一種風險中立衡量。我們嘗試說明條件 (2)。

令 S^i 表示是一種交易的資產，而其市價為 S^i_t。我們可以執行二種自我融通交易策略。其一是融資買進且保有至 T 期，故至 T 期成本為 $e^{r(T-t)}S^i_t - S^i_T$；另一則為放空 S^i_t 後儲存至 T 期，故至 T 期成本為 $-e^{r(T-t)}S^i_t + S^i_T$。不過因存在無套利價格或單一價法則（law of one price），故上述成本應皆等於 0（即 $S^i_T = e^{r(T-t)}S^i_t$），故若存在 **Q** 使得於 t 期下可得：

$$E^{\mathbf{Q}}\left(S^i_T \mid F_t\right) = E^{\pi}\left(e^{r(T-t)}S^i_t \mid F_t\right) = e^{r(T-t)}S^i_t$$

$$\Rightarrow E^{\mathbf{Q}}\left(\frac{S^i_T}{S^0_T} \mid F_t\right) = \frac{S^i_t}{S^0_t} \Rightarrow E^{\mathbf{Q}}\left(\hat{S}^i_T \mid F_t\right) = \hat{S}^i_t \tag{7-83}$$

則稱 **Q** 為風險中立衡量。顯然，**Q** 並不是一種真實的機率，其只是一種與無套利價格對應的機率衡量。

(7-83) 式可再進一步寫成：

$$S^i_t = e^{-r(T-t)}E^{\pi}\left(S^i_T \mid F_t\right) \tag{7-84}$$

即 (7-84) 式可稱為風險中立定價。

資產定價的基本定理 1

若資產價格 $\left(S_t\right)_{t\in[0,T]}$ 屬於無套利價格，則存在一種 **Q**～**P**，使得貼現價格 $\left(\hat{S}_t\right)_{t\in[0,T]}$ 是一種平賭過程（就 **Q** 而言），反之亦然。

資產定價的基本定理 2

續資產定價的基本定理 1，若該市場是完全的，則 **Q** 是唯一的。

上述說明了若市場是完全的，我們可以透過 EMM 找到唯一的 **Q** 並且透過後者可以計算出選擇權的價格，我們從二項式定價方法可以看出上述方法之可行性。

---

[20] 機率測度如 **P** 與 **Q** 稱為等值（equivalent）是指：就所有 $A \in F$ 而言，$\mathbf{P}(A) = 0 \Leftrightarrow \mathbf{Q}(A) = 0$。

可惜的是，市場並非屬於完全[22]，即若市場屬於不完全，隱含著 **Q** 並非唯一；或者說，其實從圖 7-7 我們亦可看出欲操作完全的動態自我融通調整過程，實際上有其困難度，故計算出的「買權或賣權」價格的確僅提供參考。

---

[22] 於後面的章節內亦可看出標的資產價格若有出現「跳動」的情況，則對應的市場屬於不完全市場。

Lévy 過程

於尚未介紹之前，我們先檢視圖 8-1 的結果，該圖分別繪製出 TWI 日收盤價（2020/1/2～2023/7/28）以及 GBM 的實現值時間走勢[①]。讀者也許可以先猜猜圖內何者是 TWI 的走勢？又何者屬於 GBM 的實現值走勢？BM（維納過程）或 GBM 可說是於隨機過程文獻內最廣被檢視，或普遍被使用的過程。是故，我們面臨一個最實際的問題：若以 GBM 為資產價格如股價的資料產生過程，究竟合不合適？

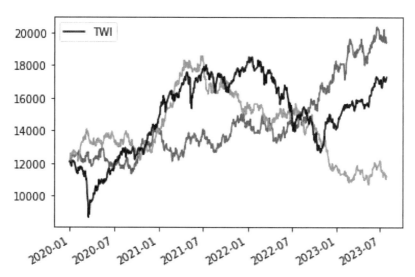

圖 8-1　TWI 日收盤價與 GBM 的實際時間走勢（2020/1/2～2023/7/28）

[①] GBM 的模擬值係利用上述 TWI 的日收盤價資料的資訊，可以參考所附檔案。

　　若只繪製出圖 8-1 內 2020/1/2～2020/6/4 期間的走勢，如圖 8-2 所示，我們的結論可能會改變；也就是說，於圖 8-1 內，也許無法分別出 TWI 日收盤價與 GBM 的實際值之不同，不過於圖 8-2 內，我們卻發現 TWI 日收盤價的時間走勢有可能會出現跳動（jumps）的情況。例如：檢視圖 8-2 內二小圖之縱軸坐標的差異，應會懷疑 TWI 日收盤價具有向下或向上跳動的現象。

　　我們已經知道 GBM 是一種連續的隨機過程，那是否存在一種能包括「跳動」特徵的連續隨機過程，藉此可以模型化資產價格如股價等波動？答案是肯定的，那就是 Lévy 過程（Lévy process）。根據 Tankov 與 Cont（2004），資產價格若出現跳動，則市場屬於不完全，隱含著如選擇權的複製價格並非唯一，即採取複製策略仍存在風險，故檢視資產價格是否有可能出現跳動的現象，應是一種迫切的課題；或者說，若 GBM 不適合用於模型化資產價格，則何者可以取代 GBM？也許（指數型）Lévy 過程是一種值得考慮的方向之一，畢竟 BM（維納過程）只是 Lévy 過程內的一個特例。不過，因 Lévy 過程涉及到使用較抽象的數學觀念，我們並不容易接近，故本章的目的是用簡單或以直覺的方式介紹 Lévy 過程。

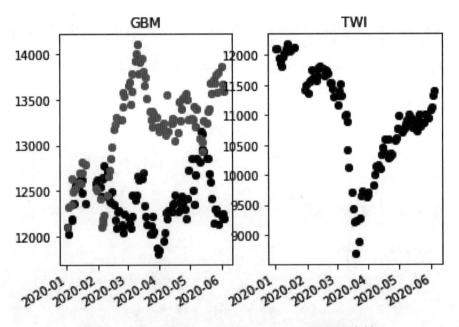

圖 8-2　圖 8-1 內之 2020/1/2～2020/6/4 期間的走勢

8.1 一些準備

欲瞭解 Lévy 過程，除了（本書）第 4 與 5 章內容之外，我們必須額外再介紹或複習一些觀念[②]。

8.1.1 càdlàg 函數

右連左極函數（right continuous with left limit, RCLL）亦稱爲 càdlàg 函數。一個函數 $f: [0, T] \rightarrow \mathbf{R}^d$ 可稱爲 càdlàg 函數，其必須滿足下列三個條件：

(1) $f(t-) = \lim\limits_{s \to t, s < t} f(s)$；

(2) $f(t+) = \lim\limits_{s \to t, s > t} f(s)$；

(3) $f(t) = f(t+)$。

因此，根據上述定義可知，任何連續函數可爲 càdlàg 函數，但是後者有可能屬於不連續，其中若 t 爲不連續之點如：

$$\Delta f(t) = f(t) - f(t-) \tag{8-1}$$

則稱於點 t 處出現「跳動」。

值得注意的是，càdlàg 函數內的跳動頻率不能太劇烈，即一個 càdlàg 函數如 f 內的不連續之點：$\{t \in [0, T], f(t) \neq f(t-)\}$ 爲有限值或屬於可數的個數；或者說，就任意 $\varepsilon > 0$ 而言，於 $[0, T]$ 內，「跳動」（即大於 ε）的次數爲有限值。因此，於 $[0, T]$ 內，一個 càdlàg 函數除了有可能會出現有限的「大跳動」（即大於 ε）之外，亦可能出現許多可數的「小跳動」。

典型的 càdlàg 函數例子就是一種於點 T_0 處出現跳動的「階梯函數（step function）」。例如：$f(T_0-) = 0$、$f(T_0+) = f(T_0) = 1$ 與 $\Delta f(T_0) = 1$，其可進一步寫成：

$$f(t) = g(t) + \sum_{i=0}^{n-1} f_i \mathbf{1}_{[t_i, t_{i+1}]}(t) \tag{8-2}$$

其中 $g(t)$ 是一種連續函數，而 $\mathbf{1}_{[t_i, t_{i+1}]}(t)$ 是一種指標或簡單函數[③]。(8-2) 式相當於將 f

---

[②] 可以參考《歐選》或 Tankov 與 Cont（2004）。
[③] 即若 $t \in [t_i, t_{i+1}]$ 則 $\mathbf{1}_{[t_i, t_{i+1}]}(t) = 1$，否則 $\mathbf{1}_{[t_i, t_{i+1}]}(t) = 0$。

分割成 n 個 f_i，其中 $i = 0, 1, 2, \cdots, n - 1$ 而 f_i 為常數；另一方面，亦將 $[0, T]$ 切割成 $t_0 = 0 < t_1 < t_2 < \cdots < t_n = T$。因此，(8-2) 式說明了 $f(t)$ 是由一個連續函數 $g(t)$ 與 n 個跳動函數所構成。

例1　階梯函數的繪製

考慮下列的階梯函數：

$$f(x) = \begin{cases} 0, & x < 1 \\ 1, & 1 \le x < 2 \\ 2, & 2 \le x < 3 \end{cases}$$

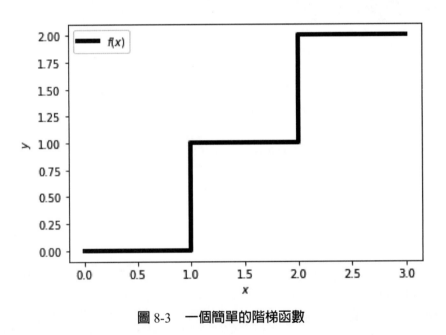

圖 8-3　一個簡單的階梯函數

圖 8-3 繪製出上述 $f(x)$，可發現於點 $x = 1, 2$ 處，$f(x)$ 有出現跳動的情況；是故，卜瓦松過程的實現值是一種 càdlàg 函數，如圖 4-13 所示。

例2　二種 càdlàg 函數

檢視圖 8-4 的結果，該圖分別繪製出二種 càdlàg 函數，其中右圖不言而喻，是一種 càdlàg 函數，因其於虛線處出現跳動的情況。至於左圖的結果，例如：於虛線處，我們發現並未違反 càdlàg 函數的定義[4]，故一種連續函數如圖 8-4 內的左圖，

---

[4] 即左與右極限皆存在，且 $f(t) = f(t+)$。

亦是一種 càdlàg 函數。

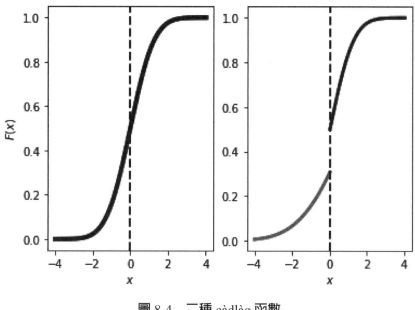

圖 8-4　**二種 càdlàg 函數**

8.1.2 特性函數

　　於機率或統計理論內，我們有二種方法描述隨機變數的特徵與性質，其一是透過該隨機變數的 PDF（或 CDF），而另一則是透過上述隨機變數的特性函數（characteristic function, CF）。或者說，上述隨機變數的 PDF 與其對應的 CF 之間的關係，猶如傅立葉轉換（Fourier transform, FT）與其逆傅立葉轉換 IFT（inverse FT）之間的關係[⑤]；另一方面，若隨機變數存在對應的動差母函數（MGF），則該隨機變數的 CF 可以拓展至複數空間範圍。可惜的是，隨機變數的 PDF 與 MGF 未必存在，但是其對應的 CF 卻必定存在；因此，相對上隨機變數的 CF 重要多了。

　　若 X 是一個隨機變數而其對應的 PDF 為 $f_X(x)$。我們可以透過 FT 找出 $f_X(x)$ 的 CF 為 $\phi_X(\omega)$，其中 $\omega \in \mathbf{R}$。換句話說，根據《歐選》，可得：

$$\phi_X(\omega) = \int_{-\infty}^{\infty} e^{i\omega x} f_X(x) dx = E\left(e^{i\omega x}\right) \tag{8-3}$$

[⑤] FT 與 IFT 的定義與意義可參考《歐選》。

即 X 的 CF 為 $\phi_X(\omega)$ 就是 $f_X(x)$ 的 FT。

於尚未介紹之前，我們必須複習一些有關於複數（complex numbers）的一些操作。令 $i = \sqrt{-1}$，可知 $i^2 = -1$、$i^3 = -i$ 與 $i^4 = 1$；其次，根據尤拉公式（Euler's formula），可知 $e^{ix} = \cos(x) + i\sin(x)$。複數 **C** 可用於表示所有的 $a + bi$ 之集合，其中 $a, b \in \mathbf{R}$。於 Python 內，上述複數的操作可為：

```
i = complex(0,1)
i.real # 0.0
i.imag # 1.0
i**2 # (-1+0j)
i**3 # (-0-1j)
i**4 # (1+0j)
x = 3
np.exp(i*x) # (-0.9899924966004454+0.1411200080598672j)
np.cos(x)+i*np.sin(x) # (-0.9899924966004454+0.1411200080598672j)
```

有關於 $\phi_X(\omega)$ 的性質，可以分述如下：

(1) 就有限的實數值 ω 與 x 而言，因 $\left|e^{i\omega x}\right|$ 為封閉的連續函數，故 $\phi_X(\omega)$ 必定存在。

(2) 就任何 x 而言，$\phi_X(0) = 1$。

(3) $|\phi_X(\omega)| \leq 1$。

(4) $\overline{\phi_X(\omega)} = \phi_X(-\omega)$。

(5) 若 $Y = a + bX$，則 $\phi_Y(\omega) = e^{i\omega a}\phi_X(b\omega)$。

(6) 若 X_1 與 X_2 為相互獨立的隨機變數且其對應的 CF 分別為 $\phi_{X_1}(\omega)$ 與 $\phi_{X_2}(\omega)$，則 $\phi_Y(\omega) = \phi_{X_1}(\omega)\phi_{X_2}(\omega)$，其中 $\phi_Y(\omega)$ 為新的隨機變數 $Y = X_1 + X_2$ 的 CF[6]。

其中 $\overline{\phi_X(\omega)} = \phi_X(-\omega)$，即我們稱 $\bar{z}$ 為 $z = a + bi$ 之共軛複數（complex conjugate），故 $\bar{z} = a - bi$。

其實，CF 的主要性質在於其與（機率）分配函數之間的關係，即每一種隨機變數皆有對應「唯一的」CF，而該隨機變數所對應的機率分配特徵卻可以藉由上述的 CF 檢視；換言之，顧名思義，機率分配函數的特徵可以利用對應的 CF 得知。尤有甚者，透過 FT 與 IFT 之間的關係，我們不是可以透過 IFT，利用特性函數「反

---

[6] 上述性質的證明可以參考 Prolella（2007）。

推」出機率分配函數嗎？上述過程就稱為「逆定理（inverse theorem）」。就選擇
權的定價而言，逆定理可說是最重要的定理。

根據 Schmelzle（2010），隨機變數 X 的 CDF 可以寫成：

$$F_X(x) = P\left(X \le x\right) = \frac{1}{2} - \frac{1}{2\pi}\int_{-\infty}^{\infty}\frac{e^{-i\omega x}\phi_X(\omega)}{i\omega}d\omega \tag{8-4}$$

即由逆定理轉換而得的 $F_X(x)$ 可寫成 CF 的積分型態[①]。根據 CDF 與 PDF 之間的關
係，$F_X(x)$ 的微分為 $f_X(x)$ 可寫成：

$$f_X(x) = \frac{1}{2\pi}\int_{-\infty}^{\infty}e^{-i\omega x}\phi_X(\omega)d\omega \tag{8-5}$$

即 (8-5) 式可以透過 FT 與 IFT 之間的關係取得（《歐選》）。換言之，我們亦可以
透過 IFT 取得 $f_X(x)$，即 $\phi_X(\omega)$ 與 $f_X(x)$ 之間存在一定的關係。

我們從 (8-3) 式內可知 $\phi_X(\omega)$ 一個複數。根據《歐選》，可知：

$$\sin(x) = \text{Im}(e^{-ix}) = \sum_{n=0}^{\infty}\frac{(-1)^n}{(2n+1)!}x^{2n+1} = \frac{e^{ix}-e^{-ix}}{2i} \tag{8-6}$$

與

$$\cos(x) = \text{Re}(e^{ix}) = \sum_{n=0}^{\infty}\frac{(-1)^n}{(2n)!}x^{2n} = \frac{e^{ix}+e^{-ix}}{2} \tag{8-7}$$

利用 (8-6) 與 (8-7) 二式可知：

$$\text{Re}\left[\phi_X(\omega)\right] = \frac{\phi_X(\omega)+\phi_X(-\omega)}{2} \text{ 與 } \text{Im}\left[\phi_X(\omega)\right] = \frac{\phi_X(\omega)+\phi_X(-\omega)}{2i} \tag{8-8}$$

隱含著 $\phi_X(\omega)$ 的實數與虛數成分（即 $\text{Re}[\phi_Z(z)]$ 與 $\text{Im}[\phi_Z(z)]$）分別是一個偶函數（even
function）與奇函數（odd function）。因若以 $\omega = 0$ 為中心，偶函數是一個對稱的

[①] 相同地，(8-4) 式的證明亦可以參考 Prolella（2007）。

函數，隱含著 $\omega > 0$ 與 $\omega < 0$ 的積分部分是相同的，故 $f_X(x)$ 可以進一步寫成：

$$
\begin{aligned}
f_X(x) &= \frac{1}{2\pi}\mathrm{Re}\left[\int_{-\infty}^{0} e^{-i\omega x}\phi_X(\omega)d\omega\right] + \frac{1}{2\pi}\mathrm{Re}\left[\int_{0}^{\infty} e^{-i\omega x}\phi_X(\omega)d\omega\right] \\
&= \frac{1}{2\pi}\mathrm{Re}\left[\int_{0}^{\infty} \overline{e^{-i\omega x}\phi_X(\omega)d\omega}\right] + \frac{1}{2\pi}\mathrm{Re}\left[\int_{0}^{\infty} e^{-i\omega x}\phi_X(\omega)d\omega\right] \\
&= \frac{1}{2\pi}\mathrm{Re}\left[2\int_{0}^{\infty} e^{-i\omega x}\phi_X(\omega)d\omega\right] \\
&= \frac{1}{\pi}\mathrm{Re}\left[\int_{0}^{\infty} e^{-i\omega x}\phi_X(\omega)d\omega\right]
\end{aligned}
\tag{8-9}
$$

同理，$F_X(x)$ 亦可以寫成：

$$
\begin{aligned}
F_X(x) &= \frac{1}{2} + \frac{1}{2\pi}\int_{0}^{\infty} \frac{e^{i\omega x}\phi_X(-\omega) - e^{-i\omega x}\phi_X(\omega)}{i\omega}d\omega \\
&= \frac{1}{2} + \frac{1}{2\pi}\int_{0}^{\infty} \frac{\overline{-e^{-i\omega x}\phi_X(\omega)} - e^{-i\omega x}\phi_X(\omega)}{i\omega}d\omega \\
&= \frac{1}{2} - \frac{1}{\pi}\int_{0}^{\infty}\mathrm{Re}\left[\frac{e^{-i\omega x}\phi_X(\omega)}{i\omega}\right]d\omega
\end{aligned}
\tag{8-10}
$$

$$
= \frac{1}{2} - \frac{1}{\pi}\int_{0}^{\infty}\mathrm{Im}\left[\frac{e^{-i\omega x}\phi_X(\omega)}{\omega}\right]d\omega
\tag{8-11}
$$

(8-9)～(8-11) 三式係取自 Schmelzle（2010），我們倒是可以利用 Python 說明上述式子，可以參考下列例子。

例1 標準常態分配的 CF

　　根據《歐選》，若 Z 表示標準常態分配的隨機變數，則 Z 的 CF 可寫成 $\phi_Z(t) = e^{-\frac{1}{2}t^2}$。圖 8-5 分別繪製出 $\mathrm{Re}[\phi_Z(t)]$ 與 $\mathrm{Im}[\phi_Z(t)]$ 成分，從圖內可看出前者的形狀類似於標準常態分配的 PDF，至於後者則於所有的 t 之下皆為 0。此可說明 (8-9) 式為何只分析實數成分。

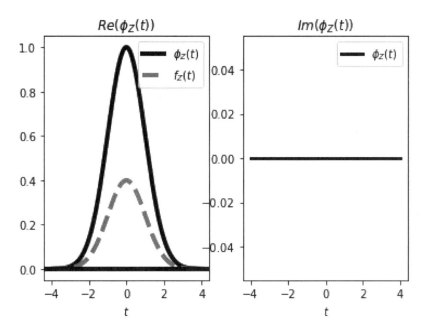

圖 8-5　標準常態分配的 CF

例 2　數值積分

　　面對 (8-9) 式，我們倒是可以利用 Python 內的（數值）積分函數指令直接計算積分值。例如：令 $Z = 0.5$（Z 為標準常態分配的隨機變數），可得 $\int_0^\infty e^{-itz}\phi_Z(t)dt$ 值約為 1.106，代入 (8-9) 式內可得 $f_Z(0.5)$ 值約為 0.3521，該值恰等於理論值，後者可以利用 Python 指令的 norm.pdf(0.5,0,1) 值得知；是故，讀者亦可以練習 (8-10) 或 (8-11) 式的計算。

例 3　常態分配的 CF

　　續例 1，令 $X = \mu + \sigma Z$ 表示平均數與標準差分別為 μ 與 σ 的常態分配隨機變數。根據《歐選》可知 X 的 CF 為 $\phi_X(t) = e^{i\mu t - \frac{1}{2}\sigma^2 t^2}$。令 $\mu = 1$ 與 $\sigma = 2$，圖 8-6 分別繪製出 $\text{Re}[\phi_X(t)]$ 與 $\text{Im}[\phi_X(t)]$ 成分，從左圖可看出 CF 的形狀似乎不受 μ 與 σ 值的影響；另一方面，從右圖可看出 $\text{Im}[\phi_X(t)]$ 成分是一個奇函數，即其加總接近於 0。

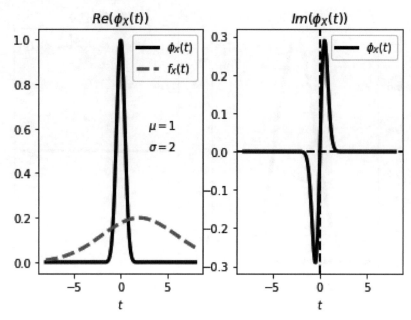

圖 8-6 $\text{Re}[\phi_X(t)]$ 與 $\text{Im}[\phi_X(t)]$，其中 $f_X(t)$ 表示常態分配的 PDF

例 4 利用 CF 計算歐式選擇權價格

現在我們利用標的資產的（對數）價格的 CF 來決定選擇權的價格。就歐式選擇權買權價格而言，根據德爾塔－機率分解（delta-probability composition），其可寫成[8]：

$$C_0 = e^{-qT}S_0\Pi_1 - e^{-rT}K\Pi_2 \tag{8-12}$$

其中

$$\Pi_1 = \frac{1}{2} + \frac{1}{\pi}\int_0^\infty \text{Re}\left(\frac{e^{-i\omega\log(K)}\phi(\omega-i)}{i\omega\phi(-i)}\right)d\omega \tag{8-13}$$

與

---

[8] 歐式選擇權價格的德爾塔－機率分解最早出現於 Heston（1993），(8-12) 式的導出則可參考 Chourdakis（2008）。

$$\Pi_2 = \frac{1}{2} + \frac{1}{\pi} \int_0^\infty \mathrm{Re}\left(\frac{e^{-i\omega \log(K)} \phi(\omega)}{i\omega} \right) d\omega \tag{8-14}$$

(8-12) 式內的變數定義與 5.3.1 節相同。根據買權與賣權平價（call-put parity）關係，期初賣權價格可寫成：

$$P_0 = C_0 + Ke^{-rT} - S_0 e^{-qT} \tag{8-15}$$

其中 C_0 與 P_0 分別表示歐式買權與賣權之期初價格。因此，只要標的資產的（對數）價格的 $\phi(\omega)$ 為已知，透過 (8-13) 與 (8-14) 二式的數值積分亦可以計算歐式選擇權價格。

就 BSM 模型而言，因對數價格 $s_0 = \log(S_0)$ 屬於常態分配，即：

$$s_T \sim N\left[s_0 + \left(r - q - \frac{1}{2}\sigma^2 \right)T, \sigma^2 T \right]$$

故根據例 3 內常態分配的 CF 可知，s_T 的 CF 可寫成：

$$\begin{aligned} \phi_{BSM}(\omega) &= E\left(e^{i\omega s_T}\right) = \exp\left[i\omega s_0 + i\omega T\left(r - q - \frac{1}{2}\sigma^2 \right) + \frac{1}{2}i^2\omega^2\sigma^2 T \right] \\ &= \exp\left[i\omega s_0 + i\omega T(r-q) - \frac{1}{2}\left(i\omega + \omega^2 \right)\sigma^2 T \right] \end{aligned} \tag{8-16}$$

代入 (8-13) 與 (8-14) 二式內，使用數值積分方法，自然可以得到 Π_1 與 Π_2 值[9]。舉個例子說明。令 $S_0 = 100$、$K = 95$、$r = 0.02$、$q = 0.01$、$\sigma = 0.14$ 以及 $T = 0.5$，根據 (8-13)、(8-14) 與 (8-16) 三式，使用數值積分方法可得 Π_1 與 Π_2 值分別約為 0.73 與 0.696，而該二值則分別等於 $N(d_1)$ 與 $N(d_2)$ 值；因此，使用 (8-16) 式內的特性函數亦可得出 BSM 模型的價格。

---

[9] 根據 (8-16) 式可知 $\phi_{BSM}(-i) = \exp\left[s_0 + T(r-q) \right] = S_0 \exp[T(r-q)]$。

習題

(1) 試舉例說明利用常態分配以數值積分的方式計算 (8-9) 式。

(2) 續上題，試舉例說明利用常態分配以數值積分的方式計算 (8-10) 與 (8-11) 二式。

(3) 試說明 CF 與累積母函數（cumulant-generating function, CGF）之間的關係。

(4) 試說明 CF 與 MGF 之間的關係。

(5) 試說明如何利用「德爾塔－機率分解」方法計算歐式選擇權的價格。

8.1.3 快速傅立葉轉換

於 8.1.2 節的例 4 內，我們已經注意到 CF 所扮演的角色。我們發現任意一種隨機變數可有其對應的 CF；反之，亦然。我們重寫 (8-3) 式為：

$$\phi_X(t) = \int_{-\infty}^{\infty} e^{itx} f_X(x)dx = E\left(e^{itx}\right) \tag{8-17}$$

其次，亦重寫 (8-5) 式為：

$$f_X(t) = \frac{1}{2\pi} \int_{-\infty}^{\infty} e^{-itx} \phi_X(t)dt \tag{8-18}$$

比較 (8-17) 與 (8-18) 二式，可看出 $\phi_X(t)$ 與 $f_x(t)$ 之間的關係，其中 $f_X(\cdot)$ 與 $\phi_X(\cdot)$ 分別表示隨機變數 X 的 PDF 與 CF。可惜的是，$f_X(\cdot)$ 與 $\phi_X(\cdot)$ 之間的關係並不容易以明確的數學式子表示，隱含著我們只能訴諸於使用數值方法以估計 (8-18) 式。

直覺而言，上述數值方法可以將 (8-18) 式內的 x 與 t「格子化（grid）」以取得 $f_X(t)$。例如：若將 x 與 t「分割」成 T 點，則上述數值方法總共需 T^2 個計算步驟，還好我們可以使用快速傅立葉轉換（fast Fourier transform, FFT）之演算法[10]取代，即使用後者只需要計算 $T[\log_2(T) + 1]$ 個觀察值。以 $T = 2^6$ 或 2^{10} 為例，FFT 分別可較對應的間斷傅立葉轉換（discrete Fourier transform, DFT）的計算約快 10 或 102 倍。

畢竟我們的目的在於說明 FFT 的應用，倒不需要太在意 FFT 的導出；另一方面，因程式語言如 Python 或 R 語言等皆附有 FFT 的函數指令，故實際上我們已經知道如何操作。換言之，首先，我們必須找出 (8-17) 與 (8-18) 二式所對應的

---

[10] FFT 之演算法最早是由 Cooley 與 Tukey（1965）所建議採用，本節內容係取自《歐選》。

DFT，因我們的目的是希望透過 CF 推導出對應 PDF，故 (8-18) 式可對應至 IDFT（逆 DFT）而 (8-17) 式則對應至 DFT；也就是說，FFT 是一種可用於估計 (8-18) 式的有效的間斷型 DFT。

我們先將 (8-18) 式內的 t 分割成 $t_n = \Delta_t(n-1)$，其中 $n = 1, 2, \cdots, T$，故實際上可得 $[0, T_1 = t_N(T-1)\Delta_t]$ 以取代 $(0,\infty)$，其中 T_1 為所分析的期間；其次，假定 $f_X(\cdot)$ 內 X 的實現值存在下限與上限如 $[x_{\min}, x_{\max}]$，則令 $\Delta_x = (x_{\max} - x_{\min})/(T-1)$ 與 $x_k = x_{\min} + \Delta_x(k-1)$，其中 $k = 1, 2, \cdots, T$。令

$$\Delta_x \Delta_t = \frac{2\pi}{T} \tag{8-19}$$

只要 T 夠大，(8-19) 式隱含著：

$$\Delta_t = \frac{2\pi}{T}\frac{(T-1)}{(x_{\max}-x_{\min})} \approx \frac{2\pi}{x_{\max}-x_{\min}}$$

因此，(8-19) 式扮演著「格子化」重要的關鍵角色。

令 $g(t) = e^{-itx}\phi(t)$，可得：

$$g(-t) = e^{itx}\phi(-t) = \overline{e^{itx}\phi(t)} \text{ 與 } g(t) + g(-t) = 2\operatorname{Re}\left[e^{-itx}\phi(t)\right]$$

故 (8-18) 式可進一步寫成：

$$f_X(t) = \frac{1}{2\pi}\int_{-\infty}^{\infty} e^{-itx}\phi(t)dt = \frac{1}{2\pi}\int_{-\infty}^{0} g(t)dt + \frac{1}{2\pi}\int_{0}^{\infty} g(t)dt$$
$$= \operatorname{Re}\left\{\frac{1}{\pi}\int_{0}^{\infty} e^{-itx}\phi(t)dt\right\} \tag{8-20}$$

是故，(8-20) 式可視為「間斷版」的 IFFT（逆 FFT）。

根據《歐選》，(8-17) 與 (8-18) 二式所對應的「間斷版」分別可為：

$$g_n = \sum_{n=1}^{T} G_n e^{i\frac{2\pi}{T}(k-1)(n-1)}, n = 1,\cdots,N \tag{8-21}$$

與

$$G_k = \frac{1}{T}\sum_{k=1}^{T} g_n e^{-i\frac{2\pi}{T}(k-1)(n-1)}, k = 1, \cdots, T \tag{8-22}$$

值得注意的是，g_t 是根據 N 個間斷觀察值所計算而得。(8-21) 式就是 DFT 的定義，其倒是可以視為 FT 的間斷版。因此，T 個 g_t 可以透過 IDFT 取得，其中 (8-22) 式可視為 IFT 的間斷版。

如前所述，於 Python 內已有 FFT 與 IFFT 的函數指令，試下列指令：

```
from scipy.fft import fft, ifft
dft(np.arange(0, 5, 1))*5 # array([10. , -2.5, -2.5, -2.5, -2.5])
fft(np.arange(0, 5, 1))
# array([10. -0.j , -2.5+3.4409548j , -2.5+0.81229924j, -2.5-0.81229924j, -2.5-3.4409548j ])
idft(np.arange(-1,3,1))/4 # array([ 0.5, -0.5, -0.5, -0.5])
ifft(np.arange(-1,3,1)) # array([ 0.5-0.j , -0.5-0.5j, -0.5-0.j , -0.5+0.5j])
```

即我們可以於模組（scipy.fft）內找到 FFT 與 IFFT 的函數指令。根據 (8-22) 與 (8-23) 二式，我們發現上述 FFT 與 IFFT 的函數指令幾乎可以得到相同於上述二式（DFT 與 IDFT）的結果（即只取 FFT 與 IFFT 結果的實數部分）。

我們舉一個例子說明。令 $T = 2^8$、$i = \sqrt{-1}$、$t = 0, 2, \cdots, T-1$ 與 X_t 為標準常態分配的隨機變數。圖 8-7 內的圖 (a) 與 (b) 分別繪製出 $g_t = X_t + iX_t$ 與 $G_k = FFT(g_t)$ 的走勢，而圖 (c) 則繪製出 $gg_t = IFFT(G_k)$ 的走勢。比較圖 (a) 與 (c) 內 g_t 與 gg_t 內的走勢，應可以發現上述二走勢相當接近，我們從圖 (d) 內的 g_t 與 gg_t 之間的散佈圖接近於一條直線取得進一步的驗證；事實上，圖內 g_t 與 gg_t 之間的最大絕對值差距接近於 0[①]，隱含著 g_t 可透過 IFFT 求得。若將圖 8-7 內的 FFT（IFFT）的操作更改成 DFT（IDFT）的操作，其結果則為圖 8-8。比較上述二圖，可看出以 FFT（IFFT）取代 DFT（IDFT）的操作的確存在著優勢。是故，底下我們只使用 FFT（IFFT）的操作。

---

① 最大絕對值差距約為 1.11e-15。

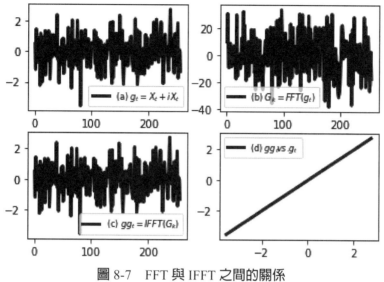

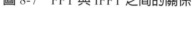

圖 8-7　FFT 與 IFFT 之間的關係

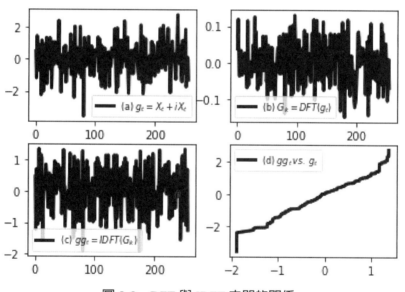

圖 8-8　DFT 與 IDFT 之間的關係

　　我們再看一個更為實際的例子，如圖 8-9 所示。圖 8-9 描述 y 是一個標準常態分配的 PDF，我們可以透過 $y_1 = IFFT(y)$ 與 $y_2 = FFT(y_1)$ 的操作，取得 y_2 接近於 y。

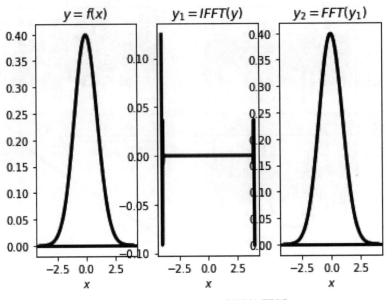

圖 8-9　FFT 與 IFFT 之間的關係

例1　**將 CF 轉換成 PDF**

　　如前所述，FFT 會引起我們注意在於透過 FFT 的計算可將隨機變數的 CF 轉換成對應的 PDF；因此，即使後者的型態為未知，只要有 CF 的資訊，利用 FFT，依舊可以取得對應的 PDF。底下，我們介紹如何透過 CF 取得對應的 PDF。令 X 是一種連續的隨機變數，而 f_X 與 ϕ_X 分別表示對應的 PDF 與 CF；因此，若 $l, u \in \mathbf{R}$ 以及 $T \in \mathbf{N}$，可得：

$$\phi_X(s) = \int_{-\infty}^{\infty} e^{isx} f_X(x) dx \approx \int_{l}^{u} e^{isx} f_X(x) dx \approx \sum_{n=0}^{T-1} e^{isx_n} P_n \tag{8-23}$$

其中 $P_n = f_X(x_n)\Delta x$、$x_n = l + n(\Delta x)$ 與 $\Delta x = \dfrac{u-l}{T}$。我們的目標是如何透過 $\phi_X(s)$ 取得 P_n。直覺而言，(8-23) 式能成立的一個前提是：不僅 T 值應愈大，同時亦需要有愈大的 l 與 u（絕對）值（l 為負值）。

　　比較 (8-21) 與 (8-23) 二式，應可以發現 P_n 的取得是使用 IFFT 計算。透過 (8-23) 式「模仿」(8-21) 式，可得：

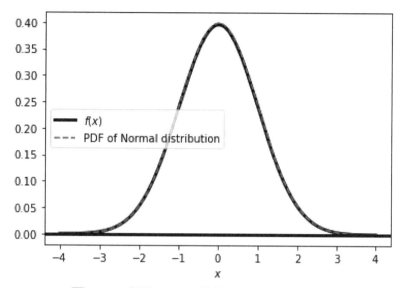

圖 8-10　利用 (I) FFT 將特性函數轉換成 PDF

$$\phi_X(s)e^{-isl} \approx \sum_{n=0}^{T-1} e^{isn(\Delta x)}P_n = \sum_{n=0}^{T-1} e^{2\pi i nt/T}P_n = g_t \tag{8-24}$$

即 **g** 與 **P** 之間存在 **g** = f(**P**) 與 **P** = f^{-1}(**g**) 的關係，其中 **g** = $(g_0, \cdots, g_{T-1})$ 與 **P** = $(P_0, \cdots, P_{T-1})$。於 (8-24) 式內，可看出 $s(\Delta x) = 2\pi t / T$，隱含著 s 值的選擇可爲：

$$s_t = \frac{2\pi t}{T(\Delta x)}, t = -\frac{T}{2}, -\frac{T}{2}+1, \cdots, \frac{T}{2}-1$$

使得 $g_t \approx \phi_X(s_t)e^{-is_t l}$。換言之，利用 **P** = f^{-1}(**g**) 的關係以及 (I) FFT 的計算，竟然可以從 ϕ_X 取得 **P**。最後，利用 $P_n = f_X(x_n)\Delta x$ 之間的關係，可以估得 $f_X(x)$。

　　我們亦舉一個例子說明上述轉換過程。回想標準常態分配的特性函數可以寫成 $\phi_Z(s) = e^{-\frac{1}{2}s^2}$。我們嘗試透過 $\phi_Z(s)$ 以及 IFFT 的使用，取得標準常態分配的 PDF。令 $T = 2^{20}$、$\Delta x = 0.0001$、$l = -4$ 與 $u = -4$，利用 (8-24) 式，圖 8-10 繪製出利用上述 IFFT 的技巧以得出標準常態分配的 PDF，我們發現上述 PDF 接近於理論的 PDF。

例2　利用 FFT 計算歐式選擇權的價格

　　如前所述，利用德爾塔一機率分解如 (8-12) 式可以計算歐式選擇權的價格，不

過上述方法雖說合乎直覺但是其並不是一種有效的計算方法。因此，Carr 與 Madan（CM, 1999）提出一種 FT 的修正買權價格方法。CM 方法的特色是直接使用 FFT 計算選擇權的價格。

上述 CM 方法可以利用數值方法估計。例如：考慮 BSM 模型，其對應的風險中立特性函數為 $\phi_T(u) = \exp\left[T\left(i\Delta u - \dfrac{1}{2}\sigma^2 u^2\right)\right]$（其中 $\Delta = r - \dfrac{1}{2}\sigma^2$，可參考 8.1.2 節）。令 $S_t = 100$、$K = 100$、$r = 0.05$、$q = 0$、$\sigma = 0.25$ 與 $T = 0.25$，利用 BSM 模型可得買權價格約為 0.5948。接下來，我們使用 CN 方法。首先，令 $N = 4{,}098$、$\tilde{u} = 1{,}024$ 與 $\alpha = 4$，按照 CM 的 FFT 估計步驟[12]，可得買權價格亦約為 0.5948，其與 BSM 模型的估計結果頗為接近，故我們倒是於 BSM 模型之外，得到另外一種以 FFT 計算歐式買權價格的方法。例如：圖 8-11 繪製出 $K = 140$ 而其餘上述假定不變的 CM 的 FFT 與 BSM 模型的買權價格曲線，從圖內可看出二曲線幾乎重疊，讀者可嘗試更改上述假定以取得更多的資訊。我們從上述的估計步驟得知，只要標的資產的特性曲線為已知，透過 CM 方法，竟然可以計算到對應的歐式買權價格。

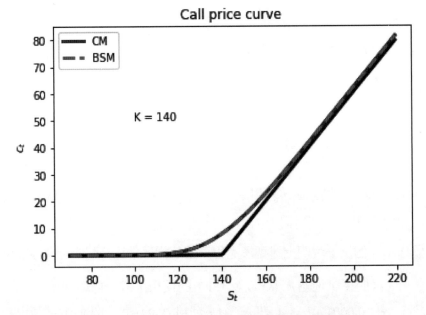

圖 8-11　CM 之 FFT 與 BSM 模型之買權價格比較

---

[12] CM 的 FFT 估計步驟可參考《歐選》，其中於 (8-19) 式內的 T 與 t 分別用 N 與 u 取代以及 $\alpha > 0$ 可稱為阻尼因子（damping factor）。

習題

(1) 卡方分配的 CF 為 $(1 - 2it)^{-df/2}$，其中 df 為對應的自由度。試利用 FFT 取得對應的 PDF。

(2) 其實，FFT 就是 DFT，試解釋之。

(3) 就圖 8-11 而言，以 CM 之 FFT 買權價格取代 BSM 模型買權價格的誤差為何？

(4) 試說明 CM 內之 α 所扮演的角色。

8.2 何謂 Lévy 過程？

首先我們定義 Lévy 過程如下：

Lévy 過程

一種定義於 $(\Omega, \mathbf{F}, \mathbf{P})$ 的實數隨機過程 $X_L(t)$ 稱為 Lévy 過程是指其滿足下列條件：

(1) $X_L(t)$ 有獨立的增量：就任意 $0 \le s_1 < t_1 < s_2 < t_2$ 而言，隨機量 $X_L(t_1) - X_L(s_1)$ 與 $X_L(t_2) - X_L(s_2)$ 相互獨立。

(2) $X_L(t)$ 的增量屬於恆定的，即就 $h \ge 0$ 而言，$X_L(t + h) - X_L(t)$ 與 $X_L(t)$ 有相同的分配，隱含著 $X_L(t + h) - X_L(t)$ 的分配與時間無關。

(3) $P[X_L(0) = 0] = 1$，即 X_t 幾乎必然從 0「出發」。

(4) $X_L(t)$ 屬於隨機連續，即任意 $\varepsilon > 0$，$\lim_{h \to 0} P\left[\left| X_L(t + h) - X_L(t) \right| \ge \varepsilon \right] = 0$。

(5) $X_L(t)$ 的實現值路徑幾乎必然屬於 càdlàg 函數的路徑。

從上述定義可知維納過程或卜瓦松過程其實皆是屬於 Lévy 過程內的一個特例，即維納過程強調對應的獨立增量分配屬於常態分配，而卜瓦松過程則假定對應的獨立增量分配屬於卜瓦松分配，顯然 Lévy 過程並未強調對應的獨立增量分配屬於何分配；因此，可知維納過程與卜瓦松過程皆屬於 Lévy 過程，但是 Lévy 過程卻未必指的是維納過程或卜瓦松過程。是故，Lévy 過程所包括的範圍大於維納過程或卜瓦松過程，即從上述條件 (4) 與 (5) 可知，Lévy 過程於已知的時間下，排除屬於不連續的過程，但是於未知的時間內，卻無法排除有可能出現跳動的過程，隱含著跳動的時間是隨機的。

通常，Lévy 過程可以透過一個所謂的 Lévy 三元（Lévy triplet）（參數）$(\sigma^2(L), l(L), \mu(L))$ 表示，隱含著上述三個參數可以主導 Lévy 過程的型態。$\sigma^2(L)$ 稱為高斯變異數（Gaussian variance），其可以主導 Lévy 過程內屬於維納過程的成分。Lévy 三元內的第 2 與 3 個參數分別為 $l(L)$ 與 $\mu(L)$，其中 $l(L)$ 稱為 Lévy 衡量（Lévy

measure）而 $\mu(L)$ 稱爲漂浮項參數。若 $l(L) = 0$，則 Lévy 過程表示含漂浮項的維納過程；同理，若 $\sigma^2(L) = 0$，則 Lévy 過程純粹只是一種非高斯（non-Gaussian）的跳動過程。因此，Lévy 過程實際上包括擴散過程（diffusion process）（或稱爲維納過程）、跳動－擴散過程（jump-diffusion process）與純粹跳動過程（jump process）等三類；或者說，維納過程只是 Lévy 過程內唯一的一種連續過程。

於上述 Lévy 三元內，Lévy 測度（Lévy measure）如 $l(L)$ 參數可說是最爲重要，其特色可以分述如下：

(1) 於特定的時間區間內，$l(L)$ 表示預期的跳動次數。

(2) $l(L)$ 滿足下列條件[13]：

$$l_L(0) = 0 \ \text{與} \ \int_{\mathbf{R}} \min\left(1, x^2\right) l_L(dx) < \infty \tag{8-25}$$

(8-25) 式隱含著跳動並不會出現於原點 0 處，不過於原點 0 處附近卻有可能出現眾多（微小）的跳動。

(3) (8-25) 式亦可改成：

$$l_L(0) = 0 \ \text{與} \ \int_{|x| \leq 1} |x| l_L(dx) < \infty \tag{8-25a}$$

或

$$l_L(0) = 0 \ \text{與} \ \int_{|x| > 1} |x| l_L(dx) < \infty \tag{8-25b}$$

換言之，(8-25a) 式表示微小的跳動，而 (8-25b) 式則表示「大幅度」的跳動。

(4) 我們可以根據 $l(L)$ 劃分爲有限活動（finite activity）與無限活動（infinite activity）的 Lévy 過程。換句話說，若 $\int_{|x| < 1} |x| l_L(dx) < \infty$，則 $X_L(t)$ 屬於有限活動的 Lévy 過程；同理，若 $\int_{|x| < 1} |x| l_L(dx) = \infty$，則 $X_L(t)$ 屬於無限活動的 Lévy 過程。

(5) 顧名思義，有限活動的 Lévy 過程表示於特定的時間區間內，跳動的次數爲有限的，如維納過程、卜瓦松過程、受補償的卜瓦松過程以及跳動－擴散過程等皆屬於有限活動的 Lévy 過程，隱含著除了連續過程之外，尚包括有限的跳動成分。至於無限活動的 Lévy 過程是指於特定的時間區間內，有可能出現無數

---

[13] $l(L)$ 亦可寫成 $l_L(t)$。

多的跳動，於文獻上，如 Madan et al.（1998）的變異數伽瑪（variance gamma, VG）過程、Carr et al.（2002, 2003）的 CGMY 過程以及 Barndorff-Nielsen（1995）的常態逆高斯（normal inverse Gaussian, NIG）過程等，皆屬於無限活動的 Lévy 過程。

(6) $l_L(dx)$ 的意義。通常，集合內的規模或大小（size）可用「測度（measure）」表示。就 $l_L(dx)$ 而言，$l_L(\cdot)$ 可表示 Lebesgue 測度（Lebesgue measure）[14]，而 dx 係表示一個微小的區間如 $[x, x + dx)$。是故，$l_L(dx)$ 可以表示：

$$l_L(dx) = f(x)dx \text{ 隱含著 } \int g(x)l_L(dx) = \int g(x)f(x)dx$$

不過，若處理一個可數的集合如 N，則因 $g(x)l_L(dx) = g(x)\delta_N(dx)$，其中 $\delta_N(dx)$ 係一種簡單函數[15]，故 $\int g(x)\delta_N(dx) = \sum_{k=1}^{N} g(k)$。因此，$l_L(dx)$ 只是表示 Lebesgue 測度或可數的測度而已。

8.2.1 Lévy 過程與無限可分割性分配

Lévy 過程有一個極為重要的性質，那就是 Lévy 過程與「無限可分割分配（infinitely divisible distributions）」有關；也就是說，通常我們可以利用無限可分割分配產生 Lévy 過程。

無限可分割分配

X 是一種實數隨機變數，而 X 對應的 PDF 與 CF 分為 $\mathbf{P}(x)$ 與 $\phi_X(t)$。我們稱 X 是一種無限可分割隨機變數是指：就任意 $n \in \mathbf{N}$ 而言，存在一系列 IID 之隨機變數如 $X_1, X_2, \cdots, X_n$ 與對應的 CF 為 $\phi_{X_i}(t)$，則

$$\phi_X(t) = \left[\phi_{X_i}(t)\right]^n \text{ 或 } \phi_{X_i}(t) = \left[\phi_X(t)\right]^{1/n} \tag{8-26}$$

若滿足 (8-26) 式，則稱 $\mathbf{P}(x)$ 是一種無限可分割分配。

---

[14] 例如：可參考 Choe（2016）。Lebesgue 測度說穿了就是熟知的衡量「規模或大小」的方式。

例如：考慮 $\mathbf{R}^d$ 之 Lebesgue 測度。若 $d = 1, 2, 3$，則對應的測度分別為長度、面積與體積。

[15] 即 $\delta_N(dx = p) = \begin{cases} 1, p \in [x, dx) \\ 0, p \notin [x, dx) \end{cases}$。

於統計學內，無限可分割分配可包括常態分配、卜瓦松分配、伽瑪分配（Gamma distribution）、受補償卜瓦松分配、幾何分配（geometric distribution）、負二項式分配（negative binomial distributions）或指數分配（exponential distribution）等等。當然，均等分配與二項式分配因對應的隨機變數並非無限值，故上述分配不屬於無限可分割分配。

典型的無限可分割分配是常態分配與卜瓦松分配。例如：假定 Y 是平均數與變異數分別為 μ 與 σ^2 的常態分配隨機變數，故

$$\mathbf{P}(y) = \frac{1}{\sqrt{2\pi\sigma^2}} e^{-\frac{1}{2}\frac{(y-\mu)^2}{\sigma^2}}$$

令 $Y_1, Y_2, \cdots, Y_n$ 屬於 IID 之平均數與變異數分別為 μ/n 與 σ^2/n 之常態分配的隨機變數，可得：

$$E\left(Y_1 + Y_2 + \cdots + Y_n\right) = E\left[n(\mu/n)\right] = \mu$$

與

$$Var\left(Y_1 + Y_2 + \cdots + Y_n\right) = Var(Y_1) + Var(Y_2) + \cdots + Var(Y_n) = n(\sigma^2/n) = \sigma^2$$

故 $Y \overset{d}{=} Y_1 + Y_2 + \cdots + Y_n$，其中符號「$\overset{d}{=}$」表示「分配相等」。

我們繼續檢視 Y 的 CF 如 $\phi_Y(t)$，其可寫成：

$$\phi_Y(t) = \int_{-\infty}^{\infty} e^{ity}\mathbf{P}(y)dy = \exp\left(i\mu t - \frac{\sigma^2 t^2}{2}\right) \tag{8-27}$$

根據 (8-27) 式，可知：

$$\phi_{Y_i}(t) = \int_{-\infty}^{\infty} e^{ity_i}\mathbf{P}(y_i)dy_i = \exp\left(i(\mu/n)t - \frac{(\sigma^2/n)t^2}{2}\right)$$

是故 $\phi_Y(t)$ 與 $\phi_{Y_i}(t)$ 的關係可為：

$$\phi_{Y_i}(t) = \left[\phi_Y(t)\right]^{1/n} = \left[\exp\left(i\mu t - \frac{\sigma^2 t^2}{2}\right)\right]^{1/n} = \exp\left(i(\mu/n)t - \frac{(\sigma^2/n)t^2}{2}\right)$$

顯然符合 (8-25) 式，故亦可得 $Y \overset{d}{=} Y_1 + Y_2 + \cdots + Y_n$。讀者亦可以練習證明卜瓦松分配屬於無限可分割分配的情況。

Lévy 過程的確與無限可分割分配密不可分。根據Sato（1999），可得下列關係：

(1) 若 $\{X_{t\in[0,\infty]}\}$ 是一種實數 Lévy 過程，則就 $t \in [0, T]$ 而言，X_t 屬於無限可分割分配；

(2) 就任意 **R** 內無限可分割分配的 **P** 而言，$\{X_{t\in[0,\infty]}\}$ 是一種 Lévy 過程，其中對應的增量 $X_{t+1} - X_t$ 係由 **P** 主導。

上述二關係之證明可參考 Sato（1999）。

8.2.2 Lévy-Khintchine 定理與 Lévy–Itô 分割定理

無限分割分配的全部特徵可藉由對應的 CF 顯示，而該 CF 就是著名的 Lévy-Khintchine 定理。

Lévy-Khintchine 定理

就所有的 $u \in$ **R** 與 $t \geq 0$ 而言，Lévy 過程如 $X_L(u)$ 的 CF 可寫成：

$$\phi_{X_L}(u) = E\left[e^{iuX_L(t)} \mid \mathbf{F}(0)\right] = e^{t\Psi(u)} \tag{8-28}$$

其中 $t_0 = 0$ 而

$$\Psi(u) = -\frac{\sigma^2(L)}{2}u^2 + i\mu(L)u + \int_R \left(e^{iux} - 1 - iux\right) l_L(dx) \tag{8-29}$$

其中 $\sigma(L)$ 為非負實數而 $\mu(L)$ 為實數；另外，l_L 為於 **R** 內之測度。

如前所述，Lévy 過程可以分成「漂移」、「擴散」與「跳動」三個成分，故 (8-29) 式分別可視為「漂移」、維納過程以及「跳動」的CF之加總；換言之，就「跳動」的 CF 內的 $l_L(dx)$ 而言，可以分別再拆成如 (8-25a) 與 (8-25b) 所示，隱含著可包括「大幅度」與「小幅度」的跳動。

因此，Lévy 過程可以分割成若干成分，我們可以藉由 Lévy–Itô 分割定理瞭解[16]。

Lévy–Itô 分割定理

考慮一種 Lévy 三元 $(\sigma^2(L), l(L), \mu(L))$，則存在一種機率空間 $(\Omega, \mathbf{F}, \mathbf{P})$，於其內存在四種獨立的 Lévy 過程，即 $X_L^{(1)}$、$X_L^{(2)}$、$X_L^{(3)}$ 與 $X_L^{(4)}$，其中前三者分別爲常數漂移、布朗運動與受補償卜瓦松過程，而 $X_L^{(4)}$ 則表示純粹跳動平賭過程（pure jump martingale）。令 $X_L = X_L^{(1)} + X_L^{(2)} + X_L^{(3)} + X_L^{(4)}$，則存在一個機率空間可定義 Lévy 過程如 $X_L(t)_{t \geq 0}$，其中 X_L 的指數成分爲 (8-29) 式。

根據 Lévy–Itô 分割定理，我們可以將 X_L 的指數成分分成四個部分，即：

$$\Psi(u) = \Psi^{(1)}(u) + \Psi^{(2)}(u) + \Psi^{(3)}(u) + \Psi^{(4)}(u)$$

其中

$$\Psi^{(1)}(u) = i\mu u \text{、} \Psi^{(2)}(u) = \frac{1}{2}\sigma^2 u^2 \text{、} \Psi^{(3)}(u) = \int_{|x| \geq 1} \left(e^{iux} - 1\right) l(dx)$$

以及

$$\Psi^{(4)}(u) = \int_{|x| < 1} \left(e^{iux} - 1 - iux\right) l(dx)$$

因此，簡單地說，Lévy 過程包括含漂移項的維納過程與受補償卜瓦松過程二成分，其中後者有不同的跳動程度 x 與對應的強度爲 $l(dx)$。

我們舉一個例子說明。例如：圖 8-12 分別繪製出 Lévy 過程之三種成分之實現值走勢，其中 (a)、(b) 與 (d) 圖分別表示線性漂浮、含漂浮之維納過程以及受補償之卜瓦松過程的實現值走勢。上述三圖皆屬於 Lévy 過程的成分，其中 (d) 圖則是一種純粹的跳動過程。至於 (c) 圖內的卜瓦松過程的實現值走勢並不屬於 Lévy 過程的成分，可以參考例 2。

例 1 一種 Lévy 過程之實現值走勢

我們可以思考 Lévy 過程之實現值走勢爲何？例如：圖 8-13 繪製出一種 Lévy

---

[16] Lévy-Khintchine 定理與 Lévy–Itô 分割定理的進一步說明，可參考 Sato（1999）。

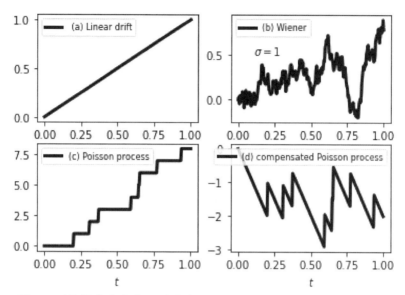

圖 8-12　三種 Lévy 過程成分之實現值走勢：(a) 線性漂浮、(b) 含漂浮之維納過程、(d) 受補償之卜瓦松過程

過程之實現值走勢，其中該走勢的成分可以分成不含漂浮項的維納過程與圖 8-12 內 (d) 圖的受補償之卜瓦松過程的實現值走勢。有意思的是，若上述不含漂浮項的維納過程內的波動率較大（如 $\sigma = 5$），從圖 8-13 內並不容易分別出不含漂浮項的維納過程與 Lévy 過程之不同；或者說，檢視圖 8-13 內的 Lévy 過程之實現值走勢，我們是否會發現上述走勢內其實有包括跳動的成分？

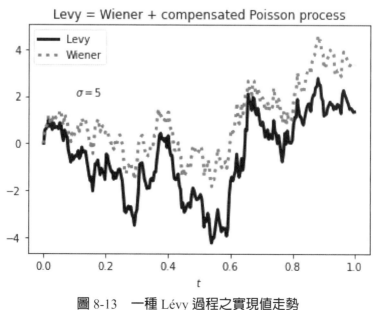

圖 8-13　一種 Lévy 過程之實現值走勢

例 2 遞增的 Lévy 過程

　　於第 4 章內，我們已經知道卜瓦松過程與受補償之卜瓦松過程之間的關係，其中後者視前者為一種從屬過程（subordinate process）；或者說，卜瓦松過程可視為一種 Lévy 過程的從屬過程，因為從圖 8-12 內的 (c) 圖，可以看出上述從屬過程的實現值走勢呈遞增的態勢。我們發現受補償之卜瓦松過程因有從屬過程為不確定性來源（跳動的時間為隨機），未必再額外需要如維納過程當作隨機來源；換言之，Lévy 過程如受補償之卜瓦松過程可視為一種非常態的純粹跳動過程。

習題

(1) 試導出卜瓦松過程的 CF。

(2) 試說明卜瓦松分配屬於無限可分割分配。

(3) BSM 模型是否是一種指數型 Lévy 模型？試解釋之。

(4) 一種正實數值隨機變數 X 若屬於參數值 $\alpha > 0$ 與 $\lambda > 0$ 的伽瑪分配，則其對應的 PDF 可寫成：

$$f_X\left(x;\alpha,\lambda\right)=\begin{cases}\dfrac{\lambda^{\alpha}}{\Gamma(\alpha)}x^{\alpha-1}e^{-\lambda x}, & x \geq 0 \\ 0, & x < 0\end{cases}$$

其中 $\Gamma(\alpha)$ 稱為伽瑪函數。伽瑪函數可定義為 $\Gamma\left(\alpha\right)=\int_0^{\infty}y^{\alpha-1}e^{-y}dy$。上述定義不難利用伽瑪分配的 PDF 取得[1]。我們不難證明出 $T(\alpha)=(\alpha-1)\Gamma(\alpha-1)$ 以及若 $\alpha = n$ 為正整數則 $T(n) = (n-1)!$ 的性質，其中 $T(1) = 0! = 1$；換言之，伽瑪分配的 PDF 亦可寫成：

$$f_X\left(x;n,\lambda\right)=\begin{cases}\dfrac{\lambda^{n}}{(n-1)!}x^{n-1}e^{-\lambda x}, & x \geq 0 \\ 0, & x < 0\end{cases}$$

---

[1] 即令 $y = \lambda x$ 可得 $dy = \lambda dx$ 或 $dx = (1/\lambda)dy$，故伽瑪分配的 PDF 可為：

$$\int_0^{\infty}\frac{\lambda^{\alpha}}{\Gamma(\alpha)}x^{\alpha-1}e^{-\lambda x}dx=\int_0^{\infty}\frac{\lambda^{\alpha}}{\Gamma(\alpha)}(y/\lambda)^{\alpha-1}e^{-\lambda y/\lambda}(1/\lambda)dy=\frac{1}{\Gamma(\alpha)}\int_0^{\infty}y^{\alpha-1}e^{-y}dy=1$$

即 $\int_0^{\infty}f_X\left(x|\alpha,\lambda\right)dx=1$。根據上式，自然可得 $\Gamma(\alpha)$。

試繪製出不同參數值的伽瑪分配 PDF 形狀。

(5) 試說明指數分配與伽瑪分配之間的關係。

8.3 指數 Lévy 過程

　　我們大概已經知道股價或股價指數之日對數報酬率時間序列資料並非屬於常態分配，底下我們進一步檢視。例如：圖 8-14 繪製出二種情況，即左圖繪製出 TWI 日對數報酬率序列資料的實證 PDF（直方圖）（2000/1/5～2019/7/31），而右圖則繪製出 2019/7/31 之前的最近 1 年資料（1 年有 252 個交易日）的實證直方圖，其中實線為對應的常態分配的 PDF（以樣本的平均數與變異數為常態分配的參數）。從圖 8-14 內可看出相對於常態分配而言，上述實證直方圖具有「高峰、腰瘦、左偏且厚尾」的特性；換言之，從圖 8-14 內可看出 TWI 日對數報酬率時間序列資料應該不會屬於常態分配，隱含著 TWI 日收盤價並不屬於對數常態分配。

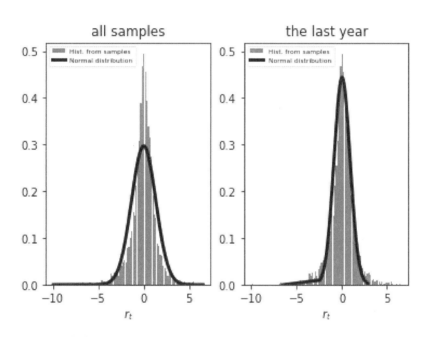

圖 8-14　TWI 日對數報酬率時間序列資料（2000/1/5～2019/7/31）的實證分配，其中深黑曲線為常態分配的 PDF

　　我們如何解釋上述「高峰、腰瘦、左偏且厚尾」的特性？可以參考表 8-1。表 8-1 列出圖 8-14 內實證 PDF 與常態 PDF 的一些樣本敘述統計量，而上述統計量可以整理成：

表 8-1　圖 8-14 內的一些資訊（單位：%）

	偏態	峰態	最大值	最小值	**80%**	**99%**
樣本 **1**	-0.2793	6.7643	6.5246	-9.9360	[-1.4942, 1.4003]	[-4.6356, 4.6146]
常態 **1**	0	3	小於 4	大於 -4	[-1.7167, 1.7255]	[-3.4549, 3.4636]
樣本 **2**	-1.4943	14.0291	2.8563	-6.5206	[-0.9016, 0.8900]	[-2.4478, 2.4748]
常態 **2**	0	3	小於 4	大於 -4	[-1.1507, 1.1499]	[-2.3124, 2.3116]

說明：1.偏態、峰態、最大值與最小值是指日對數報酬率序列之樣本偏態係數、峰態係數、最大值與最小值。

2.80%（99%）是指以平均數爲中心，左右擴充 80%（99%）範圍。

3.樣本 1 是指 2000/1/5～2019/7/31，而常態 1 是指對應的常態分配，其中平均數與變異數以樣本 1 的平均數與變異數取代。

4.樣本 2 是指離 2019/7/31 最近的一年資料（252 個交易日），而常態 2 是指對應的常態分配，其中平均數與變異數以樣本 2 的平均數與變異數取代。

(1) 高峰特性可由樣本峰態係數顯示，即圖 8-14 內左圖與右圖內的實證 PDF 的峰態係數分別約爲 6.7643 與 14.0291（表 8-1 內的樣本 1 與 2），而常態分配的理論峰態係數等於 3。

(2) 至於厚尾特性，以樣本 1 爲例，從表 8-1 內可看出日對數報酬率的最小值與最大值分別約爲 –9.936% 與 6.5246%，而理論的常態分配的最大值與最小值則不超過絕對值 4%；另一方面，從 99% 區間的臨界值亦可看出實證 PDF 的範圍大於對應的常態分配範圍，隱含著日對數報酬率落於大於 4.5% 或小於 –4.5% 範圍的機率大於對應的常態分配，即就常態分配而言，落於上述範圍的可能性是微乎其微。

(3) 其次，檢視腰瘦的特性，即比較表 8-1 內實證 PDF 與理論 PDF 之 80% 區間的臨界值，自然可以看出端倪。

(4) 從圖 8-14 內可看出 TWI 日對數報酬率的實證分配並非對稱而是屬於偏左的分配，我們從表 8-1 內的樣本偏態係數爲負值得到驗證。

(5) 再檢視表 8-1，若 TWI 的實際日對數報酬率有可能落於大於 4% 或小於 –4% 範圍內（該範圍幾乎不可能於常態分配內出現），其不是隱含著 TWI 的日收盤價的時間走勢有可能於某段時間會出現垂直上下跳動的曲線嗎？

　　因此，從表 8-1 內大致可以看出 TWI 日收盤價的特性，而該特性實際上是與 GBM 的假定衝突；也就是說，從實際的市場資料可以看出資產價格屬於 GBM 並非是一個合理的假定，那是否存在可以取代 GBM 的假定？我們考慮多種可能。

8.3.1 跳動－擴散過程

本節我們將檢視 MJD（Merton jump diffusion）模型[18]。MJD 模型是一種指數型 Lévy 過程，即資產價格 S_t 可寫成：

$$S_t = S_0 e^{X_t} \tag{8-30}$$

其中 X_t 是一種 Lévy 過程。Merton（1976）選擇 Lévy 過程是以一種具漂浮項（drift）的維納過程再加上一種複合卜瓦松過程（compound Poisson process）[19]為主，即：

$$X_t = \left(\mu - \frac{\sigma^2}{2} - \lambda\kappa \right) t + \sigma W_t + \sum_{i=1}^{N_t} Y_i \tag{8-31}$$

其中 $\kappa = e^{\gamma + \delta^2/2} - 1$ 與 $\left(\mu - \sigma^2/2 - \lambda\kappa \right) t + \sigma W_t$ 為具漂浮項的布朗運動，而 $\sum_{i=1}^{N_t} Y_i$ 項則為複合卜瓦松過程；因此，MJD 模型其實包括常態與非常態（abnormal）成分。是故，BS 模型與 MJD 模型之間最大的差別，就是 MJD 模型多考慮了 $\sum_{i=1}^{N_t} Y_i$ 項。$\sum_{i=1}^{N_t} Y_i$ 項內含二種隨機性，其中之一是 N_t 為一種強度為 λ 的卜瓦松過程，其可主導「隨機跳動時間」；另外一種隨機性是只要有跳動，跳動的幅度是隨機變數。可以注意的是，上述「隨機跳動時間」與「隨機跳動幅度」之間相互獨立。

Merton 假定對數資產價格跳動屬於常態分配，即 $Y_t \sim NID(\gamma, \delta^2)$。換句話說，為了能掌握前述的負偏態與超額峰態現象，若與 BS 模型比較，Merton 額外多考慮了 λ、γ 與 δ 三個參數，而上述三個參數皆為有限數值。既然從 (8-30) 式內可看出 S_t 可用指數型 Lévy 過程模型化，此隱含著對數報酬率可用一種 Lévy 過程模型化，即：

$$\log\left(\frac{S_t}{S_0} \right) = X_t = \left(\mu - \frac{\sigma^2}{2} - \lambda\kappa \right) t + \sigma W_t + \sum_{i=1}^{N_t} Y_t \tag{8-31a}$$

---

[18] MJD 模型可參考 Merton（1973, 1976），本節大部分內容取自《歐選》。
[19] 複合卜瓦松過程可以參考例 1。

根據 Merton，(8-31a) 式若寫成 SDE 型態，其可寫成：

$$\frac{dS_t}{S_t} = \left(\mu - \lambda\kappa\right)dt + \sigma dW_t + \left(y_t - 1\right)dN_t \tag{8-32}$$

其中 $Y_t = \log y_t$。比較 (7-31) 與 (8-32) 二式，自然可以看出 BS 模型與 MJD 模型的不同[20]。

檢視 (8-32) 式，應可發現 MJD 模型所對應的日對數報酬率之分配應非屬於常態分配；換言之，於 MJD 模型內，共有 μ、σ、λ、γ 與 δ 五個參數，其中後三者主導著跳動的角色，使得 MJD 模型所對應的日對數報酬率之分配偏離常態分配。於《歐選》內，利用圖 8-14 內所有的樣本資料，面對 MJD 模型如 (8-32) 式，我們使用最大概似法估計[21]，可得上述參數估計值分別約為 0.2353（0.0439）、0.0998（0.0039）、146.56（12.4051）、–0.0015（0.0004）與 0.0154（0.0006），其中小括號內之值表示對應的估計標準誤[22]；換言之，上述估計值皆顯著異於 0。

利用上述參數估計值，我們可以繪製 MJD 模型日對數報酬率之分配的 PDF，如圖 8-15 所示。我們發現 TWI 日對數報酬率資料的實證分配（直方圖）竟然接近於 MJD 模型的估計 PDF，隱含著 TWI 日收盤價絕非屬於對數常態分配；或者說，TWI 日收盤價過程竟然接近於指數型 Lévy 過程如 MJD 模型。

利用上述參數的估計值，假定 1 年有 252 個交易日（即 $n = 252$）以及令 $S_0 =$ 8,756.55（2000/1/4 的 TWI 日收盤價），圖 8-16 分別模擬出 GBM 與 MJD 模型的觀察值，我們發現後者的觀察值的波動幅度較大，而我們已經知道其乃因 S_t 有可能出現跳動所造成的結果。

我們繼續檢視。假定我們將圖 8-14 內的所有樣本資料濃縮成 1 年，此相當於令 1 年有 4,817 個交易日（即 $n = 4, 817$），利用上述參數的估計值以及令 $S_0 =$ 8,756.55，圖 8-17 繪製出 500 種 MJD 模型的模擬觀察值，比較特別的是，該圖亦繪製出 TWI 日收盤價的實際走勢。利用相同於圖 8-17 的繪製方式，圖 8-17 亦繪製出 500 種 GBM 模型的模擬觀察值。比較圖 8-17 與 8-18 的結果，就模型化 TWI 日收盤價而言，我們發現 MJD 模型於的確優於 GBM 模型。

---

[20] (8-32) 式的意義，可以參考《歐選》。

[21] 令 $\omega = 0.04$ 為跳動與不跳動的分割門檻，詳細計算過程可參考《歐選》。

[22] 再次估計，我們發現標準誤之估計與《歐選》的估計有稍微的差距。

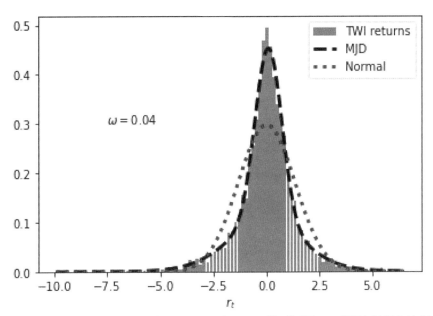

圖 8-15　TWI 日對數報酬率實證分配與 MJD 模型以及 BS 模型分配之比較

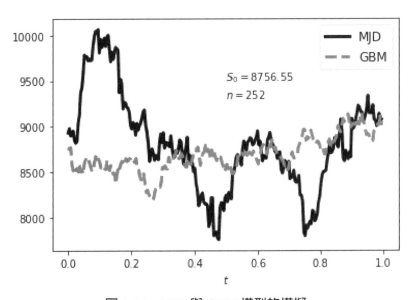

圖 8-16　MJD 與 GBM 模型的模擬

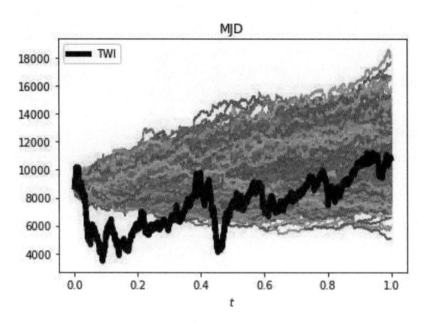

圖 8-17　MJD 模型的模擬與 TWI 日收盤價資料的比較

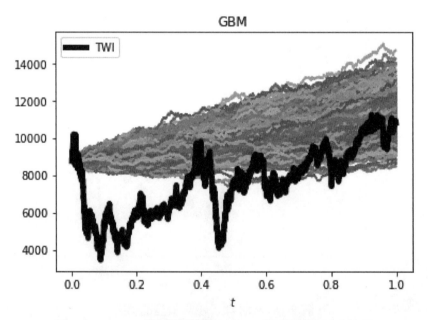

圖 8-18　GBM 模型的模擬與 TWI 日收盤價資料的比較

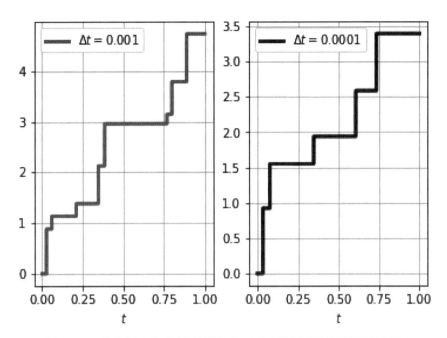

圖 8-19　跳動幅度為均等分配的複合卜瓦松過程的實現值走勢

例 1 複合卜瓦松過程（均等分配）

　　從圖 4-13 內可以看出卜瓦松過程雖然已經將跳動的時間轉成隨機變數，但是其缺點卻是跳動的幅度皆是固定數值；是故，卜瓦松過程於使用上仍有其缺陷。因此，我們必須將重心移至跳動幅度為隨機變數的跳動過程上，其中複合卜瓦松過程是其中一種選項。假定存在 $\{Q_k\}_{k\geq 1}$ 是一系列 IID（獨立且相同分配）的隨機變數，而 $\{N_t\}_{t\in R_+}$ 屬於一種卜瓦松過程，其中 $\{Q_k\}_{k\geq 1}$ 與 $\{N_t\}_{t\in R_+}$ 相互獨立，則複合卜瓦松過程可以寫成：

$$Y_t = Q_1 + Q_2 + \cdots + Q_{N_t} = \sum_{j=1}^{N_t} Q_j, t \in R_+ \tag{8-33}$$

根據 (8-33) 式，我們倒是可以有多種選擇。例如：圖 8-19 繪製出跳動幅度為均等分配的複合卜瓦松過程的實現值走勢，我們可以發現該走勢不僅跳動的時間為隨機，同時跳動的幅度亦為隨機的情況。

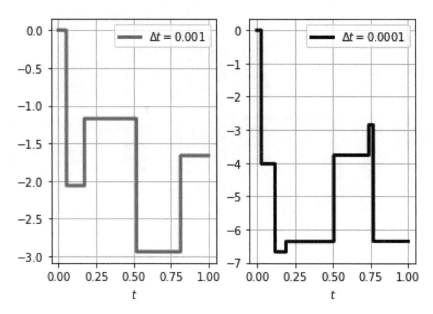

圖 8-20　跳動幅度為常態分配的複合卜瓦松過程的實現值走勢

例 2 **複合卜瓦松過程（常態分配）**

　　續例 1，於圖 8-19 內，我們分別利用卜瓦松分配與均等分配的隨機變數來表示複合卜瓦松過程內跳動時間與跳動時間幅度的隨機性。若將圖 8-19 內的均等分配改為常態分配，其餘不變，圖 8-20 繪製出上述結果，其中常態分配的平均數與變異數分別為 0 與 5。我們發現複合卜瓦松過程的應用性頗廣。

習題

(1) MJD 模型是否可以解釋日對數報酬率資料如表 8-1 所示的偏態與超額峰態特性？試解釋之。

(2) 試舉例說明 MJD 模型內 λ、γ 與 δ 等三個參數所扮演的角色。

(3) 試下載 2010/1/4～2023/8/1 期間的 TWI 日收盤價資料，然後繪製出上述日收盤價資料走勢。

(4) 續上題，將上述日收盤價資料轉換成日對數報酬率資料，同時令 $\omega = 0.04$，試以最大概似法估計 MJD 模型內的參數。上述估計參數是否顯著異於 0？

(5) 續上題，試繪製出 MJD 模型日對數報酬率之分配的 PDF，並與日對數報酬率資料的實證分配以及對應的常態分配比較，結果為何？

(6) 續上題，試分別模擬出 MJD 模型與對應的 GBM 模型的觀察值走勢。其結果為何？

8.3.2 NIG 與 VG 過程

　　8.3.1 節的 MJD 模型是屬於有限活動模型，底下，我們將介紹三種無限活動模型，其分別為 NIG、VG 與 CGMY 過程。顧名思義，上述三種模型屬於無限活動模型，隱含著於任一時間區間存在無數多的跳動情況，故其亦可稱為無數多跳動的純粹跳動模型，即資產價格若屬於純粹跳動模型，則其存在有無窮多的跳動次數。因此，因有無限多的跳動，故無限活動模型的特色是已不需要利用維納過程當作擴散過程；換言之，有限活動加上擴散過程仍不足解釋實際市場的情況。本小節將先介紹 NIG 與 VG 過程，下一章則介紹 CGMY 過程。

　　於尚未介紹之前，我們有必要先介紹 NIG 分配與 VG 分配。

8.3.2.1 NIG 與 VG 分配

　　如前所述，指數型 Lévy 過程因 GBM 過程的缺點而產生。我們先回顧 GBM 過程（或稱為 BSM 模型）的假定：

(1) 於 $[t, t + h]$ 的時間間距下，資產的對數報酬率如 $r_{t,t+h} = \log\left(\dfrac{S_{t+h}}{S_t}\right)$ 是平均數與變異數分別為 μh 與 $\sigma^2 h$（與 t 無關）的常態分配。

(2) 不相交的時間段的報酬率相互獨立。

(3) 資產價格的時間路徑 $t \to S_t$ 是連續的，即 $P\left(\underset{u \to t}{S_u \to S_t}, \forall t\right) = 1$。

上述假定相當於描述一種（對數）報酬率過程為 $X_t = \log\left(\dfrac{S_t}{S_0}\right)$，其亦可寫成：

$$S_t = S_0 e^{\mu t + \sigma W_t}$$

其中 S_t 的（時間）路徑是連續的（μ 與 σ 分別表示漂移項與波動率參數）。

　　指數型 Lévy 過程企圖放鬆上述 GBM 過程的假定，而以一種簡易的方式呈現；換言之，指數型 Lévy 過程更改上述 GBM 過程的假定 (1) 而以 (1a) 取代，即：

(1a) 於 $[t, t + h]$ 的時間間距下，資產的 $r_{t,t+h}$ 屬於未知的分配 F_h。

另一方面，保留假定 (2) 而將假定 (3) 更改為：

(3a) 路徑 $t \to S_t$ 會出現跳動的可能。

因此，指數型 Lévy 過程將 GBM 過程的假定更改為 (1a)、(2) 與 (3a)。

於本節，我們將分別介紹 NIG 與 VG 的指數型 Lévy 模型。利用上述 X_t 的定義，$\{X_t\}_{t \geq 0}$ 可寫成：

$$X_t = ct + \theta \tau(t) + \sigma W\left(\tau(t)\right) \tag{8-34}$$

其中 $\sigma > 0$ 而 $\theta, c \in \mathbf{R}$。(8-34) 式內的 $\tau(t)$ 是一種（獨立的）附屬過程（即非遞減的 Lévy 過程），其具有 $E[\tau(t)] = t$ 與 $Var[\tau(t)] = vt$ 的特色。換句話說，於 NIG 與 VG 的指數型 Lévy 模型內，$\tau(t)$ 分別表示逆高斯過程（inverse Gaussian process, IG）與伽瑪過程。8.3.2.2 節會介紹 IG 與伽瑪過程。

(8-34) 式內有一些特色值得我們注意，即：

(1) X_t 內存在隨時間改變的布朗運動 $W(\tau(t))$，其中參數 v 控制（對數）報酬率分配的峰態或厚尾程度。
(2) 參數 σ 表示（對數）報酬率分配的「整體」波動程度。
(3) 參數 θ 控制（對數）報酬率分配的偏態程度。
(4) c 表示漂移項的參數。

因此，若與 GBM 過程比較，（對數）報酬率若以指數型 Lévy 過程模型化，後者多了二個參數 v 與 θ。

雖說如此，通常指數型 Lévy 過程可對應至一般化雙曲線（generalized hyperbolic, GH）分配，其中 VG 分配與 NIG 分配分別屬於 GH 分配的一個特例[23]。於 Python 的模組內，分別有 NIG 分配與 VG 分配的函數指令[24]。首先，我們檢視 VG 分配，其可使用函數指令 VGpdf(.) 而對應的參數為 (c, σ, θ, v)，我們可以分別檢視各參數值所扮演的角色（參考所附的 Python 指令）。例如：圖 8-21 繪製出不同參數值的 VG 分配，讀者可以嘗試解釋該圖內各參數值的意義。至於 NIG 分配，則使用程式套件（scipy.stats）內的函數指令 norminvgauss (.)，而其對應的參數為 $(a,$

---

[23] 即 GH 分配屬於無限可分性分配。有關於 GH 分配的介紹可以參考《歐選》。

[24] NIG 分配的函數指令可取自模組（scipy.stats），至於 VG 分配的函數指令則可至下列網站下載，即 https://github.com/dlaptev/VarGamma。

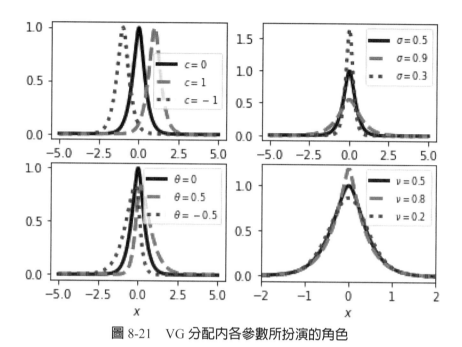

圖 8-21　VG 分配內各參數所扮演的角色

b, μ, σ)。圖 8-22 繪製出不同參數值的 NIG 分配，讀者亦可以嘗試更改該圖內各參數值以取得更多的資訊。上述二圖的繪製，可以參考所附的 Python 指令。

　　我們舉一個例子說明 NIG 分配與 VG 分配的重要性。利用上述 VG 模組所附 ML 估計方法的函數指令，我們倒是可以估計資料序列的 VG 的參數值。例如：圖 8-23 分別繪製出 TWI 指數日收盤價（左圖）與日對數報酬率（右圖，單位：%）的時間走勢（2000/1/4～2020/12/30）。利用上述日對數報酬率的時間序列資料，使用「BFGS」估計方法，可得 VG 分配的參數值分別約為 0.09（0.00）、1.31（0.02）、–0.08（0.02）與 1.06（0.07）（按照 c、σ、θ 與 v 的順序，其中小括號內之值為對應的標準誤）[25]。

---

[25] 於所附的 Python 指令內，筆者分別使用 optimize.fmin（即 Nelder-Mead 演算法）與 optimize.fmin_bfgs（即 BFGS 法）二種估計方式，其中前者有呈現（極小值）收斂的情況，而後者則無，不過使用後者的優點是可以計算估計參數所對應的標準誤；因此，我們使用 BFGS 法的估計結果，即圖 8-23 的繪製就是使用該方法。讀者當然亦可以使用 Nelder-Mead 演算法的估計結果重新繪製圖 8-23，結果應不會有太大差異。

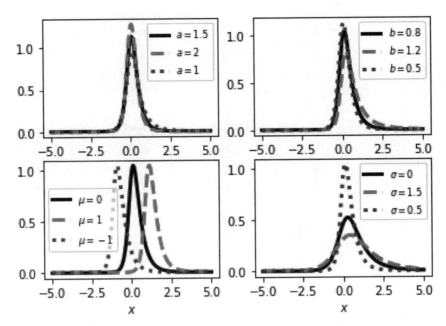

圖 8-22　NIG 分配內各參數所扮演的角色

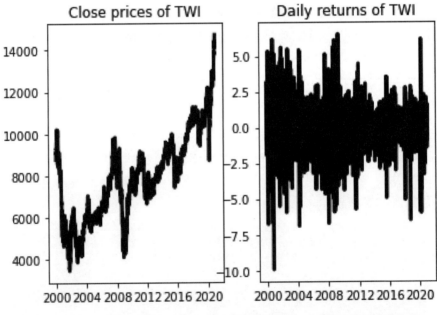

圖 8-23　TWI 日收盤價（左圖）與日對數報酬率（右圖）的時間走勢

　　至於 NIG 分配的參數估計值則分別約爲 0.11（0.02）、0.92（0.03）、0.51（0.03）與 –0.06（0.02）（按照 μ、δ、α 與 β 的順序）[28]。上述二分配的配適度則可參考圖 8-24。我們從圖 8-24 可看出上述 TWI 日對數報酬率時間序列資料的實證分配較接近於 VG 或 NIG 分配，不過 VG 分配的峰態程度似乎較大，隱含著 VG 分配更能出現較大的極端值。

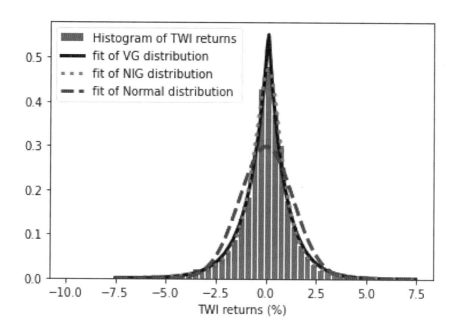

圖 8-24　TWI 日對數報酬率時間序列資料分別以 VG 與 NIG 分配模型化

　　我們繼續利用 8.3.1 節內的 MJD 過程所對應的分配（姑且稱爲 MJD 分配）模型化上述 TWI 日對數報酬率時間序列資料，即令 ω = 4%，使用最大概似法估計（詳細結果可參考所附檔案），圖 8-25 繪製出上述結果，我們依舊發現 MJD 分配較適合模型化上述資料（相對於常態分配而言）；因此，我們再進一步分別比較 MJD 分配與 VG 分配以及 NIG 分配的模型化結果，該結果則分別繪製如圖 8-26 與 8-27 所示。

　　檢視圖 8-26 與 8-27 的結果，我們發現 MJD 分配與 NIG 分配的配適度似乎不分軒輊；換言之，相對於 VG 分配而言，似乎 MJD 分配與 NIG 分配較適合模型化上述 TWI 日對數報酬率時間序列資料。

---

[28] NIG 分配的參數估計的確較爲麻煩，我們直接使用 R 語言的估計結果，可以參考 VGNIGfit.R 檔案。

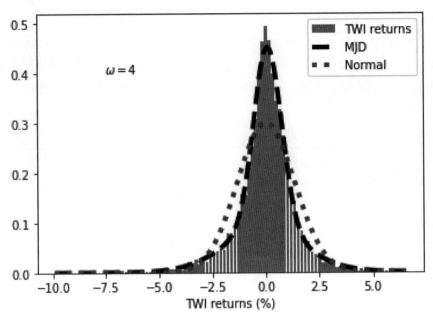

圖 8-25　TWI 日對數報酬率時間序列資料以 MJD 模型化

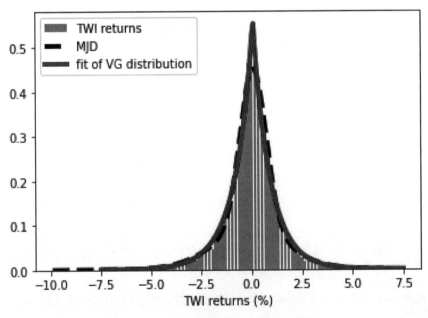

圖 8-26　MJD 分配與 VG 分配之比較

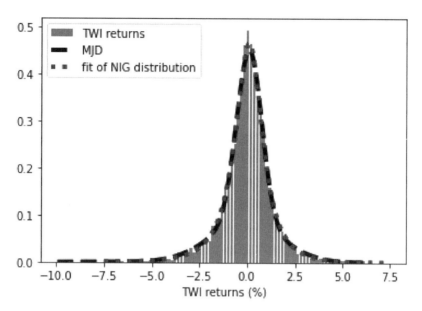

圖 8-27　MJD 分配與 NIG 分配之比較

習題

　　下載 Dow 指數日收盤價時間序列資料（2000/1/3～2022/12/30），試分別重做圖 8-23～8-27 的結果。

8.3.2.2 NIG 過程

　　如前所述，(8-34) 式內的 $\tau(t)$ 是一種（獨立的）附屬過程，其具有 $E[\tau(t)] = t$ 與 $Var[\tau(t)] = vt$ 的特色。換句話說，於 NIG 與 VG 的指數型 Lévy 模型內，$\tau(t)$ 分別表示 IG 與伽瑪過程。我們先介紹並推導出 IG 過程，至於伽瑪過程的推導則類似。

　　我們先認識 IG 分配（可參考 Rémillard, 2013），IG 分配可寫成：

$$f_{IG}(x) = \frac{ae^{ab}}{\sqrt{2\pi}} x^{-3/2} \exp\left[-\frac{1}{2}\left(a^2 x^{-1} + b^2 x \right) \right], x > 0 \tag{8-35}$$

其中 a 與 b 為二個參數。圖 8-28 分別繪製出不同參數值之 IG 分配的 PDF 形狀，從圖內大致可看出 a 與 b 二個參數所扮演的角色[27]。

---

[27]　即 $E(x) = a / b$ 與 $Var(x) = a / b^3$，其中 x 為 IG 分配的隨機變數。

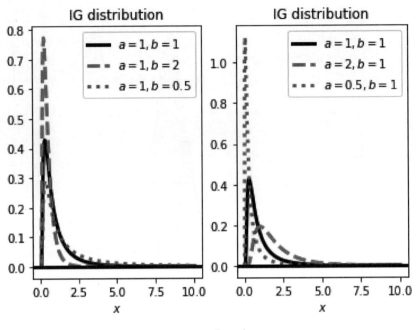

圖 8-28　IG 分配之 PDF

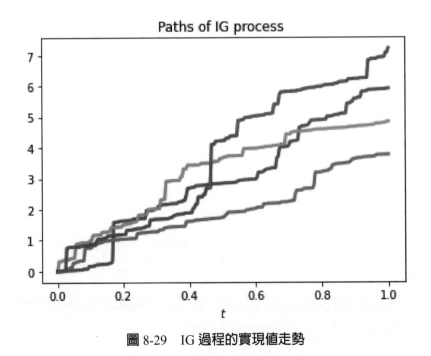

圖 8-29　IG 過程的實現值走勢

　　根據《歐選》，我們可以輕易模擬出 IG 過程。令 $X_0 = 0$、$a = 10$、$b = 2$ 以及 $\Delta t = 1 / 250$，圖 8-29 繪製出 5 種 IG 過程的實現值時間走勢，而我們從該圖內可以

發現若 a 與 b 皆大於 0，則 IG 過程的實現值時間走勢皆呈現遞增的走勢；換言之，IG 過程並不適用於模型化實際資產的價格，不過其卻適用於作為附屬過程。

　　換句話說，令 X_t 表示 NIG 過程。X_t 是以 IG 過程為附屬過程，其可寫成：

$$X_t = \mu + \beta\delta^2 I_t + \delta W_{I_t} \tag{8-36}$$

其中 I_t 為 $a = 1$ 與 $b = \delta\sqrt{\alpha^2 - \beta^2}$ 的 IG 過程，而 W_{I_t} 表示一種「隨 IG 過程時間變化的維納過程」，即 $W_{I_t} = \sqrt{I_t}Z$（Z 為標準常態隨機變數）。因此，NIG 過程可視為一種純粹跳動過程，因其不需要額外再增加擴散項（布朗運動）；或者說，NIG 過程自身就是一種擁有無限跳動的過程，故不需要額外再加入一種維納過程。

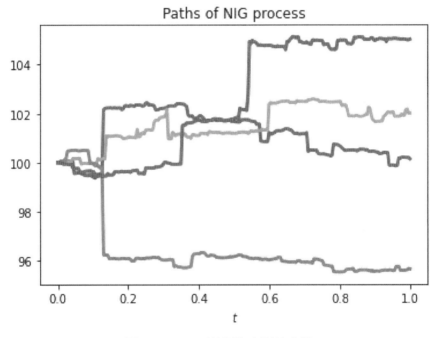

圖 8-30　NIG 過程的實現值走勢

　　根據 Manuge（2014）與 (8-36) 式，令 $\alpha = 0.5$、$\beta = 0.33$、$\mu = 0.1$、$\delta = 3$、$n = 252$ 與 $T = 1$，其中後二者表示 1 年有 252 個交易日，圖 8-30 繪製出 NIG 過程的 4 條實現值走勢，我們發現上述實現值走勢的確出現跳動的情況。圖 8-30 的結果說明了 NIG 過程是以 IG 過程為附屬過程，不過其缺點是不易估計 (8-35) 與 (8-36) 二式內的參數值，使得 (8-36) 式的應用受到限制。我們嘗試考慮其他的替代方式。

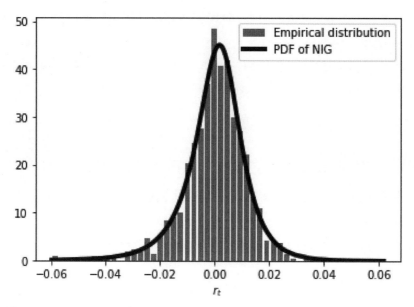

圖 8-31　TWI 的日對數報酬率序列資料的實證分配與 NIG 分配的 PDF

例 1 **使用 NIG 分配**

　　於圖 8-27 內，我們已經發現 TWI 的日對數報酬率序列資料的實證分配接近於 NIG 分配。我們再考慮其他的樣本期間。考慮 2020/1/3～2023/8/30 期間的 TWI 日對數報酬率序列資料，圖 8-31 繪製出上述資料的實證分配與 NIG 分配的理論 PDF，我們發現上述實證分配仍接近於 NIG 的理論分配[28]。

例 2 **利用日對數報酬率的模擬值取得日收盤價的實現值**

　　續例 1，令 r_t 與 S_t 分別表示日對數報酬率與日收盤價，則

$$S_T = S_0 e^{\sum r_t} \tag{8-37}$$

其中 S_0 與 S_T 分別表示 S_t 的期初值與未來值。若 r_t 以 NIG 分配的隨機變數取代，根據 (8-37) 式，我們豈不是可以取得 S_T 的模擬實現值嗎？例如：圖 8-32 繪製出 5 條 S_T 的模擬實現值走勢與 TWI 實際的日收盤價走勢，我們應該不容易區別出上述 6 條走勢之不同。換句話說，圖 8-32 的結果有下列涵義：

---

[28] 我們仍使用 R 語言估計 NIG 分配內的參數，詳見 VGNIGfit.R 檔案。

(1) (8-37) 式可視爲一種 NIG 過程，其中 r_t 爲 NIG 分配的隨機變數。

(2) $\sum r_t$ 可視爲一種 Lévy 過程，隱含著 $\sum r_t$ 的實現值有出現跳動的情況，其中 r_t 爲 NIG 分配的隨機變數。

(3) 因 NIG 分配屬於 GH 分配群，故後者的隨機變數亦具有上述性質。

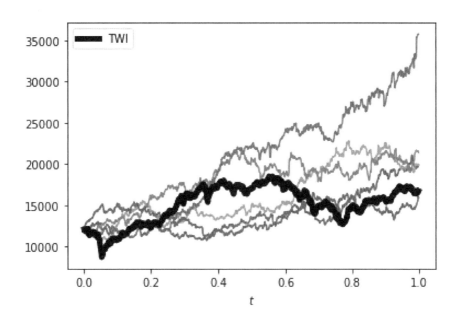

圖 8-32　NIG 過程的實現值走勢與 TWI 日收盤價序列資料之比較

例3　**一種 Lévy 過程的實現值**

　　令 r_t 爲 NIG 分配的隨機變數，我們可以輕易地取得一種 Lévy 過程的實現值走勢。例如：圖 8-33 的左圖繪製出 10 條 $\sum r_t$ 的實現值時間走勢，讀者倒是可以與右圖內的走勢比較，其中右圖是將 r_t 改爲常態分配的隨機變數。

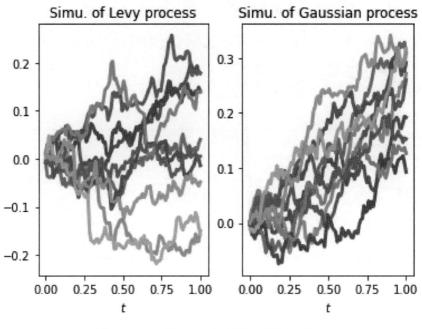

圖 8-33　二種 Lévy 過程的實現值走勢

習題

　　試舉例說明 NIG 分配內各參數所扮演的角色。

8.3.2.3 VG 過程

　　類似於 NIG 過程，VG 過程以伽瑪過程為附屬過程；因此，我們必須先檢視伽瑪過程。利用伽瑪分配為 $G(ah, b)$，類似於 8.3.2.2 節，我們不難模擬出伽瑪過程的實現值走勢。令 $X_0 = 0$、$n = 252$ 與 $h = \Delta t = 1 / n$，圖 8-34 繪製出伽瑪過程的實現值走勢，其中左圖使用參數 $a = 2$ 與 $b = 1$，而右圖則使用 $a = 1$ 與 $b = 2$。我們從圖 8-34 內，大致可看出參數 a 與 b 所扮演的角色；換言之，讀者可以嘗試改變圖 8-34 內的參數值，重新模擬看看。於圖 8-34 內，可看出伽瑪過程的實現值走勢仍隨時間往上，故其亦不適合用於模型化市場資產價格；不過，當作附屬過程，伽瑪過程亦是一個選項。

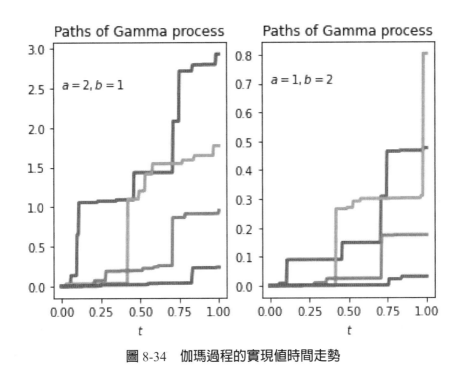

圖 8-34　伽瑪過程的實現值時間走勢

類似於 (8-36) 式，VG 過程視伽瑪過程爲附屬過程，其可寫成：

$$X_t^{VG} = \theta G_t + \sigma W_{G_t} \tag{8-38}$$

其中 G_t 爲參數分別爲 $a = b = 1 / v$ 的伽瑪過程，而 W_{G_t} 表示一種「隨伽瑪過程時間變化的維納過程」，即 $W_{G_t} = \sqrt{G_t} Z$。因此，VG 過程已包括多種可能跳動情況，即其亦不需要額外再加入一種擴散過程（如維納過程），其關鍵來自於參數 v（參考《歐選》）。令 $S_t = S_{t-1}e^{X_t}$，其中 $S_0 = 100$、$n = 252$、$h = \Delta t = 1 / n$、$\sigma = 0.75$、$\theta = 0.75$ 與 $v = 0.5$，類似於圖 8-30 的繪製，可得到 VG 過程的模擬觀察值走勢，如圖 8-35 所示。從該圖內，自然可以看出 VG 過程的特色。讀者亦可以嘗試更改上述參數值，以取得更多 VG 過程的特徵。

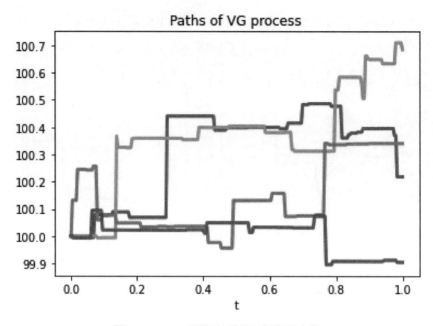

圖 8-35　VG 過程的實現值時間走勢

　　類似 8.3.2.2 節，我們利用圖 8-31 內的 TWI 日對數報酬率資料並使用 VG 分配模型化[20]，圖 8-36 分別繪製出 TWI 的日對數報酬率序列資料的實證分配與 VG 分配的 PDF 結果，我們發現以 VG 分配模型化上述 TWI 日對數報酬率資料的結果並不差，是故我們仍以 (8-37) 式來表示 VG 過程。

　　根據 (8-37) 式（其中 r_t 為 VG 分配的隨機變數）與圖 8-36 內的估計結果，圖 8-37 分別繪製出 VG 過程的實現值走勢與 TWI 的實際日收盤價序列走勢，我們依舊發現 TWI 的實際日收盤價序列資料有可能是由 VG 過程所產生。或者說，當看到如圖 8-38 內的實現值走勢，我們是否會想到上述走勢屬於 Lévy 過程，其中 r_{t+s} 與 r_{t+s-1} 的差距竟是來自於 VG 分配。有關於圖 8-37 與 8-38 的繪製，可以參考所附檔案。

---

[20] VG 分配的四個參數（c、σ、θ 與 v）估計值分別約為 0.0025（0.0007）、0.0114（0.0004）、−0.0021（0.0008）與 0.6719（0.0997）。

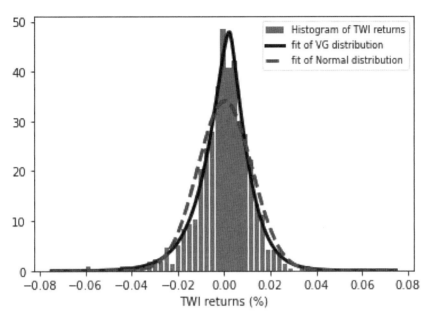

圖 8-36　TWI 的日對數報酬率序列資料的實證分配與 VG 分配的 PDF

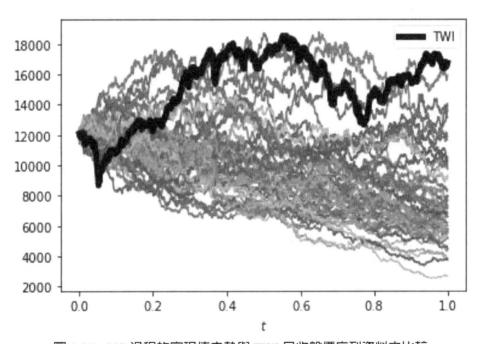

圖 8-37　VG 過程的實現值走勢與 TWI 日收盤價序列資料之比較

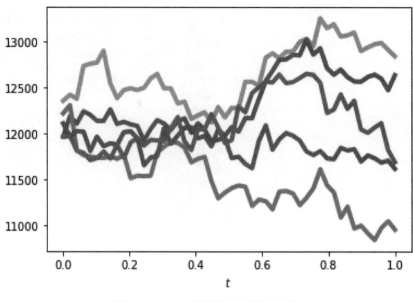

圖 8-38　VG 過程的實現值走勢

習題

　　將本節的 TWI 資料改為 TSM（TSMC 的 ADR）資料，重新繪製圖 8-36 與 8-37 的結果。

Chapter 9

COS 方法

　　再檢視 (8-17) 與 (8-18) 二式，尤其是後者，雖說我們透過一種截斷積分（truncated integral）的方式將上述式子內的積分之上下限值轉換成有限值，不過顯然第 8 章或《歐選》的方法未必有效，畢竟我們並沒有進一步取得一般的結果。本章將介紹 COS 方法[①]，該方法可以較為有效地透過 CF 估得對應的 PDF。

　　如《歐選》所述，透過 CF 可以決定選擇權的價格，因不同模型或過程各有對應的 CF；因此，使用 COS 方法反而可以較為有效地計算於不同模型或過程下，所對應的選擇權價格。

9.1 PDF 的估計

　　COS 方法是透過所謂的傅立葉餘弦級數擴張（Fourier cosine series expansions）以 CF 估得對應的 PDF。瞭解 COS 方法後，我們就可以介紹 CGMY 過程；因此，本節分成二部分說明。

9.1.1 傅立葉餘弦級數擴張

　　就一個於 $[0, \pi]$ 區間的函數 $f(x)$ 而言，對應的餘弦擴張（cosine expansion）可寫成：

$$f(\theta) = \sum\nolimits_{k=0}^{\infty} A_k \cos(k\theta) \quad \text{其中} \ A_k = \frac{2}{\pi} \int_0^{\pi} f(\theta) \cos(k\theta) d\theta \tag{9-1}$$

[①] 詳見 Fang 與 Oosterlee（2008）或 Oosterlee 與 Grzelak（2020）等。

其中 $\sum'$ 內的第一項的係數為 1/2。(9-1) 式即為所謂的古典傅立葉餘弦級數擴張。因 $\cos(\cdot)$ 屬於偶函數，故 $f(\theta)$ 亦為偶函數[②]。(9-1) 式的涵義是：任何偶函數可用 (9-1) 式估計（見例 1）。

透過變數轉換，傅立葉餘弦級數擴張可以將實數函數轉為有限值函數，即令 $\theta = \dfrac{x-a}{b-a}\pi \Rightarrow x = \dfrac{b-a}{\pi}\theta + a$，其中 $[a, b] \in \mathbf{R}$，透過 (9-1) 式可得：

$$f(x) = \sum\nolimits_{k=0}^{\infty}{}' A_k \cos\left(k\frac{x-a}{b-a}\pi\right) \tag{9-2}$$

其中

$$A_k = \frac{2}{b-a}\int_a^b f(x)\cos\left(k\frac{x-a}{b-a}\pi\right)dx \tag{9-3}$$

即 (9-3) 式可視為一種截斷的積分。

直覺而言，若檢視 (8-18) 式，只要存在傅立葉轉換，我們可以預期當 $x \to \pm\infty$，(8-18) 式內的被積分函數會趨向於 0；是故，理論上若我們以截斷的積分取代原有的積分，效率未必會損失。換句話說，若 $[a, b] \in \mathbf{R}$，(8-17) 式的截斷積分可寫成：

$$\phi_1(\omega) = \int_a^b e^{i\omega x}f(x)dx \approx \int_{\mathbf{R}} e^{i\omega y}f(x)dx = \phi(\omega) \tag{9-4}$$

即相當於用 (9-4) 式估計 (8-17) 式。

回想尤拉公式，可知 $e^{iu} = \cos(u) + i\sin(u)$，其中 $\mathrm{Re}\{e^{iu}\} = \cos(u)$ 而 $\mathrm{Re}\{\cdot\}$ 則表示實數部分。根據 8.1.2 節，可知：

$$\phi(\omega)e^{ia} = \int_{-\infty}^{\infty} e^{i(\omega x + a)}f(x)dx \tag{9-5}$$

其中 $X = x$ 為任意隨機變數與常數 $a \in \mathbf{R}$。取 (9-5) 式的實數部分可得：

[②] 即 $g(\theta) = g(-\theta)$。

$$\text{Re}\{\phi(\omega)e^{ia}\} = \text{Re}\left\{\int_{-\infty}^{\infty} e^{i(\omega x+a)}f(x)dx\right\} = \int_{-\infty}^{\infty} \cos(\omega x+a)f(x)dx \tag{9-6}$$

(9-6) 式可用下列式子估計。令 $\omega = \dfrac{k\pi}{b-a}$，(9-6) 式乘以 $\exp\left(-i\dfrac{k\pi}{b-a}\right)$，根據 (9-4) 式可得：

$$\phi_1\left(\frac{k\pi}{b-a}\right)\exp\left(-i\frac{k\pi}{b-a}\right) = \int_a^b \exp\left(ix\frac{k\pi}{b-a} - i\frac{ka\pi}{b-a}\right)f(x)dx \tag{9-7}$$

取 (9-7) 式的實數部分，可得：

$$\text{Re}\left\{\phi_1\left(\frac{k\pi}{b-a}\right)\exp\left(-i\frac{k\pi}{b-a}\right)\right\} = \int_a^b \cos\left(k\pi\frac{x-a}{b-a}\right)f(x)dx \tag{9-8}$$

比較 (9-3) 與 (9-8) 二式，可知：

$$A_k = \frac{2}{b-a}\text{Re}\left\{\phi_1\left(\frac{k\pi}{b-a}\right)\exp\left(-i\frac{k\pi}{b-a}\right)\right\} \tag{9-9}$$

利用 (9-3) 與 (9-9) 二式，可知 $A_k \approx F_k$，其中

$$F_k = \frac{2}{b-a}\text{Re}\left\{\phi\left(\frac{k\pi}{b-a}\right)\exp\left(-i\frac{k\pi}{b-a}\right)\right\} \tag{9-10}$$

最後，以 F_k 取代 A_k，即於 $x \in [a,b]$ 的範圍內，重新檢視 (9-2) 式，可得：

$$f_1(x) = {\sum_{k=0}^{\infty}}' F_k \cos\left(k\frac{x-a}{b-a}\pi\right) \tag{9-11}$$

與

$$f_2(x) = {\sum_{k=0}^{N-1}}' F_k \cos\left(k\frac{x-a}{b-a}\pi\right) \tag{9-12}$$

顯然 $f_2(x)$ 內存在二種誤差：其一是以 $f_2(x)$ 取代 $f_1(x)$，而另一則為 F_k 與 A_k 之間的誤差。

我們舉一個例子說明 (9-12) 式的使用[③]。考慮標準常態分配的 PDF 與對應的 CF 為：

$$f(x) = \frac{1}{\sqrt{2\pi}} e^{-\frac{1}{2}x^2} \quad \text{與} \quad \phi(t) = e^{-\frac{1}{2}t^2}$$

我們選擇 $[a,b]=[-10,10]$ 與 $N = 10, 50$，圖 9-1 分別繪製出使用 (9-12) 式的結果。我們發現於 $N = 10$ 之下，估計的 $f_2(x)$ 與 $f(x)$ 仍有顯著的差異；不過，若使用 $N = 50$，估計的 $f_2(x)$ 已接近於 $f(x)$（右圖）。因此，使用 COS 方法可以估計到對應的 PDF，而且上述方法反而較為簡易。

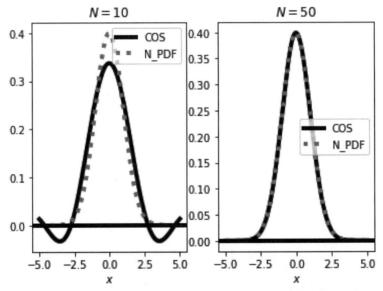

圖 9-1　以 COS 方法估計 PDF，其中 N_PDF 表示標準常態分配的 PDF

例 1　偶函數用傅立葉餘弦級數擴張表示

如前所述，任何偶函數可用 (9-1) 式估計，我們舉一個例子說明。考慮 $f(x) = x^2, -L \leq x \leq L$。於網路上，我們不難找到 $f(x) = x^2$ 的傅立葉餘弦級數擴張為[④]：

[③] 本章與下一章的 Python 程式檔大多修改自 Oosterlee 與 Grzelak（2020）所提供的檔案。
[④] 例如：https://www.cuemath.com/fourier-series-formula/。

$$x^2 = \frac{L^2}{3} + \sum_{n=1}^{\infty} \frac{4L^2 (-1)^n}{n^2 \pi^2} \cos\left(\frac{n\pi x}{L}\right)$$

令 $L = 1$ 與 $n = 5$，圖 9-2 繪製出上式之估計結果，可發現該結果頗接近於 $f(x)$。

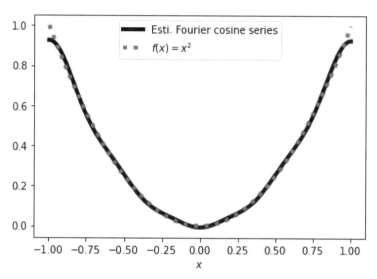

圖 9-2　以傅立葉餘弦級數擴張估計 $f(x)$

例2　估計對數常態分配的 PDF

　　假定我們欲使用 COS 方法估計對數常態分配的 PDF，不過因對數常態分配的 CF 無法用完整的數學式子表示；雖說如此，我們仍可以藉由常態分配與對數常態分配之間的關係，如圖 9-3 所示，估得對數常態分配的 PDF。令 X 表示平均數與變異數分別為 μ 與 σ^2 的常態分配隨機變數，則 $Y = \exp(X)$ 表示對應的對數常態隨機變數。Y 的 CDF 可寫成：

$$F_Y(y) = P(Y \leq y) = P(e^X \leq y) = P[X \leq \log(y)] = F_X(\log(y)) \tag{9-13}$$

(9-13) 式的微分可為：

$$f_Y(y) = \frac{dF_Y(y)}{dy} = \frac{dF_X(\log(y))}{d\log(y)} \frac{d\log(y)}{dy} = \frac{1}{y} f_X(\log(y)) \tag{9-14}$$

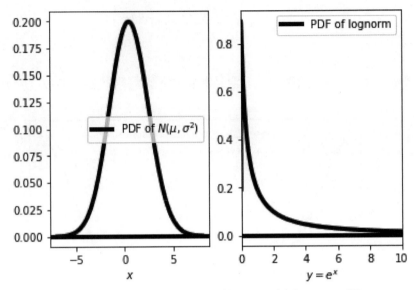

圖 9-3　常態分配與對數常態分配的 PDF，其中 $\mu = 0.5$ 與 $\sigma = 2$

即透過 (9-14) 式，可以使用常態分配的 CF 以 COS 方法估計對數常態分配的 PDF。令 $\mu = 0.5$、$\sigma = 2$、$N = 10$、$a = -10$ 與 $b = 10$，圖 9-4 繪製出以 COS 方法估計對數常態分配 PDF 的結果，我們發現該結果非常接近於理論的 PDF。

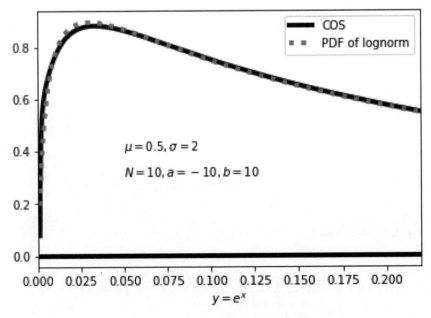

圖 9-4　以 COS 方法估計對數常態分配的 PDF

例3 估計 MJD 模型的 PDF

根據《歐選》或 Oosterlee 與 Grzelak（2020），MJD 模型的風險中立之 CF 可寫成：

$$\phi_X(u,t) = \exp\left[iu\left(s_0 + \mu t\right) - \frac{1}{2}\sigma^2 u^2 t \right] \varphi_{Merton}(u,t) \tag{9-15}$$

其中

$$\varphi_{Merton}(u,t) = \exp\left\{ \xi_p t \left[\exp\left(i\mu_J u - \frac{1}{2}\sigma_J^2 u^2 \right) - 1 \right] \right\}、\mu = r - q - \frac{1}{2}\sigma^2 - \bar{\omega}$$

以及

$$\bar{\omega} = \xi_p \left[\exp\left(\frac{1}{2}\sigma_J^2 + \mu_J \right) - 1 \right]$$

即 $s_0 = \log(S_0)$、$i = \sqrt{-1}$、r、q 與 σ 仍是表示期初資產對數價格、無風險利率、股利支付率與波動率；另外，μ_J、σ_J 與 ξ_p 則分別表示 γ、δ 與 λ_1（後三者可見第 8 章）。

我們舉一個例子說明如何利用 COS 方法。令 $S_0 = 100$、$r = 0.02$、$q = 0$、$\sigma = 0.2$、$T = 1$、$\xi_p = 1$、$\mu_J = 0.01$、$N = 1,000$ 與 $\sigma_J = 0.01, 0.2, 0.4, 0.6$。根據 (9-15) 式，我們以 COS 方法估計 MJD 模型之風險中立的 PDF，其結果可繪製如圖 9-5 所示。我們發現的確可估計到 PDF，不過需慎選 x 以及考慮 a 與 b 之選擇。

9.1.2 CGMY 過程

現在，我們檢視 CGMY 模型或過程。CGMY 過程可說是 VG 過程的更一般化過程，即後者可視為前者的一個特例。就 Lévy 三元而言，CGMY 過程可為 $(0, l_{CGMY}, \mu_{CGMY})$，其中 CGMY 之 Lévy 密度（Lévy density）$f_{CGMY}(x)$ 可寫成：

$$f_{CGMY}(x) = C\left(\frac{e^{-M|x|}}{|x|^{1+Y}} 1_{x>0} + \frac{e^{-G|x|}}{|x|^{1+Y}} 1_{x<0} \right) \tag{9-16}$$

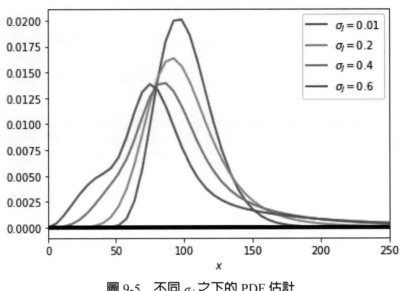

圖 9-5　不同 σ_J 之下的 PDF 估計

　　CGMY 過程是一種純粹的跳動過程，而該跳動過程的性質可藉由 (9-16) 式看出；換言之，(9-16) 式內有 4 個參數，其中 C、G、M 與 Y 等所扮演的角色，可以參考圖 9-6。於圖 9-6 內，我們先令 $C = 1$、$G = M = 5$ 與 $Y = 1.5$，再根據 (9-16) 式繪製出 Lévy 密度的結果（圖內深黑曲線），然後再逐一改變其中一個參數值，如此自然可以看出該參數值所扮演的角色。例如：左上圖將 $C = 1$ 改為 $C = 2$，其餘參數值不變，我們可以從虛線看出 Lévy 密度的改變。其餘各圖類推。因此，從圖 9-6 內可看出下列結果：

(1) 參數 C 控制整個跳動的強度，即 C 值愈大，跳動的幅度愈大。

(2) 顯然 $G = M$ 隱含著正數值跳動與負數值跳動相當，故 Lévy 密度屬於對稱的曲線。

(3) 若 $G > M$，則 Lévy 密度屬於左偏的曲線，隱含著會出現較多小幅度的負數值跳動；同理，若 $G < M$，則 Lévy 密度屬於右偏的曲線，隱含著左尾會較右尾厚。

(4) 參數 Y 值可以主導有限活動與無限活動程度的 Lévy 過程，即：

　　(a) 若 $Y < 0$，則屬於有限活動的 Lévy 過程；

　　(b) 若 $Y \in [0, 1]$，則屬於無限活動與有限變分的 Lévy 過程；

　　(c) 若 $Y \in (1, 2)$，則屬於無限活動與無限變分的 Lévy 過程。

因此，(9-16) 式內參數值必須符合 $C, M, G \geq 0$ 與 $Y < 2$ 的要求。

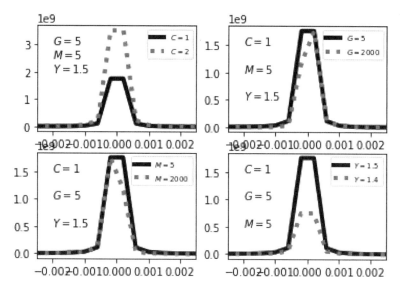

圖 9-6　$f_{CGMY}(x)$ **內各參數所扮演的角色**

通常，於 CGMY 過程內，可以再加進一個獨立的擴散項如維納過程，即擴充的 CGMY 過程變成 CGMYB（CGMY－布朗運動）過程，而 CGMYB 過程所對應的 Lévy 三元可以寫成 $(\sigma^2_{CGMYB}, l_{CGMYB}, \mu_{CGMYB})$；換言之，CGMY 過程內有 4 個參數，而 CGMYB 過程內則有 5 個參數。CGMYB 過程可以包括一些過程如：

(1) 若 $\sigma_{CGMYB} = 0$ 與 $Y = 0$，則 CGMYB 過程變成 VG 過程。

(2) 若 $C = 0$，則 CGMYB 過程變成 GBM 過程。

CGMYB 過程的風險中立 CF

CGMYB 之對數資產價格的風險中立 CF 可寫成[5]：

$$\phi_{\log(S_t)}(x) = e^{iu\log(S_0)} E\left[e^{iuX_{CGMY}(t)} \right]$$

$$= \exp\left[iu\left(\frac{1}{t}\log(S_0) + r + \overline{\omega} - \frac{1}{2}\eta^2 x^2 t \right) \right] \varphi_{CGMY}(x,t) \tag{9-17}$$

其中

$$\overline{\omega} = -\frac{1}{t}\log\left(\phi_{X_{CGMYB}}(-i) \right)$$

---

[5] 取自 Carr et al.（2002）。

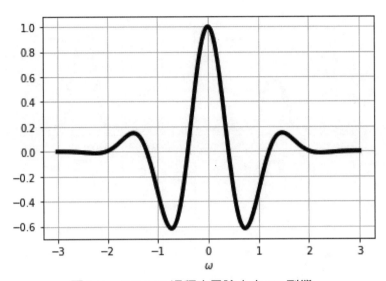

圖 9-7　CGMYB 過程之風險中立 CF 型態

與

$$\varphi_{CGMY}(x,t) = \exp\left[tC\Gamma(-Y)\left((M-ix)^Y - M^Y + (G+ix)^Y - G^Y\right) \right] \tag{9-18}$$

其中 $i = \sqrt{-1}$ 而 r、S_0、$\Gamma(\cdot)$ 與 η 則分別表示無風險利率、期初標的資產價格、Gamma 函數與 CGMYB 過程的波動率。

　　我們亦舉一個例子說明。令 $C = 1$、$G = M = 5$、$Y = 1.5$、$t = 1$、$r = 0.1$、$\eta = 0.2$、$S_0 = 100$ 與 $w \in [-3,3]$，圖 9-7 繪製出 CGMYB 內之 CF 形狀，讀者當然可以更改上述已知條件，以取得對應的資訊。其次，維持上述的已知條件，再假定：

$$a = -6.97 \text{、} b = 14.75 \text{ 與 } x \in [-2,12] \tag{9-19}$$

換句話說，因 CGMY 或 CGMYB 過程所對應的（風險中立）PDF 無法用完整的數學式子表示，我們只好訴諸於使用 COS 方法。例如：根據上述已知條件與 (9-19) 式，圖 9-8 繪製出 CGMYB 過程所對應的（風險中立）PDF 形狀，我們可以看出約當 $N = 2^4 = 16$，上述 PDF 的形態已經確定。

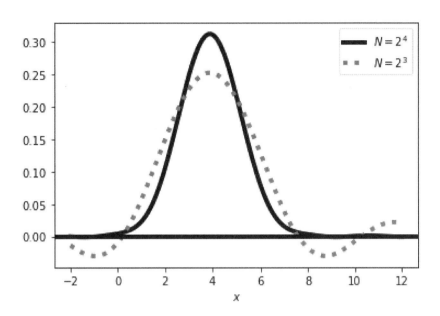

圖 9-8　利用 COS 方法估計風險中立下 CGMYB 過程所對應的 PDF

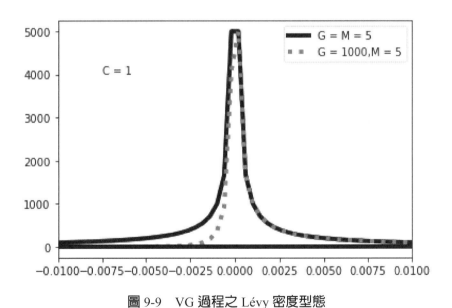

圖 9-9　VG 過程之 Lévy 密度型態

VG 過程之 Lévy 密度型態

　　如前所述，VG 過程是 CGMY 過程的一個特例，即令 $Y = 0$，透過 (9-16) 式，亦可知 VG 過程之 Lévy 密度型態受到 C、G 與 M 等三個參數值左右。例如：圖 9-9 分別繪製出於 $C = 1$ 之下，搭配其餘參數值的 VG 過程之 Lévy 密度型態，我們可

看出 VG 過程亦有可能出現對稱與不對稱的跳動型態。不過，若與圖 9-6 的結果比較，從縱軸的坐標可看出，相對於 CGMY 過程而言，VG 過程的跳動幅度較小。

例2　利用 VG 過程估計 CGMY 過程參數

根據 Carr et al.（2002），就 (8-34) 式而言，若只考慮 σ、θ 與 ν 等三個參數，VG 過程可寫成：

$$X_{VG}(t;\sigma,\nu,\theta) = \theta\tau(t) + \sigma W[\tau(t)] \tag{9-20}$$

令下列式子：

$$\eta_p = \sqrt{\frac{\theta^2\nu^2}{4} + \frac{\sigma^2\nu}{2}} + \frac{\theta\nu}{2} \ \ \text{與} \ \ \eta_n = \sqrt{\frac{\theta^2\nu^2}{4} + \frac{\sigma^2\nu}{2}} - \frac{\theta\nu}{2} \tag{9-21}$$

Carr et al.（2002）曾指出 VG 過程與 CGMY 過程的關係為：

$$C = \frac{1}{\nu} \ \text{、} \ M = \frac{1}{\eta_p} \ \text{與} \ G = \frac{1}{\eta_n} \tag{9-22}$$

如前所述，若 $Y = 0$，VG 過程是 CGMY 過程內的一個特例；是故，我們可以利用 VG 過程內參數的估計（第 8 章），透過 (9-21) 與 (9-22) 二式，間接估計到 CGMY 過程的部分參數。

舉一個例子說明。我們使用 2000/1/5～2019/7/31 期間 TWI 日對數報酬率序列資料，可估得 σ、θ 與 ν 等三個參數值分別約為 -0.0008（0.0002）、0.0132（0.0002）與 1.0738（0.0493），其中小括號內之值為對應的估計標準誤。我們發現上述三個參數估計值皆能顯著異於 0。透過 (9-21) 與 (9-22) 二式，可得 C、G 與 M 的估計值分別約為 0.9313、108.08 與 98.90。換句話說，從上述估計值可看出因 C 值不為 0，故上述期間的 TWI 日對數報酬率應不屬於 GBM，同時因 G 估計值大於 M 估計值，故對應的 Lévy 密度屬於左偏的型態。

例3　CGMYB 過程的偏態與峰態係數

根據 Carr et al.（2002），CGMYB 過程的變異數、偏態與峰態係數分別可為：

$$
\begin{cases}
Var = \eta^2 + C\Gamma(2-Y)\left(\dfrac{1}{M^{2-Y}} + \dfrac{1}{G^{2-Y}}\right) \\[4mm]
Skew = \dfrac{C\Gamma(3-Y)\left(\dfrac{1}{M^{3-Y}} + \dfrac{1}{G^{3-Y}}\right)}{(Var)^{3/2}} \\[4mm]
Kurt = 3 + \dfrac{C\Gamma(4-Y)\left(\dfrac{1}{M^{4-Y}} + \dfrac{1}{G^{4-Y}}\right)}{(Var)^2}
\end{cases}
\tag{9-23}
$$

令 $\eta = 0$ 與利用例 2 的結果，根據 (9-23) 式，我們倒是可以嘗試「猜測」CGMY 過程內的 Y 參數值。考慮例 2 內的 TWI 日對數報酬率序列資料，我們先將上述序列資料轉換成調整後的資料[⑥]，再分別計算對應的樣本偏態係數與峰態係數分別約為 −0.2768 與 6.7665。

　　面對 (9-23) 式，我們面臨一個難處，即無論 C、G、M 與 Y 值為何，(9-23) 式內的偏態係數之估計值皆大於 0，顯然上述日對數報酬率序列資料無法用偏態係數之估計找出 Y 值，故只能從 (9-23) 式內的峰態係數之估計找出對應的 Y 值。換言之，圖 9-10 分別繪製出於 $Y = y \in [-4,2)$ 之下，偏態係數與峰態係數估計的圖形，我們發現 y 值約為 −0.03，對應的峰態係數估計值分別約為 6.78；是故，$Y = -0.03$ 是一個「差強人意」的參數估計值[⑦]。Y 之估計值接近於 0，隱含著 TWI 日對數報酬率序列資料屬於無限活動且有限變分的 Lévy 過程。

例 4　η 所扮演的角色

　　再檢視 (9-17) 式，η 值可視為 CGMYB 過程的波動率，其未必等於 GBM 過程的波動率 σ_{GBM}。通常，我們是使用日對數報酬率標準差的年率當作 σ_{GBM} 的估計值。例如：利用例 2 內的 TWI 日對數報酬率資料，可得波動率 σ_{GBM} 估計值約為 0.2133。有意思的是，利用上述 $C = 0.9313$、$G = 108.08$、$M = 98.9$ 與 $Y = -0.03$ 的結果，若令 η 值接近於 0.2133，根據 (9-23) 式，則峰態係數的估計值約為 3；不過，若 η 值小於 0.2133，峰態係數的估計值則大於 3，圖 9-11 繪製出上述結果，我們發現若

---

⑥ 即日對數報酬率減去對應的樣本平均數。

⑦ 即 TWI 日對數報酬率序列資料顯示出樣本偏態係數小於 0，但是圖 9-10 內的偏態係數估計值卻大於 0。

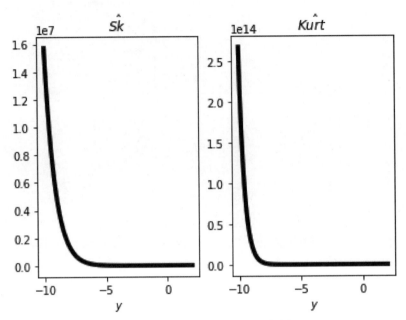

圖 9-10　偏態與峰態係數之估計，其中 $Y = y \in [-4, 2)$ 以及 $C = 0.9313$、$G = 108.08$ 與 $M = 98.9$

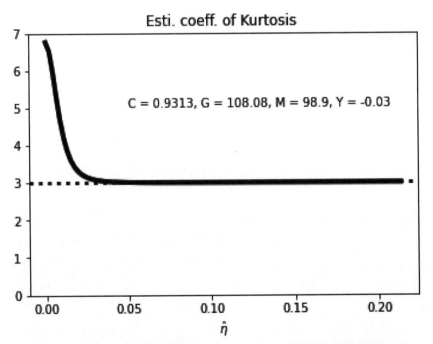

圖 9-11　不同 η 估計值（即 $\hat{\eta}$）下，CGMYB 過程的峰態係數估計

η 的估計值小於 0.0539，則峰態係數的估計值明顯大於 3。換言之，若令 η 值等於 0.2133，CGMYB 過程所對應的 PDF 竟然是屬於常態分配。

例5 CGMYB 過程的估計 PDF

續例 2～4，令 $\eta = 0.15$ 與 $\sigma_{GBM} = 0.2133$，使用 COS 方法，圖 9-12 分別繪製出 CGMYB 與 GBM 過程的估計 PDF，我們可以看出前者出現超額峰態的情況；當然，此乃因假定 $\eta < \sigma_{GBM}$ 的結果。從上述例子可看出 CGMYB 過程較適合處理超額峰態的結果。

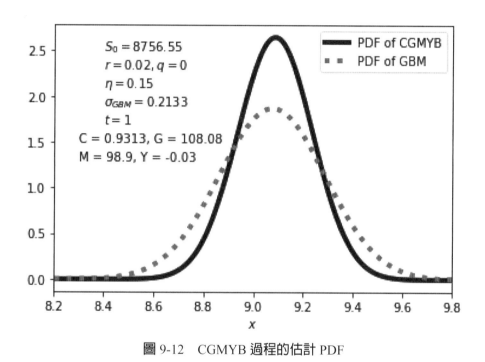

圖 9-12　CGMYB 過程的估計 PDF

習題

(1) 試下載 2010/10/14～2023/8/30 期間 TSM 日收盤價序列資料，試計算對應的日對數報酬率資料的偏態與峰態係數。

(2) 續上題，波動率的估計值為何？

(3) 續上題，試估計 CGMYB 過程內的 C、G、M 與 Y 參數。TSM 日對數報酬率屬於何型態的 Lévy 過程？

(4) 續上題，CGMYB 過程是否有可能屬於常態分配？為什麼？

(5) 續上題，令 $S_0 = 10.37$、$r = 0.02$、$q = 0$、$\eta = 0.15$、$t = 1$、$\sigma_{GBM} = 0.295$、$a = 1.1331$ 與 $b = 3.5621$，試以 COS 方法估計 CGMYB 過程之對應的 PDF，若與 GBM 過程的 PDF 比較，結果爲何？

(6) 試敘述如何使用 COS 方法。

9.2 選擇權定價

COS 方法的選擇權定價是利用前述之傅立葉餘弦級數擴張取代機率密度函數，而上述方法的特色即使後者不存在，我們仍可以根據 CF 計算對應的選擇權價格。如此，可看出 COS 之選擇權定價方法的特色。例如：CGMY (B) 過程的（風險中立）機率密度函數無法用明確的數學式子表示，因此若標的資產價格屬於 CGMY (B) 過程，反而 COS 之選擇權定價方法較占優勢。

9.2.1 COS 之選擇權定價

令 $X(t) = \log(S_t)$，其中 S_t 仍表示標的資產價格。我們進一步假定 $X(t) = x$ 與 $X(T) = y$，其中 T 表示選擇權（契約）的到期期限。我們已經知道於風險中立 **Q** 的測度下，陽春型的選擇權價值可寫成：

$$V(t_0, x) = e^{-r\tau} E^{\mathbf{Q}} \left[V(T, y) | \mathbf{F}(t_0) \right] = e^{-r\tau} \int_{\mathbf{R}} V(T, y) f_X(T, y; t_0, x) dy \qquad (9\text{-}24)$$

其中 r 表示無風險利率與 $\tau = T - t_0$，而選擇權的到期價值可寫成：

$$V(T, y) = \max \left[\alpha K \left(e^y - 1 \right), 0 \right] \qquad (9\text{-}25)$$

其中 K 爲履約價而 $\alpha = 1(-1)$ 表示買權（賣權）；另一方面，可知 $y(T) = \log \left[\dfrac{S_T}{K} \right]$。爲了分析方便起見，風險中立機率密度函數 $f_X(T, y; t_0, x)$ 可簡寫成 $f_X(y)$。

當 $y \to \pm\infty$，可知 $f_X(y)$ 遞減的速度相當快，隱含著 (9-24) 式內的積分以截斷積分如 $\int_a^b V(\cdot) f_X(\cdot) dy$ 取代，準確度應不至於喪失太大，其中 $[a, b] \in \mathbf{R}$；因此，(9-24) 式可改寫成：

$$V(t_0, x) \approx V_1(t_0, x) = e^{-r\tau} \int_a^b V(T, y) f_X(y) dy \tag{9-25a}$$

根據 (9-2) 式，可知 $f_X(y)$ 可用傅立葉餘弦級數擴張估計，即：

$$f_X(y) = \sum_{k=0}^{\infty} {}' \overline{A}_k \cos\left(k\frac{y-a}{b-a}\pi\right) \tag{9-26}$$

其中

$$\overline{A}_k = \frac{2}{b-a} \int_a^b f_X(y) \cos\left(k\frac{y-a}{b-a}\pi\right) dy \tag{9-27}$$

因此，(9-25) 式可再寫成：

$$V_a(t_0, x) = e^{-r\tau} \int_a^b V(T, y) \sum_{k=0}^{\infty} {}' \overline{A}_k \cos\left(k\frac{y-a}{b-a}\pi\right) dy \tag{9-28}$$

根據富比尼定理以及令：

$$H_k = \frac{2}{b-a} \int_a^b V(T, y) \cos\left(k\frac{y-a}{b-a}\pi\right) dy \tag{9-29}$$

則 (9-28) 式可再寫成：

$$V_a(t_0, x) = \frac{b-a}{2} e^{-r\tau} \sum_{k=0}^{\infty} {}' \overline{A}_k(x) H_k \tag{9-30}$$

從 (9-30) 式內可看出已經將二個實數函數如 $f_X(y)$ 與 $V(T, y)$ 的乘積轉換成對應的傅立葉餘弦級數擴張係數。因上述係數快速降為 0，故 (9-30) 式可再寫成：

$$V_b(t_0, x) = \frac{b-a}{2} e^{-r\tau} \sum_{k=0}^{N-1} {}' \overline{A}_k(x) H_k \tag{9-31}$$

類似於 9.1.1 節，以 F_k 取代 (9-31) 式內的 $\overline{A}_k$，即：

$$V(t_0, x) = V_c(t_0, x) = e^{-r\tau} \sum'^{N-1}_{k=0} \text{Re}\left\{ \phi_X\left(\frac{k\pi}{b-a}\right) \exp\left(-ik\pi\frac{a}{b-a}\right) \right\} H_k \tag{9-32}$$

其中對應的 CF 為：

$$\phi_X(u) = \phi_X(u, x; t_0, T) \tag{9-33}$$

根據 (9-32) 式，我們可以利用 CF 如 (9-33) 式計算對應的陽春型如歐式選擇權價格。

於上述的計算過程內可以注意 H_k，如於 (9-32) 式內，我們可以使用明確的數學公式來表示餘弦級數係數，即於 $[c, d] \subset [a, b]$ 下，可得：

$$\chi_k(c, d) = \int_c^d e^y \cos\left(k\pi\frac{y-a}{b-a}\right) dy$$

$$= \frac{1}{1+(A)^2}\left[\cos(B)e^d - \cos(C)e^c + \frac{k\pi}{b-a}\sin(B)e^d - \frac{k\pi}{b-a}\sin(C)e^c \right] \tag{9-34}$$

與

$$\psi_k(c, d) = \int_c^d \cos\left(k\pi\frac{y-a}{b-a}\right) dy = \begin{cases} [\sin(B) - \sin(C)](1/A), & k \neq 0 \\ d - c, & k = 0 \end{cases} \tag{9-35}$$

其中 $A = \dfrac{k\pi}{b-a}$、$B = k\pi\dfrac{d-a}{b-a}$ 與 $C = k\pi\dfrac{c-a}{b-a}$。(9-34) 與 (9-35) 二式的檢視，可以參考例 1。

就歐式買權與賣權而言，使用 (9-34) 與 (9-35) 二式的優點是對應的 H_k 如 (9-29) 式分別可以寫成 $\chi(\cdot)$ 與 $\psi(\cdot)$ 的函數，即：

$$H_k^{call} = \frac{2}{b-a}\int_0^b K(e^y - 1)\cos\left(k\pi\frac{y-a}{b-a}\right) = \frac{2}{b-a}K\left(\chi_k(0, b) - \psi_k(0, b)\right) \tag{9-36}$$

與

$$H_k^{put} = \frac{2}{b-a}K\left(-\chi_k(a, 0) - \psi_k(a, 0)\right) \tag{9-37}$$

表 9-1　一些特殊風險中立的 CF

表 9-1　一些特殊風險中立的 CF

GBM	$\phi_X(u,t) = \exp\left(iu\mu t - \dfrac{1}{2}\sigma^2 u^2 t\right)$ $\mu = r - q - \dfrac{1}{2}\sigma^2$
MJD	$\phi_X(u,t) = \exp\left[iu\mu t - \dfrac{1}{2}\sigma^2 u^2 t\right]\varphi_{Merton}(u,t)$ $\varphi_{Merton}(u,t) = \exp\left\{\xi_p t\left[\exp\left(i\mu_J u - \dfrac{1}{2}\sigma_J^2 u^2\right) - 1\right]\right\}$ $\mu = r - q - \dfrac{1}{2}\sigma^2 - \bar{\omega}; \bar{\omega} = \xi_p\left[\exp\left(\dfrac{1}{2}\sigma_J^2 + \mu_J\right) - 1\right]$
VG	$\phi_X(u,t) = \exp(iu\mu t)\varphi_{VG}(u,t)$ $\varphi_{VG}(u,t) = \left(1 - iu\theta\beta + \dfrac{1}{2}\sigma_{VG}^2\beta u^2\right)^{-t/\beta}; \mu = r - q - \bar{\omega};$ $\bar{\omega} = (1/\beta)\log\left(1 - \theta\beta - \dfrac{1}{2}\sigma_{VG}^2\beta\right)$
CGMYB	$\phi_X(u,t) = \exp\left(iu\mu t - \dfrac{1}{2}\eta^2 u^2 t\right)\varphi_{CGMY}(u,t)$ $\varphi_{CGMY}(u,t) = \exp\left\{Ct\Gamma(-Y)\left[(M - iu)^Y - M^Y + (G - iu)^Y - G^Y\right]\right\}$ $\mu = r - q - \dfrac{1}{2}\eta^2 + \bar{\omega}; \bar{\omega} = -C\Gamma(-Y)\left[(M - 1)^Y - M^Y + (G + 1)^Y - G^Y\right]$

來源：Oosterlee 與 Grzelak（2020）。

　　我們舉一個例子說明 (9-32)、(9-36) 與 (9-37) 三式的使用。令 $S_0 = 100$、$r = 0.1$、$q = 0$、$\sigma = 0.25$ 與 $\tau = 0.1$，圖 9-13 分別繪製出於 $N = 10,100$ 之下，不同 K 所對應的使用 COS 方法（假定標的屬於 GBM）與 BSM 模型所計算的歐式買權與賣權價格曲線，其中 COS 方法所利用的風險中立之 CF，則可參考表 9-1 內的 GBM。我們可以看出於 $N = 10$ 之下，COS 方法所計算的價格曲線與 BSM 模型的價格曲線有明顯的差距，不過當 N 逐漸變大，上述差距逐漸縮小。圖 9-13 的例子說明了使用 COS 方法亦可以計算選擇權的價格。讀者可以檢視圖 9-13 所附的 Python 檔案。

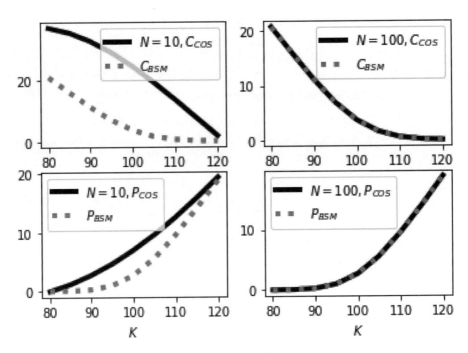

圖 9-13　不同 K 與 GBM 的假定之下，使用 COS 方法與 BSM 模型計算的歐式買權與賣權價格曲線（上圖為買權而下圖為賣權價格）

例 1　$\chi(\cdot)$ 與 $\psi(\cdot)$ 的檢視

雖說 (9-34) 與 (9-35) 二式的證明頗為直接，不過我們可以利用 Python 內的積分指令檢視上述二式是否正確，即：

```
a = 0;b = 30;c = 0;d = 4.5;k = 2
f = lambda y:np.exp(y)*np.cos(k*np.pi*(y-a)/(b-a))
integrate.quad(f, c, d)
# (64.34094631891686, 7.143280002943272e-13)
def Chi(a,b,c,d,k):
    chi1 = np.sin(k*np.pi*(d-a)/(b-a))*np.exp(d)-np.sin(k*np.pi*(c-a)/(b-a))*np.exp(c)
    chi2 = k*np.pi/(b-a)*chi1
    chi3 = np.cos(k*np.pi*(d-a)/(b-a))*np.exp(d)-np.cos(k*np.pi*(c-a)/(b-a))*np.exp(c)
    chi = 1/(1+(k*np.pi/(b-a))**2)*(chi2+chi3)
    return chi
Chi(a,b,c,d,k) # 64.34094631891683
```

```
g = lambda y:np.cos(k*np.pi*(y-a)/(b-a))

integrate.quad(g, c, d) # (3.862771611003629, 4.2885379814046375e-14)

k = 0.001

g = lambda y:np.cos(k*np.pi*(y-a)/(b-a))

integrate.quad(g, c, d) # (4.5, 4.99600361081320 44e-14)
```

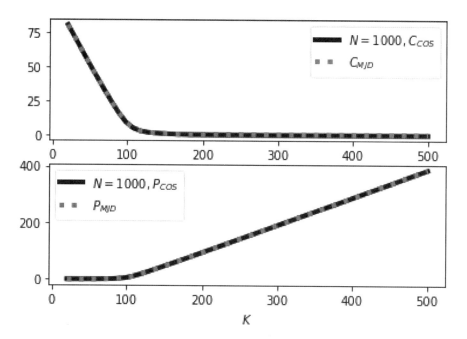

圖 9-14　不同 K 之下，利用 MJD 模型的 CF 以 COS 方法計算的歐式買權與賣權價格曲線（上圖為買權而下圖為賣權價格）

例2 MJD 模型之選擇權定價

　　根據表 9-1 內的 MJD 模型之 CF，我們亦可以使用 COS 方法計算 MJD 模型所對應的歐式選擇權價格，其中後者的明確價格公式，則可參考《歐選》[8]。令 $S_0 = 100$、$r = 0.05$、$q = 0$、$\sigma = 0.15$、$\tau = 0.5$、$\mu_J = -0.05$、$\sigma_J = 0.3$、$\xi_p = 0.7$ 與 $N = 1,000$，圖 9-14 分別繪製出於不同 K 之下的歐式買權與賣權價格，我們發現使用 COS 方法所計算的價格與上述明確價格公式所計算的結果一致，說明了 COS 方法的應用具普遍性。

---

[8] 例如：《歐選》內的 (3-32) 式。

例3 CGMYB 過程之選擇權定價

　　根據表 9-1 內的 CGMYB 過程之 CF，我們亦可以使用 COS 方法計算對應的歐式選擇權價格，不過因缺乏「公正價格」，我們使用 BSM 模型與之比較。令 S_0 = 100、r = 0.1、q = 0、η = 0.15、σ = 0.25、τ = 1、C = G =1、M = 5、Y = 0.5 與 N = 500，圖 9-15 繪製出對應的歐式買權與賣權價格，我們發現上述價格普遍高於對應的 BSM 模型價格。值得注意的是，上述假定 $\eta < \sigma$。

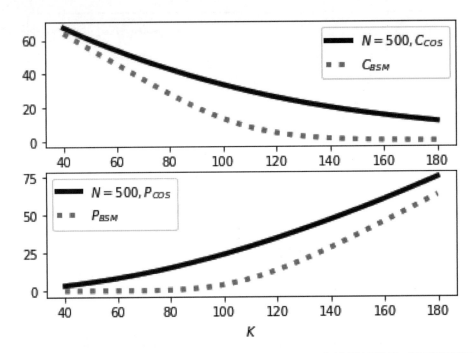

圖 9-15　不同 K 之下，利用 CGMYB 過程的 CF 以 COS 方法計算的歐式買權與賣權價格曲線（上圖為買權而下圖為賣權價格）

習題

(1) 試敘述 COS 方法之選擇權定價。

(2) 利用表 9-1 內的 VG 之風險中立的 CF，試與《歐選》所列的 CF 比較，二者之間參數的關係為何？

(3) 利用表 9-1 內的 VG 之風險中立的 CF，已知條件：S_0 = 100、r = 0.1、q = 0、K = 90、σ_{VG} = 0.12、β = 0.2、θ = –0.14 與 τ = 1。再利用下列假定：N = 1,000 與 L = 10（9.2.2 節會說明）。試計算上述條件的歐式買權與賣權價格，其與 BSM 模型的買權與賣權價格的差距為何？

(4) 續上題，將 $K = 90$ 改為 $K = 100$，試分別繪製出 VG 過程之歐式買權與賣權價格曲線，其與 BSM 模型的買權與賣權價格曲線的差距為何？

9.2.2 截斷積分之選擇

若讀者有檢視我們所附的檔案，應會發現 9.1 與 9.2.1 節有使用一些假定。例如：我們並未說明 (9-19) 式是如何決定的？若截斷的範圍如 $[a, b]$ 太過狹窄，定然會產生明顯的截斷誤差，不過若是太過於寬鬆，則需使用較大的 N。

表 9-2　不同過程所對應的累積量

GBM	$\varsigma_1 = \left(r - q - \dfrac{1}{2}\sigma^2 \right)t, \varsigma_2 = \sigma^2 t, \varsigma_4 = 0$
MJD	$\varsigma_1 = \left(r - q - \bar{\omega} - \dfrac{1}{2}\sigma^2 + \xi_p\mu_J \right)t, \varsigma_2 = \left(\sigma^2 + \xi_p\mu_J^2 + \xi_p\sigma_J^2 \right)t,$ $\varsigma_4 = t\xi_p\left(\mu_J^4 + 6\sigma_J^2\mu_J^2 + 3\sigma_J^4\xi_p \right)$
VG	$\varsigma_1 = \left(r - q - \bar{\omega} + \theta \right)t, \varsigma_2 = \left(\sigma_{VG}^2 + \beta\theta^2 \right)t,$ $\varsigma_4 = 3\left(\sigma_{VG}^4\beta + 2\theta^4\beta^3 + 4\sigma_{VG}^2\theta^2\beta^2 \right)t$
CGMYB	$\varsigma_1 = \left(r - q + \bar{\omega} - \dfrac{1}{2}\eta^2 \right)t + Ct\Gamma(1-Y)\left(M^{Y-1} - G^{Y-1} \right),$ $\varsigma_2 = \eta^2 t + Ct\Gamma(2-Y)\left(M^{Y-2} - G^{Y-2} \right)$ $\varsigma_4 = Ct\Gamma(4-Y)\left(M^{Y-4} - G^{Y-4} \right)$

來源：Oosterlee 與 Grzelak（2020）。

Oosterlee 與 Grzelak（2020）曾指出 $[a, b]$ 的選擇可以使用的準則：

$$[a,b] = \left[\left(x + \varsigma_1 \right) - L\sqrt{\varsigma_2 + \sqrt{\varsigma_4}}, \left(x + \varsigma_1 \right) + L\sqrt{\varsigma_2 + \sqrt{\varsigma_4}} \right] \tag{9-38}$$

其中 $L \in [6,12]$ 而 ς_i 則表示標的過程的第 i 階累積量（cumulant）[9]。表 9-2 分別列出一些過程所對應的累積量。我們舉一個例子說明。令 $S_0 = 100$、$r = 0.1$、$q = 0$、σ_{VG} $= 0.12$、$\beta = 0.2$、$\theta = -0.14$ 與 $T = 1$。我們分別考慮 $N = 30, 2^{14}$ 與 $L = 8,150$ 的情況，使用 COS 方法估計 VG 過程所對應的 PDF，其結果則繪製如圖 9-16 所示。

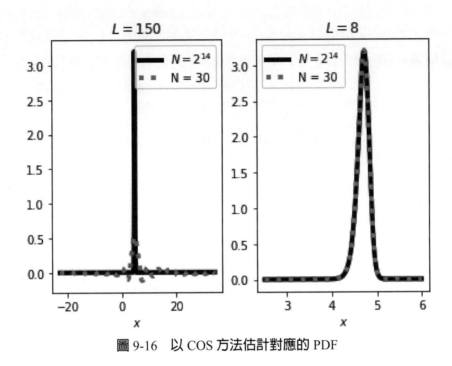

圖 9-16　以 COS **方法估計對應的** PDF

圖 9-16 的結果可以分述如下：

(1) 應不需要選擇太大的 L 值。例如：若 $L = 150$，則根據表 9-2 與 (9-38) 式可得出 a 與 b 值分別約為 -23.73 與 32.4，顯然從（圖 9-16 內）左圖可看出所選擇的區間太大了；反觀若 $L = 8$，則對應的 $[a, b]$ 區間約為 $[2.84, 5.83]$，我們從右圖內可看出上述區間的選擇較為恰當。

---

[9] 隨機變數 X 的 CF 如 $\phi_X(\omega)$ 的最重要性質是可以導出 X 的累積母函數（cumulant-generating function, CGF）。就 CGF 而言，定義：

$$\Psi_X(\omega) = \log \phi_X(\omega)$$

則第 n 階累積量（cumulant）可以寫成：

$$\varsigma_n = cumulant_n = \frac{1}{i^n} \frac{\partial^n \Psi_X(\omega)}{\partial \omega^n}\bigg|_{\omega=0}$$

可以參考《歐選》。

(2) 若 [a, b] 區間的選擇較爲正確，則 N 值的選擇可以不需要太大，如右圖所示。

(3) 如右圖所示，令 $N = 2^{14}$，估計的 PDF 幾乎已接近於正確的 PDF。

Oosterlee 與 Grzelak（2020）曾建議使用簡單的準則如：

$$[a,b] = [-L\sqrt{T}, L\sqrt{T}] \tag{9-39}$$

用以計算 COS 方法之選擇權定價，而於 9.2.1 節內，我們已經使用 (9-39) 式，可以檢視 9.2.1 節內所附的檔案。

例 1　誤差的來源

使用 COS 方法來決定選擇權的價格，當然會存在估計誤差。其實，於 9.2.1 節內我們可以看出上述估計誤差分成三個部分：$\varepsilon = \varepsilon_a + \varepsilon_b + \varepsilon_c$，其中

$$\varepsilon_a = V(t_0, x) - V_a(t_0, x)、\varepsilon_b = V(t_0, x) - V_b(t_0, x) 與 \varepsilon_c = V(t_0, x) - V_c(t_0, x)$$

即 ε 表示估計誤差。

例 2　標的過程屬於 GBM 的估計誤差

若標的過程屬於 GBM，則以 COS 方法計算選擇權價格的估計誤差可爲上述 COS 之估計值與 BSM 模型價格差距的絕對值。例如：圖 9-17 分別繪製出於不同 K 與 L 之下，$N = 30$ 之估計誤差，我們發現應選擇較小的 L 值。類似於圖 9-17 的假定，我們只將 N 改爲 100，其餘不變，圖 9-18 繪製出上述結果，我們仍發現於 $K = 100, 120$ 之下，估計誤差竟會隨著 L 的提高而上升。圖 9-17 與 9-18 的例子提醒我們，尤其是多個履約價合併估計，應使用較大的 N 值；至於 L 值的選擇，似乎 $L \in [6, 12]$ 是一個可供參考的指標。

習題

(1) 利用圖 9-17 與 9-18 內的假定，若將 N 改爲 1,000，其餘不變，試重新繪製圖 9-18 的結果。

(2) 若標的過程屬於 CGMYB，以 COS 方法計算選擇權價格的估計誤差爲何？

(3) 續上題，若分別用 $N = 100$ 與 $N = 2^{14}$ 計算，上述估計誤差可爲二者之絕對值差距，結果爲何？

(4) 續上題，若是以 $N = 2^{14}$ 所計算出的買權價格（COS 方法）與 BSM 模型的買權價格差距的絕對值當作估計誤差呢？結果又如何？

(5) 我們如何計算 CGMYB 過程的隱含波動率？試解釋之。

(6) 續上題，試舉一個例子說明。

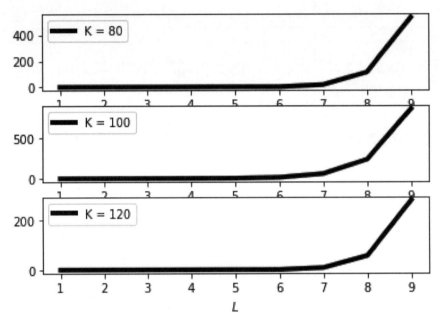

圖 9-17　$N = 30$，標的過程屬於 GBM 的估計誤差（縱軸）

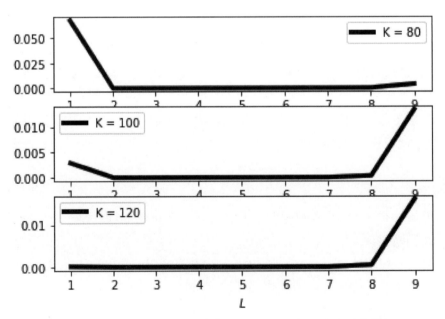

圖 9-18　$N = 100$，標的過程屬於 GBM 的估計誤差（縱軸）

9.3 隱含波動率微笑

當標的資產價格用固定波動率 σ 的 GBM 模型化，BSM 模型能提供一個唯一的公平（歐式）選擇權價格。上述選擇權價格與 σ 之間呈現單調遞增關係，隱含著高波動率能提高到期處於價內（in the money, ITM）的機率，故選擇權價格亦會攀高。因此，選擇權的價格其實亦可以用選擇權的隱含波動率（implied volatility）表示。

令 r、K、T 與 S 分別表示無風險利率、履約價、到期日與標的資產價格，而市場上歐式買權與賣權的價格分別 V_c^{mkt} 與 V_p^{mkt}。根據 BSM 模型，可得：

$$V_i(t_0, S; K, T, \sigma_{imv}, r) = V_i^{mkt}(K, T), i = c, p \tag{9-40}$$

其中 σ_{imv} 稱爲隱含波動率而 $V_i(\cdot)$ 表示 BSM 模型價格；換言之，BSM 模型價格與市場價格一致所對應的波動率就是 σ_{imv}。

通常，就 (9-40) 式而言，σ_{imv} 無法用明確的數學式子表示，我們只能訴諸於使用數值方法，其中牛頓－拉弗森演算法（Newton-Raphson algorithm）是普遍使用的方法，即令：

$$g(\sigma_{imv}) = V_i^{mkt}(K, T) - V_i(t_0, S; K, T, \sigma_{imv}, r) = 0 \tag{9-41}$$

而牛頓－拉弗森演算法可寫成：

$$\sigma_{imv}^{(k+1)} = \sigma_{imv}^{(k)} - \frac{g(\sigma_{imv}^{(k)})}{g'(\sigma_{imv}^{(k)})}, k \geq 0 \tag{9-42}$$

即於期初的猜測值 $\sigma_{imv}^{(0)}$ 與（一階）微分 $g'(\cdot)$ 下，根據 (9-42) 式，我們可以找出後續的 $\sigma_{imv}^{(k)}$ 值（其中 $k = 1, 2, \cdots$）；因此，牛頓－拉弗森演算法是一種疊代法（iterative method）。

就 BSM 模型而言，因買（賣）權價格以及對應的微分值皆可以用明確的數學式表示，故計算 BSM 模型的隱含波動率並不困難。例如：(9-42) 式內的 $g'(\sigma)$ 可寫成：

$$g'(\sigma) = -\frac{\partial V(t_0, S_0; K, T, \sigma, r)}{\partial \sigma} = -Ke^{-r(T-t_0)} f_N(d_2)\sqrt{T-t_0} \tag{9-43}$$

其中 $f_N(\cdot)$ 為標準常態分配的 PDF 而 $d_2 = \dfrac{\log\left(\dfrac{S_0}{K}\right) + \left(r - \dfrac{1}{2}\sigma^2\right)(T-t_0)}{\sigma\sqrt{T-t_0}}$。透過 (9-43)

式，我們已經知道 $g'(\sigma)$ 其實就是熟悉的 Vega 值（《選擇》）。

透過 (9-43) 式來計算 σ_{imv} 值的確比較方便，因若 $g'(\sigma)$ 無法用明確的數學式子表示，那豈不是需先估計 $g'(\sigma)$ 後再計算 σ_{imv} 值，反而多了些估計步驟。例如：若欲估計 CGMYB 過程或其他特殊過程的 σ_{imv} 值，我們應如何做？可以參考底下之例題。

通常，我們欲計算波動率，可以考慮同時計算多種履約價的選擇權契約（相同到期日）或不同到期期限的情況；是故，我們可以先檢視 COS 方法若面對多種履約價時，應如何計算？就 (9-32) 式而言，其特色是可以同時有效地計算不同履約價（相同到期日）的歐式選擇權價格；換言之，就一個不同履約價的行向量 **K** 而言，我們考慮下列的轉換：$\mathbf{x} = \log\left(\dfrac{S(t_0)}{\mathbf{K}}\right)$ 與 $\mathbf{y} = \log\left(\dfrac{S(T)}{\mathbf{K}}\right)$。就一種 Lévy 過程而言，對應的 CF 可以寫成：

$$\phi_{\mathbf{X}}(u; t_0, T) = \varphi_X(u, T)e^{iu\mathbf{x}} \tag{9-44}$$

於此情況下，歐式選擇權的定價公式可寫成：

$$V(t_0, \mathbf{x}) \approx e^{-r\tau} \sum_{k=0}^{N-1} {}'\mathrm{Re}\left\{\varphi_{\mathbf{X}}\left(\frac{k\pi}{b-a}, T\right) \exp\left(ik\pi\frac{\mathbf{x}-a}{b-a}\right)\right\}\mathbf{H}_k \tag{9-45}$$

其中 $\tau = T - t_0$ 而 $\mathbf{H}_k$ 可對應至 (9-36) 與 (9-37) 二式，即：

$$\mathbf{H}_k = U_k\mathbf{K} \tag{9-46}$$

其中

$$U_k = \begin{cases} \dfrac{2}{b-a}\big(\chi_k(0,b) - \psi_k(0,b)\big), call \\ \dfrac{2}{b-a}\big(-\chi_k(0,b) + \psi_k(0,b)\big), put \end{cases} \tag{9-47}$$

是故，COS 方法之歐式選擇權定價公式可寫成：

$$V(t_0, \mathbf{x}) \approx \mathbf{K} e^{-r\tau} \operatorname{Re}\left\{ \sum_{k=0}^{N-1}{}' \varphi_X\left(\frac{k\pi}{b-a}, T \right) U_k \exp\left(ik\pi \frac{\mathbf{x}-a}{b-a} \right) \right\} \tag{9-48}$$

於底下，我們皆使用 (9-48) 式計算，其特色是 $\mathbf{K}$ 與 $\mathbf{x}$ 皆用向量的方式表示。

例 1　使用自設函數計算隱含波動率

根據 (9-42) 與 (9-43) 二式，我們的自設函數如：

```
def NR(cp, price, S0, K, T, r, q):
    v = np.sqrt(2*np.pi/T)*price/S0
    print('initial volatility: ',v)
    for i in range(1, 100):
        d1 = (np.log(S0/K)+(r-q+0.5*np.power(v,2))*T)/(v*np.sqrt(T))
        d2 = d1 - v*np.sqrt(T)
        vega = S0*norm.pdf(d1)*np.sqrt(T)
        price0 = cp*S0*norm.cdf(cp*d1)*np.exp(-q*T) - cp*K*np.exp(-r*T)*norm.cdf(cp*d2)
        v = v - (price0 - price)/vega
        if abs(price0 - price) < 1e-25 :
            break
    return v
```

讀者可以檢視期初值的變化。舉一個例子說明：

```
S0 = 100;K = [100];r = 0.02;q = 0;T = 1;sigma = 0.2
BSM(S0,K,T,r,q,sigma,call) # array([[8.91603728]])
NR(call,5,S0,100,T,r,q) # 0.22772303157063295
# initial volatility:  0.12533141373155002
```

讀者應可以解釋上述指令的意思。

例2 **使用模組**（scipy.optimize）

Oosterlee 與 Grzelak（2020）曾提供下列函數指令：

```
def ImpliedVolatility(CP,marketPrice,K,T,S0,r,q):
    func = lambda sigma: np.power(BSM(S0,K,T,r,q,sigma,CP)-marketPrice, 1.0)
    impliedVol = optimize.newton(func, 0.7, tol=1e-9)
    return impliedVol
ImpliedVolatility(call,10,K,T,S0,r,q) # array([[0.22772303]])
```

讀者可以解釋看看。

例3 MJD **模型的隱含波動率**

透過 BSM 模型如 (9-43) 式來計算隱含波動率，自然會得出 BSM 模型內的隱含波動率是固定數值的結果，但是若用上述方式估計特殊模型（過程）的隱含波動率，那就不一定了。例如：令 $S_0 = 100$、$r = 0.05$、$q = 0$、$\sigma = 0.15$、$\tau = 0.5$、$\mu_J = -0.05$、$\sigma_J = 0.3$、$\xi_p = 0.7$，可得：

```
price = BSM(S0,[100],tau,r,0,sigma,CP) # array([[5.52711512]])
NR(CP,price, S0, 100, tau, r, 0) # array([[0.15]])
priceC = MJDprice(S0,[100],r,0,tau,sigma,xiP,muJ,sigmaJ)[0] # array([[8.20497954]])
NR(CP,priceC, S0, 100, tau, r, 0) # array([[0.24799673]])
```

即根據 BSM 模型與上述條件，可得買權價格約為 5.53，若將上述買權價格視為市價，可得隱含波動率約為 0.15，即 $\sigma_{imv} = \sigma$；但是，若根據 MJD 模型與上述條件，可得買權價格約為 8.2，若將上述買權價格視為市價，可得隱含波動率約為 0.25，即 $\sigma_{imv} > \sigma$。換句話說，若使用 MJD 模型，此時計算出的隱含波動率未必為一個固定數值。例如：根據上述已知條件與使用 (9-43) 式，圖 9-19 分別繪製出 MJD 模型的價格曲線與對應的隱含波動率曲線，我們發現上述價格曲線（左圖）仍呈現履約價與買權價格之間為負關係以及買權價格與波動率之間為正關係的結果。

令人意外的是，圖 9-19 內的隱含波動率曲線（右圖）竟然出現隱含波動率偏

態（implied volatility skew）或「微笑（smile）」的結果；換句話說，隱含波動率偏態不僅隱含著隱含波動率並非固定不變，同時隱含波動率與履約價之間的關係並非固定。

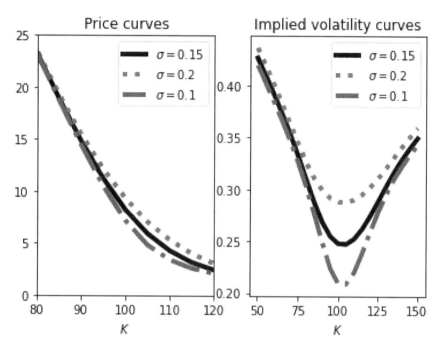

圖 9-19　於 τ 固定下，MJD 模型的價格曲線（左圖）與隱含波動率曲線（右圖）

例 4　隱含波動率偏態的意義

　　眾所皆知，BSM 模型假定波動率是一個固定數值或時間的確定性函數，不過 BSM 模型的結果卻與市場的觀察值不一致，其中最明顯的就是後者呈現隱含波動率偏態的型態。典型的隱含波動率偏態型態可以參考圖 9-20 的結果，該圖除了延續例 3 內的假定之外，另外再考慮不同的到期期限。我們發現隱含波動率偏態或「微笑」型態似乎與到期期限呈現相反關係，即到期期限愈短，隱含波動率「微笑」型態似乎愈嚴重；其次，圖 9-20 的結果係根據例如 $\sigma = 0.15$ 的假定所繪製而成，倘若更改上述已知條件，豈不是可以得到隱含波動率曲面的結構嗎？例如：圖 9-21 繪製出 $\sigma = 0.5$（其餘使用圖 9-20 的假定），讀者可以比較看看。

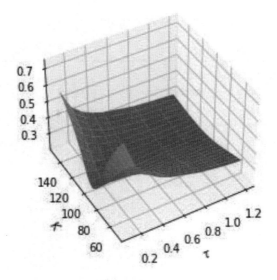

圖 9-20　MJD **模型的隱含波動率曲面，其中** $\sigma = 0.15$

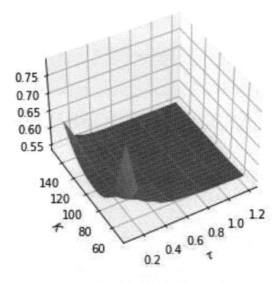

圖 9-21　MJD **模型的隱含波動率曲面，其中** $\sigma = 0.5$

例5　CGMYB 的隱含波動率

　　例3與4的結果是有意義的，我們發現BSM模型不足以解釋市場的實際情況，使得我們必須再尋找其他的資產定價模型。例如：令 $S_0 = 100$、$r = 0.1$、$q = 0$、$\eta = \sigma = 0.2$、$\tau = 1$、$C = G = 1$、$M = 5$、$Y = 0.5$、$L = 12$ 與 $N = 500$，可得 CGMYB 過程所對應的（歐式）買權價格約為 33.71。若將上述價格視為市價，利用 (9-43) 式，可得隱含波動率約為 0.775，我們依舊取得 $\sigma_{imv} \neq \sigma$ 的結果；因此，使用 CGMYB 過程，有可能亦會取得不一樣的結果。例如：根據上述假定，我們分別擴充 CGMYB 過程內各參數的範圍，於 $\tau = 0.5,1$ 之下，圖 9-22 與 9-23 分別繪製出對應的隱含波動率曲線，我們發現不僅隱含波動率並非固定數值，而且已具有「微笑」型態的雛形[10]。畢竟存在多個參數，我們發現 CGMYB 過程的設定更具彈性。讀者可以思考 CGMYB 過程的隱含波動率曲面之結構為何？

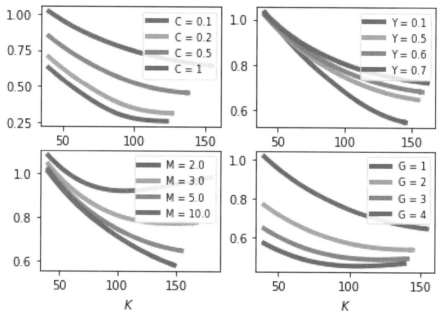

圖 9-22　於 $\tau = 0.5$ 下，CGMYB 的隱含波動率曲線

---

[10] 例如：圖 9-22 左上圖的繪製係使用上述已知條件，不過更改了 C 值，其餘不變。其餘各圖的繪製可類推。

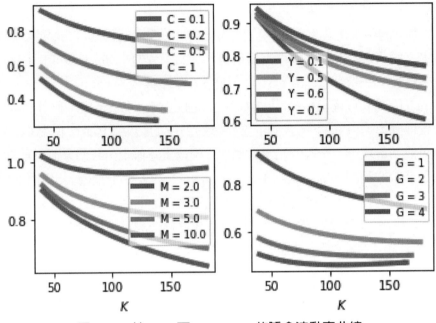

圖 9-23　於 $\tau = 1$ 下，CGMYB 的隱含波動率曲線

習題

(1) 何謂隱含波動率偏態？試解釋之。

(2) 爲何會出現隱含波動率偏態？試解釋之。

(3) 爲何其他特殊過程會出現隱含波動率偏態？試解釋之。

(4) 就例 5 的結果而言，其對應的隱含波動率偏態曲面爲何？應如何繪製？提示：參考圖 9-a。

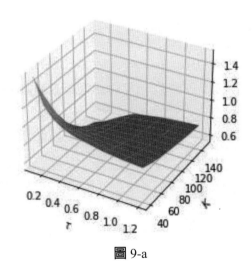

圖 9-a

## Chapter 10

隨機波動模型

　　之前所介紹或所使用的模型如 GBM 或 CGMYB 等模型應皆屬於一種局部波動模型（local volatility model, LVM）[①]。LVM 的特色是模型內的波動率之隨機性是固定的，即 LVM 並未說明波動率是從何而來？換言之，簡單的 LVM 之 SDE 可以寫成：

$$\begin{cases} dS_t = \sigma_L(t, S_t)dW_t \\ \quad S(0) = S_0 \end{cases} \tag{10-1}$$

其中 $S_t = S(t)$ 表示 t 期標的資產價格，而 $\sigma_L(\cdot)$ 與 W_t 分別表示模型內的波動率與維納過程。$\sigma_L(\cdot)$ 也許會受到 t 或 S_t 的影響，但是 (10-1) 式內並沒有說明 $\sigma_L(\cdot)$ 是如何產生的？因此，LVM 的缺點是有關於波動率的描述相當有限；或者說，實際於市場內所觀察到的隱含波動率偏態或微笑等特徵，未必可以於 LVM 內檢視到。

　　與 LVM 對應的就是隨機波動模型（stochastic volatility model, SVM）。SVM 的 SDE 可以寫成：

$$\begin{cases} dS_t = \mu S(t)dt + \sigma(V_t, S_t)dW^1(t) \\ dV_t = \mu_V(t, V_t)dt + \sigma_V(t, V_t)dW^2(t) \end{cases} \tag{10-2}$$

其中 $W^1(t)$ 與 $W^2(t)$ 為彼此之間有相關之維納過程，而 V_t 則表示一種變異數過程；

[①] 有關於 LVM，可以參考 Dupire（1994）或 Derman 與 Kani（1994）等文獻。

換言之，(10-2) 式內的 $\sigma_V(\cdot)$ 可稱為「波動率內的波動率（vol of vol）」。

從 (10-2) 式內可看出 SVM 的隨機性有二個來源，其一是 $W^1(t)$ 而另一則是 $W^2(t)$，其中後者卻是主導著變異數（或波動率）[②]的隨機性。直覺而言，SVM應該較適合用於解釋或檢視實際市場內的隱含波動率偏態或微笑等特徵。

本章將介紹 SVM 的代表模型：Heston（1993）的 SVM，並且利用 COS 方法以計算對應的選擇權價格；不過，於尚未介紹之前，我們仍須提供一些準備。

10.1 多變量維度的 SDE 與仿射過程 [③]

若再檢視 (10-2) 式，應可發現該式是一種多變量維度（multi-dimensional）的 SDE，此處我們提供一些簡易的工具與觀念；其次，我們發現於仿射擴散（affine diffusion, AD）過程下，通常我們可以輕易取得具有完整數學式子表示的 CF。

10.1.1 多變量維度的 SDE

考慮一種相關的 SDE 體系如：

$$d\mathbf{X}(t) = \bar{\boldsymbol{\mu}}(t, \mathbf{X}(t))dt + \bar{\boldsymbol{\Sigma}}(t, \mathbf{X}(t))d\bar{\mathbf{W}}(t) \tag{10-3}$$

其中 $\bar{\boldsymbol{\mu}}(t, \mathbf{X}(t)) : D \to \mathbf{R}^n$、$\bar{\boldsymbol{\Sigma}}(t, \mathbf{X}(t)) : D \to \mathbf{R}^{n \times n}$ 以及 $\bar{\mathbf{W}}(t)$ 為於 $\mathbf{R}^n$ 下之具有相關的維納過程的行向量。

若省略時間 t，(10-3) 式可寫成：

$$\begin{bmatrix} dX_1 \\ \vdots \\ dX_n \end{bmatrix} = \begin{bmatrix} \bar{\mu}_1 \\ \vdots \\ \bar{\mu}_n \end{bmatrix} dt + \begin{bmatrix} \bar{\Sigma}_{11} & \cdots & \bar{\Sigma}_{1n} \\ \vdots & \ddots & \vdots \\ \bar{\Sigma}_{n1} & \cdots & \bar{\Sigma}_{nn} \end{bmatrix} \begin{bmatrix} d\tilde{W}_1 \\ \vdots \\ d\tilde{W}_n \end{bmatrix} \tag{10-4}$$

令 $\mathbf{X} = \mathbf{X}(t)$、$\bar{\boldsymbol{\mu}} = \bar{\boldsymbol{\mu}}(t, \mathbf{X}(t))$、$\bar{\boldsymbol{\Sigma}} = \bar{\boldsymbol{\Sigma}}(t, \mathbf{X}(t))$ 與 $\bar{\mathbf{W}} = \bar{\mathbf{W}}(t)$，故 (10-3) 式可以簡寫成：

$$d\mathbf{X} = \bar{\boldsymbol{\mu}}dt + \bar{\boldsymbol{\Sigma}}d\bar{\mathbf{W}} \tag{10-5}$$

[②] 即 $\sigma(\cdot) = \sqrt{V(\cdot)}$。

[③] 本節係參考 Oosterlee 與 Grzelak（2020）。

按照相同的推理，我們亦可以想像相互獨立之維納過程行向量體系，即：

$$
\begin{bmatrix} dX_1 \\ \vdots \\ dX_n \end{bmatrix} = \begin{bmatrix} \bar{\mu}_1 \\ \vdots \\ \bar{\mu}_n \end{bmatrix} dt + \begin{bmatrix} \bar{\sigma}_{11} & \cdots & \bar{\sigma}_{1n} \\ \vdots & \ddots & \vdots \\ \bar{\sigma}_{n1} & \cdots & \bar{\sigma}_{nn} \end{bmatrix} \begin{bmatrix} d\tilde{W}_1 \\ \vdots \\ d\tilde{W}_n \end{bmatrix}
\tag{10-6}
$$

$$\Rightarrow d\mathbf{X} = \bar{\mu} dt + \bar{\sigma} d\tilde{\mathbf{W}}$$

其中 $\bar{\sigma} = \begin{bmatrix} \bar{\sigma}_{11} & \cdots & \bar{\sigma}_{1n} \\ \vdots & \ddots & \vdots \\ \bar{\sigma}_{n1} & \cdots & \bar{\sigma}_{nn} \end{bmatrix}$ 而 $\tilde{\mathbf{W}} = \tilde{\mathbf{W}}(t)$ 為於 $\mathbf{R}^n$ 下之獨立的維納過程的行向量。

比較 (10-5) 與 (10-6) 二式，可得：

$$d\mathbf{X} = \bar{\mu} dt + \bar{\Sigma} d\bar{\mathbf{W}}$$

$$
\Rightarrow \begin{bmatrix} dX_1 \\ \vdots \\ dX_n \end{bmatrix} = \begin{bmatrix} \bar{\mu}_1 \\ \vdots \\ \bar{\mu}_n \end{bmatrix} dt + \begin{bmatrix} \bar{\Sigma}_{11} & \cdots & \bar{\Sigma}_{1n} \\ \vdots & \ddots & \vdots \\ \bar{\Sigma}_{n1} & \cdots & \bar{\Sigma}_{nn} \end{bmatrix} \begin{bmatrix} d\bar{W}_1 \\ \vdots \\ d\bar{W}_n \end{bmatrix}
$$

$$
= \begin{bmatrix} \bar{\mu}_1 \\ \vdots \\ \bar{\mu}_n \end{bmatrix} dt + \begin{bmatrix} \bar{\Sigma}_{11} & \cdots & \bar{\Sigma}_{1n} \\ \vdots & \ddots & \vdots \\ \bar{\Sigma}_{n1} & \cdots & \bar{\Sigma}_{nn} \end{bmatrix} \begin{bmatrix} 1 & 0 & \cdots \\ \rho_{12} & \sqrt{1-\rho_{12}^2} & \cdots \\ \vdots & \ddots & \vdots \\ \rho_{1n} & \cdots & \cdots \end{bmatrix} \begin{bmatrix} d\tilde{W}_1 \\ \vdots \\ d\tilde{W}_n \end{bmatrix}
$$

$$= \bar{\mu} dt + \bar{\Sigma} \mathbf{L} d\tilde{\mathbf{W}}$$

$$= \bar{\mu} dt + \bar{\sigma} d\tilde{\mathbf{W}}
\tag{10-7}$$

其中 $\bar{\sigma} = \bar{\Sigma} \mathbf{L}$ 與 ρ_{ij} 則表示 $\bar{W}_i$ 與 $\bar{W}_j$ 的相關係數；另一方面，根據可列斯基拆解（第 4 章）可知 $\bar{\Sigma} = \mathbf{L}\mathbf{L}^T$。因此，從 (10-7) 式內可知 $\bar{\mathbf{W}}$ 與 $\tilde{\mathbf{W}}$ 之間的關係為：

$$\bar{\Sigma} d\bar{\mathbf{W}} = \bar{\sigma} d\tilde{\mathbf{W}}
\tag{10-8}$$

如 4.4 節所述，共變異數矩陣如 $\bar{\Sigma}$ 並不容易估計，我們使用一個「取巧」的方式，即考慮 2020/1/3～2022/4/29 期間 TESLA、APPLE、GOOGLE 與 TSM 的標準化日對數報酬率資料，可得相關係數矩陣或共變異數矩陣 Σ 與 $\mathbf{L}$ 分別為：

$$\overline{\Sigma} = \begin{bmatrix} 1 & 0.71 & 0.50 & 0.57 \\ 0.71 & 1 & 0.43 & 0.56 \\ 0.50 & 0.43 & 1 & 0.43 \\ 0.57 & 0.56 & 0.43 & 1 \end{bmatrix} \text{與} \ \mathbf{L} = \begin{bmatrix} 1 & 0 & 0 & 0 \\ 0.71 & 0.7 & 0 & 0 \\ 0.50 & 0.11 & 0.86 & 0 \\ 0.57 & 0.22 & 0.13 & 0.78 \end{bmatrix}$$

代入 (10-8) 式內，不難得出 $\overline{\mathbf{W}}$ 與 $\tilde{\mathbf{W}}$ 的觀察值，如圖 10-1 所示。從圖 10-1 內可看出 $\overline{\mathbf{W}}$ 與 $\tilde{\mathbf{W}}$ 之不同。

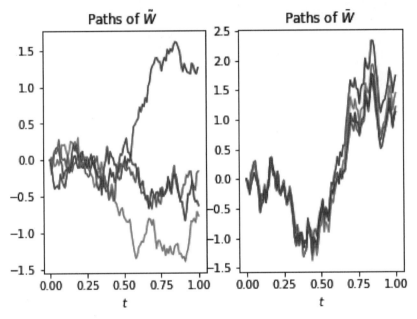

圖 10-1 不相關（左圖）與相關維納過程之實現值走勢

我們進一步恢復 (10-7) 式為：

$$d\mathbf{X}(t) = \overline{\boldsymbol{\mu}}(t, \mathbf{X}(t))dt + \overline{\boldsymbol{\sigma}}(t, \mathbf{X}(t))d\tilde{\mathbf{W}}(t) \tag{10-9}$$

其中 $\mathbf{X}(t) = [X_1(t), X_2(t), \cdots, X_n(t)]^T$。令 $g = g(t, \mathbf{X}(t))$ 為於 $\mathbf{R} \times \mathbf{R}^n$ 之下的可微分函數，則 $dg(t, \mathbf{X}(t))$ 可寫成：

$$dg(t, \mathbf{X}(t)) = \frac{\partial g}{\partial t}dt + \sum_{j=1}^{n} \frac{\partial g}{\partial X_j}dX_j(t) + \frac{1}{2}\sum_{i,j=1}^{n} \frac{\partial^2 g}{\partial X_i \partial X_j}dX_i(t)dX_j(t) \tag{10-10}$$

即 (10-10) 式只是 (5-54a) 式（或泰勒展開式）的延伸。如此，我們可以進一步檢視多變量過程之 Ito's lemma 為：

$$dg(t, \mathbf{X}(t))$$

$$= \left(\frac{\partial g}{\partial t} + \sum_{j=1}^{n} \bar{\mu}_i(t, \mathbf{X}(t) \frac{\partial g}{\partial X_j} + \frac{1}{2} \sum_{i,j,k=1}^{n} \bar{\sigma}_{i,k}(t, \mathbf{X}(t)) \bar{\sigma}_{j,k}(t, \mathbf{X}(t)) \frac{\partial^2 g}{\partial X_i \partial X_j} \right) dt$$

$$+ \sum_{i,j=1}^{n} \bar{\sigma}_{i,k}(t, \mathbf{X}(t)) \frac{\partial g}{\partial X_i} d\tilde{W}_j(t) \tag{10-11}$$

(10-11) 式可視為獨立增量之多變量過程的 Ito's lemma，即其亦可視為 (5-59a) 式的推廣。

綜合上述所述，我們可以看出從單一變量的 SDE 或 Ito's lemma 擴充至多變量的 SDE 或 Ito's lemma 的情況，其實是頗為直接的（可以參考例 1 與 2）；也就是說，我們亦可以想像多變量 Feynman-Kac 定理、多變量 Radon-Nikodym 微分或多變量 Girsanov 定理的延伸情況，其亦頗為類似，故於此我們就不再贅述，有興趣的讀者可以參考 Oosterlee 與 Grzelak（2020）。

例 1　**二元變量之相關** GBM

令 $\bar{\mathbf{W}}(t) = [\bar{W}_1(t), \bar{W}_2(t)]^T$，其中 ρ 為 $\bar{W}_1(t)$ 與 $\bar{W}_2(t)$ 之間的相關係數。$S_1(t)$ 與 $S_2(t)$ 為二種資產價格，其對應之 SDE 分別可寫成：

$$\begin{bmatrix} dS_1(t) \\ dS_2(t) \end{bmatrix} = \begin{bmatrix} \bar{\mu}_1 S_1(t) \\ \bar{\mu}_2 S_2(t) \end{bmatrix} dt + \begin{bmatrix} \bar{\sigma}_1 S_1(t) & 0 \\ \rho \bar{\sigma}_2 S_2(t) & \sqrt{1-\rho^2} \, \bar{\sigma}_2 S_2(t) \end{bmatrix} \begin{bmatrix} d\tilde{W}_1(t) \\ d\tilde{W}_2(t) \end{bmatrix} \tag{10-12}$$

顯然，(10-12) 式為 (10-7) 式內 $n = 2$ 的情況。

例 2　**二元變量過程之** Ito's lemma

續例 1，令 $g = g(t, S_1(t), S_2(t))$ 為一個可微分函數，則

$$dg(t, S_1, S_2)$$

$$= \left(\frac{\partial g}{\partial t} + \bar{\mu}_1 S_1 \frac{\partial g}{\partial S_1} + \bar{\mu}_2 S_2 \frac{\partial g}{\partial S_2} + \frac{1}{2} \bar{\sigma}_1^2 S_1^2 \frac{\partial^2 g}{\partial S_1^2} + \frac{1}{2} \bar{\sigma}_2^2 S_2^2 \frac{\partial^2 g}{\partial S_2^2} + \rho \bar{\sigma}_1 \bar{\sigma}_2 S_1 S_2 \frac{\partial^2 g}{\partial S_1 \partial S_2} \right) \quad \text{(10-13)}$$

$$+ \bar{\sigma}_1 S_1 \frac{\partial g}{\partial S_1} d\bar{W}_1 + \bar{\sigma}_2 S_2 \frac{\partial g}{\partial S_2} d\bar{W}_2$$

同理，(10-13) 式亦為 (10-11) 式內 $n = 2$ 的情況，只不過我們將其改為相關的維納過程。若令 $dg(t, S_1, S_2) = \log(S_1)$，根據 (10-13) 式可得：

$$d\log(S_1(t)) = \left(\bar{\mu}_1 - \frac{1}{2} \bar{\sigma}_1^2 \right) dt + \bar{\sigma}_1 d\bar{W}_1(t)$$

即為熟悉的單一變量動態過程。

習題

(1) 若 $\boldsymbol{\Sigma} = \begin{bmatrix} 1 & 0.8 \\ 0.8 & 1 \end{bmatrix}$，則 $\mathbf{L}$ 為何？

(2) 續上題，不相關的維納過程如 $\tilde{\mathbf{W}}(t)$ 為何？

(3) 續上題，相關的維納過程如 $\mathbf{W}(t)$ 為何？

(4) 試敘述我們如何取得相關維納過程如 $\mathbf{W}(t)$ 的觀察值。

10.1.2 仿射擴散過程

如前所述，我們希望能於多變量的 SDE 內找出對應的 CF 如 $\phi_{\mathbf{X}}(u, t, T)$，其中 $\phi_{\mathbf{X}}(u, t, T)$ 通常可以用完整的數學式子表示。換句話說，根據 (10-9) 式，若 $\bar{\boldsymbol{\mu}}(t, \mathbf{X}(t))$ 與 $\bar{\boldsymbol{\sigma}}(t, \mathbf{X}(t))\bar{\boldsymbol{\sigma}}(t, \mathbf{X}(t))^T$，或甚至於利率過程如 $\bar{r}(t, \mathbf{X}(t))$ 皆屬於 AD 過程如：

$$\bar{\boldsymbol{\mu}}(t, \mathbf{X}(t)) = \mathbf{a}_0 + \mathbf{a}_1 \mathbf{X}(t), (\mathbf{a}_0, \mathbf{a}_1) \in \mathbf{R}^n \times \mathbf{R}^{n \times n} \quad \text{(10-14)}$$

$$\bar{r}(t, \mathbf{X}(t)) = r_0 + \mathbf{r}_1^T \mathbf{X}(t), (r_0, \mathbf{r}_1) \in \mathbf{R} \times \mathbf{R}^n \quad \text{(10-15)}$$

與

$$\left(\bar{\boldsymbol{\sigma}}(t, \mathbf{X}(t))\bar{\boldsymbol{\sigma}}(t, \mathbf{X}(t))^T \right)_{ij} = \left(\mathbf{c}_0 \right)_{ij} + \left(\mathbf{c}_1 \right)_{ij}^T \mathbf{X}_j(t), (\mathbf{c}_0, \mathbf{c}_1) \in \mathbf{R}^{n \times n} \times \mathbf{R}^{n \times n \times n} \quad \text{(10-16)}$$

(10-16) 式內隱含著 $\left(\overline{\boldsymbol{\sigma}}(t,\mathbf{X}(t))\overline{\boldsymbol{\sigma}}(t,\mathbf{X}(t))^T\right)$ 項內每一個元素皆為一種仿射；或者說，不僅 $\overline{\boldsymbol{\mu}}(t,\mathbf{X}(t))$ 項，同時 $\overline{\mathbf{r}}(t,\mathbf{X}(t))$ 項內的每一個元素亦皆為一種仿射[4]。

Oosterlee 與 Grzelak（2020）曾指出，若 $\mathbf{X}(t)$ 為仿射過程，則對應的貼現特性函數（discounted characteristic function, DCF）可寫成：

$$\phi_{\mathbf{X}}(t) = E^{\mathbf{Q}}\left[e^{-\int_t^T r(s)ds + i\mathbf{u}^T \mathbf{X}(t)} \middle| \mathbf{F}(t) \right] = e^{\overline{A}(\mathbf{u},\tau) + \overline{B}^T(\mathbf{u},\tau)\mathbf{X}(t)} \tag{10-17}$$

其中 $E^{\mathbf{Q}}(\cdot)$ 仍表示於風險中立測度 $\mathbf{Q}$ 下的期望值，而 $\tau = T - t$；另一方面，$\overline{\mathbf{A}}(\mathbf{u},0) = 0$ 與 $\overline{\mathbf{B}}(\mathbf{u},0) = i\mathbf{u}^T$。

Oosterlee 與 Grzelak（2020）亦指出 (10-17) 式亦符合下列的複數微分方程式：

$$\begin{cases} \dfrac{d\overline{\mathbf{A}}}{d\tau} = -r_0 + \overline{\mathbf{B}}^T \mathbf{a}_0 + \dfrac{1}{2} \overline{\mathbf{B}}^T \mathbf{c}_0 \overline{\mathbf{B}} \\[3mm] \dfrac{d\overline{\mathbf{B}}}{d\tau} = -\mathbf{r}_1 + \mathbf{a}_1^T \overline{\mathbf{B}} + \dfrac{1}{2} \overline{\mathbf{B}}^T \mathbf{c}_1 \overline{\mathbf{B}} \end{cases} \tag{10-18}$$

其中 $\overline{\mathbf{A}} = \overline{\mathbf{A}}(\mathbf{u},\tau)$ 與 $\overline{\mathbf{B}} = \overline{\mathbf{B}}(\mathbf{u},\tau)$。

我們舉一個例子說明。考慮 GBM 如：

$$dS_t = rS_t dt + \sigma S_t dW^{\mathbf{Q}}(t) \tag{10-19}$$

其中 r 為無風險利率、σ 表示波動率而 S_t 為標的資產價格。(10-19) 式屬於單一變量 SDE，故 (10-17) 或 (10-18) 式內的向量或矩陣皆可純量（scalar）表示。若假定 r 為固定數值，顯然符合 (10-15) 式的條件，但是 (10-19) 式內的擴散項為 σS_t 卻與 (10-16) 式不一致，故 (10-19) 式並不是一種 AD 過程[5]。

若假定 $X(t) = \log(S_t)$，於 μ、σ 與 r 皆為常數的假定下，(10-19) 式可改成：

---

[4] 從 (10-14)~(10-17) 式可看出所謂的「仿射」，其實頗類似於一種線性轉換。

[5] 就 (10-19) 式而言，$\left(\overline{\boldsymbol{\sigma}}(t,\mathbf{X}(t))\overline{\boldsymbol{\sigma}}(t,\mathbf{X}(t))^T\right)$ 項隱含著 $\sigma^2 S_t^2$，因後者並不是線性，故 (10-19) 式不屬於仿射擴散過程。

$$dX_t = rdt + \sigma dW^{\mathbf{Q}}(t) \tag{10-20}$$

(10-20) 式其實就是 (7-13) 式。我們可以看出 (10-20) 式已符合 (10-14)～(10-16) 三式的條件；換言之，令 $a_0 = r - 0.5\sigma^2$、$a_1 = 0$、$c_0 = \sigma^2$、$c_1 = 0$、$r_0 = r$ 與 $r_1 = 0$，代入 (10-17) 式內[⑥]，可得：

$$\begin{cases} \dfrac{d\bar{B}}{d\tau} = -r_1 + a_1\bar{B} + \dfrac{1}{2}\bar{B}c_1\bar{B} \\ \dfrac{d\bar{A}}{d\tau} = -r_0 + a_0\bar{B} + \dfrac{1}{2}\bar{B}c_0\bar{B} \end{cases} \Rightarrow \begin{cases} \dfrac{d\bar{B}}{d\tau} = 0 \\ \dfrac{d\bar{A}}{d\tau} = -r + (r - 0.5\sigma^2)\bar{B} + \dfrac{1}{2}\sigma^2\bar{B}^2 \end{cases} \tag{10-21}$$

因 $\bar{A}(u,0) = 0$ 與 $\bar{B}(u,0) = iu^T$，故解上式可得：

$$\begin{cases} \bar{B}(u,\tau) = iu \\ \bar{A}(u,\tau) = \left[-r + iu(r - 0.5\sigma^2) - 0.5u^2\sigma^2 \right]\tau \end{cases} \tag{10-22}$$

代入 (10-17) 式內，可得：

$$\phi_{\mathbf{X}}(t) = e^{iu\log(S_t) + iu(r - 0.5\sigma^2)\tau - 0.5u^2\sigma^2\tau - r\tau} \tag{10-23}$$

其可與表 9-1 內的 GBM 內之 CF 比較[⑦]。

例 1 **對數之 Feynman-Kac 定理**

(7-54) 式描述的是 $V(t, S)$ 的 PDE，若令 $X = \log(S)$，則對應的 $V(t, X)$ 之 PDE 亦可寫成：

$$\frac{\partial V}{\partial t} + r\frac{\partial V}{\partial X} + \frac{1}{2}\sigma^2\left(-\frac{\partial V}{\partial X} + \frac{\partial^2 V}{\partial X^2} \right) - rV = 0 \tag{10-24}$$

[⑥] 向量或矩陣轉為純量如 $\mathbf{a}_0 \rightarrow a_0$ 與 $\mathbf{a}_1 \rightarrow a_1$，其餘可類推。

[⑦] 比較 (10-23) 式與表 9-1 內的結果，可發現前者有含邊界條件 $\phi_X(u;T,T) = e^{iuX}$ 項而後者則無；不過，於第 9 章內，我們是使用表 9-1 內的結果計算選擇權的價格。

其中 $V(T, X) = H(T, X)$ 表示「對數轉換」之到期收益。我們已經知道慎選 $\bar{\mu} = r - 0.5\bar{\sigma}^2$ 與 $\sigma = \bar{\sigma}$，則

$$V(t, X) = e^{-r(T-t)} E^{\mathbf{Q}}\left[H(T, X) \,|\, \mathbf{F}(t)\right]$$

其中

$$dX(t) = \left(r - \frac{1}{2}\sigma^2\right)dt + \sigma dW^{\mathbf{Q}}(t) \tag{10-25}$$

隱含著 BSM 模型的 SDE 與 PDE 亦可以用對數的型態呈現，其與第 6 章的 FDE 有異曲同工之妙。

例2 BSM 模型的風險中立 CF

例 1 說明了存在對數 BSM 模型的 PDE，如 (10-22) 式所示。利用 (10-22) 式，我們可以找出 BSM 模型所對應的貼現 CF。令

$$\phi_X(u; t, T) = e^{\bar{A}(u,\tau) + \bar{B}(u,\tau)X} \tag{10-26}$$

其中 $\phi_X(u; T, T) = e^{iuX}$。我們嘗試找出 (10-26) 式內的可能解如 $\phi_X(u; t, T)$，即令 $V = \phi_X(u; t, T)$，根據 (10-26) 式，可得：

$$\frac{\partial \phi_X}{\partial \tau} = \phi_X\left(\frac{d\bar{A}}{d\tau} + X\frac{d\bar{B}}{d\tau}\right) \cdot \frac{\partial \phi_X}{\partial X} = \phi_X \bar{B} \ \text{與} \ \frac{\partial^2 \phi_X}{\partial X^2} = \phi_X \bar{B}^2$$

代回 (10-26) 式，可得：

$$-\left(\frac{d\bar{A}}{d\tau} + X\frac{d\bar{B}}{d\tau}\right) + \left(r - \frac{1}{2}\sigma^2\right)\bar{B} + \frac{1}{2}\sigma^2\bar{B}^2 - r = 0 \tag{10-27}$$

我們發現 $\dfrac{d\bar{B}}{d\tau} = 0$ 與 $\dfrac{d\bar{A}}{d\tau} = \left(r - \dfrac{1}{2}\sigma^2\right)\bar{B} + \dfrac{1}{2}\sigma^2\bar{B}^2 - r$ 是 (10-27) 式內的其中一種可

能解，隱含著 (10-21)～(10-23) 式的成立。

從例 1 與 2 可知，若符合仿射條件如 (10-14)～(10-16) 三式，即使是多變量之 SDE，我們仍可以利用 (10-17) 式找出對應的風險中立 CF。

10.2 Heston 模型

於 Heston（1993）的 SVM 內，我們面對的是二種微分方程式，其一是標的資產價格 $S(t)$ 的微分方程式，而另一則是變異數過程 $V(t)$ 的微分方程式；是故，於風險中立測度 $\mathbf{Q}$ 的環境下，Heston（1993）的 SVM 可寫成：

$$\begin{cases} dS(t) = rS(t)dt + \sqrt{V(t)}S(t)dW_S^{\mathbf{Q}}(t), S(t_0) = S_0 > 0 \\ dV(t) = \kappa\left(\bar{V} - V(t)\right)dt + \gamma\sqrt{V(t)}dW_V^{\mathbf{Q}}(t), V(t_0) = V_0 > 0 \end{cases} \tag{10-28}$$

其中維納過程之間的相關係數為 ρ_{SV}，即 $dW_S^{\mathbf{Q}}dW_V^{\mathbf{Q}} = \rho_{SV}dt$。顯然，(10-28) 式是 (10-2) 式內的一個特例。

有意思的是，(10-28) 式內的 $V(t)$ 過程，竟然類似於 CIR 過程（《歐選》），隱含著 $\kappa \geq 0$、$\bar{V} \geq 0$ 與 $\gamma > 0$，分別表示向平均數反轉的速度、變異數之長期平均數以及波動率內的波動率。

因此，本節分成二部分介紹。首先複習 CIR 過程，然後再說明如何以 COS 方法計算 Heston（1993）的 SVM 內選擇權價格。

10.2.1 CIR 過程

現在我們來檢視 CIR 模型（過程）。考慮《歐選》的 CIR 過程如：

$$dr_t = \beta\left(\mu - r_t\right)dt + \sigma\sqrt{r_t}dW_t, r(0) = r_0 \tag{10-29}$$

其中參數的定義可參考《歐選》。我們已經知道於 CIR 過程內，利率 r_t 的觀察值不為負值。因此，CIR 模型反而可以用以估計變異數過程。

我們將 (10-29) 式改為與 (10-28) 式一致的設定方式，即：

$$dV_t = \kappa\left(\overline{V} - V_t\right)dt + \gamma\sqrt{V_t}\,dW_t^{\mathbf{Q}}, V(0) = V_0 \tag{10-30}$$

其中 $\kappa = \beta$、$\overline{V} = \mu$ 與 $\gamma = \sigma$。

　　直覺而言，因平方根內部不爲負值，故 (10-30) 式的模擬是困難的。於機率理論內，CIR 過程接近於 Feller 過程，而後者根據 Rémillard（2013）曾指出：於 V_u 下（其中 $u \in [0,s]$），$V_{t+s}\,/\,w_t$ 是一種自由度爲 $\nu = 4\dfrac{\kappa\overline{V}}{\gamma^2}$ 與非中央參數（non-centrality parameter）爲 $D_t = V_s\dfrac{e^{-\kappa t}}{w_t}$ 的非中央型卡方分配，其中 $w_t = \gamma^2\left(\dfrac{1 - e^{-\kappa t}}{4\kappa}\right)$。有關於卡方分配與非中央型卡方分配的比較，可以參考例 1。

　　令 $\overline{V} = 2$、$\kappa = 0.5$、$\gamma = 2$、$V_0 = 1.5$、$n = 750$ 與 $\Delta t = 1\,/\,750$，圖 10-2 繪製出 10 條 CIR 過程的實現值時間走勢。我們從圖 10-2 內可看出 CIR 過程的實現利率值不可能出現負值。圖 10-2 內 CIR 過程的模擬係我們修改 R 語言之程式套件（SMFI5）內的函數指令而得。讀者可以嘗試改變上述的參數值以取得更多 CIR 過程的結果。

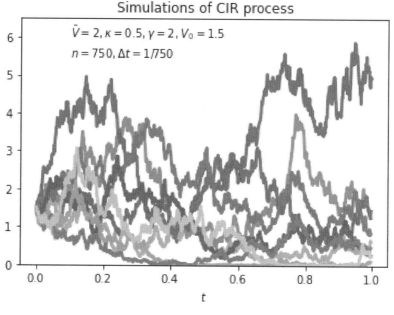

圖 10-2　CIR 過程的模擬

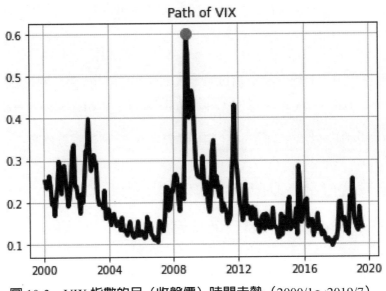

圖 10-3　VIX 指數的月（收盤價）時間走勢（2000/1～2019/7）

　　既然 CIR 過程可以用於模型化變異數過程，則面對如圖 10-3 內的 VIX 指數[8]的月（收盤價）時間序列資料，那豈不是隱含著上述資料可用 CIR 過程模型化嗎？通常，爲了估計方便起見，我們可以用下列式子取代 CIR 模型的估計[9]，即：

$$dV_t = \left(\theta_1 - \theta_2 V_t\right) dt + \theta_3 \sqrt{V_t}\, dW_t^{\mathbf{Q}} \tag{10-31}$$

其中 $\theta_1 = \kappa \overline{V}$、$\theta_2 = \kappa$ 與以 θ_3 取代 γ。使用 ML 法估計上述 VIX 指數月資料，可得 θ_1、θ_2 與 θ_3 的估計值分別約爲 0.45（0.03）、2.27（0.02）與 0.33（0.01），其中小括號內之值表示對應的估計標準誤，隱含著上述估計值皆能顯著異於 0；或者說，經過轉換後，$\overline{V}$、κ 與 γ 的估計值分別約爲 0.1983、2.27 與 0.33。

　　利用上述參數估計值與 VIX 指數月資料的期初值（2000/1），圖 10-4 繪製出 1,000 條模擬值與 VIX 指數月資料的實際走勢，我們發現除了異常值之外[10]，其餘 VIX 指數月資料大致落於所模擬的範圍內，隱含著欲模型化 VIX 指數月資料，CIR 模型有可能是其中的一個選項。

　　其實，上述參數估計值具有下列特色：

---

[8]　VIX 指數亦稱爲恐慌指數。

[9]　上述 ML 估計係筆者譯自 R 語言之程式套件（sde）所附的程式碼，可以參考所附檔案。

[10]　異常值出現在 2008/10～2008/11 之間，此時 VIX 指數接近 60%。

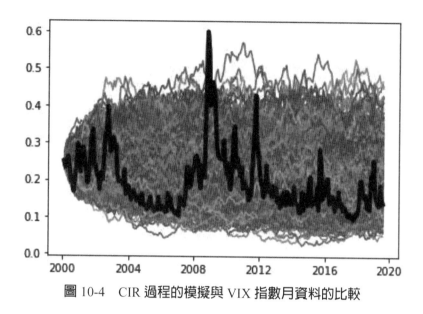

圖 10-4　CIR 過程的模擬與 VIX 指數月資料的比較

(1) $\overline{V}$ 值約為 0.1983 與上述資料的樣本平均數約為 0.1958 相距不大。

(2) 以 (10-31) 式取代 (10-30) 式，再用 CIR 過程模擬的條件是 $2\theta_1 > \theta_3^2$ 或是 $\kappa\overline{V} > \gamma^2$（符合條件可避免產生負值），根據上述參數估計值，可知並不違反上述條件。

(3) 根據 (5-65) 式或《歐選》，我們亦可以 AR(1) 過程模型化上述 VIX 指數月資料，其中 AR(1) 過程可寫成：

$$y_t = \beta_0 + \beta_1 y_{t-1} + u_t$$

其中 $\beta_1 \approx e^{-\kappa dt}$。令 y_t 表示 VIX 指數月資料，使用 OLS 方法，可得 β_1 的估計值約為 0.85，而若使用上述 κ 之 ML 估計值代入 $e^{-\kappa dt}$ 內得出 β_1 的估計值則約為 0.83，上述二種估計值差距不大；是故，無論是使用 ML 方法或是 AR 模型估計，我們發現上述 VIX 指數月資料應屬於一種恆定過程。

例 1　非中央型卡方分配

於《歐選》內，我們曾說明中央型卡方分配與非中央型卡方分配之不同，其中前者只有自由度一個參數而後者卻有自由度與非中央如 D_t 等二個參數。於《歐選》內，我們曾說明如何產生非中央型卡方分配的觀察值，其實於 Python 之模組（scipy.stats）內亦有非中央型卡方分配的相關指令。例如：圖 10-5 分別繪製出非中央型卡方分配的觀察值之實證分配與對應的 PDF，讀者可以檢視所附的程式檔，

以熟悉相關的指令。

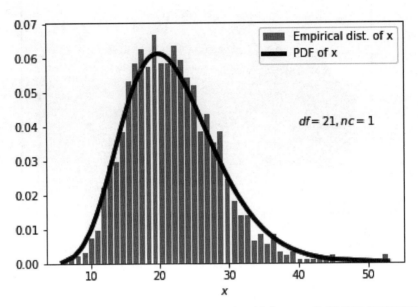

圖 10-5　非中央型卡方分配的實證與理論，其中 $X = x$ 為對應的隨機變數

例 2　CIR 過程的 PDF

　　根據 Oosterlee 與 Grzelak（2020），於 $t > s > 0$ 之下，CIR 過程的條件分配如 $V(t)\,|\,V(s)$，可寫成：

$$V(t)\,|\,V(s) \sim \overline{c}(t,s)\chi^2(\delta, \overline{\kappa}(t,s)) \tag{10-32}$$

其中 $\overline{c}(t,s) = \dfrac{1}{4\kappa}\gamma^2\left(1 - e^{-\kappa(t-s)}\right)$、$\delta = \dfrac{4\kappa\overline{V}}{\gamma^2}$ 與 $\overline{\kappa} = \dfrac{4\kappa V(t)e^{-\kappa(t-s)}}{\gamma^2\left(1 - e^{-\kappa(t-s)}\right)}$；也就是說，$\overline{c}(t,s)$ 乘上 $\chi^2(\delta, \overline{\kappa}(t,s))$ 就是 CIR 過程（條件）的 PDF，其中 $\chi^2(\delta, \overline{\kappa}(t,s))$ 為非中央型卡方分配的隨機變數（PDF），而對應的 CDF 為：

$$F_{V(t)} = \mathbf{Q}\big(V(t) \leq x\big) = \mathbf{Q}\left[\chi^2(\delta, \overline{\kappa}(t,s)) \leq \frac{x}{\overline{c}(t,s)}\right] \tag{10-33}$$

Cox et al.（1985）曾指出若參數 $\delta \geq 2$ 為符合 Feller 條件；換言之，若不符合

Feller 條件，則可能會產生接近奇異值（near-singular）的情況[11]。我們利用前述 VIX 資料所估計的參數值，發現 δ 的估計值約爲 16.85，顯然符合 Feller 條件；另外，$s = 0$、$t = 1 / 500$ 與 $V_0 = 0.2495$，圖 10-6 分別繪製出 CIR 過程之條件分配的實證與理論 PDF，隱含著透過非中央型卡方分配，不僅可以得出 CIR 過程的觀察值，同時亦可以繪製對應的 PDF。

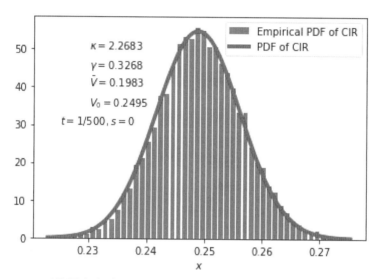

圖 10-6　CIR 過程之條件分配的實證與理論，其中 $X = x$ 爲對應的隨機變數

習題

(1) 下載 2000/1/4～2019/7/30 期間之 TWI 日收盤價資料，試轉換成年移動波動率資料，假定 1 年有 252 個交易日。

(2) 續上題，將波動率資料平方成爲變異數過程的觀察值，再使用 AR(1) 過程估計，結果爲何？

(3) 續上題，假定上述變異數過程符合 CIR 過程，試使用 ML 方法估計對應的參數值，結果爲何？

(4) 試敘述如何使用 ML 方法估計 CIR 過程的參數值。

10.2.2 Heston 模型的模擬與選擇權的定價

根據 10.1.2 節，我們已經知道 Heston 模型如 (10-28) 式可用對應的對數模型表

---

[11] $\mathbf{X}$ 內的行向量若接近於線性相依可稱爲「接近奇異值」，隱含著不容易找出 $\mathbf{X}^{-1}$ 值。

示；另一方面，利用 (10-12) 式，(10-28) 式可改寫成[12]：

$$\begin{cases} dX(t) = \left(r - \dfrac{1}{2}V(t) \right)dt + \sqrt{V(t)}\left[\rho dW_V^{\mathbf{Q}} + \sqrt{1-\rho}dW_X^{\mathbf{Q}} \right] \\ \qquad dV(t) = \kappa\left(\overline{V} - V(t) \right)dt + \gamma\sqrt{V(t)}dW_V^{\mathbf{Q}}(t) \end{cases} \tag{10-34}$$

其中 $X(t) = \log(S_t)$ 與 $\rho = \rho_{SV}$。換句話說，於 (10-34) 式內，變異數過程如 $V(t)$ 是由一種獨立的維納過程所主導，其中 $X(t)$ 與 $V(t)$ 之間存在著相關。(10-34) 式的特色是 $V(t)$ 可由 CIR 過程如 (10-32) 式表示。

於 $[t_i, t_{i+1}]$ 區間內，(10-34) 式可用下列的間斷型態表示：

$$X(t_{i+1}) = X(t_i) + \int_t^{t_{i+1}}\left(r - \frac{1}{2}V(t) \right)dt + \rho\int_{t_i}^{t_{i+1}}\sqrt{V(t)}dW_V^{\mathbf{Q}}(t) + \sqrt{1-\rho^2}\int_{t_i}^{t_{i+1}}\sqrt{V(t)}dW_X^{\mathbf{Q}}(t) \tag{10-35}$$

與

$$V(t_{i+1}) = V(t_i) + \kappa\int_t^{t_{i+1}}\left(\overline{V} - V(t) \right)dt + \gamma\int_{t_i}^{t_{i+1}}\sqrt{V(t)}dW_V^{\mathbf{Q}}(t) \tag{10-36}$$

根據 (10-36) 式，可知：

$$\int_{t_i}^{t_{i+1}}\sqrt{V(t)}dW_V^{\mathbf{Q}}(t) = \frac{1}{\gamma}\left[V(t_{i+1}) - V(t_i) - \kappa\int_t^{t_{i+1}}\left(\overline{V} - V(t) \right)dt \right]$$

代入 (10-35) 式內，可得：

$$\begin{aligned} X(t_{i+1}) = X(t_i) &+ \int_t^{t_{i+1}}\left(r - \frac{1}{2}V(t) \right)dt + \rho\frac{1}{\gamma}\left[V(t_{i+1}) - V(t_i) - \kappa\int_t^{t_{i+1}}\left(\overline{V} - V(t) \right)dt \right] \\ &+ \sqrt{1-\rho^2}\int_{t_i}^{t_{i+1}}\sqrt{V(t)}dW_X^{\mathbf{Q}}(t) \end{aligned} \tag{10-37}$$

使用 Euler 方法如 (7-64) 式，(10-37) 式可用下列的式子估計：

---

[12] 真實機率測度 **P** 與風險中立 **Q** 之 SDE 之間的轉換，可參考 Oosterlee 與 Grzelak（2020）。

$$X(t_{i+1}) \approx X(t_i) + \left(r - \frac{1}{2}V(t_i)\right)\Delta t + \frac{\rho}{\gamma}\left[V(t_{i+1}) - V(t_i) - \kappa\left(\bar{V} - V(t_i)\right)\Delta t\right]$$
$$+ \sqrt{1 - \rho^2}\sqrt{V(t_i)}\left[W_X^{\mathbf{Q}}(t_{i+1}) - W_X^{\mathbf{Q}}(t_i)\right] \tag{10-38}$$

將 $\left[W_X^{\mathbf{Q}}(t_{i+1}) - W_X^{\mathbf{Q}}(t_i)\right]$ 以 $\sqrt{\Delta t}Z$ 取代（其中 Z 為標準常態分配的隨機變數）以及利用 (10-32) 式的模擬值（即 V_t 的模擬值），圖 10-7 分別繪製出 10 條 Heston 模型內 $S(t)$ 的模擬時間走勢圖。我們知道圖 10-7 的特色是背後隱藏著 $V(t)$ 的走勢，如圖 10-8 所示。

接下來，我們說明如何使用 COS 方法計算 Heston 模型的歐式選擇權價格。就 (9-45) 式而言，我們可以令 $\mathbf{X} = [X(t), V(t)]^T$，則 $\mathbf{u} = [u, 0]^T$ 所對應的 CF 可寫成[13]：

$$\phi_{\mathbf{X}}(u; t_0, T) = \varphi_H(u, T; V(t_0))e^{iuX(t_0)} \tag{10-39}$$

其中 $V(t_0)$ 為期初之變異數，而 $\varphi_H(u, T; V(t_0))$ 可寫成：

$$\varphi_H(u, T; V(t_0)) = \exp\left\{\left[iur\tau + \frac{V(t_0)}{\gamma^2}\left(\frac{1 - e^{-D_1\tau}}{1 - ge^{-D_1\tau}}\right)\left(\kappa - i\rho ru - D_1\right)\right]\right\}$$
$$\times \exp\left\{\frac{\kappa\bar{V}}{\gamma^2}\left[\tau\left(\kappa - i\rho\gamma u - D_1\right) - 2\log\left(\frac{1 - ge^{-D_1\tau}}{1 - g}\right)\right]\right\} \tag{10-40}$$

其中

$$D_1 = \sqrt{\left(\kappa - i\rho\gamma u\right)^2 + \left(u^2 + iu\right)\gamma^2} \quad 與 \quad g = \frac{\kappa - i\rho\gamma u - D_1}{\kappa - i\rho\gamma u + D_1}$$

因此，令 $\mathbf{x} = \dfrac{\log(S_t)}{\mathbf{K}}$，以 COS 方法計算 Heston 模型的歐式選擇權之定價公式為：

---

[13] Heston 模型如 (10-34) 式屬於一種 AD 過程，故對應的 CF 可用 (10-17) 與 (10-18) 二式推導，詳細的推導過程可參考 Oosterlee 與 Grzelak（2020）。

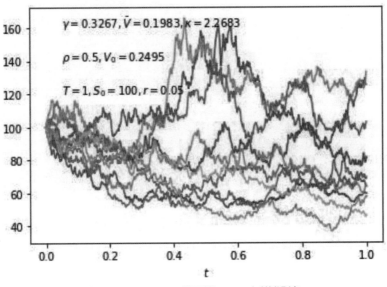

圖 10-7　Heston 模型的 $S(t)$ 之模擬值

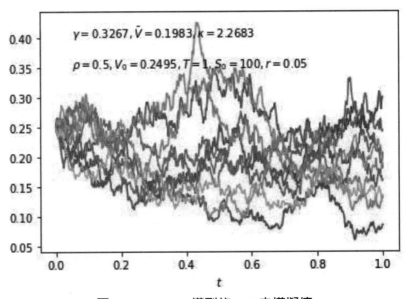

圖 10-8　Heston 模型的 $V(t)$ 之模擬值

$$V(t_0, \mathbf{x}) \approx \mathbf{K} e^{-r\tau} \operatorname{Re} \left\{ \sum_{k=0}^{N-1} {}' \varphi_{\mathbf{H}} \left(\frac{k\pi}{b-a}, T; V(t_0) \right) U_k \exp \left(ik\pi \frac{\mathbf{x}-a}{b-a} \right) \right\} \qquad (10\text{-}41)$$

其中 U_k 可參考 (9-47) 式。

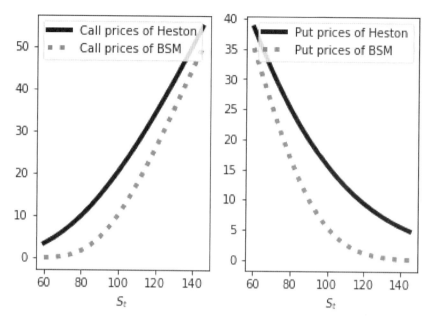

圖 10-9　於 $L = 5$ 與 $N = 500$ 之下，Heston 與 BSM **模型的選擇權價格曲線**

　　我們舉一個例子說明。根據前述 VIX 的例子，可知對應的 ML 之參數估計值分別為 $\gamma = 0.3267$、$\overline{V} = 0.1983$ 與 $\kappa = 2.2683$；另一方面，假定 $T = 1$、$r = 0.05$、$q = 0$、$V_0 = 0.2495$、$\rho = 0.5$、$S_0 = K = 100$ 與 $\sigma = 0.1958$[⑭]。於 $L = 5$ 與 $N = 500$ 之下，使用 COS 方法計算 Heston 模型之對應的歐式買權價格約為 20.5734，而 BSM 模型的買權價格則約為 10.2925，隱含著 Heston 模型的選擇權價格可能高於對應的 BSM 模型價格[⑮]。

　　延續上述假定，我們只改變期初標的資產價格，其餘不變，圖 10-9 分別繪製出於不同期初標的資產價格下，Heston 與 BSM 模型的歐式買權與賣權的價格曲線，我們發現 Heston 模型的價格皆普遍高於對應的 BSM 模型之價格，隱含著若將變異數（或波動率）視為內生變數，則對應的買權或賣權價格將較高。

例 1　隱含波動率

　　如前所述，即使不是使用 BSM 模型，我們仍可以根據 (9-41)～(9-43) 三式計算買權或賣權價格所對應的隱含波動率；換言之，根據圖 10-9 內的假定（S_0 維持於

[⑭] σ 為 VIX 之日樣本平均數。

[⑮] 畢竟 γ、$\overline{V}$ 與 κ 等參數值是根據 VIX 之樣本資料所計算出來的結果，若 σ 為 VIX 之日樣本平均數為可接受的結果，我們應該可以同時比較 Heston 模型與 BSM 模型的價格。

100），可知利用 COS 方法所計算出的 Heston 模型之歐式買權價格約為 20.5734，我們進一步計算對應的隱含波動率則約為 0.4676，仍高於對應的 BSM 模型之隱含波動率（約為 0.1958）；因此，Heston 模型若是一個較為合理的模型（畢竟有考慮到波動率是如何產生），隱含著隱含波動率並非固定不變。

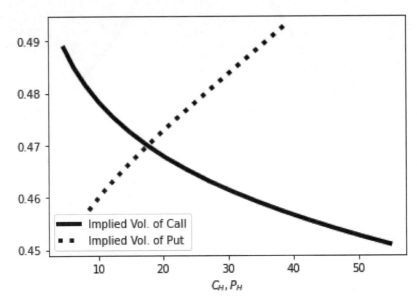

圖 10-10　圖 10-9 內 Heston 模型價格所對應的隱含波動率曲線

例 2　Heston 模型價格的隱含波動率曲線

我們嘗試計算圖 10-9 內 Heston 模型價格所對應的隱含波動率曲線，其結果則繪製如圖 10-10 所示，我們發現賣權價格所對應的隱含波動率曲線符合我們的預期，即賣權價格愈高，對應的隱含波動率亦愈高；不過，買權價格所對應的隱含波動率曲線卻與我們的直覺衝突，即買權價格愈低，對應的隱含波動率反而愈高。雖說如此，我們仍須提醒讀者留意，上述只是使用圖 10-9 內的假定所得出的結果，若假定有變，可能會有不同的結果產生。

習題

(1) 將圖 10-9 內的假定改為 ρ 值介於 -1 與 1 之間以及 $S_0 = 100$，其餘不變。試繪製出對應的買權價格曲線，其與原先的價格的差距為何？

(2) 根據圖 10-9 內的假定，將 κ 值改為 10，其餘不變。試分別繪製出對應的買權價格曲線與隱含波動率曲線，其與原先的價格曲線與隱含波動率曲線的差距為何？

(3) 根據圖 10-9 內的假定，將 $\overline{V}$ 值改爲 0.5，其餘不變。試分別繪製出對應的買權
價格曲線與隱含波動率曲線，其與原先的價格曲線與隱含波動率曲線的差距
爲何？

(4) 根據圖 10-9 內的假定，將 γ 值改爲 1，其餘不變。試分別繪製出對應的買權
價格曲線與隱含波動率曲線，其與原先的價格曲線與隱含波動率曲線的差距
爲何？

10.3 隱含波動率偏態

　　本節分成二部分介紹。第一部分延續 10.2.2. 節的 Heston 模型，我們進一步
說明 Heston 模型是否有可能產生隱含波動率偏態或微笑等特徵；第二部分則介紹
Bates 模型（Bates, 1996），該模型可視爲 Heston 模型之「跳動」模型。直覺而言，
Bates 模型似乎更易產生隱含波動率偏態或微笑等特徵。

10.3.1 Heston 模型

　　根據 (9-48) 式，COS 方法亦可以於不同履約價下，同時計算 Heston 模型所對
應的歐式選擇權價格；換言之，利用圖 10-9 內的假定，我們只將履約價 K 改爲 **K**
與 $S_0 = 100$，其餘不變，其中 **K** 爲不同履約價（相同到期日）所構成的行向量，圖
10-11 分別繪製出於不同履約價下，Heston 模型內歐式買權（或賣權）價格曲線以
及對應的隱含波動率曲線。我們發現於 Heston 模型下，買權價格與履約價之間呈
現負關係，而賣權價格與履約價、買權隱含波動率與履約價以及賣權隱含波動率與
履約價等三者之間卻皆呈現正關係。

　　圖 10-11 係假定 $T = 1$，我們更改爲 $T = 0.1$，其餘皆使用圖 10-11 內的假定，圖
10-12 分別繪製出 Heston 模型的買權（賣權）價格曲線以及對應的隱含波動率曲
線，我們發現圖 10-11 與 10-12 的結果頗爲類似。雖說圖 10-11 與 10-12 的結果顯
示出隱含波動率並非爲固定值，同時隱含波動率亦會隨履約價或到期日的不同而不
同，不過上述二圖卻顯示出隱含波動率的變動略顯單調。我們嘗試修改圖 10-11 與
10-12 內的假定。

　　令 $\kappa = 0.1$、$\gamma = 0.8$、$\overline{V} = 0.2$、$V_0 = 0.1$、$\rho = 0.9$、$r = 0.05$、$q = 0$、$L = 5$、$N = 500$、$S_0 = 60$ 與 $T = 0.3$。根據上述假定，圖 10-13 分別繪製 Heston 模型的買權（賣
權）價格曲線與對應的隱含波動率曲線，我們可看出買權價格的隱含波動率曲線內
之斜率值已稍具變化，隱含著 Heston 模型的內涵其實頗具彈性。

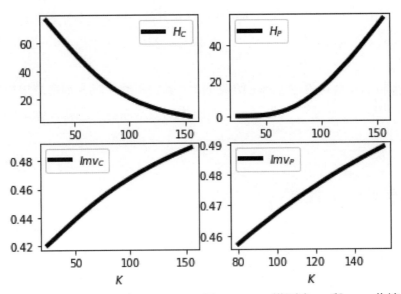

圖 10-11　不同履約價與 $T = 1$ 與 $\gamma = 0.3267$ 下，Heston 模型之 H_i 與 Imv_i 曲線，其中 H_i 與 $Imv_i(i = C, P)$ 分別表示買權（或賣權）價格與對應的隱含波動率

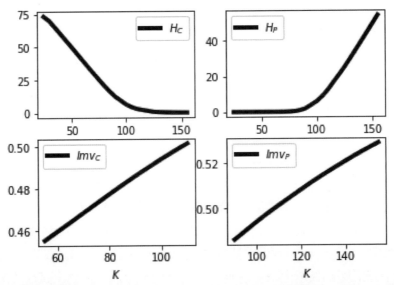

圖 10-12　不同履約價與 $T = 0.1$ 與 $\gamma = 0.3267$ 下，Heston 模型之 H_i 與 Imv_i 曲線，其中 H_i 與 $Imv_i(i = C, P)$ 分別表示買權（或賣權）價格與對應的隱含波動率

　　我們進一步擴充圖 10-13 所檢視的範圍，即分別計算買權價格的隱含波動率曲面與賣權價格的隱含波動率曲面，其結果則繪製如圖 10-14 與 10-15 所示。我們發現前者變化較豐富，隱然已有隱含波動率偏態或微笑的態勢。

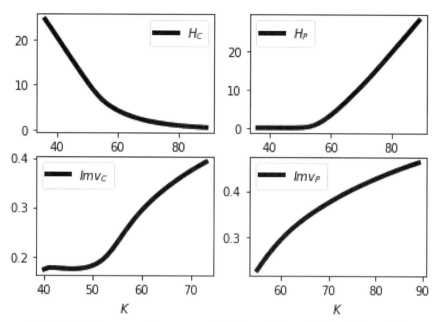

圖 10-13　不同履約價與 $T = 0.3$ 下，Heston 模型之 H_i 與 Imv_i 曲線，其中 H_i 與 $Imv_i(i = C, P)$ 分別表示買權（或賣權）價格與對應的隱含波動率

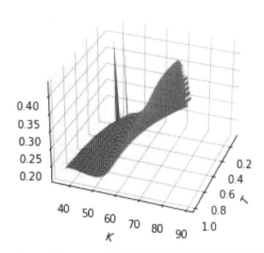

圖 10-14　一種 Heston 模型買權價格的隱含波動率曲面

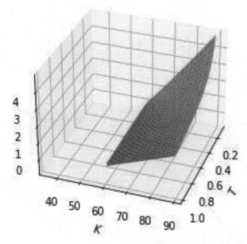

圖 10-15　一種 Heston 模型賣權價格的隱含波動率曲面

例 1　價外買權的例子

根據圖 10-11 或 10-12 內的假定，我們只更改 $\gamma = 0.8$，其餘不變。我們考慮一種價外買權的情況，其結果就繪製如圖 10-16 所示。我們發現買權價格的隱含波動率已呈現「微笑」的情況。根據圖 10-16，我們繼續繪製出對應的隱含波動率曲面，如圖 10-17 所示。

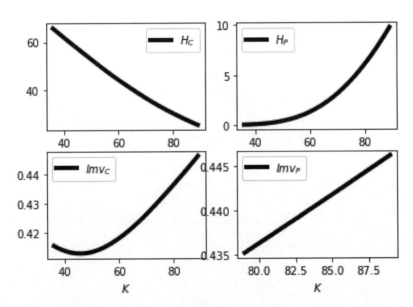

圖 10-16　不同履約價與 $T = 1$ 與 $\gamma = 0.8$ 下，Heston 模型之 H_i 與 Imv_i 曲線，其中 H_i 與 $Imv_i(i = C, P)$ 分別表示買權（或賣權）價格與對應的隱含波動率

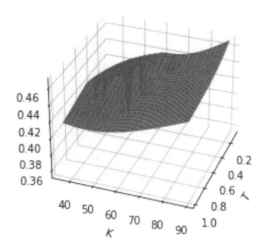

圖 10-17　一種 Heston 模型之價外買權價格的隱含波動率曲面

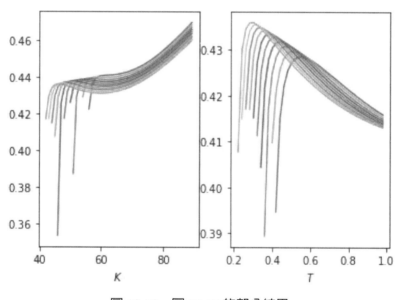

圖 10-18　圖 10-17 的部分結果

例2 續例 1

　　續例 1，圖 10-18 繪製出圖 10-17 的部分結果，可發現價外買權之隱含波動率大致仍維持「微笑」的樣貌（圖 10-18 的左圖），不過於深價外或接近到期日附近，隱含波動率會驟降，後者倒是符合我們的預期。

10.3.2 Bates 模型

如前所述，Bates 模型相當於是 Heston 模型的延伸，即前者於後者的模型內再額外考慮「跳動」因子；換言之，Bates 模型可寫成：

$$\begin{cases} \dfrac{dS(t)}{S(t)} = \left(r - \xi_P E\left[e^J - 1 \right] \right) dt + \sqrt{V(t)} dW_S(t) + \left(e^J - 1 \right) dX_P(t) \\ dV(t) = \kappa \left(\overline{V} - V(t) \right) dt + \gamma \sqrt{V(t)} dW_V(t) \end{cases}$$

(10-42)

其中 $X_P(t)$ 表示強度為 ξ_P 的卜瓦松過程；另一方面，J 為跳動的常態隨機變數，即 $J \sim N(\mu_J, \sigma_J^2)$。

若改用對數與風險中立的型態，則 (10-42) 式可改成：

$$\begin{cases} dX(t) = \left(r - \dfrac{1}{2} V(t) - \xi_P E\left[e^J - 1 \right] \right) dt + \sqrt{V(t)} dW_X^{\mathbf{Q}}(t) + J dX_P(t) \\ dV(t) = \kappa \left(\overline{V} - V(t) \right) dt + \gamma \sqrt{V(t)} dW_V^{\mathbf{Q}}(t) \end{cases}$$

(10-43)

因 Bates 與 Heston 模型皆屬於 AD 過程，而前者只是於後者內加入「跳動」因子，故 Bates 與 Heston 模型的 CF 非常類似。例如：根據 (10-40) 式，令 $A = \log(\phi_H(u, T, V(t_0)))$，則 Bates 模型的 CF 可寫成：

$$\phi_B(u, T, V(t_0)) = e^{\overline{A}}$$

(10-44)

其中

$$\overline{A} = A - \xi_P iu\tau \left(e^{\mu_J + \frac{1}{2}\sigma_J^2} - 1 \right) + \xi_P \tau \left(e^{iu\mu_J - \frac{1}{2}\sigma_J^2 u^2} - 1 \right)$$

我們亦舉一個例子說明。仍使用圖 10-11 內的假定以及令 $S_0 = 100$，其餘不變；另外，額外令 $\mu_J = 0$、$\sigma_J = 0.5$ 與 $\xi_P = 0.2$。根據上述假定，我們計算 Bates 模型的歐式買權與賣權價格分別約為 22.34 與 17.47；另一方面，為了比較起見，我們亦同時計算 Heston 模型的歐式買權與賣權價格分別約為 20.57 與 15.70。其次，我們亦可以進一步計算對應的買權與賣權價格的隱含波動率，其分別約為 0.51 與 0.48。

　　根據上述假定，圖 10-19 分別繪製出 Bates 與 Heston 模型的買權或賣權價格曲線。直覺而言，因 Bates 模型有考慮到跳動的可能，故 Bates 模型的買權或賣權價格較高；理所當然，此與 μ_J、σ_J 與 ξ_P 的參數值，特別是 σ_J 值的大小有關。

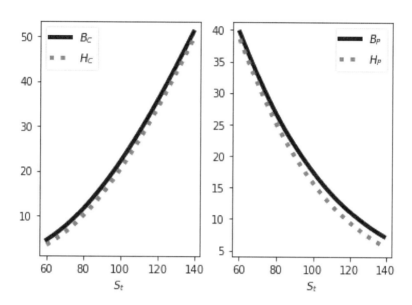

圖 10-19　B_i 與 H_i 曲線（$i = C, P$），其中 B_i 與 H_i 分別表示 Bates 與 Heston 模型的買權或賣權價格

　　類似於 Heston 模型，Bates 模型可能會隱藏更豐富的資訊。例如：令 $\kappa = 0.1$、$\gamma = 0.8$、$\overline{V} = 0.2$、$r = 0.05$、$q = 0$、$V_0 = 0.1$、$\rho = 0.9$、$S_0 = 60$、$L = 5$、$N = 1,000$、$\mu_J = 0$、$\sigma_J = 0.3$ 與 $\xi_P = 0.2$，圖 10-20 分別繪製出根據上述假定所計算的 Bates 模型買權（賣權）價格與對應的隱含波動率曲線，我們發現歐式買權價格的隱含波動率偏態或微笑的型態更為明顯，隱含著 Bates 模型可能較 Heston 模型隱藏更多的訊息。

　　根據圖 10-20 內的假定，圖 10-21 更繪製出 Bates 模型內之歐式買權價格的隱含波動率曲面，而圖 10-22 則進一步繪製出上述曲面圖之「縱與橫剖面」圖，讀者應可以看出其內涵。

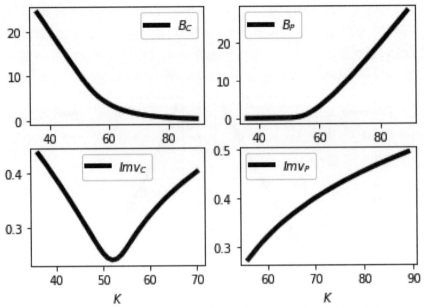

圖 10-20　不同履約價與 $T = 1$ 下，Bates 模型之 B_i 與 Imv_i 曲線，其中 B_i 與 Imv_i $(i = C, P)$ 分別表示買權（或賣權）價格與對應的隱含波動率

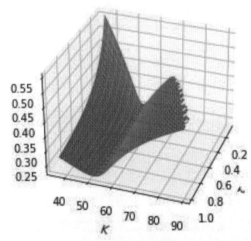

圖 10-21　一種 Bates 模型之歐式買權價格的隱含波動率曲面

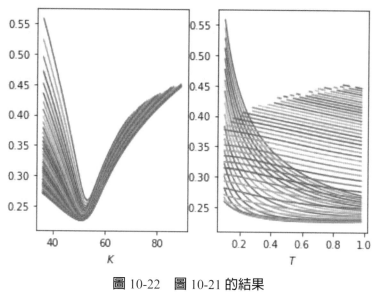

圖 10-22　圖 10-21 的結果

習題

(1) 試敘述如何計算 Heston 模型的選擇權價格以及對應的隱含波動率。

(2) 試敘述如何計算 Bates 模型的選擇權價格以及對應的隱含波動率。

(3) 試敘述如何計算模型的隱含波動率偏態。

參考文獻

Barndorff-Nielsen, O. E. (1995), "Normal/inverse Gaussian processes and the modelling of stock returns", Research Reports, Department of Theoretical Statistics, Institute of Mathematics. University of Aarhus.

Bates, D. (1996), "Jumps and stochastic volatility: exchange rate processes implicit in Deutsche mark options", *Review of Financial Studies*, *9*(1), 69-107.

Björk, Tomas (2009), *Arbitrage Theory in Continuous Time*, third edition, Oxford University Press.

Black, F. and M. Scholes (1973), "The pricing of options and corporate liabilities", *Journal of Political Economy*, *81*, 637-659.

Brennan, M. J. and, E. S. Schwartz (1978), "Finite difference methods and jump processes arising in the pricing of contingent claims: a synthesis", *Journal of Financial and Quantitative Analysis*, *13*(3), 461-464.

Carr, P., H. Geman, D. B. Madan, and M. Yor (2002), "The fine structure of asset returns: an empirical investigation", *Journal of Business*, *75*(2), 305-332.

Carr, P., H. Geman, D. B. Madan, and M. Yor (2003), "Stochastic volatility for Lévy processes", *Mathematical Finance*, *13*(3), 345-382.

Carr, P. and D. B. Madan (1999), "Option valuation using the fast Fourier transform", *Journal of Computational Finance*, *2*, 61-73.

Černý, A. (2004), *Mathematical Techniques in Finance*, Princeton University Press, Princeton, NJ.

Choe, G. H. (2016), *Stochastic Analysis for Finance with Simulations*, Springer.

Chourdakis, K. (2008), *Financial Engineering: A Brief Introduction Using the Matlab System*, in cosweb1.fau.edu/~jmirelesjames/MatLabCode.

Clewlow, L. and C. Strickland (1998), *Implementing Derivatives Models*, John Wiley & Sons.

Cooley, J. and J. Tukey (1965), "An algorithm for the machine calculation of complex Fourier series", *Mathematics of Computation*, *19*, 297-301.

Cox, J. C. and S. A. Ross (1976), "The valuation of options for alternative stochastic processes", *Journal of Financial Economics*, *3*, 145-166.

Cox, J., J. E. Ingersoll, and S. A. Ross (1985), "A theory of the term structure of interest rates", *Econometrica*, *53*, 385-407.

Cox, J. C., S. A. Ross, and M. Rubinstein (1987), "Option pricing: a simplified approach", *Journal of Financial Economics*, *7*(3), 229-263.

Cox, J. and M. Rubinstein (1985), *Option Markets*, Prentice-Hall, Inc.

Derman, E. and I. Kani (1994), "Riding on a smile", *Risk*, *7*, 32-39.

Dupire, B. (1994), "Pricing with a smile", *Risk*, *7*, 18-20.

Fang, F. and C. W. Oosterlee (2008), "A novel pricing method for European options based on Fourier-cosine series expansions", *Siam Journal on Scientific Computing*, *31*(2), 826-848.

Hassler, Uwe (2016), *Stochastic Processes and Calculus*: *An Elementary Introduction with Applications*, Springer.

Haug, E. G. (2006), *The Complete Guide to Option Pricing Formulas*, second edition, McGraw-Hill.

Heston, S. L. (1993), "A closed-form solution for options with stochastic volatility with applications to bonds and currency options", *Review of Financial Studies*, *6*(2), 327-343.

Hirsa, A. and S. N. Neftci (2014), *An Introduction to the Mathematics of Financial Derivatives*, Academic Press.

Hull, J. C. (2015), *Options, Futures, and Other Derivatives*, 9th edition, Pearson.

Iacus, S. M. (2011), *Option Pricing and Estimation of Financial Models with R*, Wiley.

Ingersoll, Jonathan E. (1987), *Theory of Financial Decision Making*, Rowman & Littlefield.

Jarrow, R. and A. Rudd (1983), *Option Pricing*, Richard Irwin, Homewood.

Jarrow, R. and S. Turnbull (1996), *Derivative Securities*, South-western College Publishing.

Jacod, J. and P. Protter (2004), *Probability Essentials*, 2nd ed. Springer.

Kim, I. M. and G. S. Maddala (1998), *Unit Roots, Cointegration, and Structural Change*, Cambridge University Press.

Liptser, R. S. and A. N. Shiryayev (1989), *Theory of Martingales*, Springer.

Madan, D. B., P. Carr and E. C. Chang (1998), "The variance gamma process and option pricing", *European Finance Review*, *2*, 79-105.

Manuge D. J. (2014), "Lévy processes for Finance: an introduction in R", in http://manuge.com.

Markowitz, H. (1952), "Portfolio selection", *Journal of Finance*, *7*(1), 77-91.

McDonald, R. (2013), *Derivatives Markets*, third edition, Pearson.

Merton, R. C. (1973), "Theory of rational option pricing", *Bell Journal of Economics and Management Science*, *4*, 141-83.

Merton, R. C. (1976), "Option pricing when underlying stock returns are discontinuous", *Journal of financial economics*, *3*(1-2), 125-144.

Mittelhammer, R. C. (2013), *Mathematical Statistics for Economics and Business*, second edition, Springer.

Nervadof, G. (2020), "Solving 2D heat equation numerically using Python", in "https://levelup. gitconnected.com".

Nicholson, W. K. (2013), *Linear Algebra with Applications*, 7th ed., McGraw-Hill Companies.

Øksendal, Bernt (2003), *Stochastic Differential Equations*, fifth edition, Springer.

Oosterlee , C. W. and L. A. Grzelak (2020), *Mathematical Modeling Computation in Finance: With Exercises and Python and MATLAB Computer Codes*, World Scientific Publishing Europe Ltd.

Petters, A. O. and X. Dong (2016), *An Introduction to Mathematical Finance with Applications: Understanding and Building Financial Intuition*, Springer.

Prolella, M. S. (2007), *Intermediate Probability: A Computational Approach*, Wiley.

Protter, P. (2005), *Stochastic Integration and Differential Equations*, 2nd edition, Springer.

Rémillard, B. (2013), *Statistical Methods for Financial Engineering*, CRC Press.

Ross, S. A. (1987), "The interrelations of Finance and Economics: theoretical perspectives.", *American Economic Review*, 77(2), 29-34.

Sato, K. (1999), *Lévy Process and Infinitely Divisible Distributions*, Cambridge University Press.

Schmelzle, M. (2010), "Option pricing formulae using Fourier transform: theory and application", in https://pfadintegral.com.

Spanos, A. (1999), *Probability Theory and Statistical Inference: Econometric Modeling with Observational Data*, Cambridge University Press.

Strang, G. (2009), *Introduction to Linear Algebra*, 4th Edition, Wellesley-Cambridge Press.

Tankov, P. and R. Cont (2004), *Financial Modelling with Jump Processes*, Chapman & Hall.

Williams, D. (1991), *Probability with Martingales*, Cambridge Mathematical Textbooks.

Wilmott, P., N. Dewynne, and S. Howison (1995), *Mathematics of Financial Derivatives: A Student Introduction*, Cambridge University Press.

中文索引

一筆
一般化雙曲線分配　328

二筆
二元變量過程之 Ito's lemma　381
二項式定價　69
二項式機率分配　73
二項樹狀圖　69, 78
卜瓦松過程　134, 152

三筆
子 σ- 代數　122
大數法則　137
三角對角矩陣　243

四筆
不可逆矩陣　25
不完全市場　38, 63
中央極限定理　137
分配之收斂　139
尺度不變性　161
牛頓—拉弗森演算法　369

五筆
可列斯基拆解　176, 379
可測度　125
可測度函數　129
可轉換矩陣　11
平凡域　124
平方可積分函數　152
平方根擴散過程　217
平賭　144, 150
平賭定價　69
平賭差異過程　183
布朗橋　166
布朗運動　91, 143, 156
代數　122
白噪音過程　159
右連左極函數　295

六筆
向量空間　3
自我共變異數函數　181
自我相關係數　182
自我融通　20
自然濾化　145
有限差分法　236, 243
有界機率　141
有界變分　163
多餘資產　27
多變量維度　378
非中央型卡方分配　389
非奇異矩陣　12
共變分過程　171
收斂率　139
成長模型　236
合成的機率　253

仿射擴散　378, 382

七筆

完全市場　17, 29

完全避險　41

伯努尼分配　71

均方收斂　140

泛函中央極限定理　189

快速傅立葉轉換　304

伽瑪函數　318

伽瑪過程　338

局部波動模型　377

八筆

狀態價格　60

波動率　83

事件空間　120

恆定過程　142

非恆定過程　142

受補償卜瓦松過程　155

拋物線 PDE　233

九筆

風險中立下的 CRR 樹狀圖　93

風險中立投資人　103

風險中立定價　269, 291

風險中立機率　66

風險愛好者　103

風險厭惡投資人　103

指示函數　126

指數 Lévy 過程　319

重複期望值定理　149

首中時間　167

計價標準　223

相關 GBM　381

十筆

逆定理　299

逆矩陣　5, 11

逆高斯過程　328

逆推法　99

逆傅立葉轉換　297

套利　1, 55

套利型態 1　56

套利型態 2　57

純粹跳動過程　312

純粹證券　6

高斯白噪音過程　180

高斯過程　134

矩陣代數　1

特性函數　297

十一筆

第 2 級變分　163

基本狀態證券　6

基本資產　23

累積母函數　304, 366

累積量　366

累積機率函數　128

偏自我相關係數　182

偏微分方程式　219

條件機率　146

連續平方可積分平賭過程　151

動差母函數　157

常態逆高斯過程　313

從屬過程　318

十二筆

最小平方法　46

最適避險　46

無法預期過程　149

無限可分割分配　313

無套利定價準則　17

幾乎必然　124, 138

幾何布朗運動　91

傅立葉餘弦級數擴張　343

傅立葉轉換　297

等值平賭測度　150, 253

尋常微分方程式　179

創新過程　184

斯蒂爾傑斯積分　185

貨幣市場帳戶　222

階梯函數　295

間斷傅立葉轉換　304

十三筆

資產定價之對偶性　67

資產定價的基本定理　289, 291

資產組合　5, 20

預期複製誤差平方　48

跳動－擴散過程　312

十四筆

複合卜瓦松過程　321

複數　298

滿秩　14

維納過程　91, 156

對數常態分配　114

蒙地卡羅方法　115

截斷積分　343, 365

十五筆

線性相依　14, 16

線性獨立　16, 26

黎曼積分　119

適應過程　144, 149

確定趨勢　158

輪廓線　232

數值方法　235

數值積分　301

德爾塔－機率分解　302

熱傳導方程式　239

十六筆

機率空間　120

機率密度函數　129

機率極限　137

機率測度　69, 124, 255

隨機波動模型　377

隨機過程　69, 120, 131

隨機過程的分類　134

隨機微分方程式　119

隨機微積分　119

隨機黎曼－斯蒂爾傑斯積分　185

隨機黎曼積分　185

隨機積分　185

隨機趨勢　158

隨機變數　125

隨機變數的收斂　135

整合的白噪音過程　211

餘弦擴張　343

十七筆

避險　17

瞬間波動率　79

瞬間期望值　79

瞬間預期報酬率　79

瞬間漂浮項　81

隱含波動率　369

隱含波動率偏態　373

隱含波動率微笑　369

十八筆

轉置矩陣　8

簡單隨機漫步模型　142

濾化　144

雙曲線 PDE　234

擴散過程　312

十九筆

邊界條件　222

二十三筆

變分　151

變異數伽瑪過程　313

英文索引

A

adapted process　149

affine diffusion (AD)　378

algebra　122

almost surely, a.s.　124

arbitrage　1

Arrow-Debreu (AD)　6

asset pricing duality　67

autocorrelation coefficients (ACF)　182

autocovariance function　181

B

backward induction　100

Bates　402

Bernoulli distribution　71

binomial probability distribution　73

binomial tree　69

Borel　127

boundary condition　222

bounded in probability　141

bounded variation　163

Brownian bridge　166

Brownian motion　91

BSM　115, 205

C

càdlàg　295

CDF　128

central limit theorem (CLT)　137, 139

CGMY　313

CGMYB　364

characteristic function (CF)　297

Cholesky decomposition　176

complex numbers　298

compensated Poisson process　155

compound Poisson process　321

conditional probability　146

continuous square integrable martingales　151

contour　232

convergence in distribution　139

convergence in mean square　140

convergence of probability　137

COS　343

cosine expansion　343

covariation process　171

Cox-Ingersoll-Ross (CIR)　217, 386

CRR　79

cumulant　366

cumulant-generating function (CGF)　304

D

delta-probability composition　302

deterministic trend　158

diffusion process　312

discrete Fourier transform (DFT)　304

Doob-Meyer decomposition　155

E

elementary state securities   6

equivalent martingale measure (EMM)   150, 156

Euler   282

Euler-Maruyama   216

event space   120

expected squared replication errors (ESREs) 48

F

F-measurable function   129

fast Fourier transform (FFT)   304

Feynman-Kac   280

filtration   144

finite difference method (FDM)   236

Fourier cosine series expansions   343

Fourier transform (FT)   297

full rank   14

functional central limit theorem (FCLT)   190

G

Gaussian process   134

Gaussian white noise process   180

generalized hyperbolic (GH)   328

geometric Brownian motion (GBM)   92, 111, 203

Girsanov   265

H

heat equation   239

hedging   17

Heston   386

I

IFT   297

implied volatility   369

implied volatility skew   373

indicator function   126

infinitely divisible distributions   313

innovation process   184

instantaneous drift   81

instantaneous expectation   79

instantaneous expected return   79

instantaneous volatility   79

integrated white noise process   211

inverse Gaussian process (IG)   328

inverse matrix   5

inverse theorem   299

invertible matrix   11

iterated expectation theorem   149

Itô diffusion process   181

Itô process   181

Itô's lemma   207

J

JR   108

jump-diffusion process   312

jump process   312

L

law of large number (LLN)   137

Lebesgue measure   313

Lévy-Itô   316

Lévy-Khintchine   315

Lévy measure   312

Lévy triplet   311

Lévy process   294

linear dependence   14

local volatility model (LVM)   377

lognormal distribution   114

M

martingale difference process (MDP) 183

martingale pricing 69

martingales 144

matrix algebra 1

method of least square 46

method of martingale pricing 253

method of Monte Carlo 115

Milstein 282

MJD 321

moment generating function (MGF) 157

money market account 222

Monte Carlo 115

N

natural filtration 145

Newton-Raphson algorithm 369

no-arbitrage pricing principle 17

non-anticipating process 149

nonsingular matrix 12

non-stationary process 142

normal inverse Gaussian (NIG) 313

not invertible matrix 25

Novikov's condition 265

numéraire 223

numerical method 227

O

ordinary differential equation (ODE) 179

Ornstein-Uhlenbeck process (OUP) 194, 214

P

PACF 182

partial differential equations (PDE) 219, 227

PDF 129

Poisson process 134

portfolio 5

probability measure 69

probability space 120

pure securities 6

Q

QR decomposition 38

quadratic variation 164

R

Radon-Nikodym 256

rate of convergence 139

redundant assets 27

Riemann integral 119

Riemann-Stieltjes integrals 185

right continuous with left limit (RCLL) 295

risk-averse investors 103

risk-neutral investors 103

risk-neutral probability 66

risk-seeking investors 103

S

scale invariance 161

self-financing 20

SLLN 137

square integrable function 152

square-root diffusion process 217

stationary process 142

step function 295

stochastic calculus 119

stochastic differential equations (SDE) 119, 179

stochastic integrals 185

stochastic process 69

stochastic trend   158

stochastic volatility model (SVM)   377

sub-σ-algebra   122

sum of squared replication errors (SSREs)   46

subordinate process   318

synthetic probability   253

T

the first hitting time   167

tridiagonal matrix   243

trivial field   124

truncated integral   343

V

variance gamma (VG)   313

variation   151

vector space   3

W

white noise process   160

Wiener process   91

WLLN   137

1HAK 財金時間序列分析：使用R語言（附光碟）

作　　者：林進益

定　　價：590元

I S B N：978-957-763-760-4

為實作派的你而寫——翻開本書，即刻上手！
◆ 情境式學習，提供完整程式語言，對照參考不出錯。
◆ 多種程式碼撰寫範例，臨陣套用、現學現賣
◆ 除了適合大學部或研究所的「時間序列分析」、「計量經濟學」
　 或「應用統計」等課程；搭配貼心解說的「附錄」使用，也適合
　 從零開始的讀者自修。

1H1N 衍生性金融商品：使用R語言（附光碟）

作　　者：林進益

定　　價：850元

I S B N：978-957-763-110-7

不認識衍生性金融商品，就不了解當代財務管理與金融市場的運作！
◆ 本書內容包含基礎導論、選擇權交易策略、遠期與期貨交易、二
　 項式定價模型、BSM模型、蒙地卡羅方法、美式選擇權、新奇選
　 擇權、利率與利率交換和利率模型。
◆ 以 R 語言介紹，由初學者角度編撰，避開繁雜數學式，是一本能
　 看懂能操作的實用工具書。

1H2B Python程式設計入門與應用：運算思維的提昇與修練

作　　者：陳新豐

定　　價：480元

I S B N：978-626-317-958-5

◆ 以初學者學習面撰寫，內容淺顯易懂，從「運算思維」說明程式
　 設計的策略。
◆ 「Python 程式設計」說明搭配實地操作，增進運算思維的能力，
　 並引領讀者運用 Python 開發專題。
◆ 內容包括視覺化、人機互動、YouTube 影片下載器、音樂 MP3
　 播放器與試題分析等，具備基礎的程式設計者，可獲得許多啟發。

1H2C EXCEL和基礎統計分析

作　　者：王春和、唐麗英

定　　價：450元

I S B N：978-957-763-355-2

◆ 人人都有的EXCEL＋超詳細步驟教學＝高CP值學會統計分析。
◆ 專業理論深入淺出，搭配實例整合說明，從報表製作到讀懂，
　 一次到位。
◆ 完整的步驟操作圖，解析報表眉角，讓你盯著螢幕不再霧煞煞。
◆ 本書專攻基礎統計技巧，讓你掌握資料分析力，在大數據時代
　 脫穎而出。

1H1P 人工智慧(AI)與貝葉斯(Bayesian)迴歸的整合：應用STaTa分析（附光

作　　者：張紹勳、張任坊

定　　價：980元

I S B N：978-957-763-221-0

◆ 國內第一本解説 STaTa ——多達 45 種貝葉斯迴歸分析運用的教科書。
◆ STaTa＋AI＋Bayesian 超強組合，接軌世界趨勢，讓您躋身大數據時代先驅。
◆ 結合「理論、方法、統計」，讓讀者能精準使用 Bayesian 迴歸。
◆ 結內文包含大量圖片示意，配合隨書光碟資料檔，實地演練，學習更有效率。

1HA4 統計分析與R

作　　者：陳正昌、賈俊平

定　　價：650元

I S B N：978-957-763-663-8

正逐步成為量化研究分析主流的 R 語言
◆ 開章扼要提點各種統計方法適用情境，強調基本假定，避免誤用工具。
◆ 內容涵蓋多數的單變量統計方法，以及常用的多變量分析技術。
◆ 可供基礎統計學及進階統計學教學之用。

1HA6 統計學：基於R的應用

作　　者：賈俊平

審　　定：陳正昌

定　　價：580元

I S B N：978-957-11-8796-9

統計學是一門資料分析學科，廣泛應用於生產、生活和科學研究各領域。
◆ 強調統計思維和方法應用，以實際案例引導學習目標。
◆ 使用 R 完成計算和分析，透徹瞭解R語言的功能和特點。
◆ 注重統計方法之間的邏輯，以圖解方式展示各章內容，清楚掌握全貌。

1H2F Python數據分析基礎：包含數據挖掘和機器學習

作　　者：阮敬

定　　價：680元

I S B N：978-957-763-446-7

從統計學出發，最實用的 Python 工具書。
◆ 全書基於 Python3.6.4 編寫，兼容性高，為業界普遍使用之版本
◆ 以簡明文字闡述替代複雜公式推導，力求降低學習門檻。
◆ 包含 AI 領域熱門的深度學習、神經網路及統計思維的數據分析洞察市場先機。

五南文化事業機構
WU-NAN CULTURE ENTERPRISE

1H47　量化研究與統計分析：SPSS與R資料分析範例解析

作　　者：邱皓政

定　　價：690元

I S B N：978-957-763-340-8

◆ 以 SPSS 最新版本 SPSS 23~25 進行全面編修，增補新功能介紹，充分發揮 SPSS 優勢長項。
◆ 納入免費軟體R的操作介紹與實例分析，搭配統計原理與 SPSS 的操作對應，擴展學習視野與分析能力。
◆ 強化研究上的實務解決方案，充實變異數分析與多元迴歸範例，納入 PROCESS 模組，擴充調節與中介效果實作技術，符合博碩士生與研究人員需求。

1H61　論文統計分析實務：SPSS與SmartPLS的運用

作　　者：陳寬裕

定　　價：820元

I S B N：978-626-366-629-0

鑑於 SPSS 與 SmartPLS 突出的優越性，作者本著讓更多的讀者熟悉和掌握該軟體的初衷，進而強化分析數據能力而編寫此書。
◆ 「進階統計學」、「應用統計學」、「統計分析」等課程之教材。
◆ 每章節皆附範例、習題，方便授課教師驗收學生學習成果。

1H1K　存活分析及ROC：應用SPSS（附光碟）

作　　者：張紹勳、林秀娟

定　　價：690元

I S B N：978-957-11-9932-0

存活分析的實驗目標是探討生存機率，不只要研究事件是否發生，更要求出是何時發生。在臨床醫學研究中，是不可或缺的分析工具之一。
◆ 透過統計軟體 SPSS，結合理論、方法與統計引導，從使用者角度編排，讓學習過程更得心應手。
◆ 電子設備的壽命、投資決策的時間、企業存活時間、顧客忠誠度都是研究範圍。

1H0S　SPSS問卷統計分析快速上手祕笈

作　　者：吳明隆、張毓仁

定　　價：680元

I S B N：978-957-11-9616-9

◆ 本書統計分析程序融入大量新版 SPSS 視窗圖示，有助於研究者快速理解及方便操作，節省許多自我探索而摸不著頭緒的時間。
◆ 內容深入淺出、層次分明，對於從事問卷分析或相關志趣的研究者，能迅速掌握統計分析使用的時機與方法，是最適合初學者的一本研究工具書。

國家圖書館出版品預行編目(CIP)資料

選擇權商品模型化導論：使用Python語言／林
進益著.--初版.--臺北市：五南圖書出版股
份有限公司, 2024.03
面；　公分
ISBN 978-626-393-087-2(平裝附光碟片)

1.CST: Python(電腦程式語言)
2.CST: 選擇權

312.32P97　　　　　　　　　　113001977

1HAU

選擇權商品模型化導論：
使用Python語言

作　　者 — 林進益

發 行 人 — 楊榮川

總 經 理 — 楊士清

總 編 輯 — 楊秀麗

副總編輯 — 侯家嵐

責任編輯 — 吳瑀芳

文字校對 — 陳俐君

封面設計 — 封怡彤

出 版 者 — 五南圖書出版股份有限公司

地　　址：106臺北市大安區和平東路二段339號4樓

電　　話：(02)2705-5066　傳　　真：(02)2706-6100

網　　址：https://www.wunan.com.tw

電子郵件：wunan@wunan.com.tw

劃撥帳號：01068953

戶　　名：五南圖書出版股份有限公司

法律顧問：林勝安律師

出版日期：2024年3月初版一刷

定　　價：新臺幣580元